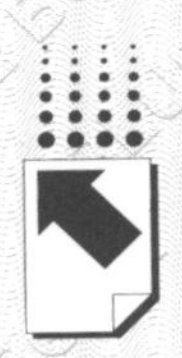

权威·前沿·原创

皮书系列为

“十二五”“十三五”国家重点图书出版规划项目

智库成果出版与传播平台

中国移动互联网发展报告（2020）

ANNUAL REPORT ON CHINA'S MOBILE INTERNET DEVELOPMENT (2020)

主　　编／唐维红
执行主编／唐胜宏
副 主 编／刘志华

社会科学文献出版社
SOCIAL SCIENCES ACADEMIC PRESS (CHINA)

图书在版编目（CIP）数据

中国移动互联网发展报告.2020 / 唐维红主编.--
北京：社会科学文献出版社，2020.6
（移动互联网蓝皮书）
ISBN 978-7-5201-6714-7

Ⅰ.①中… Ⅱ.①唐… Ⅲ.①移动网-研究报告-中国-2020 Ⅳ.①TN929.5

中国版本图书馆CIP数据核字（2020）第092133号

移动互联网蓝皮书
中国移动互联网发展报告（2020）

主　　编 / 唐维红
执行主编 / 唐胜宏
副 主 编 / 刘志华

出 版 人 / 谢寿光
组稿编辑 / 邓泳红　宋　静
责任编辑 / 吴云苓　张　超

出　　版 / 社会科学文献出版社 · 皮书出版分社（010）59367127
地址：北京市北三环中路甲29号院华龙大厦　邮编：100029
网址：www.ssap.com.cn
发　　行 / 市场营销中心（010）59367081　59367083
印　　装 / 三河市东方印刷有限公司

规　　格 / 开　本：787mm×1092mm　1/16
印　张：28.25　字　数：422千字
版　　次 / 2020年6月第1版　2020年6月第1次印刷
书　　号 / ISBN 978-7-5201-6714-7
定　　价 / 129.00元

本书如有印装质量问题，请与读者服务中心（010-59367028）联系

移动互联网蓝皮书编委会

主要编撰者简介

唐维红　人民网党委委员、董事、副总裁、人民网研究院院长，高级编辑。全国优秀新闻工作者、全国三八红旗手。长期活跃在媒体一线，创办的原创网络评论专栏“人民时评”曾获首届“中国互联网品牌栏目”和中国新闻奖一等奖，参与策划并统筹完成的大型融媒体直播报道《两会进行时》获得中国新闻奖特别奖。在国内国际会议上多次发表主旨演讲，在期刊发表多篇论文。

唐胜宏　人民网研究院常务副院长，主任编辑。参与或主持完成多项国家社科基金项目和中宣部、中央网信办课题研究，《融合元年——中国媒体融合发展年度报告（2014）》《融合坐标——中国媒体融合发展年度报告（2015）》执行主编之一。代表作有《网上舆论的形成与传播规律及对策》《运用好、管理好新媒体的重要性和紧迫性》《利用大数据技术创新社会治理》《融合发展：核心要义是创新内容凝聚人心》等。2012年至今担任移动互联网蓝皮书副主编。

潘　峰　中国信息通信研究院无线电研究中心副主任，高级工程师，主要从事无线网规划、无线网测评优化、无线新技术和产业发展方面的重大问题研究；组织研究5G产业和融合应用、移动物联网战略和产业规划、承担过多项“新一代宽带无线移动通信网”国家科技重大专项课题的研究工作。

孙　克　中国信息通信研究院数字经济研究部主任，高级工程师，北京大学经济学博士，主要从事ICT产业经济与社会贡献相关研究，曾主持

GSMA、SYLFF 等重大国际项目，是国务院信息消费、宽带中国、“互联网+”等重大政策文件课题组的主要参与人。

方兴东　浙江传媒学院互联网与社会研究院院长，教授，互联网实验室和博客中国创始人。国家社科基金重大项目“全球互联网 50 年发展历程、规律和趋势的口述史研究”首席专家。西安交大电气工程硕士，清华大学传播学博士，浙江大学创业学博士后和国家信息中心网络安全博士后，新加坡国立大学东亚研究所和美国南加州大学访问学者。主要研究方向为网络传播与安全等。

序

2019 年是令人难忘的一年。1 月 25 日，习近平总书记在人民日报社主持中央政治局集体学习时强调："要坚持移动优先策略，让主流媒体借助移动传播，牢牢占据舆论引导、思想引领、文化传承、服务人民的传播制高点。"

2019 年是波澜壮阔的一年。党的十九届四中全会为开辟"中国之治"新境界确定了方向。全会通过《中共中央关于坚持和完善中国特色社会主义制度　推进国家治理体系和治理能力现代化若干重大问题的决定》，提出完善社会治理体系要有"科技支撑"，"建立健全运用互联网、大数据、人工智能等技术手段进行行政管理的制度规则"……体现了我们党对社会治理理念的升华和对社会治理规律认识的深化，也为中国移动互联网进一步支撑社会治理现代化建设指明了方向。

2019 年，是互联网诞生 50 周年、新中国成立 70 周年，中国移动互联网发展迎来了巨大变化。

从 4G 到 5G。2019 年是中国 5G（第五代移动通信技术）商用元年。4G 改变生活，5G 改变社会。4G 连接人与人，5G 商用后，人与物、物与物更广泛、更快速地连接起来。5G 技术引领了移动互联网技术的整体升级，开拓了消费领域、产业领域的新应用，推动移动互联网进入新阶段。人工智能、区块链、云计算、大数据、边缘计算、物联网等技术与 5G 技术深度融合，促使移动互联网从单纯的线上应用进一步转变为线上与线下融合，为经济社会发展注入新动能，同时深刻改变了人们的生产生活。

从中心城市下沉到三、四、五线城市和乡村地区。2019 年，电商、短视频、生活服务等移动互联网平台新用户多来自下沉市场。我国更多的三、

四、五线城市和乡村用户进入移动互联网，下沉市场消费潜力持续释放。移动互联网红利持续向三、四、五线城市和乡村地区普及，并在助力脱贫攻坚与乡村振兴中，呈现巨大的发展潜力。

从内容服务全面延伸到生活服务。2019 年，移动互联网成为内容传播的主渠道，庆祝新中国成立 70 周年的主旋律高昂，中国人的爱国热情与民族自豪感在移动网络空间持续“飙升”。网约车、网络订餐、网络出行等衣食住行移动平台进一步发展。依托于 5G、人工智能、大数据、云计算等移动互联网新兴技术的智能机器人、自动驾驶汽车、智能家居、智慧医疗、智慧教育等商业产品、功能应用迅速落地。智能音箱、智慧屏、车载设备、智能穿戴、智能家居等智能终端呈现高速增长趋势，社会飞速进入泛智能终端时代。

从消费互联网到工业互联网。消费互联网重塑了商业形态，而工业互联网将重塑工业形态。2019 年 3 月，政府工作报告提出“打造工业互联网平台，拓展‘智能 +’，为制造业转型升级赋能”，“工业互联网”一词首次被写入政府工作报告。中国工业互联网发展迈上新台阶：2019 年工业互联网标识注册总量突破 20 亿，覆盖钢铁、电子、医药等 19 个行业，接入企业超过 1000 家。CPS、FusionPlant 等具有一定行业和区域影响力的工业互联网平台不断涌现，推动制造业与移动互联网深度融合与转型升级。

2020 年初，新型冠状病毒肺炎疫情暴发。在疫情防控中，政府各部门积极运用 5G、大数据、人工智能、云计算等新兴技术支撑疫情防控、物资调配、居民生活保障、复工复产等工作，为打赢疫情防控阻击战、加快推进生产生活秩序全面恢复提供了重要保障。一些地区以此次疫情为契机，推动数字政府及智慧城市建设，推动整个社会治理体系的科技能力升级。此外，5G 基站、工业互联网、大数据中心等“新基建”项目在全国多地加速布局，成为中国后疫情时代经济复苏的重要选择。

疫情也加快了企业数字化转型的步伐。越来越多的企业开始“远程办公”“线上经营”，积极运用移动互联网新兴技术支持复工复产、保障生产生活、实现精准销售，推动经营管理、生产加工、物流售后等核心业务环节数字化转型。

在疫情影响之下，越来越多的人“被迫”过上了网络化生活，移动互联网成为亿万民众的基础生活设施。

正如恩格斯所言，“没有哪一次巨大的历史灾难不是以历史的进步为补偿的”。习近平总书记也曾指出，“每一次灾难过后，我们就应该变得更加聪明”。移动互联网将迎来新的机遇和新的飞跃。

潮涌新时代，扬帆正当时。2020 年是中国决胜全面建成小康社会、决战脱贫攻坚之年，是“十三五”规划收官之年，是保障“十四五”顺利起航的奠基之年。在新的历史起点上，我们坚信，移动互联网将进一步赋能经济发展，为社会治理现代化提供强大支撑，为打赢脱贫攻坚战、全面建成小康社会、实现中华民族伟大复兴的中国梦提供不竭动力。

移动互联网蓝皮书至今已经连续出版了九年，今年在疫情的重大影响下仍然坚持出版，着实不易。它记录了中国移动互联网振奋人心的发展历程，是移动互联网领域众多专家学者的智慧结晶。作为蓝皮书编委会主任，我愿将本书推荐给关心中国移动互联网发展的社会各界人士。希望蓝皮书能够继续为建设网络强国聚众智、汇众力，推动互联网这个最大变量变成事业发展的最大增量。

许正中

人民日报社副总编辑

2020 年 5 月

摘　要

《中国移动互联网发展报告（2020）》由人民网研究院组织相关专家、学者与研究人员撰写。本书全面总结了2019年中国移动互联网发展状况，分析了移动互联网年度发展特点，并对未来发展趋势进行预判。

全书由总报告、综合篇、产业篇、市场篇、专题篇和附录六部分组成。

总报告指出，2019年5G在中国正式商用，中国进入5G时代。人工智能、5G等技术应用广度和深度持续拓展，移动互联网消费、内容“双下沉”，“直播带货”等新业态成为经济发展新引擎，内容生态治理、个人信息保护等政策法规不断完善，移动政务服务集约化规范化进程加快，移动互联网助力打赢脱贫攻坚战，网络空间正能量充沛。2020年，移动互联网成为抗击新冠肺炎疫情的重要基础设施。5G网络建设及其应用拓展将成为“新基建”的重要牵引，移动消费爆发式增长，新模式新业态孕育成长。5G将促进产业数字化转型升级，加速数字政府、智慧城市与数字乡村建设，移动互联网数据要素价值也将进一步凸显。

综合篇指出，2019年我国加强国家治理、网络安全、信息内容治理、产业发展等方面移动互联网新规则新制度的建立，在未成年人保护、个人信息保护、网络生态治理、电子商务等领域展开了专项治理行动；移动互联网在国家脱贫攻坚中发挥了巨大作用，电商扶贫带动贫困地区产业发展，移动互联网改善贫困地区乡村治理、繁荣贫困地区网络文化、推进贫困地区公共服务均等化；移动互联网在推动社会治理模式转变、畅通公共服务渠道、激发数字经济活力等方面都发挥了积极作用；在移动互联网“普惠连接”逐渐实现的技术背景下，乡村自媒体在文化自觉和模式重建两方面为乡村文化的重塑创造了条件，也确定了重塑的空间路径与时间路径；2019年是5G商

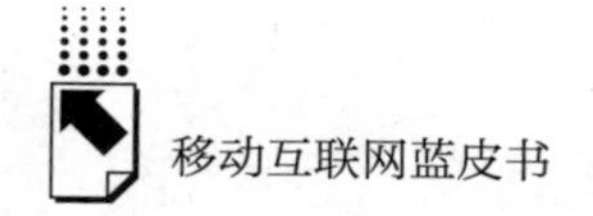

用元年、互联网诞生50周年，中美科技摩擦和全球新冠肺炎疫情带来的影响使2020年堪称历史性的拐点，既是人类社会经济发展的分水岭，也是移动互联网发展的新纪元，以智能物联为主旋律的下一个十年开启。

产业篇指出，2019年我国宽带移动网络建设稳步发展，网络质量不断提升，移动数据流量较快增长；移动终端元器件核心技术创新进入产品化阶段，人工智能逐步内化为移动互联网基础技术，移动互联网核心技术加速云端协同，微内核操作系统极大适应万物互联；折叠屏、夜景拍摄、超级视频防抖、AI、5G等技术成为市场关注的热点；移动互联网不仅推动了实体经济如制造业、零售业和支付模式的转型，还推动了政务惠民、社交电商、泛娱乐产业的发展；我国工业互联网发展加快从概念普及转入实践深耕阶段，形成了政策支持到位、技术创新多样、产业推进迅速的良好局面；各类移动应用（App）加快创新升级，促进信息服务消费快速增长。

市场篇指出，2019年中国移动游戏自主研发实力进一步提高，海外市场、移动电竞等领域成为发展重点，创新及投融资受到各方进一步重视，移动游戏企业社会责任指数和品牌重视程度提升；智能音箱正在迭代产生更好的人机交互体验，有必要把握机遇，使其成为5G时代物联网发展的新入口、互联网流量竞争的新场域；科技成为文旅产业发展的新引擎，并涌现众多智慧文旅应用和精益管理体系，形成科技与文旅融合的新模式、新业态；内容产业发展到内容创业的3.0时代，短视频主导、内容消费下沉、内容创作普及、内容电商和直播电商兴起、知识付费走向理性、内容出海显成效等成为2019年内容商业化的热点；直播带货成为2019年移动电商发展新风向和新的增长点，拓展了下沉市场，助力乡村振兴，呈现巨大的发展潜力；中国移动互联网欺诈手段呈现新的态势，需要尽快构建以AI驱动的反欺诈风控体系，成立反欺诈联盟，形成全行业联防联控机制。

专题篇指出，在全球区块链政策环境不断向好、应用和标准化水平不断提升的背景下，2019年我国区块链基础设施特别是通用型基础设施的发展取得一系列进展；随着新一代人工智能规划的持续落地，智能产业改变了传统的行业生态，从智能产业落地的总体情况，可以看到智能产业的三个重要趋势与可持续发展 AI 的基本发展逻辑；近年来，违规获取个人信息、数据泄露、数据滥用等个人信息问题频发，移动 App 成为重灾区，我国正加快建设具有中国特色的个人信息保护体系；媒体为 5G 新服务的普及起到了重要的牵引作用，会成为 5G 建设中率先发力的领域；2019 年移动互联网版权保护热点聚焦于网络视频、网络游戏、人工智能生成物等，应进一步建立细分产业的网络版权保护机制，加大移动互联网版权保护力度，出台相关的司法审判指导规则以及行业版权保护规范；针对未成年人的短视频使用特点及存在的隐患，应树立儿童友好理念、培养数字时代公民素养、为未成年人做数字榜样；2019 年针对移动平台的攻击越来越多，需要通过提高个人安全意识、定期安装操作系统与应用安全补丁、加强移动社区安全等来进行防范。

篇末附录为 2019 年中国移动互联网大事记。

目录

Ⅰ 总报告

Ⅱ 综合篇

Ⅲ 产业篇

Ⅳ 市场篇

Ⅴ 专题篇

Ⅵ 附录

皮书数据库阅读**使用指南**

总 报 告

General Report

B.1 跨入5G时代的中国移动互联网

唐维红　唐胜宏　廖灿亮*

摘　要： 2019 年，5G 在中国正式商用，中国进入 5G 时代。人工智能、5G 等技术应用广度和深度持续拓展，移动互联网消费、内容“双下沉”，“直播带货”等新业态成为经济发展新引擎，内容生态治理、个人信息保护等政策法规不断完善，移动政务服务集约化、规范化进程加快，移动互联网助力打赢脱贫攻坚战，网络空间正能量充沛。2020 年，移动互联网成为抗击新冠肺炎疫情的重要基础设施。5G 网络建设及其应用拓展将成为“新基建”的重要牵引，移动消费爆发式增长，新模式新业态孕育成长。5G 将促进产业数字化转型升级，加速数字政府、智慧城市与数字乡村建设，移动互联网数据要

* 唐维红，人民网副总裁、人民网研究院院长；唐胜宏，人民网研究院常务副院长，主任编辑；廖灿亮，人民网研究院研究员。

素价值也将进一步凸显。

关键词： 5G　产业互联网　新基建　数字政府　新冠肺炎疫情

2019年是新中国成立70周年，也是中国5G商用元年。党的十九届四中全会召开，大力推进国家治理体系和治理能力现代化。5G的增强移动宽带、高可靠低时延、广覆盖大连接特性，扩展了移动互联网面向消费、产业和社会治理的广阔应用前景。2020年，是中国全面建成小康社会目标实现之年，是全面打赢脱贫攻坚战收官之年。中国和世界各国都遭遇了新冠肺炎疫情的严峻挑战，意外地形成一场无法人为设计的移动互联网应用超级实验。移动互联网不仅成为疫情期间无数人的生活基础设施，也成为抗击疫情、实现复工复产的重要基础设施。跨入5G时代的中国移动互联网，一定会产生我们现在还想象不到的新应用，进一步丰富产业生态，提升社会治理水平。

一　2019年中国移动互联网发展基本状况

（一）移动互联网基础设施

1. 5G商用全面推进，位于全球第一梯队

2019年1月，广东联通联合中兴通讯在深圳5G规模测试外场，打通了全球第一个基于3GPP最新协议版本的5G手机外场通话（First Call），通过无线方式实现了5G手机终端与网络的成功对接，加速推动我国5G终端产业链的成熟。[①] 2月18日，上海虹桥火车站正式启动5G网络建设，成为全

① 《广东联通打通全球首个5G手机电话》，中国经济网，http：//www.ce.cn/xwzx/gnsz/gdxw/201901/17/t20190117_31289104.shtml。

球首个启动5G室内数字系统建设的火车站。[①] 2019年央视春晚超高清直播采用中国电信“5G+4K”和“5G+VR”解决方案，使增强移动宽带（eMBB）场景应用落地迈出重要一步。[②] 3月25日，第26届《东方风云榜》音乐盛典全方位运用“5G+8K+VR”技术直播，这在全球范围内尚属首次。[③] 3月30日，全球首个行政区域5G网络在上海建成并开始试用，并完成首个双千兆视频通话。[④] 6月6日，工信部正式向中国电信、中国移动、中国联通、中国广电发放5G商用牌照，我国正式进入5G商用元年。[⑤] 6月27日，我国完成全球首例骨科手术机器人多中心5G远程手术，标志着5G技术在远程医疗领域的运用达到了新高度。[⑥]

2. 移动宽带网络高质量发展步伐加快，用户占比稳步提升

据工业和信息化部《2019年通信业统计公报》，截至2019年12月底，我国4G用户总数达到12.8亿户，全年净增1.17亿户，占移动电话用户总数的80.1%，占比远高于全球的平均水平（不足60%）。2019年，全国净增移动电话基站174万个，总数达841万个；其中4G基站净增172万个，总数达到544万个，已建成全球覆盖最完善的4G网络。[⑦] 至2019年12月底，中国建立5G基站数超13万个，用户规模以每月新增百万的速度扩张，

---

① 《我国5G火车站就要来了：全球首个网速提升10倍》，腾讯网，https：//new. qq. com/omn/20190219/20190219A05LRI. html。

② 《中国电信完成央视春晚5G+4K和5G+VR超高清直播》，国务院国资委网站，http：//www. sasac. gov. cn/n2588025/n2588124/c10460684/content. html。

③ 《全球首次5G+8K+VR直播音乐盛典》，搜狐网，https：//www. sohu. com/a/304276805_100002694。

④ 《全球首个行政区域5G网在沪建成，完成首个双千兆视频通话》，https：//baijiahao. baidu. com/s？id=1629399413757437110&wfr=spider&for=pc。

⑤ 《我国正式发放5G商用牌照》，新华网，http：//www. xinhuanet. com/fortune/2019-06/06/c_1124590839. htm。

⑥ 《全球首例！AI人工智能+5G技术+一对多实时手术》，搜狐网，https：//www. sohu. com/a/323422092_120059823。

⑦ 工业和信息化部：《2019年通信业统计公报》，http：//www. miit. gov. cn/n1146312/n1146904/n1648372/c7696411/content. html。

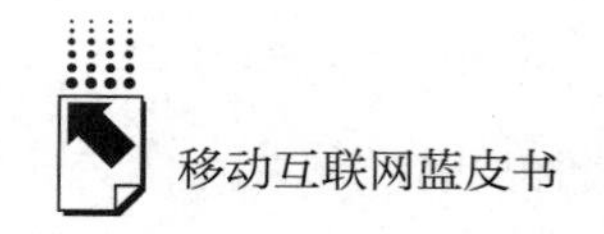

5G用户规模与网络覆盖范围同步快速扩大。[①] 到2020年3月底，全国已建成5G基站19.8万个，套餐用户规模超过5000万。[②]

3. 移动物联网/工业互联网/车联网/IPv6发展成果丰硕

当前，中国已建成全球覆盖范围最广的物联网。截至2019年12月底，三家基础电信企业发展蜂窝物联网用户达10.3亿户，全年净增3.57亿户。电信企业提供的物联网行业应用超百种，泛智能终端产品超过3000款。[③]

2019年3月，政府工作报告明确提出“打造工业互联网平台，拓展‘智能+’，为制造业转型升级赋能”，“工业互联网”一词首次被写入政府工作报告。在巨大的产业潜力及与中国制造2025战略高度契合的影响下，2019年我国工业互联网产业市场规模达4800亿元，同比增长6.64%，占全球工业互联网产业市场规模的59.6%。[④]

车联网作为5G重要应用场景之一，2019年是其发展的关键一年。《车联网知识产权白皮书》数据显示，截至2019年9月，中国车联网领域专利申请约28647件，全球车联网领域专利申请累计114587件，中国专利占25%，居全球第二位。业界预测，2020年全球车联网有望突破1000亿欧元的规模，中国将占1/3。[⑤]

2019年4月，工业和信息化部启动IPv6网络就绪专项行动，加快提升互联网IPv6发展水平。截至2020年3月，中国IPv6地址数量达50887块/32，较2018年底增长15.7%。[⑥] 丰富的IP地址资源为移动互联网、物联网等的快速发展提供了良好的支撑。

---

① 工业和信息化部：《2019年通信业统计公报解读》，http://www.miit.gov.cn/n1146285/n1146352/n3054355/n3057511/n3057518/c7696245/content.html。

② 《我国已建成5G基站19.8万个 套餐用户规模超5000万》，人民网，http://5gcenter.people.cn/n1/2020/0503/c430159-31696372.html。

③ 工业和信息化部：《2019年通信业统计公报》，http://www.miit.gov.cn/n1146285/n1146352/n3054355/n3057511/n3057518/c7696204/content.html。

④ 前瞻产业研究院：《2020年工业互联网发展现状与趋势分析》，https://www.qianzhan.com/analyst/detail/220/200214-c48f4fb1.html。

⑤ 中国通信学会：《车联网知识产权白皮书》，http://cicc2019.china-cic.cn/upload/201911/30/6490bd1219a741118c153c37961ad68a.pdf。

⑥ 中国互联网络信息中心：《第45次中国互联网络发展状况统计报告》，http://www.cnnic.net.cn/gywm/xwzx/rdxw/20172017_7057/202004/t20200427_70973.htm。

（二）移动互联网用户和流量消费

1. 移动互联网用户继续保持低速增长

2019 年 1 ~11 月，全国移动电话用户总数达 16 亿户，其中移动互联网用户超过 13 亿户，比上年末净增约 3366 万户。[①] 截至 2020 年 3 月，我国网民规模达 9.04 亿，互联网普及率达 64.5%；手机网民规模达 8.97 亿，较 2018 年底增加 7992 万，网民使用手机上网的比例达 99.3%，较 2018 年底提升 0.7 个百分点。[②] 不过，我国移动互联网用户规模增幅继续放缓。截至 2019 年 6 月，移动互联网月活跃用户规模同比增长率已由 2018 年底的 4.2% 放缓至 2.8%（见图 1）。[③]

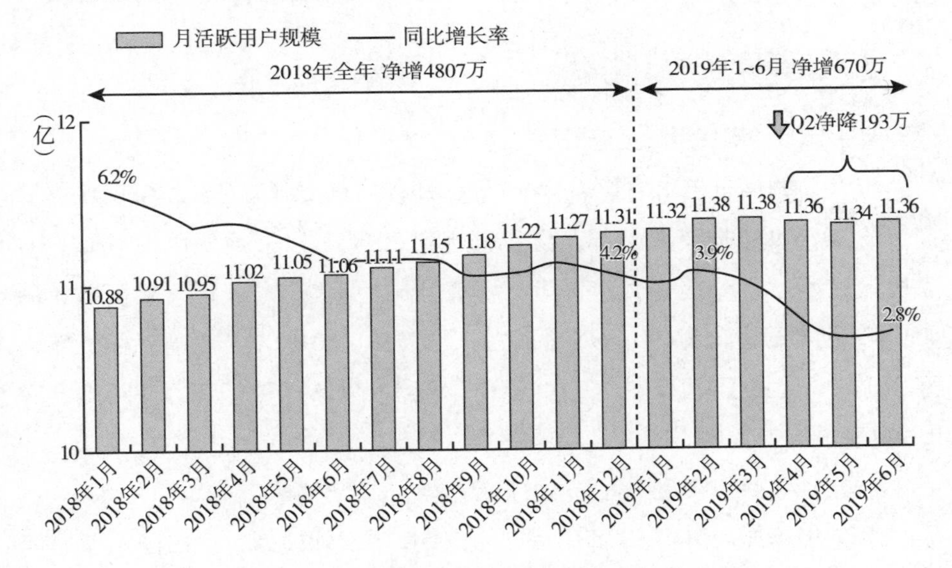

图 1　中国移动互联网月活跃用户规模变化趋势

资料来源：QuestMobile TRUTH 中国移动互联网数据库，2019 年 6 月。

① 工业和信息化部：《2019 年 1 ~ 11 月通信业主要指标完成情况（二）》，http://www.miit.gov.cn/n1146312/n1146904/n1648372/c7572400/content.html。

② 中国互联网络信息中心：《第 45 次中国互联网络发展状况统计报告》，http://www.cnnic.net.cn/gywm/xwzx/rdxw/20172017_7057/202004/t20200427_70973.htm。

③ QuestMobile：《中国移动互联网 2019 半年大报告》，https://new.qq.com/omn/20190723/20190723A073W900.html。

2. 移动互联网流量消费增长较快

在提速降费专项行动等政策指引下，受移动支付、移动出行、视频直播、短视频、餐饮外卖等线上线下融合创新的影响，我国移动互联网接入流量消费仍然保持较快增长。2019 年，我国移动互联网接入流量消费达 1220 亿 GB，同比增长 71.6%；其中，手机上网流量达到 1210 亿 GB，同比增长 72.4%，在总流量中占 99.2%。全年移动互联网月户均流量（DOU）达 7.82GB/（户·月），是上年的 1.69 倍；12 月当月 DOU 高达 8.59GB/（户·月），位于全球前列。[①] 短视频应用成为流量增长的主要拉动力，电信企业的流量数据监测表明，移动用户 2019 年使用抖音、快手等短视频应用消耗的流量占比超过了 30%。[②]

（三）移动智能终端发展

1. 手机市场出货量和上新机型均同比下降

2019 年我国手机出货量累计 3.89 亿部，同比下降 6.2%，相较出货量高点的 2016 年下降 1.7 亿部，出货量达到 2014 年以来最低值。[③] 国内 4G 手机出货量为 3.59 亿部，占比为 92.3%，同比下降 2.3%；智能机出货量为 3.72 亿部，占比为 95.6%，同比上升 1.6%。2019 年，我国手机上新机型 573 款，同比下降 25%，其中，4G 手机占 69.6%（399 款），同比下降 9.8%。[④]

2. 国产5G 手机初露头角并抢占国际市场

2019 年尤其是 5G 正式商用后，国产 5G 手机加速问世。中国信息通信

① 工业和信息化部：《2019 年通信业统计公报》，http://www.miit.gov.cn/n1146312/n1146904/n1648372/c7696411/content.html。

② 工业和信息化部：《2019 年通信业统计公报解读》，http://www.miit.gov.cn/n1146285/n1146352/n3054355/n3057511/n3057518/c7696245/content.html。

③ 中国信息通信研究院：《2019 年 12 月国内手机市场运行分析报告》，https://www.askci.com/news/chanye/20200110/0916091156225.shtml。

④ 中商产业研究院：《2019 年 1～12 月中国手机市场月度运行报告》，https://www.askci.com/news/chanye/20200110/0916091156225.shtml。

研究院数据显示，2019 年，我国 5G 手机出货量累计 1376.9 万部，占我国手机出货量总数的 3.5%。截至 2019 年底，我国 5G 手机上新机型 35 款，占我国手机上新机型款数的 6.1%，呈明显增长趋势。[①]《全球 5G 手机出货量报告》数据显示，2019 年，全球 5G 手机出货量累计 1870 万部，我国 5G 手机出货量占全球 5G 手机出货量总数的 73.6%。国产手机品牌华为、vivo、小米 5G 手机出货量共计 1010 万部，共计占全球 5G 手机市场的 48.8%，[②]在国际市场中占据重要地位。

3. 国产品牌手机市场出货量下降但技术升级

中国信息通信研究院数据显示，2019 年，我国国产品牌手机出货量 3.52 亿部，占同期手机出货量的 90.7%，同比下降 4.9%。2019 年，我国国产品牌上市新机型 506 款，占同期手机上市新机型数量的 88.3%，同比下降27.2%。[③] 2019 年国产品牌手机出货量及销售量虽有所下降，但技术升级引发关注。除 5G 外，折叠屏成为另一焦点。另外，AI 算法、夜景拍摄和超级视频防抖算法、挖孔屏以及液冷散热与石墨贴片构成的立体散热技术也为手机用户带来了不一样的消费体验。国产品牌在全球和国内手机市场的份额进一步提升。华为（包括荣耀）、小米、OPPO、vivo、联想、Realme 和传音都进入 2019 年全球智能手机出货量排名 TOP10 榜单，OPPO 于 2018 年成立的手机品牌 Realme，成为全球增长最快的智能手机品牌。[④]

4. 移动智能终端市场从手机独霸到"一超多强"

2019 年，智能音箱、智慧屏、车载设备、智能穿戴、智能家居等智能

① 《2019 年国内手机出货量 3.89 亿部 5G 手机 1376.9 万部》，人民网，http：//finance.people.com.cn/n1/2020/0109/c1004－31542002.html。

② 《全球 5G 手机出货量报告》，腾讯网，https：//new.qq.com/omn/20200129/20200129A0JMRX00.html。

③ 中商产业研究院：《2019 年 1～12 月中国手机市场月度运行报告》，https：//www.askci.com/news/chanye/20200110/0916091156225.shtml。

④ Global Smartphone Market Apple Gained the Top Spot in Q4 2019 While Huawei Surpassed Apple to Become the Second-Largest Brand in CY 2019，Counterpoint 网站，2020 年 3 月。

终端呈现高速发展趋势，社会进入泛智能终端时代。人工智能等新兴技术为智能终端形成新的信息入口、应用场景、交互方式提供了核心技术支撑，智能终端设备从手机、电脑等传统类别发展到无处不在。IDC 发布的数据显示，2019 年国内可穿戴设备出货量为 9924 万台，同比增长 37.1%。其中，小米出货量 2489 万台，约占 25.1% 的市场份额，居市场第一位，华为、苹果紧随其后。[①] 从全球范围的产品类别来看，2019 年无线耳机的出货量达 1.7 亿台占据榜首，超过智能手表、智能手环等，同比增幅高达 250.5%。小米、华为可穿戴设备的市场份额跻身全球前四。2019 年我国智能家居市场规模达 1530 亿元，产品出货量 8.4 亿台，其中视频娱乐产品（3.47 亿台）出货量最多，其后为家庭监控安全设备（1.64 亿台）。[②] 2019 年全球智能音箱出货量达到 1.469 亿台，比 2018 年增长 70%。[③] 而艾媒咨询数据显示，2019 年中国智能音箱的销售规模达到了 46.33 亿元。5G 商用时代的开启极大地促进了物联网应用爆发，泛智能终端产品的应用场景将更加广泛。

（四）移动应用数量和下载量

1. 国内市场上移动应用数量开始下降

截至 2019 年 12 月末，我国国内市场上监测到的 App 数量为 367 万款，比上年减少 85 万款，下降 18.8%。[④] 其中本土第三方应用商店 App 数量为 217 万款，苹果商店（中国区）App 数量超过 150 万款。规模排在前 4 位的移动应用种类分别是游戏、日常工具、电子商务、生活服务类，四类 App 数量占比达 57.9%，其中游戏类 App 数量继续领先，达 90.9 万款，占全部

---

① IDC：《中国可穿戴设备市场季度跟踪报告，2019 年第四季度》，2020 年 3 月 16 日。

② 《2020 年中国智能家居市场发展现状与趋势分析　2019 年中国智能家居市场规模将达到 1530 亿元》，前瞻网，https://xw.qianzhan.com/analyst/detail/220/200213-c3a9e11e.html。

③ Strategy Analytics：Global Smart Speaker Vendor & OS Shipment and Installed Base Market Share by Region，Telecom 网站，2020 年 2 月 17 日。

④ 中央网信办：《2019 年我国移动应用程序（App）数量增长情况》，http://www.cac.gov.cn/2020-02/17/c_1583491211996616.htm。

App 的比重为24.7%，比上年减少47.4 万款。截至2019 年末，我国第三方应用商店在架应用分发总量达到9502 亿次。其中，音乐视频类App 下载量排第一位，达1294 亿次，增势最为突出；其后为社交通信类、游戏类、日常工具类、系统工具类。在其余各类应用中，下载总量超过500 亿次的应用还有生活服务类、新闻阅读类、电子商务类和金融类。[①]

2.5G 应用在个人消费市场和垂直行业同步推进

自2019 年1 月起，随着智慧医院5G 实验室挂牌、5G 智慧医疗战略合作协议签署、全国首例基于5G 的远程人体手术等一系列基于5G 技术的医疗项目顺利完成，5G 技术在医疗领域有了更深入的探索。2019 年7 月起，中国银行“5G 智能+生活馆”、中国建设银行“5G+智能银行”、中国农业银行“5G+场景”、浦发银行“5G+金融”等相继亮相，通过5G 技术打造多场景，为客户提供沉浸式金融服务，推动5G 技术在金融领域的发展。2019 年8 月，中国电信推出多款“5G+大视频”应用，推动面向个人和家庭客户的5G 超高清视频、直播、5G 云游戏、5G 云VR、云电脑等应用加速问世。[②] 2019 年9 月，中国电信与金科服务举行5G 战略合作签约仪式，双方将共同推进5G 智慧小区标准研发和建设落地。[③]“5G+智能驾驶”“5G+智慧交通”“5G+农业”“5G+数字政府”“5G+无人机”“5G 智慧校园”等一系列基于5G 技术项目的落地，实现了5G 技术在智能医疗、金融、生活、房产、交通、教育、农业等领域的应用，能够极大地提升这些领域的生产效率，创造新的生产方式。

（五）移动互联网企业投融资规模

中国信息通信研究院数据显示，2019 年我国互联网投融资规模为

---

① 中国互联网络信息中心：《第45 次中国互联网络发展状况统计报告》，http://www.cnnic.net.cn/gywm/xwzx/rdxw/20172017_7057/202004/t20200427_70973.htm。

② 《中国电信将推出多款“5G+大视频”应用》，新华网，http://www.jjckb.cn/2019-08/23/c_138330482.htm。

③ 《金科服务签约中国电信　推进5G 智慧社区建设》，新华网，http://www.cq.xinhuanet.com/2019-09/10/c_1124982292.htm。

326.8 亿美元，披露的投融资金额大幅下滑，同比下降 53%；资本市场活跃度明显降低，互联网投融资案例数为 1898 笔，同比下降约 30%（见图 2），除因国内外经济下行压力加大、资本环境趋紧外，也受到投资回报有限的影响。不过，在 2019 年整体下跌的背景下，企业服务、电子商务、互联网金融、在线教育这四个领域成为互联网领域全年投融资重点领域，医疗健康自 2019 年第三季度成为互联网投融资的又一重点领域。①2019 年我国爆发一轮新经济公司 IPO 浪潮，全年上市公司达 149 家，占 2019 年国内进行 IPO 企业数量的 56%。随着国内资本市场的改革，新经济企业大多选择回归国内 A 股和港股，募资金额达 2076 亿元，阿里巴

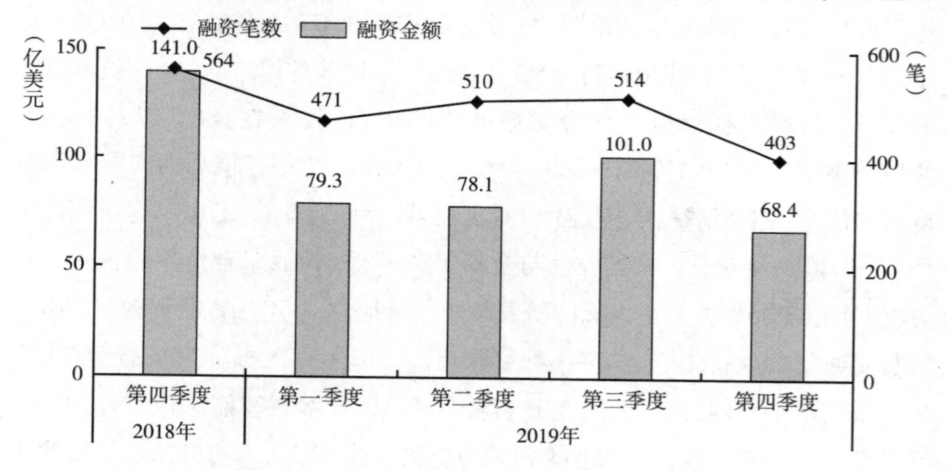

图 2　2019 年我国互联网投融资总体情况

资料来源：中国信息通信研究院政策与经济研究所。

① 中国信息通信研究院：《2019 年一季度互联网投融资运行情况》，http：//www. caict. ac. cn/kxyj/qwfb/qwsj/201904/P020190409341570112588. pdf；《2019 年二季度互联网投融资运行情况》，http：//www. caict. ac. cn/kxyj/qwfb/qwsj/201907/P020190719324228129144. pdf；《2019 年三季度互联网投融资运行情况》，http：//www. caict. ac. cn/kxyj/qwfb/qwsj/201910/P020191014353926813243. pdf；《2019 年四季度互联网投融资运行情况》，http：//www. caict. ac. cn/kxyj/qwfb/qwsj/202001/P020200110448993497137. pdf；《2018 年四季度互联网投融资运行情况》，http：//www. caict. ac. cn/kxyj/qwfb/qwsj/201901/P020190114404878382190. pdf。

巴、金山办公、跟谁学、新东方在线等股价表现良好，获得二级市场认可。[1]

二　2019年中国移动互联网发展主要特点

（一）人工智能、5G等技术应用广度和深度持续拓展

1. 人工智能内化为基础技术，促进云端协同发展

2019年，人工智能被进一步广泛地应用在移动互联网领域，内化为移动互联网基础技术。一方面，神经网络、遗传算法、模糊逻辑等智能算法技术已经成为移动互联网应用的基础核心技术。当前短视频（抖音、快手）、新闻资讯（今日头条、腾讯）、电商（淘宝、京东）、搜索（百度、搜狗）等平台在内容分发上普遍采用智能算法推荐，通过记录用户点击和选择等上网行为数据，精准分析用户的兴趣和偏好，从而准确定位用户对于移动互联网的需求。另一方面，基于移动互联网的人工智能应用场景日趋丰富。依托于人工智能技术的智能语音机器人、自动驾驶汽车、智能家居、智慧医疗、智慧教育等应用迅速落地，深刻改变了人们的生产生活方式。例如，当前人脸识别、智能视频监控等被广泛应用于商场、机场等公共场合，切实提升社会治理智能化水平与公众安全感。智能手机普遍采用的语音识别技术，能够实现人与手机的智能对话，实现人机交流。2019年8月，百度与中国一汽红旗生产的国内首批量产L4级自动驾驶出租车亮相测试区，引发舆论热议。

5G、人工智能等核心技术推动云端协同发展，智能终端与云端服务交互日渐频繁，进一步释放云服务市场潜力。通过泛智能终端数据的收集，大数据被不断汇聚存储到云端，再通过人工智能的学习、运算，在

---

① 《2019 IPO解读：263家企业上市，新经济公司占了56%》，https://baijiahao.baidu.com/s?id=1655740355942133533&wfr=spider&for=pc。

实时场景中不断迭代训练，满足客户需求，推动云端服务市场高速成长。相关数据显示，阿里巴巴 2019 年云计算业务营收达到了 52 亿美元，同比增长 64%；腾讯云 2019 年全年营收超 170 亿元，付费客户数超 100 万。[①]

2. 区块链产业迎来新契机，应用场景持续扩大

2019 年 10 月，习近平在中央政治局第十八次集体学习时强调，要把区块链作为核心自主创新的重要突破口，加快推动区块链技术和产业创新发展。[②] 之后，《区块链信息服务管理规定》《云南省区块链产业发展规划》等国家和地方政策密集出台。在政策推动下，国内区块链市场不断扩大，迎来了快速发展期。数据显示，2015 年中国市场仅有 1781 家区块链企业，到 2019 年增加到 32399 家。2019 年拥有超 20 项区块链专利申请的公司中约有 63% 来自中国。[③]

2019 年区块链已涵盖数字金融、医疗健康、社会治理、商品溯源等多个领域，应用场景持续扩大。多家银行宣布成立了区块链实验室，“链”上交易规模突破千亿元，仅建设银行区块链贸易金融平台交易额就超 4000 亿元。[④] 重庆市急救医疗中心运用区块链技术赋能互联网医院诊疗，做到诊疗、处方、医保、药品全互联网医疗服务留痕和可追溯。北京互联网法院实施“天平链”项目，通过区块链进行证据对比，提高司法的客观公正性。区块链技术还被广泛运用于电商平台跟踪、上传、查证跨境进口商品的物流全链路信息。2019 年“双十一”购物节期间，“天猫”平台有来自百余个国家的 4 亿件商品在区块链上。“苏宁”平台也宣布启用区块链溯源防伪技术，避免海淘物流造假现象。

---

① 《腾讯云 2019 年全年营收超 170 亿元，增速持续高于市场》，https：//www. doit. com. cn/p/360168. html。

② 《习近平主持中央政治局第十八次集体学习并讲话》，中国政府网，http：//www. gov. cn/xinwen/2019 - 10/25/content_ 5444957. htm。

③ 前瞻产业研究院：《中国区块链行业市场前瞻与投资战略规划分析报告》，https：//baijiahao. baidu. com/s? id = 1663274757882868997&wfr = spider&for = pc。

④ 《多家银行成立区块链实验室　建区块链应用平台》，证券日报，http：//www. ocn. com. cn/touzi/chanye/202004/qosst07091740. shtml。

3. 大数据、工业互联网进入新一轮快速发展期

随着新兴技术发展及大数据国家战略的加速落地，大数据政策红利逐步释放，2019 年大数据产业呈现爆发式增长态势。不少传统产业企业积极布局大数据行业，推进转型发展。中商产业研究院数据显示，2018 年中国大数据产业规模达 5405 亿元，同比增长 15%，预计 2019 年规模将达 6225 亿元。[①] 传统产业、金融业、政务服务、健康医疗等数字化转型需求旺盛，大数据应用领域不断增多。比如 2019 年各地积极推动“互联网 + 政务服务”建设，以大数据推进“一网通办、一次办好”，政府服务能力大幅提升。

2019 年工业互联网首次被写入政府工作报告，成为各行各业瞩目的焦点。工信部相继印发《工业互联网综合标准化体系建设指南》《工业互联网网络建设及推广指南》，提出到 2020 年，形成相对完善的工业互联网网络顶层设计，初步建成工业互联网基础设施和技术产业体系。[②] 在国家政策的大力支持下，国内制造企业、工业软件服务商、工业设备提供商及 ICT 四类企业多路径布局工业互联网平台，拉开了移动互联网下半场——产业互联网的序幕。具有一定行业和区域影响力的工业互联网平台不断涌现，比如航天云网的 INDICS 平台、中国电信的 CPS 平台、华为的 FusionPlant 平台、海尔的 COSMOPlat 平台等，构建了用户、企业资源共创共赢的工业新生态，推动制造业转型升级。

4. 5G 开启商用新征程，拓展行业应用广度和深度

2019 年 6 月，工信部向中国电信、中国移动、中国联通、中国广电发放 5G 商用牌照，标志着我国正式进入 5G 商用元年。5G 网络比 4G 有更高的速率和更低的延迟，理论上能达到 10GB/s 的最高速率传输与 1 毫秒的网络延迟，真正实现了信息传播的“即时化”。其超高网速、超短时延、超大容量，将给移动互联网带来新的质的飞跃。

---

① 中商产业研究院：《中国互联网发展报告 2019》，https：//baijiahao. baidu. com/s？id = 1647970027776646559&wfr = spider&for = pc。

② 工业和信息化部：《工业互联网网络建设及推广指南》，http：//www. gov. cn/guowuyuan/2019 - 01/18/content_ 5359021. htm。

2019 年，5G 网络在教育、医疗、媒体、能源、交通等行业的应用深度和广度持续拓展。2019 年 3 月，中国联通等企业相继推出了“5G + 教育”智能教育系统，在课堂上实现了异地互动，超越了时间和空间。2019 年 4 月，浙江移动联合浙江大学医学院附属第二医院建立“5G 远程急救指挥中心”，通过 5G 网络整合 VR 诊疗、远程 B 超、无人机物流、远程急救平台等系统，为患者生命急救赢得速度。武汉协和医院运用 5G 智能医护机器人进行问诊、送药、消毒等工作，节约医疗人力，避免交叉感染。2019 年 7 月，人民日报社与中国联通签署 5G 媒体应用战略合作协议，并在庆祝新中国成立 70 周年等重大主题报道中运用 5G 技术进行高清直播，进一步丰富了媒体报道方式和手段。

5G 商用还进一步推进社会治理向科学化、智能化转型升级。2020 年初新冠肺炎疫情期间，在 5G 网络支持下，我国 5G 远程会诊、远程指挥得以迅速推广，凝聚社会力量抗击疫情。全国多地火车站、机场等公共场所采用“5G + 热成像技术”，快速完成大量人员的测温及体温监控，实现精准、高效疫情防控。

（二）移动互联网新业态成为经济发展新引擎

1. 消费、内容“双下沉”

2019 年，移动互联网消费“下沉”与内容“下沉”趋势进一步凸显。更多的三、四、五线城市和乡村用户进入移动互联网，下沉市场消费潜力持续释放。各大移动互联网企业纷纷制定“下沉”战略，争夺下沉市场，推动移动互联网红利向三、四、五线城市和乡村地区的普及。中国移动互联网月度活跃用户规模在 2019 年第一季度触顶 11.4 亿，第二季度下降近 200 万，这是 2018 年以来首次出现的月度环比负增长。但三、四、五线城市及乡村用户仍然保持增长。①

① QuestMobile：《中国移动互联网 2019 半年大报告》，http：//www. questmobile. com. cn/research/report - new/54。

三、四、五线城市及乡村地区的下沉市场成为移动互联网平台迅速增长的主要动力之一，电商平台、生活服务平台及内容（短视频）平台率先获得下沉市场红利。电商平台淘宝2019年第二季度超过70%的新增用户来自下沉市场；2019财年（2018年4月至2019年3月），这一比例达77%。[①] 京东2019年下半年有超过70%的新用户来自下沉市场。[②] 生活服务平台美团餐饮外卖2019年第四季度在低线城市的交易额增幅达45%，大多数新用户来自三线及以下城市。[③] 网络出行平台同程艺龙在2019年第一季度有61.5%的新付费微信用户来自三线或以下城市。

移动互联网"下沉"推动内容生产"下沉"，特别是在短视频领域。2019年上半年短视频新安装用户接近1亿，其增长动力来源于35岁及以上，三、四线城市的下沉用户。[④] 下沉用户喜爱的搞笑段子、娱乐八卦等泛娱乐内容成为2019年短视频内容生产的重点；另外，短视频的普及，让下沉用户从观赏消费者变成了内容生产者，来源于下沉用户的短视频不断增加，移动互联网正在成为市井文化新的发源地和重塑乡村文化的新场域。

2. "直播带货"成电商新风向

2019年被称为"电商直播元年"，各大电商平台积极探索"直播+"模式，"直播带货"成为增长迅速的新经济业态。截至2020年3月，我国网络直播用户规模达5.60亿，较2018年底增加1.63亿，占网民整体的62.0%，[⑤] 显示电商直播的巨大市场潜力。此外，约有25%的电商用户每天会观看电商直播，约46%的用户每周都会观看电商直播，超过60%的用户

---

① 《新增用户中超过70%来自下沉市场，阿里加速数字化赋能2020财年第一财季财报》，第一财经，https：//www.yicai.com/news/100297039.html。

② 《京东交出2019成绩单：新增用户多来自下沉市场，物流等服务收入增加》，第一财经，https：//baijiahao.baidu.com/s？id=1660065357086354591&wfr=spider&for=pc。

③ 《美团2019年财报：主体业务优势进一步巩固》，中新网，https：//www.sohu.com/a/384438073_123753。

④ QuestMobile：《中国移动互联网2019半年大报告》，https：//new.qq.com/omn/20190723/20190723A073W900.html。

⑤ 中国互联网络信息中心：《第45次中国互联网络发展状况统计报告》，http：//www.cnnic.net.cn/gywm/xwzx/rdxw/20172017_7057/202004/t20200427_70973.htm。

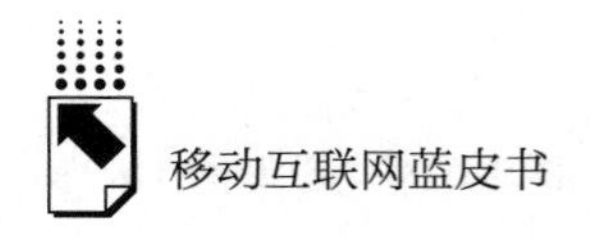

表示“直播带货”能够非常大或者比较大地引起消费欲望。①

商家通过一些“网红”主播在网络直播中推销商品，吸引网民主动购买。这一模式减少了商品销售中间商环节，提升了商品性价比，深受广大网民青睐。数据显示，2019 年，淘宝直播平台带货超过 2000 亿元，177 位主播带货销量破亿元，直播带货商品数超过 4000 万，商家直播店数同比增长 268%。② 一方面，“直播带货”通过发展“粉丝经济”，推动销售渠道下沉，助力“电商下乡”；另一方面，“直播带货”进一步提高了乡村农产品的知名度，推动农产品“上线”，助力精准扶贫与乡村振兴。

3. 智慧文旅产业添新动力

2019 年移动互联网与文旅产业融合加速，改变了文旅产业发展的格局、形式、营销和体验，正成为推动地方经济发展的新动力。

首先，短视频为扩大文旅传播，形成“网红”城市文化提供了新契机。短视频是一种更为丰富、更具分享精神的表达方式和信息传播手段。每一个网民都是文旅的信息源与传播媒介。比如重庆的解放碑、与电影《千与千寻》夜景相似的洪崖洞，还有轻轨入户、波浪形公路等景观，成为“网红”打卡之地。2019 年 6 月，世界文化遗产丽江古城保护管理局发起“#wa 原来你也在丽江”抖音挑战赛，只要网民拍摄丽江古城美景、美食等相关视频参与话题“#wa 原来你也在丽江#”，就有机会赢取奖金或景点、客栈、演艺等票券，利用这套激励机制，刺激网民的传播欲与分享热情。这些视频在世界各地网络广泛传播和发酵，吸引了更多的新游客，进一步提升了丽江的美誉度与影响力。

其次，5G、人工智能等新兴科技丰富游客移动互联网沉浸式体验、满足游客个性化消费需求，成为文旅产业发展的新引擎。当前很多旅游景点通过 VR（虚拟现实）、AR（增强现实）等技术将旅游目的地的故事背景与美

---

① 《从这份让罗永浩决定做电商直播的调查报告，看电商直播行业发展》，封面新闻，https：//baijiahao. baidu. com/s? id = 1661667303107482029&wfr = spider&for = pc。

② 《新增用户中超过 70% 来自下沉市场，阿里加速数字化赋能 2020 财年第一财季财报》，第一财经，https：//www. yicai. com/news/100297039. html。

景呈现在游客面前，提升游客旅游体验。2019 年 4 月 26 日，一艘 5G 智慧游船在南京秦淮河启航，超 150 万名观众通过移动 5G 高清直播观看。游客不必去景点，用一台手机就能体会到当日秦淮河的盛况与美景。

最后，新兴技术催生多元文化业态和智慧服务。比如故宫博物院打造“数字博物院”并推出“云游故宫”，输出更多精品数字文化传播内容。网民在故宫博物院官网和官方微信，就能游览故宫。浏览区域包括开放区域以及养心殿、重华宫等暂未开放区域的外部空间和内部空间，还有 VR 全景观赏，给网民带来了全新的体验。

4. 5G 加速工业互联网全方位突破

2019 年 3 月，“工业互联网”一词首次被写入政府工作报告。工业互联网所需的平台、网络、安全体系实现全方位突破。各行业进一步依托工业互联网推动数字化与智能化，从而赋能整个产业成本优化、转型升级。工信部数据显示，2019 年我国工业互联网产业规模将达到 4800 亿元，为国民经济带来近 2 万亿元的增长。①

全国工业互联网平台建设初具规模。特别是在移动互联网 C 端消费需求放缓的趋势下，各大互联网科技企业借助大数据、云计算、人工智能终端及移动网络优势，重点布局 B 端，通过搭建工业互联网平台，链接上下游企业，提升整个行业内部效率和对外服务能力。2019 年 3 月，电商平台京东在上海嘉定建设 5G 智能物流示范园区，依托 5G 网络通信技术，实现高智能、自决策、一体化，推动所有人、机、车、设备的一体互联，从而实现物流产业降本增效和转型升级。华为打造工业互联网平台 FusionPlant，为产业集群打造统一“上云上平台”入口，提供统一的数据底座，使研发设计生产数据同源。FusionPlant 平台也入选工信部 2019 年十大“跨行业跨领域工业互联网平台”。截至 2019 年底，全国具有一定区域和行业影响力的平台超过 70 个，重点平台平均工业设备连接数已达到 69 万台、工业 App 数量突

① 工业和信息化部副部长陈肇雄在出席 2019 工业互联网峰会“工业互联网技术创新与产业发展”主题论坛时的讲话。

破2124个。[①]

2019年，广覆盖、高可靠的工业互联网网络体系加快建设。截至2020年1月15日，我国工业互联网标识注册总量突破20亿，二级节点已上线运营45个，覆盖钢铁、电子、医药等19个行业，接入企业超过1000家。[②]“5G+工业互联网”应用正逐渐由巡检、监控等外围环节向生产控制、质量检测等生产内部环节延伸拓展。更多的企业、工业设备可以依托5G联网互通，链接企业内部人、设备、传感器，实现生产之间的互联和协同，推动企业数字化与产业升级。安全方面，国家、省、企业三级联动安全监测预防体系进一步完善。2019年，国家级工业互联网安全监测平台上线运行，可识别141类协议、4500余类联网设备和平台，进一步提升了工业互联网安全水平。

（三）政策法规不断完善，推动移动治理优化升级

1. 内容生态治理不断强化，移动网络空间更加清朗

2019年1月，中国网络视听节目服务协会发布《网络短视频内容审核标准细则》《网络短视频平台管理规范》两个文件，进一步强调短视频平台的管理责任，规范短视频传播秩序。2019年11月29日，国家互联网信息办公室、文化和旅游部、国家广播电视总局联合印发了《网络音视频信息服务管理规定》，并于2020年1月1日正式施行。该文件的出台补充和完善了已有的网络音视频信息服务管理制度，有力强化了移动空间音视频内容管理。

2019年1月，网络生态治理专项行动正式启动，持续开展6个月，对网站、移动客户端、论坛贴吧、即时通信工具、直播平台等重点环节中的淫秽色情、低俗庸俗、暴力血腥等12类负面有害信息进行整治。[③] 2019年12

---

① 国家工业信息安全发展研究中心：《2019～2020年中国工业互联网产融合作发展报告》，2020年2月。

② 数据来源：国家工业信息安全发展研究中心。

③《网络生态治理专项行动启动剑指12类违法违规互联网信息》，国家互联网信息办公室官网，http：//www. cac. gov. cn/2019－05/23/c_ 1124532119. htm。

月，国家互联网信息办公室发布《网络信息内容生态治理规定》，并于2020年3月1日正式施行，突出了网络信息内容生态治理主体的多元化，明确了内容生产者禁止触碰的十条红线，将我国网络信息内容的生态治理进一步纳入法治轨道，既彰显了网信部门在内容生态治理上的创新制度设计，也是对监管部门内容生态治理工具的全方位展示，对于打击网络黑灰色产业链、构建良好网络生态具有重要意义。

2019年2月，全国"扫黄打非"办公室陆续开展"护苗2019""净网2019"等专项行动，聚焦整治网络色情和低俗问题，着重整治网络文学领域，继续严厉打击非法网络直播平台；集中整治自媒体炒作敏感问题、传播有害信息、敲诈勒索等活动。《未成年人节目管理规定》《关于防止未成年人沉迷网络游戏的通知》等多项管理规章出台，强化对未成年人接触较多的互联网应用的整治，坚决查办涉未成年人的"黄""非"案件，确保未成年人上网安全。

2. 个人信息保护法制化加速，成为移动空间治理一大重点

数字经济时代，个人数据越来越成为重要的战略性资源，不仅在商业运营中为企业带来巨大利益，而且在社会公共服务中也发挥着重要作用，但由此也带来隐私泄露、个人信息被滥用等问题，严重阻碍了我国移动互联网的健康发展。2019年，中央网信办等四部门全年开展"App违法违规收集使用个人信息专项治理"，工信部信管局"信息通信领域App侵害用户权益"、市场监管总局"守护消费"暨打击侵害消费者个人信息违法行为、工信部网安局"电信和互联网行业提升网络数据安全保护能力"等专项执法行动，被舆论称为"正当其时"。全国公安机关"净网2019"专项行动，对侵犯个人信息的违法犯罪行为亦加大惩治力度。

关于个人信息保护的法律法规和标准建设同步开展。2019年8月8日，《信息安全技术 移动互联网应用程序（App）收集个人信息基本规范（草案）》[①] 面向社会公开征求意见，这是我国第一个针对App收集个人信息时

① 基于各单位和个人反馈意见以及App违法违规收集使用个人信息专项治理工作实践经验，标准编制组对草案版本予以优化和更新，2019年10月25日发布《信息安全技术 移动互联网应用程序（App）收集个人信息基本规范（草案）》最新版本。

应满足的基本要求而起草的国家标准。8 月 23 日，国家互联网信息办公室发布《儿童个人信息网络保护规定》，这是我国第一部针对儿童个人信息网络保护的专门立法，体现了对儿童个人信息全生命周期的保护。12 月，国家互联网信息办公室、工业和信息化部、公安部、市场监管总局联合印发《App 违法违规收集使用个人信息行为认定方法》，使个人信息保护在执法层面得以落实。同月，全国人大法工委宣布将于 2020 年制定个人信息保护法和数据安全法，个人信息保护立法将进入新阶段。

3. 移动政务服务跨入新阶段，集约化规范化进程加快

随着“互联网 + 政务服务”的深入推进，移动互联网推动政务服务由“网上办”向“指尖办”转变。2019 年，基于移动互联网的政务 App、小程序、公众号等在全国各地普及应用，“掌上办”“随身办”成为一种新时尚，企业和民众可以像“网购”一样方便地享受公共服务，我国移动政务应用进入新阶段。2019 年 6 月，由国务院办公厅主办的首个全国性政务服务微信小程序“中国政务服务平台”正式上线，打通了国家政务服务平台的身份认证系统、电子证照系统、统一政务服务投诉与建议以及用户反馈等功能服务，支持刷脸技术，方便用户在线办理查询、缴费、申领证件、投诉等 200 余项政务服务。[①] 各省级移动政务服务集约化程度提升，消除“各自为政”，数据同源共享，推动实现“全国一盘棋”。在新冠肺炎疫情防控期间，国家政务服务平台推出“防疫健康信息码”，各地区按照政务服务平台防疫健康信息码服务统一标准，通过对接国家平台“健康码”实现互认共享。

随着《国务院关于在线政务服务的若干规定》《政府网站与政务新媒体检查指标》《政府网站与政务新媒体监管工作年度考核指标》《国务院办公厅关于建立政务服务“好差评”制度提高政务服务水平的意见》等规章出台，我国移动政务的规范化水平不断提升，服务效能明显增强。移动信息终

① 《“中国政务服务平台”小程序上线 200 多项政务服务在线办理》，新华网，http://www.xinhuanet.com/politics/2019-06/05/c_1124587901.htm。

端被广泛应用于现场执法、交通管理、网格治理、城市管理等诸多领域，通过移动信息发布、即时信息收集、移动数据交换等形式，打通了城市治理的“最后一公里”。[①] 截至2020年3月，我国在线政务服务用户规模达6.94亿，占整体网民的76.8%，比2018年底增长76.3%。[②] 移动政务服务平台已经成为创新政府管理的新渠道。

4. 移动互联网发挥巨大作用，助力打赢脱贫攻坚战

截至2019年底，我国行政村通4G网络的比例超过99%，提前实现了《“十三五”国家信息化规划》2020年的目标。安徽、河南、重庆、云南、江西等省份所有贫困村实现4G网络100%全覆盖。河北省206个深度贫困村已经全部实现4G覆盖。[③] 工信部和国务院扶贫办印发《关于持续加大网络精准扶贫工作力度的通知》，要求对全国建档立卡贫困户选择使用光纤宽带和移动手机等基础通信服务资费套餐的，给予最大幅度折扣优惠。贫困村的移动宽带用户数快速增长，截至2018年底，全国贫困村通宽带比例提升至97%，移动宽带用户数增至16855万户。[④]

移动互联网在贫困地区的建设普及加速了电商扶贫进程。2019年前11个月，国家级贫困县网络零售额达2166.1亿元，同比增长31.7%，增速比农村网络零售额增速高12.7个百分点，比全国网络零售额增速高15.1个百分点。[⑤] 2019年我国电子商务进农村综合示范工作聚焦深度贫困地区，新增支持94个贫困县，累计支持示范县1231个（次），对832个国家级贫困县实现了全覆盖。[⑥] 短视频及直播带货等社交电商模式逐渐成为推动贫困地区

① 见本书《移动互联网驱动政府治理能力提升》。

② 中国互联网络信息中心：《第45次中国互联网络发展状况统计报告》，http://www.cnnic.net.cn/gywm/xwzx/rdxw/20172017_7057/202004/t20200427_70973.htm。

③ 见本书综合篇B3《移动互联网助力打赢脱贫攻坚战》。

④ 《全国4.3万个贫困村完成光纤建设　通宽带比例达97%》，新京报，https://xw.qq.com/cmsid/20191119A0IHL400。

⑤ 商务部新闻办公室：《【2019年商务工作年终综述之十】砥砺奋进　书写现代市场体系建设新篇章》，商务部网站，2019年12月2日。

⑥ 《商务部：电商扶贫实现贫困县全覆盖　商务扶贫取得积极成效》，央视网，http://news.cctv.com/2019/12/31/ARTI1KWIrrwqKlSN3P3G5sGE191231.shtml。

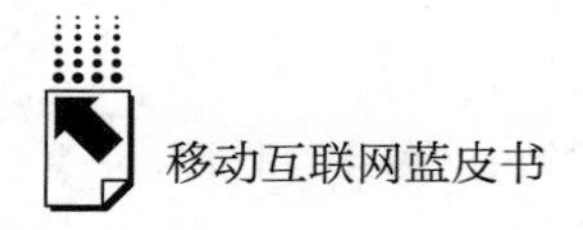

农产品上行的加速器。拼多多“多多农园”项目、淘宝直播“村播”计划等扶贫成效显著。

此外，移动互联网还推动改善贫困地区乡村治理，繁荣贫困地区网络文化，推进贫困地区公共服务均等化。“互联网+党建”App推进贫困地区基层党建工作创新发展。移动互联网新媒体丰富贫困地区群众精神文化生活，以展现农村风貌、农民生活、地方美食特产为主题的网络文化内容高速增长。优质教育资源通过移动互联网覆盖偏远贫困地区。国家中小学网络云平台上线，用户覆盖全国31个省（区、市），特别是覆盖偏远农村网络信号弱或有线电视未通达地区。“移动互联网+医疗”扶贫不断深化，为扶助对象提供精准医疗健康服务。截至2019年底，重庆市所有公立医疗机构完成电子健康卡用卡环境改造，基本实现全市168万贫困人员电子健康卡全覆盖。①

5. 主流媒体价值引领作用进一步凸显，移动空间正能量充沛

2019年1月25日，习近平总书记在人民日报社主持中央政治局集体学习时强调：“要坚持移动优先策略，让主流媒体借助移动传播，牢牢占据舆论引导、思想引领、文化传承、服务人民的传播制高点。”主流媒体顺应时代发展要求，贯彻落实中央决策部署，加速推进“移动优先”战略。通过开设“两微一端一号一抖”（微博、微信、客户端、头条号、抖音）等账号，主流媒体进一步开辟移动互联网阵地，重构了新闻传播版图，极大地增强了网上正能量的内容供给，持续引领移动互联网主流价值。人民网发布的《2019中国媒体融合传播指数报告》显示，2019年媒体融合传播矩阵触达更加广泛的人群。在包含报纸、电视、广播在内的950个媒体微博账号中，《人民日报》的微博账号粉丝量最高，达到1.02亿；中央电视台新闻频道的头条号“央视新闻”，关注人数为7330万，居所有聚合新闻客户端的媒体账号首位；《人民日报》开通的抖音账号“人民日报”粉丝量达5299万，居所有媒体抖音账号首位；湖南电视台自建客户端芒果TV下载量超过31.9

① 《看病只需带部手机！重庆推进“电子健康卡”全覆盖》，人民网，http://cq.people.com.cn/n2/2019/1209/c365401-33618175.html。

亿，居所有媒体客户端下载量首位。

2019年是新中国成立70周年，移动舆论场热点较为集中，多个话题跨场域传播，但主旋律突出、正能量充沛，舆情整体平稳并呈现积极态势。新中国成立70周年庆祝活动推动网上爱国热情与民族自豪感“飙升”，在移动互联网“两微一端”等平台上，“我和我的祖国”主题持续高热，微博话题“#我和我的祖国#”阅读量超63.4亿。网友自发齐晒“我和祖国合影”“我和国旗同框”等，“给我一面国旗@微信官方”在微信朋友圈刷屏。网上为祖国庆生、表达爱国情怀、缅怀前辈英烈的声音充沛。十九届四中全会推动“中国之治”继续走向完善，网民纷纷点赞。中美贸易摩擦持续2019年整年，舆情热度高、话题爆点多，广大网民坚定支持我党和政府立场，流露出强烈的爱国情感及“捍卫国家利益”的信念，且普遍表现出自信的心态，民族情感又一次在移动互联网持续凝聚和高涨。北京大兴国际机场正式通航、国家5G部署、华为鸿蒙操作系统推出等国家成就点燃网民爱国热情，相关话题微博阅读量均破亿，不少网民称“真切体会到走在强盛之路上的震撼与激动”。

三　中国移动互联网发展面临的挑战与发展趋势

（一）中国移动互联网发展面临的挑战

1. 科技崛起遭遇遏制和技术断供

2019年，中美经贸磋商虽然取得重要进展，但美方反复无常，其霸凌主义、极限施压的做法给世界经济增长蒙上了阴影，其打压、遏制中国发展壮大的意图越来越为世人看清。美国极端政治势力试图将中国排斥在现有世界经济和科技体系之外，扬言“技术断供”，以加速在各个方面封堵中国。2018年中兴被美国断供，2019年美国商务部将华为列入“实体名单”，对华为供应链实施全球封杀等，都表明美国政府所为已经具有中美科技脱钩的现实针对性。

当前，中国5G、人工智能、大数据、区块链等技术发展已经走在世界前列，但移动互联网核心技术和平台对外依赖程度依然较高，关键元器件依然依赖进口。一方面，要警惕美国“技术断供”风险，避免关键领域产业链断裂。增强战略定力，潜心基础核心软硬件的自主研发，努力构建移动互联网技术新生态。另一方面，在“你中有我，我中有你”的世界经济和科技进步格局下，无论外部压力多大，中国都不能回到“闭关锁国”的状态自我循环谋求发展，应主动引进全球先进技术，积极参与国际规则制定，在移动操作系统和芯片制造等领域，逐步扩大影响力，掌握产业链核心环节、占据价值链高端地位。

2. 向产业互联网转型面临现实挑战

当前，移动互联网向产业互联网转型仍面临一些挑战。一是受新冠肺炎疫情影响国内投资募资市场低迷。2019 年底突如其来的全球新冠肺炎疫情，使世界经济严重衰退，给我国移动互联网向产业互联网转型带来较大不确定性。据国家工业信息安全发展研究中心跟踪统计，2020 年 1 月至 2 月中下旬，国内工业互联网融资案例共 8 起，较上年同期下降 42. 86%，披露融资金额 2. 5 亿元，较上年同期大幅降低 86. 55%。① 二是企业数字化程度亟待加强。企业对核心技术的掌握及数字化程度，决定了产业互联网的广度和深度。向产业互联网转型，不仅需要企业内部实现数字化，还需要企业打通上下游、实现采购协同、客户协作生产等，更需要产业互联网平台对特定行业的生产工艺和控制机理等深入研究以满足行业专业需求。当前国内企业数字化程度普遍偏低，产业互联网转型和企业上云的意识不强。在目前的产业平台中，真正做到产业互联网化的大概只有 10%，剩下的 90% 运营不佳。② 三是数据确权与安全问题影响产业互联网发展。目前产业互联网平台在数据产权确认、交易、保护、跨境流转等方面的标准和规范尚不健全，企业“想用数据解决问题，又怕使用数据产生问题”。建立数据管理机制和相关

① 见本书 B11《2019～2020 年中国工业互联网发展报告》。

② 浙江清华长三角研究院产业互联网研究中心：《2019 产业互联网白皮书》，http://field.10jqka.com.cn/20190909/c613865199.shtml。

法规体系成为当务之急。

3. 5G 全面商用带来新的安全隐患

2019 年，全球超过 30 个国家的 60 个网络开通了 5G 商用。[①] 5G 商用带来的连接主体增多、流量增多、交互更强、速度更快，对网络安全管理提出新的要求。无论是对视频会议流量的检测、攻击用户的识别，还是对带有风险的攻击、威胁的检测都变得愈发困难。5G 网络使用的虚拟化技术，使安全分析向云化的基础设施转移，网络被攻击的风险点或增多，用户隐私信息泄露的风险恐增大。此外，5G 推动下实现“万物智联”，各类参与连接的主体之间的安全界面和责任更为模糊，对网络安全保障提出了新的挑战。[②]

5G 时代对内容安全管理也提出了更高的要求。在 5G 网络高速度与低时延传播条件下，舆情事件从萌芽到广泛传播的时间大大缩短，面临“即时化”风险。此外，5G 的技术特性将带来短视频的爆发，“随拍随发”将可能实现。短视频制作和发布便捷，且比文字、图片更“真实”、直观，易推动舆情事件迅速发酵与广泛传播，冲击网络信息管理。此外，车联网、可穿戴设备、智能家居等 5G 应用都可能成为舆情风波的“策源地”；区块链技术号称“永不被删除”，容易扩散违法违规信息；人工智能带来舆论操控与数据滥用问题。5G 时代，全面提升技术治网能力和水平，规范数据资源利用，防范新技术带来的风险，尚需要不断探索。

（二）中国移动互联网发展趋势

2020 年，是互联网新的 50 年的开启之年，更是 5G 在中国大规模商用之年，移动互联网在实现中国经济社会发展目标，推进国家治理水平和治理能力现代化的进程中，将发挥更加重要和积极的作用。

---

① 《华为 5G 已走出中国遍布全球：已超过 60 个 5G 商用网络，多半来自欧洲》，https：//xw. qq. com/cmsid/20200314A0LW2C00？f = newdc。

② 《5G 带来安全挑战　中国未雨绸缪》，中国新闻网，https：//baijiahao. baidu. com/s？id = 1650909095947752131&wfr = spider&for = pc。

1. 5G 网络建设及其应用拓展将成为“新基建”的重要牵引

2020 年初以来，中央一系列重要会议都提出加快 5G 网络等新型基础设施建设，统筹传统和新型基础设施发展，频率之高史无前例。新型基础设施三方面内容之一就是基于新一代信息技术演化生成的信息基础设施，包括以 5G、物联网、工业互联网、卫星互联网为代表的通信网络基础设施，以人工智能、云计算、区块链等为代表的新技术基础设施，以数据中心、智能计算中心为代表的算力基础设施等。[①] 2020 年全国两会审议的政府工作报告明确提出，将扩大投资、重点支持新型基础设施建设，发展新一代信息网络，拓展 5G 应用等。在“新基建”带动下，我国移动互联网必将迎来跨越式发展，5G 网络建设及其应用拓展将成为近期新型基础设施建设的重要牵引。工信部预计，2020 年底全国 5G 基站数将超过 60 万个，实现地级市室外连续覆盖、县城及乡镇有重点覆盖、重点场景室内覆盖。[②] 据中国信息通信研究院预测，2025 年 5G 网络建设投资累计将达到 1. 2 万亿元，间接拉动投资累计超过 3. 5 万亿元。[③] 2020 ~ 2025 年，5G 商用将带动 1. 8 万亿元的移动数据流量消费、2 万亿元的信息服务消费和 4. 3 万亿元的终端消费。[④]

2. 移动消费爆发式增长,新模式新业态孕育成长

新冠肺炎疫情在某种程度上“重塑”了人们的消费习惯，更多消费场景由线下转至线上。习近平总书记在 2020 年 2 月中央政治局常委会会议研究应对新型冠状病毒肺炎疫情工作时讲话指出，“要加快释放新兴消费潜力，推动增加电子商务、电子政务、网络教育、网络娱乐等方面的消费”。在线消费习惯在政策鼓励下将进一步固化、强化，并逐渐形成新的消费模式

---

① 《国家发改委首次明确新基建范围　将从四方面促进新基建》，中国新闻网，https：//baijiahao. baidu. com/s? id = 1664477749577120932&wfr = spider&for = pc。

② 《网络建设提速！工信部预计年底全国 5G 基站超 60 万个》，新华网，http：//www. xinhuanet. com/2020 - 03/31/c_ 1125794483. htm。

③ 《王志勤：加快 5G 网络建设　点燃数字化转型新引擎》，新浪网，https：//tech. sina. com. cn/5g/i/2020 - 03 - 04/doc - iimxxstf6289068. shtml。

④ 《中国信通院辛勇飞：加快新型基础设施建设，推动经济社会数字化转型》，人民邮电报，https：//www. sohu. com/a/379245225_ 100000136。

和业态。比如，“线上下单、服务到家、快捷反应”将成为新零售企业的标配，无接触配送等模式进一步完善。在疫情期间利用网络广泛开展的在线问诊、网络授课、视频会议、远程办公以及云答辩、云招聘、云健身等，将推动形成服务消费新业态。网络视频、网络游戏等娱乐消费也将随着5G的发展进一步爆发。在5G的推动下，网络内容将实现文字、图片、音频、视频、位置等信息的有效融合，视频传播、高清直播无处不在，成为移动互联网内容传播的主要方式。随着我国消费扶贫深入推进，直播带货、VR看货等或将成为各地区打造地方特色形象、实现全面脱贫和乡村振兴的重要手段之一。

3. 5G全面商用促进产业数字化转型升级

5G网络建设、应用推广、技术发展和安全保障加速推进，将进一步推动物联网、工业互联网、车联网等发展，带来更广阔的应用场景，为经济社会发展注入新动能。我国已建成全球最大的窄带物联网网络，蜂窝物联网用户规模达10亿左右，占全球的一半以上，在公共安全、能源环保、智慧市政等领域涌现一批可推广的物联网行业解决方案。[①] 工业互联网建设将驶入“快车道”，根据工信部《“5G+工业互联网”512工程推进方案》，到2022年将打造5个产业公共服务平台，内网建设改造覆盖10个重点行业，形成至少20大典型工业应用场景，培育形成5G与工业互联网融合叠加、互促共进、倍增发展的创新态势。[②] 在5G的推动下，智慧交通将加速落地。预计2020年，中国车联网连接数量将达到6000万规模，中国V2X（Vehicle to Everything）用户将超过6000万，渗透率超过20%，市场规模超过2000亿。[③] 医疗健康、媒体娱乐正在成为5G应用的先导性领域。基于视频与图像交互的远程诊断与指导、基于医疗设备数据无线采集的医疗监测等将更为

---

① 《中国信通院辛勇飞：加快新型基础设施建设，推动经济社会数字化转型》，人民邮电报，https://www.sohu.com/a/379245225_100000136。

② 国家互联网信息办公室：《工业和信息化部印发〈“5G+工业互联网”512工程推进方案〉》，http://www.cac.gov.cn/2019-11/24/c_1576133540276534.htm。

③ 《2020年中国车联网行业发展现状及未来发展前景分析》，中国信息产业网，http://www.chyxx.com/industry/202002/832901.html。

普遍，5G 和医疗结合的场景将更多样。疫情期间，“5G + 云直播”成就了武汉火神山、雷神山医院建设的全天候 24 小时高清直播，被称为史上最强“云监工”项目。5G 技术将为媒体带来融合化、精准化服务能力提升，智能化、数据化、立体化呈现，泛社会化参与、泛在化传播、与网络紧密协同等新的发展趋势。5G 还将大幅改善在线教育的互动性体验，全面覆盖线上线下教育场景。截至 2020 年 5 月 8 日，全国 1454 所高校 103 万名教师开出了 107 万门在线课程，参加在线学习的大学生共计 1775 万人，合计 23 亿人次。截至 5 月 11 日国家中小学网络云平台访问人次达 17.11 亿，浏览次数达 20.73 亿。[①] 传统课堂教学与在线教学将长期共存并深度融合，并将催生线上线下混合式教学等新的教育形态和新的人才培养范式。

4. 5G 加速推进数字政府、智慧城市与数字乡村建设

新冠肺炎疫情期间，移动互联网大数据、人工智能等科技手段为疫情防控提供了重要支撑与保障。比如，运用电信大数据分析，为全国疫情防控提供动态人员流动信息，向用户本人提供“14 天内到访地查询”服务等，支撑地方对疫情的精准防控和精准施策，服务国家对整体疫情态势的预测预警。但此次疫情也暴露出一些地方政府数字治理能力欠缺，科技防控的地区应用水平不平衡等问题。疫情防控是对政府数字治理能力的一次大考，也成为我国数字政府建设和社会治理能力提升的重大契机。党的十九届四中全会对推进国家治理体系和治理能力现代化做出了全面战略部署，明确要求“建立健全运用互联网、大数据、人工智能等技术手段进行行政管理的制度规则。推进数字政府建设，加强数据有序共享，依法保护个人信息”。2020 年 2 月，上海市政府发布《关于进一步加快智慧城市建设的若干意见》，计划聚焦智慧政府、智慧社会、数字经济等，全面推进新型智慧城市建设与城市发展战略深度融合，到 2022 年，将上海建设成为全球新型智慧城市的排头兵、国际数字经济网络的重要枢纽。未来，移动互联网在重大公共事件应

---

① 《疫情期间，在线教育成效如何?》，腾讯网，https：//new. qq. com/rain/a/20200521A07A8200。

急管理和社会治理中的应用将会全面加速，特别是5G能够快速、广泛、精准地连接人与人、人与物、物与物，将全面提升路灯、井盖等物理设施的链接能力，将智能感知进一步延伸到小区、菜市场等基层空间，将基层空间纳入城市管理系统、公共服务体系，从而形成更加完备的立体化的城市治理体系，推动数字政府和智慧城市建设。2020年是脱贫攻坚收官之年，更需要发挥移动互联网优势，完善防止返贫机制，巩固精准扶贫成效，发挥5G等新技术优势，推动脱贫地区向数字乡村方向发展。

5. 移动互联网数据要素价值进一步凸显

2019年，全球网民规模突破45亿，普及率超过50%。[①] 移动互联网在人类历史上第一次通过技术把全球大多数人直接连接起来。到2025年，全球移动互联网用户总数将达到50亿（占总人口的60%以上），全球物联网连接数量将达到250亿。[②] 2020年5月，工信部发布《关于深入推进移动物联网全面发展的通知》，要求到2020年底，NB-IoT（窄带物联网）网络实现县级以上城市主城区普遍覆盖，重点区域深度覆盖；移动物联网连接数达到12亿。[③] 人与物的连接，使移动互联网产生了海量的数据，而数据已经成为互联网时代的基础性资源和战略性资源，对于构建以数据为关键要素的数字经济至关重要。2019年10月底，党的十九届四中全会首次将“数据”列为生产要素；2020年4月10日，《中共中央、国务院关于构建更加完善的要素市场化配置体制机制的意见》正式公布，明确提出要充分发挥数据这一新型要素对其他要素效率的倍增作用，培育发展数据要素市场，使大数据成为推动经济高质量发展的新动能。在国家加快培育数据要素市场政策驱动下，建立统一的数据标准规范，构建多领域数据开发利用场景，全面提升数据要素价值，将成为移动互联网发展的重点方向。如何进行数据确权、定

① Digital 2020 Global Digital Overview，https：//max. book118. com/html/2020/0326/6005124030002152. shtm.

② 《2019 移动经济报告：2025 全球移动用户数将达60亿　5G占全球移动连接15%》，前瞻网，https：//baijiahao. baidu. com/s？id = 1627042927591512856&wfr = spider&for = pc。

③ 《工信部：加快5G网建设，到年底移动物联网连接数要达12亿》，澎湃新闻，https：//www. thepaper. cn/newsDetail_ forward_ 7290497。

价、交易，如何用技术保障数据流动安全可控，如何平衡个人隐私和公共利益等问题的探索，也将推动形成一系列的新规则，助力移动互联网数据要素价值充分显现。

参考文献

工业和信息化部：《2019 年通信业统计公报》，http：//www. miit. gov. cn/n1146312/n1146904/n1648372/c7696411/content. html。

工业和信息化部：《2019 年通信业统计公报解读》，http：//www. miit. gov. cn/n1146285/n1146352/n3054355/n3057511/n3057518/c7696245/content. html。

中国互联网络信息中心：《第 45 次中国互联网络发展状况统计报告》，http：//www. cnnic. net. cn/gywm/xwzx/rdxw/20172017_ 7057/202004/t20200427_ 70973. htm。

中国信息通信研究院：《2019 年 12 月国内手机市场运行分析报告》，https://www. askci. com/news/chanye/20200110/0916091156225. shtml。

QuestMobile：《中国移动互联网 2019 半年大报告》，http：//www. questmobile. com. cn/research/report－new/54。

综 合 篇 

Overall Reports

B.2 2019年移动互联网政策法规与趋势展望

刘晶晶 支振锋*

摘 要： 2019年，我国加强移动互联网新规则、新制度建设，涉及国家治理、网络安全、信息内容治理、产业发展等方面。在未成年人保护、个人信息保护、网络生态治理、电子商务等领域展开了专项治理行动。面对新问题、新挑战，将进一步加强数据治理，立法完善数据权属促进数据的合理使用与监管，压实内容治理平台责任，创新个人信息保护制度，不断强化新技术、新业态监管。

关键词： 移动互联网 网络安全 政策法规 内容治理 产业发展

* 刘晶晶，中国社会科学院上海市政府上海研究院、上海大学社会学院博士生，研究方向为网络法治、都市社会管理；支振锋，中国社会科学院法学研究所研究员，研究方向为法学理论、网络空间治理、网络法治、比较政治。

随着移动网络通信基础设施的不断升级换代，特别是4G网络的成熟应用以及5G商用的稳步推进，我国移动互联网产业快速发展，全面渗透公众社会生活。但移动互联网发展过程中暴露的安全问题也不容小觑，移动应用程序（以下简称App）强制授权、过度索权、超范围收集个人信息、违法违规使用个人信息、注销难等问题严重侵害用户权益，还有一些App传播淫秽色情信息、向用户推送虚假违法广告、数据造假等，严重破坏移动互联网信息内容生态；而一些恶意App窃取用户账号和密码，通过发送短信进行手机支付等行为给用户带来财产损失。2019年，我国移动互联网领域法制建设取得了新的进展，以网络安全法为基础框架，适应移动互联网技术发展出台了一系列新的政策法规。

一 2019年移动互联网新规则、新制度

（一）国家治理

1. 移动微法院惠及百姓，彰显司法为民

2019年3月19日，最高人民法院下发《关于在部分法院推进“移动微法院”试点工作的通知》，明确自2019年4月1日开始陆续在北京市、河北省、辽宁省、吉林省、上海市、浙江省、福建省、河南省、广东省、广西壮族自治区、四川省、云南省、青海省辖区内所有法院（含专门人民法院）推进“移动微法院”试点工作。截至2019年10月31日，移动微法院注册当事人已达116万人，注册律师达73200人，在线开展诉讼活动314万件。[①] 移动电子诉讼平台巧妙地利用了移动互联网的便捷性、互动性、广覆盖面，以最大限度惠及每一位诉讼参与人，让群众少跑腿，实现了动动手指就可以完成在线立案等诉讼程序。但互联网技术与司法服务融合发展实践中，有些问题不容忽视。一是如何避免数字鸿沟损害司法平等。虽然互联网技术已经

① 《中国法院的互联网司法》，人民法院出版社，2019，第12页。

深刻影响了公众日常生活，但并非人人都能熟练利用互联网在线参与诉讼，要防止数字鸿沟导致诉讼参与能力的新的不平等。二是如何确保司法数据安全。诉讼参与人在线参与诉讼过程中提交的身份资料、证据材料等都可能涉及个人隐私，一旦发生诉讼信息泄露，必然会引发公众对司法公正的质疑，影响司法公信力。三是如何实现真正司法为民。“移动微法院”旨在推动司法为民，需要确保在实际运行中能够真正帮助普通老百姓更加便捷地参与诉讼，避免因技术障碍增加民众诉累。

2. 信息化改革助推基层治理能力现代化

习近平总书记在2018年8月召开的全国宣传思想工作会议上指出，要扎实抓好县级融媒体中心建设，更好引导群众、服务群众。[①] 2019年，中宣部和国家广播电视总局联合发布了《县级融媒体中心建设规范》《县级融媒体中心省级技术平台规范要求》《县级融媒体中心网络安全规范》《县级融媒体中心运行维护规范》《县级融媒体中心监测监管规范》等5个文件，形成了建设县级融媒体中心的基本标准和规范。与商业媒体融合不同，县级融媒体建设承担的更多的是政务服务功能，是提升基层治理现代化的重要手段，是引导群众、服务群众的重要工具，但从实践来看，当前许多县级融媒体并未真正发挥实际效用，而仅仅是政务宣传平台，政务服务功能较弱。

（二）网络安全

1. 系统化完善个人信息保护法律体系

2019年，相关部门采取了一系列措施加大个人信息保护力度，确保个人信息保护有法可依，有章可循，主要表现在三个方面。第一，适应信息技术发展，适时修订或出台国家标准。2019年8月8日，《信息安全技术　移

① 《举旗帜聚民心育新人兴文化展形象　更好完成新形势下宣传思想工作使命任务》，人民网，http：//media. people. com. cn/n1/2018/0823/c40606－30245183. html，最后访问时间为2020年3月31日。

动互联网应用程序（App）收集个人信息基本规范（草案）》[1] 面向社会公开征求意见，这是我国第一个专门针对App收集个人信息时应满足的基本要求而起草的国家标准，明确提出App收集个人信息应满足的16项基本要求，并在附录规定了21种常用服务类型可收集的最小必要信息以及最小必要权限范围。第二，编制技术规范，科学评估App收集、使用用户个人信息的现状，引导App运营者自查自纠。App违法违规收集、使用个人信息专项治理工作组编制了“App违法违规收集使用个人信息自评估指南”“App违法违规收集使用个人信息评估要点和操作规程”“大众化应用基本业务功能及必要信息规范”等技术规范，[2] 既明确了评估依据和标准，确保了评估工作的科学性与公正性，也为App运营者对其收集、使用个人信息的情况进行自查自纠提供了参照指南。第三，针对特殊群体个人信息给予特殊保护。2019年8月23日，国家互联网信息办公室发布《儿童个人信息网络保护规定》，这是我国第一部针对儿童个人信息网络保护的专门立法，明确地把“儿童”界定为不满十四周岁的未成年人，采用属地原则，只要在我国境内通过网络从事收集、存储、使用、转移、披露儿童个人信息等活动，都要受到该规定的约束，实现了儿童个人信息全生命周期的保护。同时，明确要求网络运营者应当设置专门规则，并指定专人负责，体现了我国对儿童个人信息的严格保护理念。

2. 网络安全等级保护制度再升级

随着云计算、大数据、移动互联网、物联网、工业互联网、人工智能等新技术的不断发展，等级保护的对象范围不断扩大，对等级保护的要求也不断提高。2019年5月10日，《信息安全技术网络安全等级保护基本要求》《信息安全技术网络安全等级保护测评要求》《信息安全技术网络安全等级

---

① 基于各单位和个人反馈意见以及App违法违规收集使用个人信息专项治理工作实践经验，标准编制组对草案版本予以优化和更新，于2019年10月25日发布《信息安全技术　移动互联网应用程序（App）收集个人信息基本规范（草案）》最新版本。

② 《App专项治理工作组相关负责人就开展App违法违规收集使用个人信息评估工作答记者问》，光明网，http://politics.gmw.cn/2019-03/01/content_32590097.htm，最后访问时间为2020年3月31日。

保护安全设计技术要求》等国家标准正式发布，并于2019年12月1日正式实施。这一系列网络安全等级保护相关的国家标准是对等级保护1.0时代信息系统等级保护相关标准的修订。2017年6月1日实施的网络安全法在法律层面对等级保护制度加以确认，此次等级保护相关国家标准的修订也体现了等级保护从信息安全向网络安全的转变，更加强调网络空间安全的概念，在保护对象上也由原来的信息系统扩展到基础信息网络、云计算平台/系统、大数据应用/平台/资源、物联网、采用移动互联技术的系统、工业控制系统等。

3. 专门立法强化网络安全漏洞管理

利用网络安全漏洞进行的网络攻击、网络盗窃、网络诈骗等违法犯罪活动越来越多，给公众造成了重大损失，社会危害性极强。2019年上半年，在国家信息安全漏洞共享平台收录的漏洞中，应用程序漏洞占56.2%，Web应用漏洞占24.9%，操作系统漏洞占8.3%，网络设备（如路由器、交换机等）漏洞占7.6%，数据库漏洞占1.8%，安全产品（如防火墙、入侵检测系统等）漏洞占1.2%。[①] 2019年6月18日，工信部发布《网络安全漏洞管理规定（征求意见稿）》，从漏洞发现、漏洞接收、漏洞验证、漏洞处置、漏洞发布等多个环节实现对网络安全漏洞的全生命周期管理，规定了不同主体在发现或获知网络安全漏洞后以及向社会发布漏洞信息的过程中应当承担的义务，用以规范网络安全漏洞报告和信息发布等行为，保证网络产品、服务、系统的漏洞得到及时修补。2019年7月8日，国家工业信息安全漏洞库正式上线。

（三）信息内容治理

1. 综合治理营造良好生态

2019年12月15日，国家互联网信息办公室公布《网络信息内容生态

① 《2019年上半年我国互联网网络安全态势》，中共中央网络安全和信息化委员会办公室官方网站，http://www.cac.gov.cn/2019-08/13/c_1124871484.htm，最后访问时间为2020年3月31日。

治理规定》，并于2020年3月1日起正式施行。《网络信息内容生态治理规定》在细化网络信息内容的界定与分类、厘清各相关主体的权利与责任等方面，有所推进；在个性化算法推荐技术应用、内容审核、用户管理、鼓励开发适合未成年人使用模式以及要求互联网信息内容服务平台编制网络信息内容生态治理工作年度报告等方面，也有新意；在平台优化信息推荐机制，加强版面页面生态管理，建立健全人工干预和用户自主选择机制，发布、删除信息及其他干预信息呈现的手段，深度学习、虚拟现实等新技术新应用，流量造假、流量劫持，以及虚假注册账号、非法交易账号、操纵用户账号等方面的具体规定，对于打击网络黑灰色产业链、构建良好网络生态也很有意义。[①] 既彰显了网信部门在信息内容治理上全主体参与、全平台覆盖、全流程监管、全环节治理的制度设计，也是对监管部门网络信息内容生态治理工具的全方位展示。

2. 音视频信息服务治理日趋成熟

2019年11月29日，国家互联网信息办公室、文化和旅游部、国家广播电视总局联合印发了《网络音视频信息服务管理规定》，并于2020年1月1日正式施行。该文件的出台一方面补充和完善了已有的网络音视频信息服务管理制度，与《互联网新闻信息服务管理规定》、《互联网文化管理暂行规定》和《互联网视听节目服务管理规定》等相关法律法规实现了较好的衔接。另一方面紧紧抓住技术发展的趋势，对网络音视频信息服务提供者利用深度学习、虚拟现实等新技术新应用制作、发布和传播音视频信息，做出了更为细致而明确的规定。[②]

3. 强化平台信息安全管理责任

为实现社交平台信息内容源头可追溯，2019年2月1日，全国信息安全标准化技术委员会发布了国家标准《信息安全技术　社交网络平台信息

① 支振锋：《信息内容生态治理并非“禁网令”》，《环球时报》2020年3月2日，第15版。

② 支振锋：《完善促进网络音视频信息服务向上向善的制度体系——评〈网络音视频信息服务管理规定〉》，北大法宝，http://pkulaw.cn/fulltext_form.aspx?Gid=030ce38c23adc173ce6ff9fef8af1d87bdfb，最后访问时间为2020年3月13日。

标识规范》（征求意见稿），该规范明确要求在用户发布信息时，社交网络平台应对用户信息生成包含用户编码、信息码、信息发布时间等要素在内的唯一的标识，信息标识贯穿信息生成、使用、传输、存储和销毁的全阶段，这样信息与用户之间一一映射，大大加强了网络信息内容和信息发布者真实身份之间的关联管理，能够实现对网络发布的信息的有效溯源。此外，针对互联网信息服务领域存在的严重失信行为，2019 年 7 月 22 日，国家互联网信息办公室发布了《互联网信息服务严重失信主体信用信息管理办法（征求意见稿）》，对互联网信息服务严重失信主体实施信用黑名单管理和失信联合惩戒。

（四）产业发展

1. 多措并举保障消费者网络交易知情权、选择权

2019 年是我国电子商务发展具有里程碑意义的一年，电子商务法在法律层面为我国电子商务的良性发展勾勒了顶层设计，为细化落实这一法律而配套设计的部门规章《网络交易监督管理办法（征求意见稿）》也开始进入公众视野，其中引人关注的立法重点，就是突出在网络交易环境下消费者知情权和选择权的保障。具体而言：一是强化网络交易经营者的公示义务。如第十一、二十八条对营业执照、业务相关行政许可、服务协议和交易规则等的公示义务做了明确；第三十二、三十五条要求区分“广告”、平台自营等。二是应当明确并公示消费者权益保证金制度。消费者权益保证金作为一项事后救济机制，要求对消费者权益保证金的管理、使用等做明确约定，并向消费者公示，能有效保障相应款项的专款专用。三是细化失信信息记录和公示制度。能让消费者在选择商品或服务提供者时，有更好的选择权。四是明确违反规定应承担的法律责任。针对上述保障消费者网络交易知情权、选择权的举措，在第六十三、六十五条等条文中明确做出了指引性的规定，或直接规定了相应的处罚措施。

2. 以人为本提升电信行业服务质量

2019 年国务院政府工作报告明确提出，在全国实行“携号转网”。历经

九年试点之后，“携号转网”终于开始从局部试点走向全国。11 月 11 日，工业和信息化部印发《携号转网服务管理规定》。电信运营商的诸多霸王条款，一直是广大群众“吐槽”的对象，此次携号转网全面实施，有望倒逼运营商真正以用户为中心，提升行业服务质量。但实践也暴露了携号转网过程中的各种套路，严重影响用户体验。随着 5G 技术商用落地，电信服务行业竞争必将更为激烈，携号转网赋予用户更多的选择权，一定程度上有利于良好市场环境的形成。

3. 建规立制，全面规范教育 App

近年来，教育移动应用领域由于缺乏相关立法规范的约束而鱼龙混杂，甚至成为有害信息传播的温床。为强化监管主体责任、推动教育移动应用产业有序发展，教育部等八部门联合出台《关于引导规范教育移动互联网应用有序健康发展的意见》，一定程度上对教育移动应用行业在未来一定时期的发展做了规划。随后，教育部制定的《教育移动互联网应用程序备案管理办法》进一步将教育类 App 的管理以部门规章的规范化形式落实下来。强调监管部门提高以备案为基础的事中事后监管能力，既做到了事关师生权益的产品依据规范提供服务和有据可查，又能做到尽可能发挥市场活力和政府监管职责的有效结合。截至 2019 年 12 月 16 日，共有 1321 家企业，提交了 2279 个教育 App 的审核申请。根据上述管理办法要求，教育部组织各省教育行政部门对提交材料进行了审核，首批通过了 152 个教育 App 的审核。①

4. 网贷纳入征信体系，防范信用风险

2019 年 9 月 2 日，互联网金融风险专项整治工作领导小组、网贷风险专项整治工作领导小组联合发布了《关于加强 P2P 网贷领域征信体系建设的通知》，主要包含支持在营 P2P 网贷机构接入征信系统、持续开展对已退出经营的 P2P 网贷机构相关恶意逃废债行为的打击、加大对网贷领域失信

---

① 《首批教育 APP 备案结果公布》，中华人民共和国教育部政府门户网站，http：//www.moe.gov.cn/jyb_ xwfb/s5147/201912/t20191220_ 412908.html，最后访问时间为 2020 年 3 月 15 日。

人的惩戒力度、加强宣传和舆论引导等四部分内容，体现了监管部门对恶意逃废债行为的打击依旧保持趋严态势，通过支持在营 P2P 网贷机构接入征信系统，实现平台间的借贷信息共享，能够在一定程度上避免多头借贷产生的坏账风险，有利于整个网贷行业的良性发展。

二　2019年移动互联网典型事件与案例

（一）未成年人保护：网络视频平台严防青少年网络沉迷

2019 年，国家网信办指导组织抖音、快手、火山小视频、哔哩哔哩、秒拍、微视、A 站、美拍、梨视频、第一视频、微博等多家短视频平台，以及腾讯视频、爱奇艺、优酷、PP 视频等 4 家网络视频平台，统一上线“青少年防沉迷系统”，[①] 这对于引导青少年健康上网、互联网企业切实履行社会责任具有积极意义。青少年防沉迷系统最早出现在网络游戏领域，但从实践来看，防沉迷工作一直处于青少年和平台的“攻防战”状态，平台推出技术措施，青少年网友迅速破解，导致防沉迷系统难以发挥真正的作用。防沉迷系统属于利用技术手段保护青少年上网安全，但所有技术都需要人的实现，防范青少年网络沉迷绝非朝夕之功，在青少年保护立法不断完善的情况下，需要多方合力共同为青少年营造健康上网环境。一方面互联网企业需要在商业盈利和企业社会责任之间做出选择，另一方面家庭教育、学校教育需要积极引导青少年从内在树立健康上网的观念，形成良好的自律意识。

（二）个人信息保护：App 违法违规收集、使用个人信息专项治理

2019 年 1 月 25 日，中央网信办、工信部、公安部、市场监管总局等四

---

① 《网络视频平台全面推行青少年防沉迷系统》，中共中央网络安全和信息化委员会办公室官方网站，http：//www. cac. gov. cn/2019 -05/28/c_ 1124550009. htm，最后访问时间为 2020 年 3 月 15 日。

部门联合发布《关于开展 App 违法违规收集使用个人信息专项治理的公告》，决定 2019 年 1 月至 12 月，在全国范围组织开展 App 违法违规收集、使用个人信息专项治理。从移动互联网发展环境来看，当前移动互联网用户规模增速放缓，人口红利逐渐触顶，企业对用户注意力的争夺日渐激烈，个人信息的商业价值在信息社会日益凸显。但因此带来的隐私泄露、个人信息被滥用等问题，给用户的隐私权、财产权带来诸多风险，严重阻碍了我国移动互联网产业的健康发展。从立法进展来看，目前我国虽然还没有出台关于个人信息保护的专项法律，但民法总则、刑法、刑法修正案（七）、消费者权益保护法、电子商务法、网络安全法、居民身份证法等一系列法律法规在个人信息的保护上均有体现。近几年，我国相关部门逐渐加大个人信息保护力度，各类保护措施不断趋严，针对个人信息保护中的基础性问题、共性问题进行统一规制的专门立法呼之欲出。

（三）信息内容治理：网络生态治理专项行动

网络生态治理专项行动于 2019 年 1 月正式启动，持续开展 6 个月，对各类网站、移动客户端、论坛贴吧、即时通信工具、直播平台等重点场域中的淫秽色情、低俗庸俗、暴力血腥等 12 类负面有害信息进行整治。[①] 当前网络综合治理以专项整治行动为主要抓手，在短时间内明确任务、目标、进度，打击特定类型的违法违规行为，呈现强烈的运动式治理状态。其中既有已经形成常态化的“护苗”“剑网”“净网”“清朗”等专项整治行动，也有短期的非常规的针对“自媒体乱象”“低俗信息”“恶意移动应用程序”的专项治理。网络专项整治集中力量打击某类行为，目标明确、效果显著。但是也容易出现用力过猛和矫枉过正的情况，导致网络内容生产失去应有的活力。

---

① 《网络生态治理专项行动启动剑指 12 类违法违规互联网信息》，中共中央网络安全和信息化委员会办公室官方网站，http：//www. cac. gov. cn/2019 -05/23/c_ 1124532119. htm，最后访问时间为 2020 年 3 月 15 日。

（四）电子商务产业：落实电子商务平台责任专项行动

2019 年 1 月 1 日，电子商务法正式实施，电子商务发展迎来了有“法”可依的新时代。为进一步压实电子商务平台法定责任，国家市场监管总局决定自 2019 年 10 月 31 日起至 2020 年 1 月下旬开展落实电子商务平台责任专项行动。电子商务法对电子商务平台的法律地位、权利、义务及法律责任做出了详尽规定，形成了涵盖基本义务、治理义务、协助监管义务等的较为完备的平台责任体系，为电商交易的野蛮生长扎起了法律的藩篱。但徒法不足以自行，相关部门的主动作为才是法律真正落地的不竭动力，国家市场监管总局通过专项行动引导电子商务经营者认真落实平台责任，牢牢抓住电商平台这一关键主体，有助于保护消费者合法权益，维护公平竞争的市场秩序。

三　2019年移动互联网新问题、新趋势

（一）存在的问题

1. 信息失真与传播失序拷问内容治理效能

网络信息内容作为互联网治理的重点领域，经过多年精耕细作，已经具有明显的制度优势。一是法治体系相对完善，我国已初步形成了由法律、行政法规、司法解释、部门规章及一系列规范性文件组成的立体的、全方位的网络信息内容治理规范体系。二是基本实现了对不同类型信息服务的全覆盖监管，目前的监管对象已经涵盖各类具有媒体属性和社会动员能力的信息服务活动。[①] 但不容忽视的是，随着移动互联网技术的发展，传统媒体对信息的垄断地位被打破，把关人缺失、信息内容碎片化以及信息源头的不确定性大大影响了网络信息质量，导致网络传播失序，网络信息内容生态恶化。

① 支振锋：《织密清朗网络空间的规则之网》，《光明日报》2020 年 1 月 9 日，第 3 版。

2019 年底至今的新冠肺炎疫情事件中，各种未经证实的信息在移动互联网迅速传播，甚至有个别公众较为信赖的权威媒体也惨遭“翻车”。网络内容治理领域已经出台了诸多政策法规，必须推动制度优势向治理效能转化。

2. App 违法违规采集用户个人信息，侵犯个人隐私

数字经济时代，个人数据越来越成为重要的具有战略性的资源，不仅在商业利用中为企业带来巨大利益，而且在公共政策制定中也发挥着重要作用，比如 2019 年底暴发的新冠肺炎疫情中，利用个人行为轨迹数据、个人通信数据等实现较传统手段更为精准的疫情防控。但令人担忧的是，个人信息泄露事件的频繁发生给公众隐私保护带来的挑战。如何平衡个人数据的合理使用与隐私保护成为无法回避的难题，公众对个人数据的安全需求与挖掘利用似乎形成了一个悖论，一方面为享受网络便利，个人自愿让渡部分个人信息，另一方面又担心个人信息被挖掘使用会侵犯个人隐私，要求政府、互联网企业加强对个人信息的保护。

3. 平台管理权限与用户权益救济权不对等

用户使用 App 是基于平等的民事主体建立的契约关系，但实践中双方的地位并不平等。一方面，用户对于类似用户协议等规制文件的制定基本没有任何话语权。通常情况下，用户在使用 App 之前必须先签订类似“通行证”的用户使用协议，然而由于许多 App 具有不可替代性，用户面对冗长且又不得不“同意”的用户协议，往往在没有阅读或者未完全阅读协议内容的情况下就会同意平台预先设立的格式条款。另一方面，用户在面对个人权益被侵犯时的救济性权利不足，自然人主体更是维权困难。当用户个体的权利受到侵害时，在部分平台公布的现行平台公约等文件中并未明示相关救济渠道。即使用户根据相关法律法规申请司法救济，也往往会遇到取证困难等问题，或者因维权成本过高而放弃。

（二）发展趋势

1. 加强数据治理，立法完善数据权属促进数据的合理使用与监管

数据治理的核心是促进数据自由安全流动以释放数据的价值，在这个过

程中，阻碍数据流动的两个关键问题是数据权问题和数据安全问题。[①] 网络时代的大量信息都是以数据形式传输和存储的，但这些数据基本都被集中掌握在少数几个大型互联网公司手中，数据在被收集、使用时往往容易侵犯个人隐私，数据安全缺乏应有的监管。因此，明晰数据权属及分类对于数据的合理使用、数据安全风险防范、数据跨境流动等问题具有重要意义。未来立法既要注重对个人数据等不同类型数据的规制，也要注意与已出台的其他文件之间的协调问题，避免给业界合规工作带来适用上的混乱。

2. 压实内容治理平台责任，延续多部门联合专项治理行动

从治理思路和路径选择上看，"多部门联合执法""平台主体责任""新技术新应用"依旧是网络信息内容治理的关键词。首先，近年来，以"清朗""网剑""剑网""扫黄打非"等为代表的运动式治理已经成为常态，暂停平台内容更新、下架等成为常用的治理手段，并且取得了显见的效果，在未来很长一段时间内势必将会延续。其次，互联网平台在信息内容治理中更具技术和资源优势，使网络信息内容监管更具可能性，因此，"政府—平台—用户"这一治理路径短期不会改变。最后，随着国家继续开展网络提速降费并加紧推进5G研发和产业化进程，网络视频类信息内容将迎来新一轮发展空间，相关部门也必将加强对网络视频类信息内容的监管力度。鉴于网络视频内容制作门槛低且数量庞大，国家更侧重于对平台的监管而非针对个人。

3. 回应公众个人信息保护需求，创新个人信息保护制度

基于个人信息而产生的大数据杀熟、网络诈骗等行为严重危害了个人信息安全和公共安全，并给公众造成了极大的经济损失。我国公众对个人信息保护专门性、综合性立法的需求越来越旺盛，目前世界上已有多个国家和地区出台了个人信息保护专门立法，如美国的《加州消费者隐私法》、德国的《个人资料保护法》、日本的《个人信息保护法》、欧盟的《一般数据保护条例》等。但我国的个人信息保护立法处于相对分散的状态，个人信息保护

---

① 张莉主编《数据治理与数据安全》，人民邮电出版社，2019。

仍旧面临着专项立法滞后、监管机构缺失、合作交流较少、自律机制不够等难题。国家立法将回应公众需求，加快推进个人信息保护法立法工作。相关法律法规的实施，必将带来新一轮的严厉整治违法违规收集、使用个人信息的专项行动。

4. 不断强化对新技术、新业态的监管，营造健康网络生态

新技术、新应用的发展对互联网治理带来了巨大的挑战。一方面，新技术、新应用对现有互联网治理框架提出了挑战，另一方面，人工智能等新技术的应用对国家治理的理念、价值、制度、方式带来积极影响，同时也引发了潜在的风险和挑战，如何调节人、机器和社会之间的关系，实现科技善治是需要研究的问题。新技术、新应用治理已经引起了世界各国的关注。2019年10月10日，德国数据伦理委员会发布“针对数据和算法的建议”，建议围绕“数据”和“算法系统”展开，包括一般伦理与法律原则、数据、算法系统、欧洲路径四个部分。美国智库布鲁金斯学会发布《算法决策的公平性》报告，旨在探讨减轻算法偏见的方法，并为促进人工智能和新技术的公平性提供路径。未来我国立法也将紧跟移动互联网新技术、新应用发展步伐，依法治理移动互联网新业态中存在的问题，比如网络直播带货中出现的“虚假宣传”“质量问题”“数据造假”“灰色产业链”“退换货维权难”等问题，5G商用带来的各项标准落地问题，如何在网络游戏发展中避免其成为毒害青少年的21世纪信息鸦片问题，等等。

参考文献

支振锋：《信息内容生态治理并非“禁网令”》，《环球时报》2020年3月2日。

支振锋：《织密清朗网络空间的规则之网》，《光明日报》2020年1月9日。

支振锋：《完善促进网络音视频信息服务向上向善的制度体系——评〈网络音视频信息服务管理规定〉》，北大法宝，http://pkulaw.cn/fulltext_form.aspx?Gid=030ce38c23adc173ce6ff9fef8af1d87bdfb，最后访问时间为2020年3月13日。

《中国法院的互联网司法》，人民法院出版社，2019。

张莉主编《数据治理与数据安全》，人民邮电出版社，2019。

《2019 年上半年我国互联网网络安全态势》，中共中央网络安全和信息化委员会办公室官方网站，http：//www. cac. gov. cn/2019 - 08/13/c_ 1124871484. htm，最后访问时间为 2020 年 3 月 31 日。

B.3 移动互联网助力打赢脱贫攻坚战

郭顺义　王　莉　胡　穆　韩维娜　张　婧*

摘　要： 移动互联网在我国脱贫攻坚任务中发挥了巨大作用，电商扶贫带动贫困地区产业发展，移动互联网改善贫困地区乡村治理、繁荣贫困地区网络文化、推进贫困地区公共服务均等化。2020年是脱贫攻坚收官之年，需要发挥移动互联网优势，完善防止返贫机制，巩固精准扶贫成效，发挥5G等新技术优势，推动脱贫地区向数字乡村方向发展，推动农业农村现代化发展。

关键词： 移动互联网　脱贫攻坚　数字乡村

当前我国脱贫攻坚已经进入了关键决胜阶段。党的十九届四中全会明确提出要“坚决打赢脱贫攻坚战，巩固脱贫攻坚成果，建立解决相对贫困的长效机制”。2020年中央一号文件提出坚决打赢脱贫攻坚战，全面完成脱贫任务、巩固脱贫成果防止返贫、做好考核验收和宣传工作、保持脱贫攻坚政策总体稳定，研究继续推进减贫工作。移动互联网等新一代信息技术在过去几年有力地推动了电商扶贫、产业扶贫，有效促进了贫困地区的

---

* 郭顺义，中国信息通信研究院高级工程师，主要研究领域为网络扶贫、数字乡村等；王莉，中国信息通信研究院高级工程师，主要研究领域为信息无障碍、数字乡村发展等；胡穆，中国信息通信研究院工程师，主要研究领域为数字乡村、信息无障碍；韩维娜，中国信息通信研究院助理工程师，主要研究领域为数字乡村、网络扶贫；张婧，中国信息通信研究院助理工程师，主要研究领域为信息通信市场监测。

公共服务改善，为贫困地区脱贫提供了强大的动力。未来一段时期内，移动互联网将在巩固脱贫攻坚成果、防止返贫等方面发挥更大的作用。

一　移动互联网助力脱贫攻坚的主要成效

（一）贫困地区移动宽带网络服务能力大幅提高

随着电信普遍服务的深入开展，贫困地区移动宽带网络覆盖情况得到大幅改善。2019 年第四批、第五批电信普遍服务试点部署实施，重中之重就是行政村和自然村的 4G 基站建设。截至 2019 年底，我国行政村通 4G 网络的比例超过 99%，已经提前实现了《“十三五”国家信息化规划》中 2020 年的目标。安徽、河南、重庆、云南、江西等省份的所有贫困村实现 4G 网络 100% 覆盖。河北省 206 个深度贫困村已经全部实现 4G 网络覆盖。面向贫困户的资费优惠得到政策保障。工信部和国务院扶贫办印发《关于持续加大网络精准扶贫工作力度的通知》，要求对全国建档立卡贫困户选择使用光纤宽带和移动手机等基础通信服务资费套餐的，给予最大幅度折扣优惠。贫困村的移动宽带用户数快速增长，截至 2018 年底，全国贫困村移动宽带用户数增至 16855 万户（见图 1）。

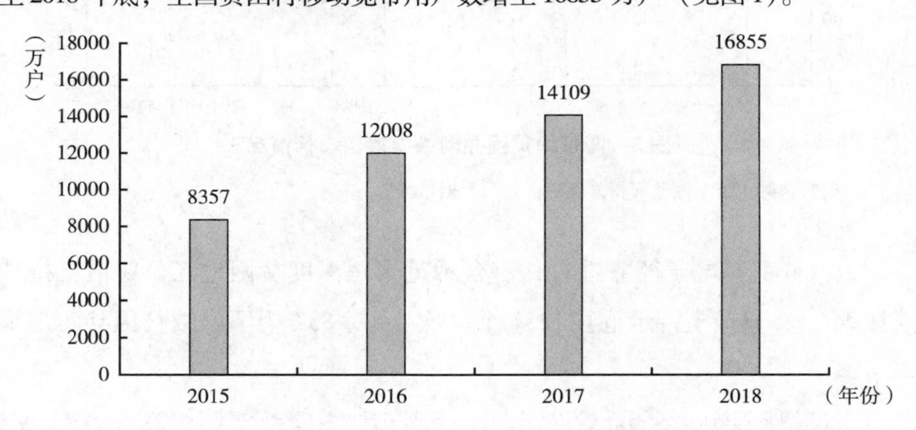

图 1　全国贫困村移动宽带用户数增长情况

资料来源：国家网信办：《数字中国建设发展报告（2018 年）》。

（二）电商扶贫带动贫困地区产业发展

移动互联网已成为网络零售的主要渠道。2019 年上半年，手机网民占网民总数的比重达到 99.1%，通过手机进行网络购物的用户规模占手机网民的比重达到 73.4%。[①] 2018 年我国移动网络零售额占全国网络零售额的比重为 85.5%。移动互联网在贫困地区的逐步普及加速了电商扶贫进程。贫困地区网络零售额快速增长。2019 年前 11 个月，国家级贫困县网络零售额达 2166.1 亿元，同比增长 31.7%（见图 2），增速比农村网络零售额增速高 12.7 个百分点，比全国网络零售额增速高 15.1 个百分点。[②] 农产品上行销售额增长迅速，带动贫困地区收入增长。2019 年上半年，国家级贫困县农产品网络零售额达 290.7 亿元，同比增长 33.6%。

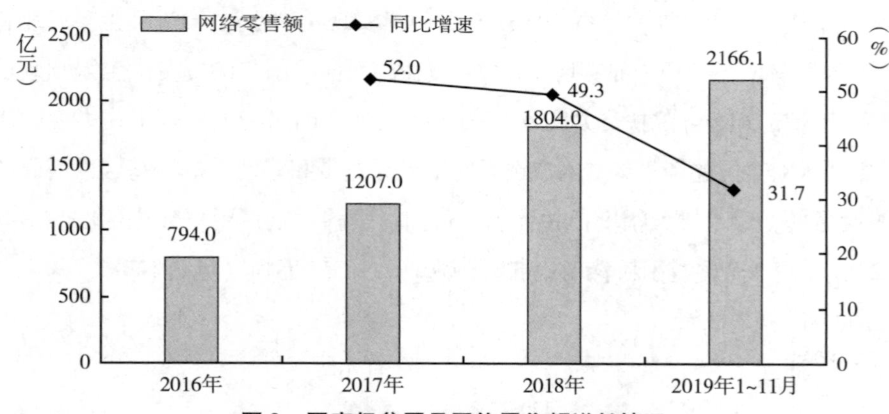

图 2　国家级贫困县网络零售额增长情况

资料来源：根据商务部相关发布会公开数据整理。

2019 年我国电子商务进农村综合示范聚焦深度贫困地区，新增支持贫困县 94 个，累计支持示范县 1231 个（次），对 832 个国家级贫困县实现了

① 中国互联网络信息中心：《第 44 次中国互联网络发展状况统计报告》，CNNIC 网站，2019 年 8 月 30 日。

② 商务部新闻办公室：《【2019 年商务工作年终综述之十】砥砺奋进　书写现代市场体系建设新篇章》，商务部网站，2019 年 12 月 2 日。

全覆盖。截至2019年5月底，支持贫困县建成县级电商公共服务中心和物流配送中心近1000个，乡村电商服务站点共6万多个，累计服务贫困户1000多万人次，帮助300多万贫困户增收。[①] 农产品电商品牌培育取得新进展。2019年，商务部对14个省份贫困地区的533家企业进行农产品“三品一标”认证培训，约有100家企业获得认证。电商扶贫联盟在重庆、新疆、陕西等多省（区、市）开展特色农产品推介洽谈活动，191个贫困县的1047家企业参加，达成意向合作337项，涉及总金额超15亿元，[②] 有效促进了贫困地区的农产品销售。

社群、短视频及直播带货等逐渐成为推动贫困地区农产品上行的加速器。拼多多在云南启动了“多多农园”项目，探索社交分享电商扶贫模式。该项目以建档立卡贫困户为生产经营主体，以当地的特色农产品为对象，通过“农货智能处理系统”以及“山村直连小区”模式搭建了种植、加工与销售一体化的扶贫兴农产业链条，解决了贫困地区的特色农产品标准化、规模化生产及销售问题。拼多多平台通过“拼模式”深入农业主产区以及“三区三州”深度贫困地区，2019年农副产品成交额达到1364亿元，同比增长109%。[③] 淘宝、抖音、快手运用直播方式开展电商扶贫。以淘宝直播为例，2019年4月，淘宝直播启动了“村播”计划，3个月的时间，“村播”项目就已覆盖全国270个县，累计直播5万场，观看直播人数超2亿人次。截至2019年7月，阿里兴农扶贫业务已覆盖242个国贫县，国贫县在阿里平台上累计销售1100亿元土特产。[④]

---

① 《电商精准扶贫，助力产业升级——2019中国电子商务大会电商扶贫论坛在京召开》，网易，2019年5月30日。

② 商务部新闻办公室：《【2019年商务工作年终综述之十五】电子商务和信息化迈向高质量发展》，商务部网站，2020年1月2日。

③ 《农村电商成为扶贫攻坚乡村振兴生力军》，陕西商务之窗，2020年2月12日。

④ 《阿里巴巴脱贫基金公布2019半年成绩单，超35万人次贫困县青年接受淘大线上培训》，搜狐网，2019年7月30日。

（三）移动互联网改善贫困地区乡村治理

“互联网+党建”App 推进贫困地区基层党建工作创新发展。各类“互联网+党建”手机 App 创新基层党建工作模式，一方面将全面从严治党延伸到贫困地区基层党组织，丰富党建工作抓手，拓宽了党员学习渠道。另一方面在 App 内集成村务服务、扶贫政策动态、驻村工作队员管理等功能，将党建与政务服务、脱贫攻坚工作有机结合。云南省委组织部开发云岭先锋手机 App，集党务、政务、资讯和公共服务功能于一体，通过“县—镇—村”逐级培训与推广模式，组织贫困村第一书记、驻村扶贫工作队员等基层党员干部使用 App 开展党建工作，有效规范了贫困地区村基层党组织的“三会一课”、党员学习、党务公开、组织生活等工作。广西合浦县使用党建“E 网通”手机 App，整合政策宣传、乡村经济发展、村务管理等功能与党建工作，将第一书记、扶贫工作队员纳入党建“E 网通”管理范围，为驻村干部的学习、工作和交流提供了便利和帮助，为脱贫工作提供了新平台、新途径。

移动互联网平台推动贫困地区村民自治与精准扶贫工作效率不断提升。依托手机 App、微信公众号建立的移动互联网乡村治理平台，为实现基层党组织领导下的村民自治与多元共治提供了新途径。首先，平台将村级事务民主权利的行使从线下拓展到线上，拓宽了村民自治的渠道，为民主决策、民主管理、民主监督提供了便利。其次，村两委可通过移动互联网平台进行党务、村务、财务公开，及时发布扶贫工作动态，集中回复村民提出的问题，提升了信息的透明度与村内事务办理效率。最后，村民间可通过手机开展讨论与交流，进行民主协商议事，直接为村庄发展与村务、党务工作建言献策。腾讯联合中国移动、中兴发布“为村开放平台”项目，依托手机 App、微信公众号打造乡村治理新模式，截至 2019 年 6 月，全国 18 个省份 65 个国家级贫困县的 607 个国家建档立卡贫困村已加入“为村开放平台”项目，平台全国认证村民超过 250 万人。[①] 中移在线开发的中国精准扶贫系统，运

① 《“腾讯为村”：为乡村发展接上互联网》，搜狐网，2019 年 9 月 10 日。

用中国精准扶贫 App 与大数据管理平台，将贫困户、扶贫工作干部、社会力量通过移动平台紧密连接，实现对贫困户和扶贫工作者的精准管理。2019年10月，精准扶贫系统已在全国14个省份落地实施，覆盖816万贫困人口与74万扶贫干部。[①]

社交通信类 App 助力公共法律服务向贫困村延伸。以微信、QQ 为代表的社交通信类 App 助力“互联网 + 村（居）法律顾问”工作持续向贫困村延伸，有效克服传统公共法律服务在农村地区开展过程中的时间与空间障碍，助力提升贫困地区村民法治意识与依法治理能力。截至2018年底，全国共建立村（居）法律顾问微信群40多万个，65万个村（居）实现法律顾问全覆盖。[②] 四川省阿坝州在公共法律服务建设中，推行“一贫困村一法律顾问”，已实现村（居）法律顾问微信群覆盖率100%，[③] 解决了法律服务群众“最后一公里”的问题，帮助当地贫困村居民树立起依法办事理念。云南省弥渡县全面推广使用“掌上12348”微信公共法律服务平台，实现公共法律服务在所有贫困村委会全覆盖，高效支撑人民调解工作，贫困村、贫困户的矛盾纠纷调处率达100%，调解成功率超过98%，调解协议履行率超过95%。[④]

（四）移动互联网繁荣贫困地区网络文化

移动互联网技术助推贫困地区数字化文化传播平台建设。甘肃省探索文化扶贫、精准扶贫“扶智”道路，首创了基于无线 WiFi 技术的“数字农家书屋”新型乡村网络文化建设模式，将传统农家书屋升级为多媒体信息资源平台，为村民手机、平板电脑等自用终端设备提供免费网络接入与文化资

---

① 中国移动通信集团有限公司：《【脱贫攻坚　央企力量】中国移动：“互联网 +”模式推动网络扶贫向纵深发展》，国资委网站，2019年10月24日。

② 《在全面建成小康社会和全面依法治国中　展现新作为　律师工作服务大局服务为民显成效》，司法部网站，2019年5月6日。

③ 《阿坝州实现村（居）法律顾问覆盖率100%、村居法律顾问微信群覆盖率100%》，阿坝州政府网，2018年9月13日。

④ 《弥渡县实现贫困村公共法律服务全覆盖》，弥渡县政府网，2019年9月3日。

源使用。数字农家书屋不仅是图书、期刊、各类文娱节目等内容的多媒体资源获取平台，也是社会主义核心价值观、“三农”与扶贫政策、农业科技知识的传播平台，有效助力贫困地区精准“扶智”。河南、山东、安徽等地深入推进贫困地区数字农家书屋建设，为贫困村配发配备无线网络发射功能的平台设备，推广数字农家书屋手机 App，在丰富贫困地区群众精神文化生活、提高文化素养的同时，为贫困地区群众脱贫致富提供知识和技术支撑。2018 年底，全国数字农家书屋已达 12.5 万家，河南省全省 4890 个贫困村农家书屋已配备数字化设备。①

移动互联网新媒体丰富贫困地区群众精神文化生活。直播平台、短视频等各类移动互联网新媒体平台不断下沉农村市场，展现了以农村风貌、农民生活、地方美食特产为主题的网络文化内容的高速增长。移动互联网新媒体平台的火爆，带动了大批贫困地区草根文化创作者，围绕“三农”题材拍摄、发布短视频，讲述农民自己的故事，在丰富村民娱乐生活、传播优秀农村文化的同时，也催生了农村网红经济、带货经济等脱贫新模式、新业态。四川凉山悬崖村村民，通过快手平台直播“爬天梯”、推销地方土特产，向外界展示悬崖村的特色景观与大事小情，通过直播开辟了村民与城市人口文化交流的窗口，极大丰富了村内年轻人的精神生活，同时提升了村庄名气，推动悬崖村成为特色农村旅游景点，为贫困村的脱贫致富提供了全新途径。

（五）移动互联网推进贫困地区公共服务均等化

“移动互联网 + 医疗”扶贫不断深化，为扶助对象提供精准医疗健康服务。国家卫生健康委出台《关于加快推进电子健康卡普及应用工作的意见》，提出为贫困人口优先预制、覆盖发放电子健康卡，支撑贫困人口精准识别、优先服务与健康监测，助力健康扶贫精准开展。截至 2019 年底，重庆市所有公立医疗机构完成电子健康卡用卡环境改造，基本实现全市 168 万

① 《全国数字化农家书屋达到 12.5 万家》，中国农家书屋网，2019 年 7 月 4 日；《河南多举措探索农家书屋创新建设》，中国农家书屋网，2019 年 3 月 15 日。

贫困人员电子健康卡发卡全覆盖。“互联网 +” 家庭医生签约工作逐步推进，各地通过互联网、手机 App 等为贫困人口提供日常健康管理与服务。湖北省武汉市江夏区启动家庭医生签约服务，对全区 11171 名精准扶贫对象做到应签尽签。①

优质教育资源通过移动互联网覆盖偏远贫困地区。国家中小学网络云平台上线，用户覆盖全国 31 个省（区、市），访问用户中约有 85% 使用手机、平板电脑等移动设备，平台资源特别覆盖偏远农村网络信号弱或有线电视未通达地区。农业类职业教育教学资源库加快建设，4 个涉农类资源库共建设资源 10 万余条。②

农村残疾人两项补贴服务实现“掌上查”与“掌上办”，在线查询和申请办理服务更加高效、便捷。各地通过开发精准扶贫大数据平台手机 App 软件，为扶贫攻坚工作实现精准识别、精准帮扶、精准管理和精准考核提供技术支撑。“互联网 +” 金融为贫困人口提供金融和保险服务。蚂蚁金服实施顶梁柱健康扶贫公益保险项目，贫困户可通过支付宝 App 进行线上申请认证、上传报销凭据和获得理赔。截至 2019 年 8 月中旬，顶梁柱健康扶贫公益保险项目已落地合作 12 个省 68 个县（区），保障 18 ~60 周岁建档立卡贫困户 470.64 万人次，其中覆盖“三区三州” 8 个贫困县 43.97 万人。③

二　问题与挑战

2020 年是我国全面建成小康社会，打赢脱贫攻坚战的收官之年。目前脱贫攻坚已取得决定性成就，但离全面脱贫的工作目标还有差距。圆满完成脱贫攻坚时间紧、任务重、外部威胁大。截至 2019 年底，仍有 550 万农村

① 《重庆电子健康卡发放 300 万张　年底覆盖全市贫困人员》，上游新闻客户端，2019 年 12 月 26 日。

② 赵婀娜：《国家中小学网络云平台运行　可供 5000 万学生同时在线使用》，《人民日报》2020 年 2 月 18 日，第 12 版。

③ 《顶梁柱健康扶贫公益保险项目》，中国扶贫基金会网站，2019 年 9 月。

人口未脱贫，52 个贫困县尚未摘帽。[1] 加之 2020 年初新冠肺炎疫情暴发，农业春耕备耕、农村电商、农民工返城务工、企业复工复产受到较大冲击，对脱贫攻坚战圆满收官带来挑战。

（一）深度贫困地区与特殊贫困群体脱贫攻坚难度较大

深度贫困地区脱贫任务依然艰巨。“三区三州”等深度贫困地区自然条件差、公共服务资源不足、产业发展基础薄弱，是脱贫攻坚多年未能啃下的硬骨头。2019 年底“三区三州”建档立卡贫困人口还有 43 万人左右，[2] 这是 2020 年脱贫工作必须完成的任务，必须进一步加大产业、医疗、教育、金融、人才等要素的输送力度，继续强化东西部协作和定点帮扶，确保如期摘帽。特殊贫困群体的帮扶难度大。农村孤寡老人、残疾人、留守妇女与儿童等特殊贫困群体，由于身体条件限制、缺乏劳动能力、文化教育水平低，“无业可扶、无力脱贫”问题十分严峻。除产业扶贫与就业扶贫外，还要完善农村低保制度，统筹利用各类社会保障政策兜底扶贫，研究制定提高特殊贫困群体资产与资本性收益的措施，确保脱贫攻坚不漏一人。

（二）移动互联网助力脱贫攻坚的长效机制尚未形成

一是贫困地区的经济发展长效模式未能建立。已完成脱贫摘帽任务的贫困县、贫困村相对于经济发达地区面临着自我造血能力不足、区域竞争优势弱、产业发展路径不清晰等问题，通过电商开展产业扶贫的基础还不是很牢固。二是通过移动互联网助力脱贫攻坚的项目尚未形成可持续性的发展机制。当前，在政府的主导和推动下，部分网信企业与贫困县签署帮扶协议，开展网络扶贫项目。但是，由于贫困地区经济发展水平较低、财政收入有限、居民收入不高，很难维持项目的持续运行。三是相应的公共服务共享机

---

① 《抓好“三农”领域重点工作　确保如期实现全面小康——中央农办主任、农业农村部部长韩长赋就 2020 年中央一号文件答记者问》，国务院扶贫办网站，2020 年 2 月 6 日。

② 《全国扶贫开发工作会议在京召开　强调一鼓作气乘势而上夺取脱贫攻坚全面胜利》，国务院扶贫办网站，2019 年 12 月 20 日。

制尚未完全形成。通过一对一或一对多的结对帮扶机制获取城市地区优质教育、医疗、法律等服务资源，在贫困地区的应用范围仍然有限。

（三）贫困地区信息化人才仍然匮乏

贫困地区的电商发展、“互联网+”乡村治理、“互联网+”公共服务等各个方面，都需要大量信息化人才的支持。贫困地区普遍面临电商人才不足，基层干部和基层服务工作者信息化技能不够的问题。例如，依托移动互联网App建立的村级治理平台，通常综合了党务、村务、电商、农产品供求信息等众多模块与功能，这就要求平台管理员既掌握相应的互联网平台搭建与管理的知识技能，更熟悉本村综合状况及各项业务管理流程，而基层干部的信息化水平往往难以达到要求。

三　展望和建议

在党的领导下，2020年将会顺利完成脱贫攻坚任务。但是消除绝对贫困不代表扶贫工作的结束。短期来看，脱贫攻坚战的胜利解决的是区域性整体问题，部分地区及贫困户脱贫不稳定、脱贫质量不高、返贫风险大等问题还比较突出。巩固脱贫成效，防止返贫工作不可松懈。长远来看，相对贫困将会长期存在，城乡教育、医疗、公共服务资源差距依然较大。未来几年，脱贫工作重心将会向加强返贫监测与巩固脱贫成效转移。

乡村振兴与数字乡村战略指明脱贫地区未来发展方向。农业农村发展是一项长期性工作，党中央、国务院对打赢脱贫攻坚战后的农业农村发展进行了战略部署，即实施数字乡村战略，以现代信息技术推进农业农村现代化转型发展。《中共中央　国务院关于实施乡村振兴战略的意见》明确提出，做好实施乡村振兴战略与打好精准脱贫攻坚战的有机衔接，到本世纪中叶实现乡村全面振兴。中办、国办印发的《数字乡村发展战略纲要》指出，数字乡村是乡村振兴的战略方向。立足信息化、数字化、网络化建设，走数字乡村发展道路是脱贫地区实现农业农村长效、高质量发展的必然趋势。

新一代信息技术将在脱贫地区得到全面深入的应用。受网络基础条件限制，5G、大数据、物联网、人工智能等新一代信息技术长期以来难以在贫困地区得到应用。随着脱贫攻坚战的全面胜利，网络扶贫行动的圆满完成，脱贫地区信息基础设施全面覆盖，信息服务不断完善，贫困人口信息技能与信息素养显著提升，新一代信息技术将在农村地区得到更广泛的应用，进一步助力农业生产数字化转型，催生农村电商新模式、新业态，推进城乡公共资源互通共享。

基于以上分析，本文针对打赢脱贫攻坚战后，如何更高效地利用移动互联网等信息技术实现脱贫地区长期健康稳定发展提出以下建议。

（一）应用移动互联网巩固脱贫攻坚成果

发挥移动互联网便捷性、扁平化、普惠性优势，完善防止返贫机制，巩固精准扶贫成效。一是在返贫监测层面，完善监测预警机制。完善扶贫大数据平台，摸清脱贫底数和脱贫质量，充分运用移动互联网，加强对脱贫不稳定及边缘人口的跟踪及分析，持续监测“摘帽”地区的经济发展动态，及时做好返贫与新产生贫困人口的监测与帮扶。二是在产业发展层面，提升脱贫后群众的“造血”能力。借力移动互联网创新农村电子商务形式，培育一批农村带货达人，充分利用直播平台、社交媒体、电商平台发展农产品电商带货经济。三是在公共服务层面，继续开展网络扶志与扶智。研发推广各类远程教育、远程医疗移动互联网 App，在脱贫攻坚任务完成后，继续加大优质教育、医疗资源向相对贫困地区、贫困人口的输送力度，提升自主就业技能，不断提高脱贫人口的文化与身体素质，切实阻断因病返贫。

（二）移动互联网应用于数字乡村战略实施

移动互联网助力贫困地区全部脱贫摘帽后，要继续发挥技术优势，推动脱贫地区向数字乡村方向发展。数字乡村建设紧紧围绕“五位一体”总体布局，以网络化、信息化和数字化助推农业生产、农村经济、生态文明、网络文化、乡村治理等全面发展。在数字乡村推进过程中需要注重巩固网络扶贫成效，加强对相对贫困人群的跟踪分析，保持对产业、公共服务等领域实施政策倾斜和资金扶持。综合采取各项措施，引导脱贫摘帽贫困地区加快建成数字乡村。脱贫地区可综合利用网络扶贫在产业、生态、文化和人才等方面积累的经验，开展数字乡村规划与建设。

（三）发挥5G技术优势推动农业农村现代化发展

充分利用5G技术大带宽、高速率及低时延三大优势，赋能传统农业、农村电商及公共服务，深化扶贫成效，进一步巩固脱贫攻坚成果。一是应用5G技术加速传统农业智能化转型。依托5G技术海量物联特性，发展农业物联网信息采集技术，快速精准地采集农作物生长状况、土壤及天气情况的综合数据，开展精准种养殖，提升农产品价值。发展“5G+植保无人机”，实现大面积精准化施肥、施药及农作物生长监测。依托5G技术完成对农业大数据的大量、实时、全面采集，助力农业大数据平台建设，实现精准营销、农产品溯源等。二是借助5G技术创新农村电商发展模式。一方面，发展高清移动视频传输，深化5G与VR/AR技术的结合，推进社交媒体与农村电商平台相融合，让农产品形象直观地呈现在消费者面前，帮助农民推销产品，扩大销售市场。另一方面，应用5G技术提升农村物流的信息化、智能化水平，大力发展5G技术支持下的无人配送站，无人机配送、无人车配送，提高农村地区物流配送效率。三是运用5G技术促进城乡地区优质公共资源共享。在教育领域，依托5G与超高清视频、VR/AR、全息影像等技术，通过名师课堂、双师课堂及名校网络课堂等，将名校名师的高清教学通过直播课堂传输到更多农村学校，提升偏远落后地区的教学质量。在医疗领域，发挥5G技术高可靠、低延迟的传输特性，发展实时高清互动视频、医学影像信息快速传输，推进远程会诊、远程手术在农村地区落地。在农村居民中普及基于5G技术的便携式、可穿戴健康检测设备，建立医疗健康大数据平台，实现实时动态监测，为农民提供在线健康管理服务。

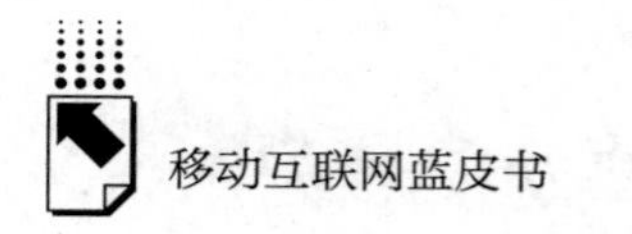

参考文献

中国互联网络信息中心：《第 44 次中国互联网络发展状况统计报告》，CNNIC 网站，2019 年 8 月 30 日。

赵秀玲：《乡村善治中互联网运用及其价值》，《社会科学辑刊》2019 年第 3 期。

王华：《加强法治建设　打赢脱贫攻坚战》，《法制与社会》2019 年第 2 期。

刘淑媛、崔榕：《当前我国乡村治理研究述评》，《三峡论坛》2017 年第 4 期。

庞慧敏、王馨誉：《网络时代乡村文化传播的重建与策略》，《传播视角》2018 年第 12 期。

刘永红、颜杨：《精准扶贫法治化与贫困地区群众法治素养的提升——以四川省南充市嘉陵区为例》，《西南石油大学学报》（社会科学版）2020 年第 1 期。

B.4

移动互联网驱动政府治理能力提升

张延强　唐斯斯　单志广*

摘　要： 政府治理是国家治理体系的重要组成部分。本文分析了移动互联网在推动社会治理模式转变、畅通公共服务渠道、激发数字经济活力等方面的作用。结合移动互联网在我国政府治理领域的应用实践，总结了我国政府治理领域当前发展的新特点和新模式，提出了进一步完善信息基础设施、强化数字科技应用、提升应急决策能力、加强政企合作、建设智慧城市等方面的发展建议。

关键词： 移动互联网　政府治理　公共服务　数字经济　应用创新

党的十九届四中全会对推进国家治理体系和治理能力现代化做出了全面的战略部署，明确要求“建立健全运用互联网、大数据、人工智能等技术手段进行行政管理的制度规则。推进数字政府建设，加强数据有序共享，依法保护个人信息”。2019 年 12 月底暴发的新冠肺炎疫情，对我国政府治理能力提出了严峻考验。从疫情防控应对措施来看，移动互联网在助力重点人员监控、防疫物资管理、市场供需对接、恢复经济发展等方面发挥了重要作用。发挥移动互联网在畅通公共服务渠道、激发数字经济活力、推动

* 张延强，博士，国家信息中心信息化和产业发展部战略规划处高级工程师，智慧城市发展研究中心首席工程师；唐斯斯，博士，国家信息中心信息化和产业发展部战略规划处副处长（主持工作）、副研究员，智慧城市发展研究中心副主任；单志广，博士，国家信息中心信息化和产业发展部主任、研究员，智慧城市发展研究中心主任。

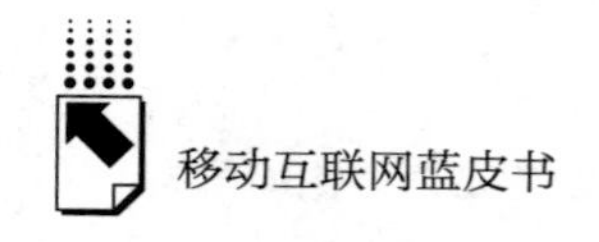

治理模式转变等方面的积极作用，对提升政府治理能力具有重要而深远的意义。

一 移动互联网对政府治理能力提升的意义

当前，随着新一代网络信息技术的不断创新突破与广泛渗透应用，我国快速进入移动互联网时代。发挥移动互联网泛在化、扁平化、便捷化优势，用信息化手段更好地感知社会态势、畅通服务渠道、辅助决策施政、引领经济增长，有利于实现政府治理科学化、精细化和智能化。

（一）移动互联网推动社会治理模式转变

移动互联网在政府治理领域的广泛应用和快速发展正推动我国社会治理模式从单向管理转向双向互动，从线下转向线上线下融合，从单纯的政府监管向更加注重社会协同治理转变。移动互联网加速实体物理空间向虚拟网络空间的持续映射与深度融合，推动大量“线下”服务向“线上”转移。各级政府可通过微信、微博等新媒体传播渠道加强与民众的互动。城市管理“随手拍”、交警 App“违法举报”、疫情防控中扫描运营商二维码查询个人轨迹等一批政民互动、群防群治创新 App 的运用有效提升了政府治理能力，使北京“朝阳群众”“西城大妈”成为社会协同治理的典范。移动互联网已成为更广泛、更方便、更快捷地收集和掌握社情民意，听民声、知民情、解民忧、聚民智的新阵地。

（二）移动互联网畅通公共服务渠道

随着“互联网 + 政务服务”的深入推进，移动互联网推动政务服务由“网上办”向“指尖办”转变，基于移动互联网的政务 App、小程序、公众号等在全国各地得到推广应用，“掌上办”“随身办”成为一种新时尚，企业和群众可以像“网购”一样方便地享受公共服务。移动互联网有利于缩小城乡数字鸿沟。地域辽阔、地形复杂、人口分布不集中等宽带网络难以普及的偏远地区，利用移动通信广覆盖、部署快、易连接等优点，基本实现了普通农户不出村、新型农业经营主体不出户就可享受便捷高效的数字化社会服务。越来越多的服务事项可以通过小程序、App、自助终端等渠道“指尖触达”，群众刷刷脸、动动手指，就可享受指尖办、随时办、随地办的便捷体验，大大提高了公共服务的便捷度和民众满意度。

（三）移动互联网激发数字经济活力

近年来，我国数字经济发展规模持续扩大，根据测算，2018 年我国数字经济总量达到 31.3 万亿元，占 GDP 的比重为 34.8%，对 GDP 增长贡献率达到 67.9%。[①] 其中，移动互联网在促进供需对接、引领消费模式等方面作用明显，为数字经济发展注入了新的活力。2019 年全国网上零售额突破 10 万亿元大关，[②] 连续七年居世界第一。其中，移动网购产生的交易额占整个网络零售交易额的 70% 以上。平台经济将与商品流通有关的生产、流通和各种服务资源有效集聚，使交易和流通更加便利、快捷、精准、高效，进而带动全产业链升级和效率提升。随着移动互联网的普及，体验经济、社交经济、直播带货等服务新模式、新业态不断涌现，打造经济发展新动力。

二 移动互联网推动政府治理应用不断创新

移动互联网的蓬勃发展，带来了民众生活、思维和思想观念的改变。移动互联网与政府治理紧密融合，催生了数字化、网络化、智能化的政府治理新理念和新模式。用扁平化思维连接群众，以新媒体意识引领舆论，以变革者心态改进工作方式、提高工作效率，正在成为我国政府治理的新常态。

---

① 中国信息通信研究院：《中国数字经济发展与就业白皮书（2019 年）》，2019 年 4 月。

② 国家统计局：《中华人民共和国 2019 年国民经济和社会发展统计公报》，2020 年 2 月 28 日。

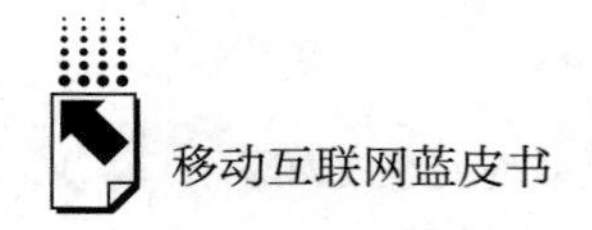

（一）移动互联网成为城市服务“首要渠道”

移动互联网正在改变我国政务服务、便民服务的供给流程和获取方式，以更便捷、高效的方式将交通出行、医疗挂号、生活缴费、社保查询等城市服务事项广泛、均衡地输送给民众。在政策的大力推动、市场环境利好、新技术成熟、行业痛点需求等多方面因素的共同推动下，我国的城市服务进入了移动互联网发展新阶段。

一方面，国家鼓励利用移动互联网开展城市服务。国家发改委和中央网信办牵头开展的全国新型智慧城市建设评价，连续两次将移动互联网城市服务提供情况纳入“新型智慧城市评价指标”，鼓励各地利用移动互联网开展生活缴费、医疗挂号、机动车违法查询、景区购票、社保查询等便民服务。2019 年全国新型智慧城市评价结果显示，截至 2018 年 12 月底，通过移动互联网提供 15 类以上城市服务的地级城市比例达到 52%。越来越多的地方政府将移动互联网作为倾听民意、服务民生的重要渠道。

另一方面，企业将城市服务作为抢占移动互联网入口的着力点。在流量为王的移动互联网时代，城市服务这一高频应用已成为互联网企业抢占入口、争夺用户使用时间的重要领域。一是我国移动互联网用户基数大，截至 2019 年 6 月，我国网民规模达 8.54 亿，手机网民规模达 8.47 亿，网民使用手机上网的比例达 99.1%。二是民众在线城市服务需求旺盛，数据显示，截至 2019 年 6 月，我国在线政务服务用户规模达 5.09 亿，占网民整体的 59.6%。[①] 三是互联网企业的城市服务发展成效显著，支付宝和微信都在着力拓展城市服务场景，凭借这些平台的高渗透率，能够将服务最大限度无差异地分发到城乡各地。其中，支付宝已覆盖全国 300 多个城市，累计用户超过 5 亿，这极大地提高了城市服务的办事效率和品质。

---

① 中国互联网络信息中心：《第 44 次中国互联网络发展状况统计报告》，2019 年 8 月。

（二）移动互联网不断催生政府治理新模式

党的十九大明确提出，“要转变政府职能，深化简政放权，创新监管方式，增强政府公信力和执行力，建设人民满意的服务型政府”。信息网络基础设施深刻改变了政府治理的技术环境及条件，移动互联网在解决城市治理问题的同时，正深刻改变着政府的治理理念，为推动政府角色转变和治理模式创新提供了新思路和新手段。

一是新理念加快政府治理角色转变。工业时代，传统政府各部门、各层级之间“相对独立”开展工作。而在移动互联网时代，互联网理念则要求政府不同层级、不同部门整体运作，协同为公众提供“一体化”的公共产品和服务，并力求产品与服务精准化与优质化。例如，广东省通过数字政府建设，充分吸收以用户为中心、体验至上、快速迭代、搭平台聚生态等互联网思维精髓，以数据共享和流程优化为重点，实现了对外服务一体化。通过打造线上移动端、电脑端，以及线下窗口、实体终端多种渠道体验一致的政务服务平台，开启了从“群众跑腿”到“数据跑腿”的服务新模式，实现了由“政府端菜”向“群众点餐”的转变。

二是大连接实现城市管理精准高效。随着5G网络部署、窄带物联网等的推广应用，我国进入万物互联新时代。智能停车、智能井盖、智能抄表、智能路灯、智慧安防等物联网应用实现了智能管理和远程调度，让城市管理更加便捷高效。物联网与城市融为一体，通过城市基础设施数字化感知、运行状态可视化展示、发展趋势智能化仿真等，实现政府决策的科学化。例如，雄安新区以打造全球领先的数字城市为目标，坚持数字城市与现实城市同步规划、同步建设，通过在“数字孪生城市”上的规划设计、模拟仿真等，对城市可能产生的不良影响、矛盾冲突、潜在危险进行智能预警，以未来视角智能干预城市原有发展轨迹和运行，进而指引和优化实体城市的规划、管理，改善市民服务供给。

三是新媒体推动政务服务模式亲民。近年来，短视频等新媒体蓬勃发展，平台迅速崛起，用户规模飞速攀升，社会影响力与日俱增。据统计，截至 2019 年 6 月，中国短视频用户规模为 6.48 亿，占网民整体的 75.8%。各级政府部门和各大主流媒体纷纷在短视频平台开设账号、开展信息服务的同时，以轻松活泼的方式拉近了与民众之间的距离。“共青团中央”“北京 SWAT”“四平警事”等政务短视频号受到了年轻用户的普遍青睐。其中，“四平警事”原创系列普法视频在全国引起了强烈反响，有效提高了群众的安全防范意识，充分发挥了新媒体在新时期公安宣传工作中的重要作用。

（三）移动终端打通城市治理“最后一公里”

通过移动信息发布、即时信息收集、移动数据交换等形式，移动信息终端已被广泛应用于现场执法、交通管理、网格治理、城市管理等诸多领域。在应急管理领域，移动终端基于全天候跟踪、实时数据交换和信息沟通等特性，保证了城市应急管理过程中信息和决策的及时交换，有效提升了城市治理的效能。

一是手持移动终端提升了城市治理效率。随着技术的发展，城管通、警务通、执法仪等移动终端在城市治理中得到广泛应用，极大地提升了工作人员的工作效率。交警手持移动终端集指挥、查询、比对、处罚等功能于一体，可以快速查询嫌疑车辆、驾驶员信息，现场处理交通违法。城市网格化管理利用手持移动终端实现排查登记、逐级处置、逐级上报、分流交办、督办催办、统计汇总、分析研判、绩效考核等各类功能，形成全面覆盖、实时反应、动态跟踪、协同共享，实现网格内“人、房、地、事、物、情、组织、单位”等全要素信息的常态化管理。在手持移动终端的帮助下，新冠肺炎疫情防控期间，城市网格化管理构建了基层防控的“天罗地网”，提高了人员管控的精准性。

二是车载移动终端延伸了城市治理范围。将移动终端等感知和控制设备安装在车辆等移动载体上，利用人机交互、自动驾驶等技术，实现高危场所和复杂环境中作业，这在公共安全、消防、电力等领域越来越多地发挥着人力远不能及的重要作用。在大兴国际机场，巡检机器人已经被用于电力供应监测，它可以记住开关柜上每个旋钮的位置，通过比对初始信息，一旦发现位置变化，立即报警提示。这在提高巡检效率的同时，将巡检人员与高压环境隔离开来，消除了人员操作风险。

三是新型移动终端改变了城市治理模式。随着北斗导航卫星的持续部署和无人机技术的不断完善，部分城市开始探索将无人机等新型移动终端用于城市治理，通过加装摄像头、传感器和无线通信模块，实现高空城市影像采集和环境监测，拓展了城市治理的想象空间。例如，深圳龙岗区大力推广高端无人机查违，对楼顶、房屋进行监测，实时对违章建筑采集视频证据，并回传到执法人员的手机、电脑端，改变了传统巡查防控方式，实现了“天上看、地上巡、网上查”的目标。

（四）“超级 App”打造公共服务“网上便利店”

随着移动互联网的发展和智能手机的普及，越来越大的屏幕和越来越丰富的 App 不断吸引人们进入网络空间。初期的 App 专注于解决用户的一个问题，很多政府部门和企业都开发了专门的 App 服务于用户，导致部分用户为享受各项服务不得不在手机上安装更多的 App，在享受便捷的同时也增添了“烦恼”。“超级 App”的出现，以“不为我有，但为我用”的互联网思维，通过整合分散应用入口、统一使用账户等方式为民众提供了“一站式”公共服务。

一是政府主导开发的“超级 App”实现了政务服务的“一网打尽”。随着政务信息系统整合共享的持续推进和“互联网 + 政务服务”的不断创新，各地政府以整合服务热线及服务 App 为抓手，涌现了“随申办”“浙里办”“粤省事”等一批政务“超级 App”，统一了线上政务事项的服务入口。以“随申办”为例，其汇聚了 800 余项政务服务事项，涵盖贴近广大用户日常生活的社区相关内容和最新活动信息，覆盖养老、健康、生活、文化、党建等方面的办事、查询和预约服务，为广大用户提供了“贴近生活、就在身边”的政务服务。

二是政府开放数据接口使互联网企业提供公共服务“如虎添翼”。为了提供更佳的公共服务体验，各职能部门、医院等通过对外开放政府数据接口等方式，使公众可以通过第三方渠道获取便捷的公共服务，同时数据的连接与运营也增加了第三方企业的核心竞争力。微信、支付宝等利用互联网企业的平台整合能力将众多服务内容整合到统一的平台，依托支付手段打通线上线下形成闭环，进一步通过数据运营、收入分成等方式进行变现。以医疗领域为例，2019 年 3 月，武汉市中心医院与支付宝合作打造全国首家“未来医院”，使用户通过支付宝就能享受挂号、缴费、查报告、B 超取号、手机问医生等全流程服务，让就诊时间缩短了一半。在新冠肺炎疫情防控期间，微信“新型肺炎实时动态”阅读量超过 11.75 亿次。[①]

三是互联网企业自主开发的“超级 App”实现了生活服务“应有尽有”。近年来，生活服务一站式 App 正向生活超级平台不断演化。大众点评、58 同城、携程、美团等互联网社会服务平台，以互联网融合传统线下服务业，用科技和创新赋能传统产业，推动服务资源整合，搭建了大众消费者和服务从业者、线下传统服务业和线上互联网数据之间的桥梁，为老百姓提供了“吃住行、游购娱”等一站式解决方案，在改善和提升消费者生活品质的同时，更深刻影响和改变了广大用户的生活习惯。比如，在美团上，可以点外卖、预订餐厅和酒店、购买电影票、兑换美甲券和按摩券等。

（五）5G 推进政府治理向智能化转型升级

2019 年 6 月 6 日，工信部向中国电信、中国移动、中国联通、中国广电发放了 5G 商用牌照，中国正式进入了 5G 商用元年。5G 技术具有广连接、大带宽、低时延、高可靠等特性，催动技术集群协同支撑政府治理变革，政府治理的过程、手段和评估等都将实现智能化，实现决策方式从经验驱动转向数据驱动、决策过程从事后解决转向事先预测。

一方面，5G 网络助力治理更高效。随着“天网工程”“雪亮工程”“蓝天保卫战”等一系列政府工程的推进，大量数据、视频被采集、传输、应用

① 深圳市腾讯计算机系统有限公司：《微信战“疫”数据报告》，2020 年 2 月。

到公安、综治、环保等领域，业务的纵深拓展使数据传输量更大、安全性要求更高、执法时效性更强，这对网络侧提出了更大的挑战。5G 网络让这些问题迎刃而解。例如，在新冠肺炎疫情防控期间，5G 视频直播让全国的“云监工”共同见证了火神山和雷神山医院建设的中国速度。在火车站、机场、地铁等公共交通、人群密集区域，采用5G + 热成像技术，快速完成大量人员的测温及体温监控，识别出体温异常的个体，同时将视频及相应数据准确快速实时传送至云平台，帮助政府和企业筑起疫情防控第一道防线。

另一方面，5G 网络助力治理决策更科学。5G 广连接特性让万物互联成为现实，借助各类传感器、监控器、计算器及实时定位系统，将实现对各类物品的智能化感知、识别与管理，给城市管理、照明、抄表、停车、公共安全与应急处置等行业带来新型智慧应用，使基于数据的决策有了来源，人工智能的应用有了“血液”。如深圳龙岗区基于时空信息平台，对全区近 40 万湖北籍人口及 1.8 万武汉籍人口进行详细定位，并关联分析同住人口聚集情况，精准挖掘湖北（武汉）来深或返深人员、非按要求居家隔离人员，助力政府科学决策、优化配置资源。

三　关于利用移动互联网进一步提升政府治理能力的建议

近年来，在移动互联网等数字技术的支撑下，我国的政府治理手段明显丰富、治理模式不断创新、治理效果持续改善，为国家治理体系构建奠定了良好基础。同时也应看到，在应对突发公共事件方面，我国政府治理还存在数据融合不足、业务协同不够、指挥调度不顺等问题。瞄准我国政府治理当前存在的短板，发挥企业创新能动性，深挖移动互联网等数字技术应用潜力，才能持续提升政府治理水平。

（一）提高移动互联网应用水平，推进信息基础设施建设

着眼于提升移动互联网的应用水平，发挥信息基础设施在国家治理体系

和治理能力现代化建设中的基础性作用。持续实施网络强国战略，加快5G、物联网、工业互联网、区块链等新型基础设施建设，推进物联网创新应用，建立并完善通信、计算和感知三大基础设施体系。一是统筹推进5G网络建设，扩大跨行业资源协同和基础设施开放，推进公共基础设施向通信基础设施进一步开放共享，降低5G设备功耗，鼓励采用“多杆合一”统筹开展通信微站建设，减少建设和运营成本。二是加快国家层面区块链公用基础设施布局，充分利用区块链服务网络技术架构、设施基础和服务能力，吸纳社会各界力量，构建覆盖全球、服务全国的国家级区块链公用基础设施体系。三是加快全国一体化的国家大数据中心建设，优化数据中心区域布局，引导数据中心等基础设施向绿色集约、规模适度、高速互联的方向发展。四是推进物联网健康有序发展，加快物联感知网络建设，推广物联网在经济社会各领域的广泛应用，加快形成安全可控、具有国际竞争力的物联网产业体系。

（二）发挥移动互联网引领作用，形成数字科技提升政府治理水平的合力

参考移动互联网政府治理应用经验和模式，推动大数据、人工智能、区块链等新一代信息技术在政府治理中的应用，形成数字科技对于政府治理水平提升的合力。一是推广“大数据+政府治理”新模式。将大数据引入政府治理，通过高效采集、有效整合、深化应用政府数据和社会数据，充分挖掘大数据价值，利用数据驱动政府管理决策手段更加全面、科学，形成“用数据说话、用数据决策、用数据管理、用数据创新”的管理机制，提高政府治理的精准性和有效性。二是深化“人工智能+政府治理”新应用。发挥人工智能技术在提升资源利用效率、优化政府管理和服务方面的作用，推广人工智能在教育、医疗卫生、家政服务等领域的深度应用，开发适用于政务服务的人工智能系统，构建医疗影像、辅助诊断和疾病防控AI应用模式，为民众提供个性化精准服务。深化人工智能在交通调度、治安防控等城市管理领域的应用，基于城市数据的实时监测管控、资源的快速整合分配，

让城市的运转更加流畅。三是探索“区块链+政府治理”新机制。利用区块链共识互信、不可篡改、公开透明、隐私保护等技术特点，开展基于区块链的数据治理，实现政务数据跨部门、跨区域共同维护和利用，促进业务协同办理，探索区块链在政府重大工程监管、食品药品防伪溯源、电子票据、审计、公益服务事业等领域的应用。

（三）挖掘移动互联网应用新业态，释放位置信息服务应用潜力

随着北斗组网的完成和无线通信网络的不断完善，手机和可穿戴设备等智能终端在使用时产生了大量的位置信息，基于位置信息的服务已广泛出现于生活领域，极大地方便了人们的生产生活。开展基于位置信息的移动大数据分析和应用，将为政府治理带来新的手段。一是推广人员密度实时监测应用，加强政府部门与电信运营商的沟通，在景区、车站、广场等人员密集场所，实时监测手机信号分布热力图并预警预测，及时对人群进行疏导，避免拥挤事故。二是加强人员迁徙分析，结合疫情防控等应急管理需求，精准分析重点地区的人员流动情况，支撑服务态势研判、应急部署和精准施策。三是加强北斗网格码的研究、推广与应用，利用北斗网格码多尺度性、计算性、立体性和包容性特点，基于移动互联网对陆、海、空、天等地球空间多源数据进行高效的组织管理和应用，进一步在测绘、导航、气象、海洋、遥感、减灾、公安等不同领域开展试点应用。

（四）增强移动互联网的支撑作用，提升应急处突决策指挥能力

党的十九届四中全会明确提出“构建统一指挥、专常兼备、反应灵敏、上下联动的应急管理体制，优化国家应急管理能力体系建设，提高防灾减灾救灾能力”。针对新冠肺炎疫情应对中暴露出来的短板和不足，进一步发挥移动互联网等数字技术在数据获取、监测分析、风险研判、协同指挥等方面的支撑作用，不断健全国家应急管理体系。一是提升数据实时汇聚和高效共享能力，建立打通政府部门、相关企业、机构、社区、公民的城市大数据中心，构建政务数据资源与社会数据资源双向互动的机制，强化医疗资源、防

疫物资等政务数据资源汇聚。二是提升应急处突风险研判能力，鼓励各级政府加快以数据为核心的城市大脑建设，对城市未来的人口分布、交通分布、公共服务需求量、经济发展、公共突发事件等情况进行预测，辅助发现城市问题，推进基于数据的风险研判和科学决策。三是提升协同调度综合指挥能力，深化政务信息系统整合共享，加强与相关平台类企业的合作，精准对接电商平台与数字物流系统，建立标准化、数字化、动态更新的国家应急物资储备数据库，强化应急物资的精准供给，完善应急通信保障体系，形成现场指挥与远程联动的协同机制。四是提升信息公开与舆情引导能力，加快推动信息公开上链，构建“可信中国”，让所有公开信息可追溯、不可篡改，提高政府公信力，构建民众放心的透明政府，统筹网上网下、国内国际、大事小事，形成舆论引导的立体工作体系。

（五）丰富移动互联网应用场景，打造政企协作治理新生态

政府治理要在做好服务的基础上，建立起全社会共同参与、共商共建共享的协同机制。企业是创新的主体，具备强大的技术与人才优势，对移动互联网的应用场景有许多创新思考。应加强与企业的协同，不断拓展移动互联网在政府治理中的应用，提升政府治理效果。一是加快公共数据开放，抓紧国家数据开放网站建设，推动政府部门和公共企事业单位的原始性、可机器读取、可供社会化再利用的数据集向社会开放，不断提升开放数据的完整性、准确性和及时性，鼓励移动互联网企业等各类主体围绕政府治理领域开展公益性开发和增值化利用，丰富政府治理服务供给。二是放宽市场准入，营造宽松环境，鼓励移动互联网企业等各类市场主体依法平等参与政府治理服务供给，发挥市场主体资金、数据、技术、人才优势，激发市场创新活力。三是完善政府购买服务和考核评价机制，在购买民生保障、社会治理和行业管理等公共服务项目时，同等条件下优先向市场主体购买，加强对承担企业数据使用的全过程监管。

（六）发挥移动互联网泛在特性，提升新型智慧城市建设效能

近年来，我国不断探索新型智慧城市建设，涌现了一批政府治理创新实

践，在新冠肺炎疫情防控期间发挥了积极作用。例如，通过网格化管理精密管控、大数据分析精准研判、移动终端联通民心、城市大脑综合指挥，构筑起全方位、立体化的疫情防控和为民服务体系，显著提高了应对疫情的敏捷性和精准度。一是加快传统基础设施的数字化改造和升级，基于 NB - IoT、eMTC、3G/4G/5G、WiFi 等多种方式，通过先进的传感和测量技术、数字设备技术、智能控制方法，实现工作状态的实时获取、工作性能的动态调整。二是补齐数据资源共享不足短板，探索利用区块链数据共享模式，实现政务数据跨部门、跨区域的共同维护和利用，促进业务协同办理，推广区块链在信息基础设施、智慧交通、能源电力等领域的应用，提升城市管理的智能化、精准化水平。三是总结先进地区新型智慧城市建设经验，在全国推广应用。结合年度新型智慧城市评价和疫情防控应用成效，遴选一批治理成效好、公共服务优、发展有活力的新型智慧城市，梳理总结可复制、可推广的政府治理创新模式和做法，发挥其示范带动效应。

参考文献

新型智慧城市建设部际协调工作组：《新型智慧城市发展报告 2018～2019》，2020 年 3 月。

单志广：《大数据发展和推进需要注重的几个关系》，《中国经贸导刊》2016 年第 11 期。

单志广：《用新一代信息技术创新城市管理》，《社会治理》2015 年第 2 期。

中国信息通信研究院：《中国数字经济发展与就业白皮书（2019 年）》，2019 年 4 月。

国家信息中心：《中国共享经济发展报告（2020）》，2020 年 3 月。

中国互联网络信息中心：《第 44 次中国互联网络发展状况统计报告》，2019 年 8 月。

深圳市腾讯计算机系统有限公司：《微信战“疫”数据报告》，2020 年 2 月。

B.5

生产下沉与文化重塑：2019年乡村自媒体发展研究

翁之颢　彭　兰*

摘　要： 移动互联网内容生产的全面下沉让中国农民群体获得了前所未有的话语权。在移动互联网“普惠连接”逐渐实现的技术背景下，乡村自媒体在文化自觉和模式重建两方面为乡村文化的重塑创造了条件，也确定了重塑的空间路径与时间路径。而在乡村自媒体繁荣的背后，一些潜在的问题也值得关注和反思。

关键词： 下沉　移动互联网　乡村自媒体　乡村文化　文化重塑

2019年，乡村视频播主“李子柒”再次走红，让国内外的网民通过她的短视频重新发现和认识了中国的农村、农民以及农业传统文化。2019年12月6日，话题“李子柒是不是文化输出”登上了微博热搜榜，累计阅读量达到7.5亿。从数据上看，“李子柒”代表一种互联网现象已是不争的事实——截至2019年底，“李子柒”在抖音短视频上的关注数已超过3400万，作品最高点赞数达到220万；在海外视频网站YouTube上也拥有超过800万的粉丝，与CNN相当。

“李子柒”是2019年蓬勃发展的乡村自媒体的一个缩影。除“李子柒”

* 翁之颢，复旦大学新闻学院副研究员、硕士生导师；彭兰，清华大学新闻与传播学院教授、博士生导师，新媒体研究中心主任，湖南师范大学潇湘学者讲座教授。

之外，一大批来自乡村地区的内容创作者通过描写、拍摄乡村古风生活、传统美食、传统文化等内容走红；他们通过各类自媒体发布乡村劳动生活场景，或展示文化仪式、个人才艺、民族风情，正在形成移动互联网上全新的媒介景观。

随着移动互联网内容生产的全面下沉，“城—乡”之间的文化权力关系也在被移动互联网重构。我们在更多“李子柒”身上看到了传统农民“叙事客体”身份向新时代农民“叙事主体”身份的转变。

文化振兴是乡村振兴的重要组成部分，乡村文化资源丰富而独特。乡村自媒体的繁盛折射出中国乡村在实现振兴的文化主体性上的觉醒。移动互联网提供的创新生产平台与传播媒介让诸多优质乡村资源以多元、丰富的数字文化形态实现连接和传播。在“普惠连接”逐渐实现的技术背景下，乡村自媒体助力乡村文化重塑的逻辑与方式如何，是值得深入关注的问题。

一　乡村自媒体的发展状况

（一）顶层设计：数字乡村纳入建设数字中国的战略范畴

近年来，我国始终致力于推动网络的泛在接入以助力乡村振兴。为了推动农村互联网建设，国家层面陆续发布了《中共中央国务院关于实施乡村振兴战略的意见》、《乡村振兴战略规划（2018～2022年）》和《国家信息化发展战略纲要》等政策文件，在政策顶层提出要“培育挖掘乡土文化本土人才，开展文化结对帮扶，引导社会各界人士投身乡村文化建设”。[①] 同时，以“乡村文化生态重塑”为目标倡导“深入挖掘乡村特色文化符号，盘活地方和民族特色文化资源，走特色化、差异化发展之路”。[②]

---

① 中共中央、国务院：《乡村振兴战略规划（2018～2022年）》，2018年9月，http://www.gov.cn/xinwen/2018-09/26/content_5325534.htm。

② 中共中央、国务院：《乡村振兴战略规划（2018～2022年）》，2018年9月，http://www.gov.cn/xinwen/2018-09/26/content_5325534.htm。

2019年5月，中共中央办公厅、国务院办公厅印发《数字乡村发展战略纲要》，指出数字乡村是乡村振兴的战略方向，也是建设数字中国的重要内容。《数字乡村发展战略纲要》关注到了网络、信息、技术和人才在乡村振兴中的关键作用，提出以"信息技术创新的扩散效应、信息和知识的溢出效应、数字技术释放的普惠效应"[①]推动数字乡村发展。具体到"繁荣发展乡村文化"层面，要通过数字化"加强农村优秀传统文化的保护与传承"，同时大力"支持'三农'题材网络文化优质内容创作"。[②]

在顶层政策的引导下，各大移动互联网平台也在推出越来越多扶持乡村自媒体发展的具体措施和方案。例如，2019年，百度百家号的"丰年计划"规划投入5亿元补贴乡村创作者，并通过招募"三农合伙人"担当信息普惠带头人，推动优质内容下沉；今日头条的"百村赋兴计划"规划投入10亿流量及平台优势资源，期望通过挖掘和孵化新农人代表，助力乡村振兴事业……可以预见，在"下沉"的大趋势下，良好的政策环境将吸引更多的乡村自媒体用户进入内容生产领域，开启中国最基层社会的叙事重构。

（二）数据画像：用户下沉、流量下沉与生产下沉

乡村发展的顶层理念正是基于中国日臻完善的数字基础设施和广大的互联网用户群体。根据2020年4月发布的《第45次中国互联网络发展状况统计报告》，截至2020年3月，我国网民规模为9.04亿，互联网普及率为64.5%；其中，农村网民规模为2.55亿，较2018年底增长3308万。[③]随着国家网络基础设施的优化升级和全面布局，移动互联网在乡村地区实现普惠发展，截至2019年10月，我国行政村通4G网络的比例已超过98%，贫困

① 中共中央办公厅、国务院办公厅：《数字乡村发展战略纲要》，2019年5月，http://www.gov.cn/zhengce/2019－05/16/content_5392269.htm。

② 中共中央办公厅、国务院办公厅：《数字乡村发展战略纲要》，2019年5月，http://www.gov.cn/zhengce/2019－05/16/content_5392269.htm。

③ 中国互联网络信息中心：《第45次中国互联网络发展状况统计报告》，2020年4月，http://www.cnnic.net.cn/hlwfzyj/hlwxzbg/hlwtjbg/202004/P020200428596599037028.pdf。

村通宽带网络比例达到99%。[①] 根据国家统计局发布的数据，2019 年全年移动互联网用户接入流量达 1220 亿 GB，比上年增长 71.6%。[②]

“用户下沉”给中国的移动互联网发展带来了未曾想见的变化：基于下沉的运营策略，新浪微博的用户结构与内容结构发生了根本性的改变，在瓶颈期后重启活力；快手主打“记录普通人的生活”的口号、拼多多推出“熟人社交、低价拼团”的模式……在一、二线城市互联网入口趋近饱和的时候，一批新生的移动互联网应用通过锁定下沉用户市场建构了全新的“江湖格局”。

“用户下沉”推动“流量下沉”，中国互联网的内容格局也在悄然改变，早期的精英文化秩序已经被颠覆，文化中的基层智慧与基层元素获得了更多的流量曝光与关注。譬如，原本属于草根娱乐范畴的“喊麦”“社会摇”“鬼步舞”等主题文化在广泛争议中逆势生长。在今日头条中，更多“80后”“90 后”用户开始关注乡村信息，女性用户较 2018 年上涨了 141%，一、二线城市用户的阅读时长上涨 62%，乡村内容消费用户群正呈现年轻化、女性化和城市化的趋势。[③] 农耕、养殖、皮影、山歌等乡村文化题材被更多的人所关注、熟知和喜爱，根据 2020 年 1 月发布的《2019 年抖音数据报告》，抖音短视频上贫困县相关视频被分享 3663 万次；农民群体被点赞次数进入全平台前 10，位列第 8。

新技术带来的信息传播渠道与传播方式改变了大众媒体时代社会资源配置的传统格局，“去中心化”的倾向让更多基层个体获得了向外有效叙事的可能。与此同时，“流量下沉”带来的巨量内容缺口和潜在市场，也在吸引更多的“新农人”投身乡村 UGC 的生产之中，他们与农业部门、传统媒体共同构建乡村内容创作生态。以今日头条为例，截至 2019 年 10 月，“三

---

① 中国互联网络信息中心：《第 45 次中国互联网络发展状况统计报告》，2020 年 4 月，http：//www.cnnic.net.cn/hlwfzyj/hlwxzbg/hlwtjbg/202004/P020200428596599037028.pdf。

② 国家统计局：《中华人民共和国 2019 年国民经济和社会发展统计公报》，2020 年 2 月，http：//www.stats.gov.cn/tjsj/zxfb/202002/t20200228_1728913.html。

③ 2019 今日头条生机大会新农人分论坛官方数据。

农”创作者数量达4.3万，相比2018年增长了43%，累计粉丝增长超过2亿；全平台上“三农”主题内容发文量已达460万篇，从2017年起呈现逐年翻倍的趋势，创作体裁也愈发多样化，能更好地满足不同创作者的个性化需求。[①]

二　乡村自媒体何以重塑乡村文化

新中国成立以来，我国经历了世界历史上规模最大、速度最快的城镇化进程；而作为高速城镇化的代价，乡村地区与城市之间的发展差异也被逐渐拉开。这种发展差异是多方面的，尤其体现在乡村与现代城市生活相关的一整套价值观念和生活体系之上。

进入21世纪以后，“乡村衰落”成为中国广袤土地上的共性问题，大量年轻人出走带来乡村的“空壳”与老龄化，乡村文化既失去了行动场域，也失去了行动主体。[②] 城乡文化的隔阂增大，乡村文化自身所具有的环境封闭性和文化人格的依附性，使其在城镇化进程中遭遇生存困难，[③] 并在与城市文化的比对中日渐式微。

但乡村文化是在人类与自然的持久相处中，经由代际传承而积淀的智力瑰宝，对整个社会而言，蕴含着不可替代的价值。因此，在乡村学者看来，当前出现的“离土”现象，在一定意义上是“乡土重建”的序幕，无论是过去、现在还是将来，决定中国社会形貌的因素依然是农村、农民和活在生活中的乡土文化。[④]

互联网的无差别化让“城—乡”两级的文明失衡现象看到了矫正与均

---

① 2019今日头条生机大会新农人分论坛官方数据。

② 高瑞琴、朱启臻：《何以为根：乡村文化的价值意蕴与振兴路径——基于〈把根留住〉一书的思考》，《中国农业大学学报》（社会科学版）2019年第36（03）期，第103～110页。

③ 沈妉：《城乡一体化进程中乡村文化的困境与重构》，《理论与改革》2013年第4期，第156～159页。

④ 孙庆忠：《离土中国与乡村文化的处境》，《江海学刊》2009年第4期，第136～141、239页。

衡的希望——它重新创造了乡村文化的行动场域，并且，通过对社会话语权力的“再赋权”激励全新的行动主体，让中国乡村文化获得自我修复的能力与再生的活力。乡村自媒体何以重塑乡村文化，不妨从“人”和“制”两种角度展开探讨。

（一）文化自觉：移动互联网激活农民的文化主体性

作为乡村的主人和文化的承载者，农民毫无疑问是乡村文化的实践主体。中国历史在某种意义上也是一部农民史：在农耕水平日益精进、温饱问题得以解决的基础上，农民不断开发出能够传达个体与群体价值观的文艺形式；随后，基于社会互动和教化的需要，文化通过仪式和传统的形式被更多人接受，并代际相传。

但这种主体性在由精英主导文化撰写和传播的时代里被有意无意地忽略了，“农民无法和知识分子、政界要员、商业大腕在公共媒体平台上平等的分享话语权，以至于被错误地认为他们彻底沉寂了”。[①] 对乡村的叙述与传播陷入一种误区：一些具有乡村背景的精英依据自身的见识和理解试图去勾勒乡村文化的样貌，但缺少农民自己理解和阐释自己的文化、社会和结构的视角。因此，对城市里的人来说，“真实的乡村”仍然过于遥远。

一种文化主体性的自觉需要两方面的条件，一是推动主体自身的身份认同，二是提升主体的话语权与传播力，这也是乡村自媒体出现的积极意义。事实上，早在个人社交空间刚刚出现的时候，农民群体就尝试过主动介入互联网内容生产。一直处于弱势与边缘地位的农民工，在开放的互联网中第一次获得了表达的机会。他们会效仿城市精英的主体性姿态，并且刻意回避农民的身份。但受制于有限的教育背景、微薄的经济收入和艰苦的生存环境，他们并没有意识和能力去重构一种围绕乡村的网络文化范式，而一种“半

① 沙垚、王昊：《“主体—空间—时间—实践”：新时代乡村文化振兴的原则与方向》，《浙江师范大学学报》（社会科学版）2019 年第 44（05）期，第 111 ~ 117 页。

城市化”的不完整产品，仍然处在文化的隔离区。此时的互联网仍是“中心化”的，获得表达的机会并不意味着能够有效表达；随着失真程度的加剧与品味逐渐偏离主流，农民工的表达变成了网络话语体系中的“异类”，被标签化、边缘化与刻板化。

近年来，社会媒介化程度的空前提高，无论在认识论上还是在实践论上，都对主体性问题进行了重构。自媒体平台带来了低门槛低成本的入口、通畅便捷的传播渠道、多样化的内容呈现形式以及海量可触及的受众，让农民群体也拥有了大众传播的能力、机遇和途径。这种对弱势群体的话语“赋权”，很大程度上激发了文化主体的自觉。

以乡村短视频为例，在4G网络提速降费的条件下，农民可以通过简单的随手拍摄完成一次创作，无须专业知识即可按照个人喜欢的方式来呈现自己，同时，抖音、快手、西瓜、秒拍等移动App优质的社交属性能够将农民瞬间推向与外界、与主流紧密连接的“表演舞台”。通过展示乡村文化风貌和中国农民的创造力、智慧和才能，“新农人”自身的身份认同感前所未有地提高。让乡村文化先被农民群体自我认同，再被外界认同，这是消除城乡二元对立的文化隔阂的起点。

（二）模式重建：通过乡村自媒体表达诉求与创造价值

重塑乡村文化，仅仅激活农民的主体性是不够的，因为文化与政治、经济等社会交往的具体面向息息相关，是一种生活方式的映射。文化重塑的过程本身，也是生活模式的多方面重建，其中既包含特定群体渴望表达的现实诉求，也涵盖精神与物质双方面的价值再造。

乡村文化实践在承载时代压力的同时，也会向时代反馈某些特定诉求。广场舞为什么会成为乡村自媒体中关注度最高、分享最多的主题之一，因为它符合“原子化”时代渐渐疏远的农民们重建集体主义和加强现实交往的需求——通过学习和组织广场舞，农民们能够重新团结、聚集力量甚至整合资源。

文化重塑也要建立在丰腴的物质条件之上。随着实践经验的积累，乡村自媒体的内容生产、运营越来越专业化、系统化，组织管理水平日益提高，能够有效实现“流量变现”甚至改造一个乡村整体的经济模式[①]——内容通过紧密的连接被赋予价值，并导向互联网经济的各个层级，持续为乡村振兴创造经济收益。以快手短视频为例，截至2019年9月，中国超过1900万人从快手平台获得了收入，其中来自国家级贫困县的用户超过500万人，年销售额达193亿元；通过短视频与直播两种方式，快手正帮助越来越多的农民脱贫致富。[②]

三　乡村自媒体如何重塑乡村文化

（一）地方再造：乡村文化重塑的空间路径

乡村文化需要依存空间，而空间的意义又是多样的。乡村自媒体重塑乡村文化的空间路径，对于农民群体而言，是使他们对自己所生存的乡村空间的感知和认识有所变化；而对于农民以外的群体，他们通过媒介获取和接触的乡村空间形象也会区别于既往。

1. 再造乡村空间的实在意义

农民工从乡村到城市的空间移动催生群体对城市的渴望，不仅表现在语言、服饰等外在方面，更是认知模式、思维理念与价值观等内在性的接近。[③] 与城市文化的距离感让乡村文化熏陶出来的群体在城市空间中更缺少安全感和社交能力。他们又无法引导“逆城市化”的进程，乡土情结固然深入人心，但由于城乡差异及二元社会结构等多种因素，回乡的农村青年在创业、生活、学习等方面与传统的农村生活方式相冲突，使他们的回归受到

① 刘楠、周小普：《自我、异化与行动者网络：农民自媒体视觉生产的文化主体性》，《现代传播（中国传媒大学学报）》2019年第41（07）期，第105～111页。

② 2019年中国国际数字经济博览会快手官方发布的《快手上的“国民经济”》。

③ 陈瑞华：《“地方再造”：农村青年媒介行为的文化隐喻》，《中国青年研究》2019年第2期，第94～101页。

了各种限制、排斥，影响着他们对回乡的适应程度。① 很多农民在空间上找不到归属感，融不进城市，却又回不了乡土。

移动互联网改变了“地方”的意义，它不再是单纯的物理空间，更能够通过虚拟互动创造价值，从而衍生为一种意义空间。城市与乡村的互动，通过移动互联网变得越来越频繁，为农民留乡与返乡创造了条件——即使身处乡村，也能与城市发生密切的关联，而不是隔离；城市里的关系和支持，也得以保存和延续。

以种植无花果的农民“网红”黄金为例。作为从城市辞职、返乡创业的代表，黄金在快手兴起以后开始通过视频直播的方式向粉丝展示无花果的种植过程，教粉丝挑选无花果。通过视频直播的维系，传统的农业种植与现代化的互联网营销同时嵌入黄金生存的乡村空间中，与城市的模式和谐共生、相互交融，形成一种“新流动性”的关系网络。

2. 重构乡村空间的媒介呈现

传统媒体时代，乡村总是伴随着某些特定的社会问题进入公众视野。回顾近年来“三农”主题的媒体报道，要么针对的是某个亟待解决的底层疼痛，要么是主流意识形态在乡村空间的地缘演绎，其结果都是将乡村空间推向了公共讨论的话语位置。②

传统媒体的议程设置让乡村的形象塑造变得被动和消极。乡村空间陷入了外部人群的视野盲区，信息不对称的壁垒让乡村空间与落后、与“面朝黄土背朝天”画上了等号。乡村自媒体以碎片化的方式对陈规展开了反击，乡村空间由环境、村落、田埂和建筑等元素构成，并通过文字、声音、图片和影像的特别组合被呈现，成为一种象征性的文化空间。农民可以管理和支配自己的“可见性”，传播善良、美好、智慧、积极的形象，有机会让乡村优质的一面进入社会化的、结构化的生产领域，从而让外界更多地

① 张波：《二元社会结构下农村青年回乡创业社会适应性问题初探》，《北京青年政治学院学报》2013 年第 4 期，第 5 ~ 11 页。

② 刘涛：《短视频、乡村空间生产与艰难的阶层流动》，《教育传媒研究》2018 年第 6 期，第 13 ~ 16 页。

关注乡村；身临其境地感受乡村空间，也会加深人们对乡村文化的体验，使之由虚拟接触向实地探访转化。例如，四川阿坝老营乡扶贫书记张飞，在快手上发了一条10秒钟的短视频“海拔3200米云端餐厅”，吸引了900余万名网民观看；众多游客慕名前来游玩，让原本只剩三户人家的空心寨变成了网红打卡地，原本外出的村民也纷纷返回、重建村落，形成一种良性的循环。

（二）今昔勾连：乡村文化重塑的时间路径

乡村自媒体重塑乡村文化在时间路径上有三个走向：对于从农村出来的人，它通过集体记忆与“过往”连接；对于未去过农村的人，它通过实时手段呈现“现在”；在现代性的潮流中，它又唤醒现代人对理想“未来”的精神期许。

1. 传播作为记忆的乡村文化

扬·阿斯曼将集体记忆分为交往记忆和文化记忆，前者涉及日常生活中个体间、个体与群体之间相互作用促成的记忆，持续的时间达三、四代人之久；后者涉及的则是对一个社会或一个时代至关重要的有关过去的信息，具有长久稳定性的特点。[①]

当前中国城市居民中相当一部分根都在农村，不管是在血缘还是地缘上，都与农村紧密相关。社会中坚阶层中很多人（从“60后”到“90后”），是通过求学、打工、经商、随迁等方式，完成了从农村向城市迁移的过程。他们在法律和社会身份上，已经完成了向城市人转换的过程；随着与乡村的关联性越来越小，仪式性的回归也越来越少，他们的后代割断了与乡村地缘的关联。关于乡村的记忆渐渐转向交往记忆，是乡村文化衰落的根源性因素。

乡村自媒体的出现，通过“共情”的方式终于将文化记忆唤醒。“共

① 扬·阿斯曼：《文化记忆：早期高级文化中的文字、回忆和政治身份》，金寿福、黄晓晨译，北京大学出版社，2015，第41~61页。

情”体现在自媒体内容的原始化、质朴化上——无须复杂的叙述和精致的包装，用简单的文字和镜头记录袅袅炊烟、耕田劳作、农家日常……可见，承载乡村记忆的并不是专业化和职业化，而是广大农民对生活、对生命的一种理解，这也是乡村自媒体“生活化”主题内容更受青睐的原因。

网易号在2019年发起了“最美新农人”三农内容创作激励计划，并每月根据账号内容的热度、互动与质量情况更新“最美新农人”榜单。以2019年11月榜单为例，[①] 排名靠前的账号都将“生活气息”作为主打：第一名“陕北霞姐”每期都会娴熟地准备一道独具陕北特色的家常菜，并分享亲朋围桌品尝的短视频；第二名“乡村瑶哥”记录父女合作从挑选食材到烹饪菜品的故事；第三名“新农人华子”通过记录农村大家庭祖孙三代饭桌间的温情时刻涨粉迅速。

2. 传播作为新知的乡村文化

传统的互联网内容具有相对的“高品位”，乡村自媒体的“土味”内容则显得简单、浓缩、直接和有趣，这会勾起外界对当前的、真实的乡村生活的两种心理：一是猎奇欲，期望通过账号与主播窥见乡村最区别于城市的地方；二是求知欲，期望通过农民的“身体叙事”获得新鲜的乡村见闻。

比如快手上的尚育康，每天“与鸡为伴”的他，会将鸡摆成爱心形状来场“土味”告白、给鸡催眠，或给鸡穿上小女孩鞋赛跑。将“科学养鸡”以趣味性的方式呈现在镜头上，既收获了粉丝，也收获了订单。

又比如来自淄博农村的“琉璃哥”李先鹏，在火山小视频上展示了传统工艺——“热塑琉璃”的制作过程，很多网民慕名而来，直观体会了琉璃艺术的美感和工艺品制造技艺中的匠人精神。李先鹏更是通过在线收徒的方式，吸引了更多感兴趣的人参与到这一手工文化的保护和传承之中。截至2019年底，李先鹏工作室的关注人数已经突破100万。

3. 传播作为想象的乡村文化

生活在城市中，现代人的情感体验得到前所未有的扩张，随着速度和量

---

① 网易号平台每月官方发布，当期数据选自2019年10月25日至11月24日。

化成为现代社会的生存信念，一场普遍而深刻的现代性危机由此而生。生命经验的连续性被现代生活完整地击碎了，城市塑造了一个个在精神上“孤独的个体”。因此，个体情感面对物化的环境，需要不断调整和改变自我，实现对平庸生活经验的超越。

中国目前的城市化进程还没有完全完成，但是城市居民已经饱受人口密集、交通拥挤、环境污染、人情冷淡等问题的困扰，开始向往蓝天白云、田野小溪、慢节奏和有尊严的生活。人们对乡村的想象与向往，本质上是对回归自我的渴望，乡村生活代表着人类在物质需求得到满足后追求的一种自由自在的精神欲望、一种乌托邦式的未来。如费孝通所说，在乡土社会中个人的欲望常是合于人类生存条件的，两者所以合，那是因为欲望并非生物事实，而是文化事实。就像“李子柒”的视频，没有一句台词，却将中华农耕文明中平静、安宁、从容的一面充分展现，乡村自媒体的直观叙述带来数字在场的视觉冲击，满足了观众对理想生活的所有想象与精神寄托。

四　乡村文化重塑的困境与反思

乡村自媒体的繁荣对于乡村文化重塑的意义不言而喻。但在“生产下沉”的大环境下，我们对其中涌现的“底层智慧”又不宜过分乐观。“底层智慧”往往是为了解决眼前的问题，因而缺乏长远的眼光；流量驯化、利益诱导、数字鸿沟……文化重塑的推动力一旦出现问题，又会衍生新的发展问题。

一是要警惕互联网对文化的“异化”作用。“生产下沉”带来了海量的内容创作者，也变向增加了内容的淹没成本，迫使一部分农民创作者通过自虐、审丑、搞怪、病态等另类的方式来博取眼球；即使通过残酷的身体叙事积累了众多粉丝，然而这些粉丝的阶层属性决定了创作者很难获得更大的象征资本，并不利于互联网文化整体的健康发展。此外，片面迎合消费主义的需求，依照他人的期待设置自己的思想和形象，以至于出现“本我迷失”和“数字异化”的现象，乡村文化重塑的主体性也会被消解在经济驱动和流量至上的误区中。

二是要正视“后喻文化”的局限性。这是由移动互联网用户的年龄结构所决定的。社会学家玛格丽特·米德认为，在“后喻文化”时代中，知识的流动与生长突破了时空限制，信息垄断被打破，知识权威逐步被消解，长辈往往需要反过来向晚辈学习。由于农村老年人对移动互联网的接触程度和依赖度普遍较低，乡村文化中一些由年长者掌握的精华，并不能有效地通过自媒体平台传播出去。这种年龄失衡的问题既体现在传播者的年龄构成中，也出现在受众的年龄组成上。如何在数字化的浪潮中有效保护和传承老年人视角下的乡村文化，也是未来值得深入思考的问题。

参考文献

孔祥智等：《乡村振兴的九个维度》，广东人民出版社，2018。

熊培云：《一个村庄里的中国》，新星出版社，2012。

〔美〕玛格丽特·米德：《文化与承诺——一项有关代沟问题的研究》，文化艺术出版社，2004。

B.6

全球移动互联网的历史性拐点与新纪元*

方兴东　严　峰　沈　汐**

摘　要： 5G 商用元年、互联网诞生 50 年、中美科技摩擦和新冠肺炎疫情，使 2019 年堪称历史性的拐点。技术变革会引发从微观到宏观的系列变化，带来一场始于技术、发于产业、行于经济、变于社会、表于国际秩序的拐点变革。以一场全球疫情开始的 2020 年，既是人类社会经济发展的分水岭，也是移动互联网发展的新纪元，以智能物联为主旋律的下一个十年开启，美好的愿景与风险的警示同时而来。

关键词： 5G　数字鸿沟　新冠肺炎疫情　移动互联网

21 世纪 10 年代的十年，人类全面进入了移动互联网时代。今天我们所说的互联网，事实上就是移动互联网。从 2010 年到 2019 年的 10 年间，智能手机的爆发推动网民数量翻番，全球超过 45 亿人上网，开启了真正的移动互联网时代。可以说，这是人类历史上第一次通过技术真正把全球大多数人直接连接起来。2019 年作为 5G 元年，移动互联网又一次从最底

* 本文得到国家社科基金重大委托项目“5G 时代信息传播模式变革与治理研究”（19@ZH044）资助。

** 方兴东，博士，浙江传媒学院互联网与社会研究院院长、研究员，主要研究方向为网络传播与安全等；严峰，学士，互联网实验室高级分析师，主要研究方向为互联网与信息社会发展；沈汐，博士，浙江传媒学院互联网与社会研究院助理研究员，主要研究方向为网络社会学和经济社会学。

层的基础设施层面开始根本性升级。我们将从技术、应用、产业、经济、社会生活、国家治理和国际关系等不同角度梳理，提纲挈领、删繁就简、把握重点，总结2019年国际移动互联网的八大特点和趋势，并且重点分析移动互联网对社会治理和国际关系的深刻影响与未来变局。最后，站在2020年新的起点，在全球新冠肺炎疫情肆虐之时，展望移动互联网的潜在变革和可能走势。

一　新时代：2019年国际移动互联网八大特性和趋势

2019年是5G元年，更重要的是全球网民数量突破45亿，普及率超过50%，[①] 迎来名副其实的移动互联网时代。全球还未上网的30余亿人口，依然需要通过移动互联网浪潮的不断深入，来实现上网目标。互联网的发展已经进入深水区。

全球互联网的亚洲时代格局初步形成。截至2019年底，亚洲网民数量超过23亿，占据全球网民总数的一半；欧洲网民达7.28亿人，成为第二大群体；非洲网民增长迅速，总量达到5.26亿，跻身第三；第四名是拉丁美洲和加勒比海地区，网民数量达4.54亿；作为互联网发源地和曾经最大的互联网中心，北美洲地区网民总量为3.49亿，降到了第五名（见图1）。新的互联网格局正在改变全球产业和经济，也在影响全球政治格局。

站在2019年的历史节点上，为了更好地洞察这场技术变革，我们总结了移动互联网八大特性和趋势。

（一）5G与折叠屏手机引领2019年移动互联网技术创新

2019年，全球热词之一莫过于5G，它贯穿了移动互联网一整年的发展。5G不仅是通信技术的升级，更是支撑各行各业快速成长的新力量。以

---

① Digital 2020 Global Digital Overview，https：//max. book118. com/html/2020/0326/6005124030002152. shtm。

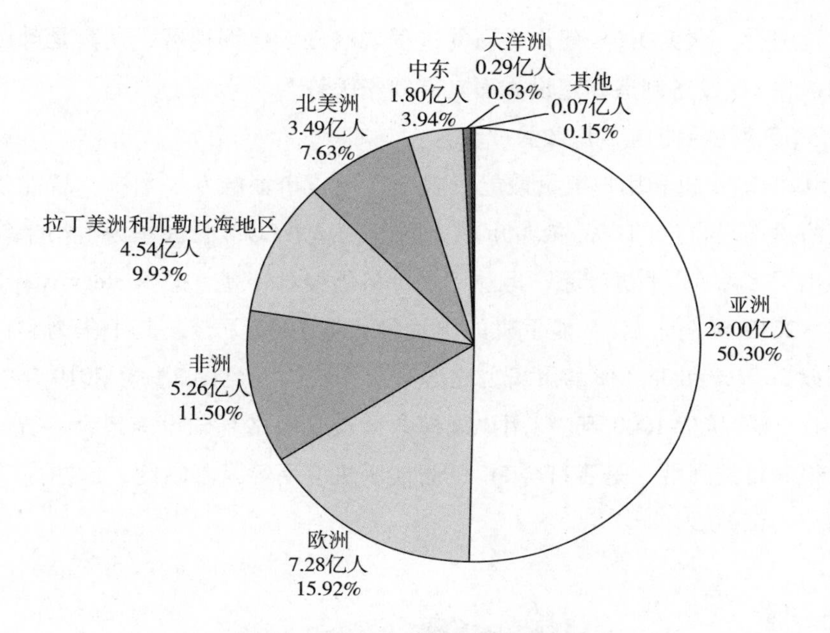

图1　2019 年全球各大洲网民占比

资料来源：Internet World Stats，2019 年 12 月。

智能手机为例，全球手机厂商发力折叠屏手机，看重的就是 5G 大屏应用带来的无限想象。

1. 5G 在全球的推广和应用

2019 年，全球超过 30 个国家的 60 个网络开通了 5G 商用。① 韩国宣称是全球第一个实现 5G 商用的国家，几乎同时，美国运营商也实现了 5G 商用。此外，实现商用的还包括瑞士、意大利、英国、阿联酋和中国等国家。整体而言，各国推动 5G 网络建设的速度比 3G 和 4G 网络更快。但 5G 的发展是长跑竞赛，先发并非一定具有优势。据《华盛顿邮报》报道，美国的 5G 基站数量仅为中国的 1/15。工信部数据显示，截至 2019 年底，我国已建成的 5G 基站数量约为 13 万个。② 韩国已建成的基站数量超过 20 万个。从

① 《华为 5G 已走出中国遍布全球：已超过 60 个 5G 商用网络，多半来自欧洲》，https：//xw. qq. com/cmsid/20200314A0LW2C00？f = newdc。

② 《工信部：我国已建成 13 万个 5G 基站》，http：//www. dvbcn. com/p/107475. html。

全球范围看，欧美在5G建设方面的进程要略慢于亚洲地区，尤其是韩国和中国，在5G设备制造和建设方面具有领先优势。

2. 5G智能手机与用户数量

5G智能手机和用户数量最能反映个人用户市场的发展情况。智能手机厂商纷纷推出自己的产品抢占市场。韩国三星、LG，中国华为、小米等纷纷推出了多款5G手机产品，但总体上价格仍相对较高。据Strategy Analytics数据，2019年全球5G智能手机的出货量接近1900万台，其中华为和三星分别以36.9%和35.8%的市场占比居第一、二位（见图2）。[①] 2019年全球5G用户规模接近1000万。[②] 用户规模的增长受网络基础设施建设、智能手机价格和可选择性、是否符合5G的智能手机应用等因素制约，这些在2020年将会得以改观。

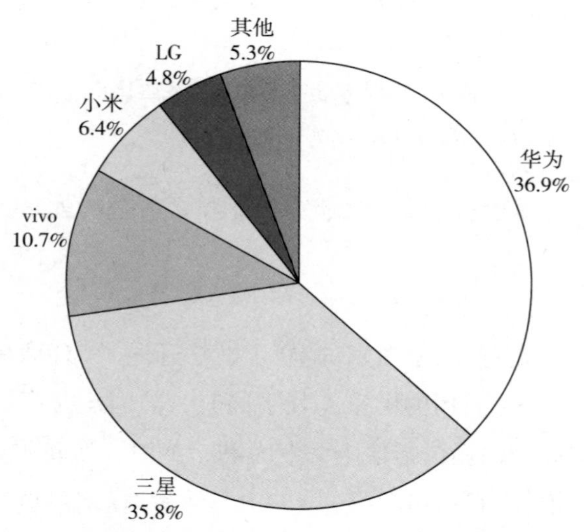

图2　2019年全球主流厂商5G手机市场占比

资料来源：Strategy Analytics。

---

① 《Strategy Analytics：2019年全球5G智能手机出货量达到1900万台》，http：//www.199it.com/archives/1002588.html。

② 《中国信息通信研究院：预计2019年全球5G用户达1000万　中国超300万》，http：//www.199it.com/archives/987602.html。

3. 折叠屏手机的创新与作用

折叠屏手机开创了5G手机新的创新空间。2019年2月24日，华为发布首款可折叠屏手机 Mate X，被认为是继2007年苹果手机后的最大变革。同期三星也发布了名为 Fold 的折叠屏手机。此后，联想等手机厂商也纷纷推出折叠屏手机产品。折叠屏手机虽然仍面临着一些来自材料和技术的高成本风险，但无疑是5G时代产品的一次重大创新。它为移动大屏应用提供了新的方向，使可变式平面多项操作的移动化应用有了新的可能。

（二）移动 App 的下载和应用时长继续保持上升态势

移动 App 的下载量和应用时长是移动互联网发展的重要指标。移动数据分析公司 App Annie 的数据显示，2019年全球移动 App 的下载量达到2040亿次，较2018年增加了100亿次；各类 App 的平均应用时长为3.7小时，2018年为3小时。[①] 数据显示，人们对移动互联网的应用广度和深度都在增加。

1. 社交娱乐类 App 增长变化的新特点

满足人们生活需求的社交娱乐类 App 的下载量一直居高不下。数据显示，全球排名前三的都是社交娱乐类 App，被称为脸书（Facebook）的“全家桶”。微信的月活跃用户量排名全球第四。字节跳动旗下的短视频 App Tik Tok（国际版抖音）在全球市场发展迅速。移动互联网基础建设和设备的升级，促使社交场景发生显著变化，更加丰富的短视频或直播等风生水起。越来越多的用户愿意加入短视频应用中，并且通过丰富的内容传播和积累获得更强的应用壁垒。

2. 移动 App 区域发展变化的新特点

移动互联网提升了发展中国家的网络普及率。Comscore 发布的 2019 Global State of Mobile Report 显示，其调研的10个国家中，处于发展中国家的印度、印度尼西亚、阿根廷、巴西和墨西哥等国的网民使用移动 App 的

---

① 《App Annie 年度预测报告出炉：移动仍是全球趋势》，https：//wxn. qq. com/cmsid/20200116A0KSOH00。

时间占使用移动网络时间的比重均在90%以上，最高的印度尼西亚为96%，最低的印度是91%（见图3）。[①] 一方面是由于移动智能终端已经成为发展中国家网民入网的首选，手机更加便捷；另一方面是由于移动App能够快速满足其上网需求，有许多免费应用可选择。

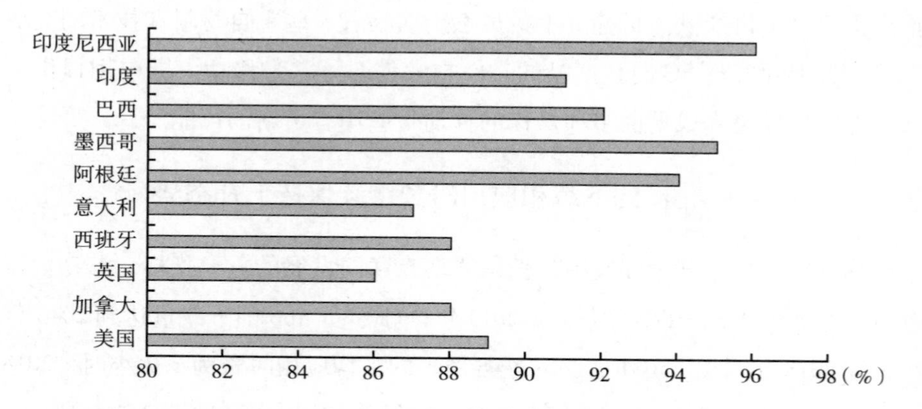

图3　10个国家的网民使用移动App的时间占使用移动网络时间的比重

资料来源：Comscore。

发展中国家的网民更有意愿使用短视频类移动App。当下流行的各类社交App成为发展中国家网民触网的重要入口，有趣好玩的短视频类社交App能够满足他们的好奇心和自我展示的意愿。以Tik Tok为例，虽然下载量在发达国家和发展中国家都能排进前三名，但以印度、巴基斯坦和越南等为代表的发展中国家用户的使用时长却远高于美国、英国等。

未来，更多新奇的应用会给全球网民带来更新奇的玩法。这是移动App增长趋势上的一个新拐点，“5G+内容”将成为新的商业模式和竞争壁垒。

（三）人工智能投资分化，智能应用进入全领域时代

以人工智能为风口的智能时代在2019年继续保持迅猛的发展势头。智

① 2019 Global State of Mobile Report, https: //www. comscore. com/Insights/Presentations - and - Whitepapers/2019/Global - State - of - Mobile.

能时代，ABCDE（A：人工智能、B：区块链、C：云计算、D：数据、E：边缘计算）的集合将全面开花，与社会生产和人们生活形成最大程度的融合。工业革命解放了人们的双手，数字时代将更加丰富人们的智慧，使人们进入智能时代的新阶段。

亿欧国际的统计数据显示，2019 年美国有 197 家 AI 创业公司获得了风险投资，中国有 59 家 AI 创业公司获得了 60 亿美元的投资。全球以 AI 作为核心技术和产品的公司共获得投资 313.2 亿美元。[①] 从风险投资的偏好上分析，投资者一改之前全面撒网的风格，主要选择 AI 赛道内的头部企业，且偏向于中后期的融资者。投资风格的变化也体现出 AI 领域更加成熟，技术和市场更加聚焦，市场的竞争也更加激烈。

AI 作为一项核心技术，其根本在于与社会各领域的融合。在金融、零售、安全等领域，大量的数据资源能够为 AI 发展提供充足的“弹药”。医疗、先进制造等领域也在不断引入 AI 技术，寻求技术与资源的深度融合。

（四）云计算市场竞争加剧，市场规模容量再突破

2019 年全球云计算市场的“厮杀”又见真招。主流云计算服务厂商依然是亚马逊 AWS、微软 Azure 和谷歌云以及来自中国的阿里云。亚马逊 AWS 依然保持一骑绝尘的态势，以 32.3% 的市场占有率位居第一。但是，微软 Azure 在 2019 年击败亚马逊 AWS 获得了美国国防部的百亿大单，这对亚马逊而言是一个重要的拐点。谷歌也在积极布局云服务，通过收购的方式增强在云服务领域的实力。阿里云以 4.9% 的市场份额排名第四，在中国甚至亚洲市场位居第一。[②]（见图 4）

据 Canalys 数据，2019 年全球云计算市场规模首次突破 1000 亿美元，

① 《2019 全球人工智能投资活动》，https：//www.xinhuokj.com/article/1709.html。

② Global Cloud Infrastructure Market Q4 2019 and Full Year 2019，https：//www.canalys.com/newsroom/canalys – worldwide – cloud – infrastructure – Q4 – 2019 – and – full – year – 2019.

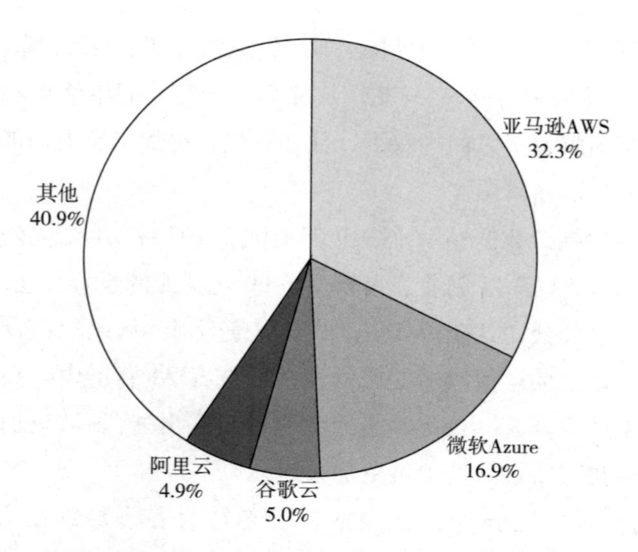

图 4　2019 年全球主要云计算服务厂商所占市场份额

资料来源：Canalys。

达到 1071 亿美元。[①] 从供给和市场需求看，未来云计算市场的增长值得期待。首先，参与的服务商越来越多，意味着可提供的服务技术和方式越来越多，收费则会越来越便宜。这对市场需求方而言是利好，另外市场需求也会随技术升级而不断被激发。无论是大中型企业，还是初创小微企业，都可以实现便捷上云。其次，2020 年初兴起的“云办公”也催生了新的云服务需求，当这些偶发行为成为一种新的经济模式时，云计算市场容量将会出现新的突破。

（五）全球超级网络平台的垄断影响深远，激活竞争迫在眉睫

政府部门关注和强化对超级网络平台的垄断治理是 2019 年全球移动互联网发展的拐点之一。超级网络平台的垄断等行为开始对用户、社会甚至国家带来负面影响。虽然这些负面影响已经存在多年且受到过政府的治理，但

① Global Cloud Infrastructure Market Q4 2019 and Full Year 2019，https：//www. canalys. com/newsroom/canalys – worldwide – cloud – infrastructure – Q4 – 2019 – and – full – year – 2019.

直到2019年政府才真正开始发挥必要的影响力。联合国也已经关注到平台经济的影响，强调要激活竞争。

1. 美国多部门联合打击超级平台垄断行为

2019年美国对以亚马逊、谷歌和苹果为代表的超级网络平台进行多次调查听审。哥伦比亚法学院教授Timothy Wu认为，当下以亚马逊和谷歌为代表的平台垄断行为严重影响了创新环境，让美国进入了“创新冬天”。2019年，美国司法部、联邦贸易委员会、美国众议院反垄断小组委员会和48个州发起了多次反垄断调查，这是美国科技发展史上从未有过的现象。美国总统特朗普本人也多次表示要对科技巨头进行调查。除美国外，欧盟也一直对美国超级网络平台进行反垄断跟踪和调查，并且已经数次向美国企业发出处罚通知。从趋势上看，对超级网络平台的反垄断正在形成新的世界力量。无论是促进竞争提升创新，还是保持市场公平的环境，2019年的反垄断动作都将是全球范围内互联网反垄断中的重要里程碑。

2. 联合国发布报告关注数字平台“赢家通吃”

联合国已经关注到超级网络平台利用自身优势形成垄断竞争和寡头市场的现状。联合国贸易和发展会议发布的报告《让“赢家通吃”的数字平台市场恢复竞争》已关注到数字平台的网络效应和规模经济等特征。报告认为，数字经济时代的数字平台拥有的数据将会形成新的商业壁垒，依靠数据和数据货币化实现增长。无论是社交媒体、在线广告，还是电商平台、共享经济以及云服务等，本质上都是数据的交易，并且会持续产生交易行为，不断增加用户的逃离成本。从近10年全球市值排名前十上市企业的行业分布看，数字平台企业已经基本替代了传统行业企业（见表1）。[①] 全球经济正在从商品交易转向数字交易，商品交易成为数字交易的铺路石，“货随数流”的模式已经形成。因此，联合国建议各国要从法律角度强化市场公平

① 《联合国贸发会议：让“赢家通吃”的数字平台市场恢复竞争》，http：//www.360doc.com/content/20/0208/23/33989007_890608068.shtml。

竞争和消费者权益保护。加强立法，强化执法，以保持整体经济的活力和自由公平的竞争环境。

表1　2009年和2019年全球市值前十的上市企业和所属行业对比

单位：十亿美元

2009年			2019年		
公司	所属行业	市值	公司	所属行业	市值
埃克森美孚	油气	337	微软	科技	905
中石油	油气	287	苹果	科技	896
沃尔玛	零售	204	亚马逊	科技	875
中国工行	金融	188	Alphabet	科技	817
中国移动	通信	175	伯克希尔	金融	494
微软	科技	163	脸书	科技	476
AT&T	通信	149	阿里巴巴	科技	472
强生	医疗健康	145	腾讯	科技	438
壳牌	油气	139	强生	医疗健康	372
宝洁	日化	138	埃克森美孚	油气	342

资料来源：Pricewaterhouse Coopers。

（六）《通用数据保护条例》引领网络伦理和治理新方向

在个人数据和隐私遭到粗暴入侵和滥用的当下，欧盟发布的《通用数据保护条例》（以下简称《条例》）对于个人隐私和数据权利的重视，为日渐复杂和困难的全球互联网治理提供了一个可行的规范性文本。数据治理和对个人隐私的强调来源于近年来全球范围内互联网数据生产应用中存在的严重失范现象。从震惊全世界的“棱镜门”事件到脸书将用户数据大规模泄露给第三方机构，AI算法、人脸识别、大数据分析技术等被广泛用于用户数据的精准运营和营销、大众舆论引导，甚至最终影响了美国政治选举。

2019年1月，法国国家信息与自由委员会对谷歌做出5000万欧元的处罚，原因是谷歌违反了信息披露义务，并且未有效取得用户同意。2019年8月，瑞典数据保护机构对当地一所高中开出了第一张罚单，因为该高中使用人脸识别系统记录学生出勤率。除了高额的罚金，更有震慑力的是《条例》的域外管辖特征。这意味着互联网企业在全球范围内无界、灵活的“优势”可能面临严格管制。但是，《条例》对数据的跨境流动提出了清晰、细化和可操作的法律法规要求，这为依靠数据全球无界流动的互联网公司提供了一个合规框架，也为有效应对互联网治理出现的危机提供了一个有益的解决方案。《条例》颁布和施行后，美国、巴西和印度等国也相继出台了互联网数据保护的相关法律。

虽然《条例》也被认为在一定程度上限制了互联网商业化的高速进程和信息资源开发，会使今后欧盟与中美互联网的发展差距越来越大，并且在个人权利与效率（利益）的平衡中，《条例》是否能够真正有效地保护用户的数据主权还有待进一步观察，但不可否认的是，人类社会需要就互联网数据的使用达成一些基础性共识，对个人数据和隐私的保护是基础中的基础，《条例》也将成为今后全球互联网治理重要的基础性规范。数据主权的争夺和博弈也将成为 AI 时代的一个重要表征。

（七）发展中国家移动互联网的渗透率在急剧上升

移动互联网极速扩张的背景是智能手机和无线网络设备的迅速迭代升级。从文字到图片再到视频，新兴市场和发展中国家成为全球互联网公司争夺的焦点。从移动互联网渗透的内容看，短视频、游戏、电子商务和出行服务等应用正在成为发展中国家移动互联网应用的主力。

值得注意的是，无论在印度、中东还是拉美，年轻人（Z 世代[①]）成为促使移动互联网增长的主力。社交、短视频等利用多种 App，大大降低了音

① Z 世代（Generation Z，Gen Z）是盛行于美国及欧洲的用语，特指在 1990 年代中叶至 2000 年代中叶（1995～2005 年）出生的人。他们又被称为 M 世代（多工世代，Multitasking）、C 世代（连接世代，Connected Generation）、网络世代（Net Generation），或是互联网世代（the Internet Generation）。Z 世代受到互联网、即时通信，以及简讯、MP3 播放器、手机、智能手机、平板电脑等科技产物的影响很大，可以说是第一个自小同时生活在电子虚拟与现实世界的原生世代。由科技发展形塑的社群关系与价值观深深影响了此世代的自我认同。来源于 https：//zh. wikipedia. org/wiki/Z% E4% B8%96% E4% BB% A3。

乐和视频制作的门槛，以新颖的社交形式在年轻人的互动圈中掀起了互动效应。如 Tik Tok 已经被全球社交之王——脸书视为强劲的竞争对手。不过，海外短视频的野蛮生长已经引起了监管机构的关注，美国、印度等国的监管机构以内容和国家安全为由下架或禁止特定人员使用 Tik Tok。

据全球移动通信系统协会估计，到 2025 年 5G 将覆盖全球人口的 40%，约 27 亿人，商用市场达 111 个，连接数超过 12 亿个。[①] 相比前 4 代移动通信技术，5G 最重要的变化是从面向个人扩展到面向产业。如果说 5G 商用前期还是以消费互联网为主，不断扩大移动互联网在消费领域的优势，那么商用后期将发力产业互联网。因此，互联网的渗透率会由于大数据、物联网和云计算的广泛应用而大幅提升。

数字经济已经成为发达国家和发展中国家共同的增长引擎。相比发达国家，发展中国家在城市化速度、人口密度以及产业更新换代上都具有更大潜能，发展中国家用户对于网络带宽和速度的需求尤为迫切。尤其是非洲国家多数还停留在 3G 时代，切换到 5G 的性价比事实上要比 4G 成熟国家更高，因此 5G 的逐步铺开部署有望在发展中国家形成后发优势。

（八）全球下一个30亿网民：亚非的崛起以及新的数字鸿沟

在欧美发达国家和部分发展中国家（如中国）网民规模增长日趋饱和的背景下，全球其他区域将成为移动互联网市场持续增长的发力点。全球移动通信系统协会预计，到 2020 年底，全球新增约 7.53 亿名移动用户，其中印度将占 27%，亚太地区独立移动用户的数量将从 2016 年底的 27 亿增加到 2020 年底的 31 亿，占全球增幅的 2/3。[②] 凭借人口基数和后发优势，发展中国家将成为新增移动互联网用户的主要贡献来源。非洲的智能手机市场

① GSMA - State - of - Mobile - Internet - Connectivity - Report - 2019，https：//www. gsma. com/mobilefordevelopment/wp - content/uploads/2019/07/GSMA - State - of - Mobile - Internet - Connectivity - Report - 2019. pdf.

② GSMA - State - of - Mobile - Internet - Connectivity - Report - 2019，https：//www. gsma. com/mobilefordevelopment/wp - content/uploads/2019/07/GSMA - State - of - Mobile - Internet - Connectivity - Report - 2019. pdf.

涨幅最快，一些落后国家在一两年内实现了移动互联网渗透率翻倍。

受人口结构的特点影响，在亚洲和非洲的新增移动用户中，青年群体占比较高。以中东和北非地区为例，移动互联网的用户增长高于全球平均水平。[①] 发展中国家迅速攀升的移动互联网渗透率能够在一定程度上改善全球数字鸿沟中无法接入互联网的人群的上网条件。快速的城市化和人口密度的上升正在催生新的移动用户群体。

尽管接入互联网的成本变得越来越低，但在许多发展中国家，用户使用互联网的能力仍较低。识字率、IT 水平、语言等都将成为落后地区用户使用互联网的障碍。此外，国际电联发布的报告《衡量数字化发展：2019 年事实与数字》估计，全球仍有 52% 的女性未能获得互联网服务，而男性的比例则为 42%。报告显示，2013 ~ 2019 年，美洲地区的男女上网人数基本持平，欧洲和独联体国家的性别数字鸿沟有所缩小，但亚太、非洲及阿拉伯国家的差距则在不断扩大。宗教、文化和社会经济状况所导致的数字不平等将会持续地创造新的数字鸿沟。[②]

二　新拐点：超越技术和产业，撼动国家治理和全球秩序

移动互联网的突飞猛进，给人类社会发展带来了方方面面的促进作用。移动互联网既改变了人们的生活方式，也是新时代全新的社会基础设施，更是经济与社会发展创新驱动的主要引擎。但是，在享受新技术带来的好处的同时，人们也正面临超联结社会带来的前所未有的风险和冲击。新的社会动员机制、新的意识形态战场，以及国家治理机制和国际机制，都给移动互联网的未来带来更多的未知挑战。新的拐点已经到来。

---

① Mobile Internet Connectivity，https：//www. gsma. com/mobilefordevelopment/wp - content/uploads/2019/09/Mobile - Internet - Connectivity - MENA - Fact - Sheet. pdf.

② 《衡量数字化发展：2019 年事实与数字》，https：//itu. foleon. com/itu/measuring - digital - development/home/。

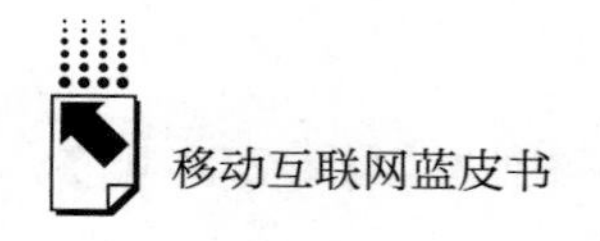

（一）科技摩擦颠覆全球产业链：脱钩与互联的博弈

5G作为关键核心技术，具有战略价值。5G也犹如导火索，在2019年全球移动互联网发展进程中引燃了一场举足轻重的科技摩擦。美国意图把华为驱逐出美国市场并实施全球围剿，遏制中国高科技的崛起。

1. 技术变革与力量转移带来中美科技摩擦

技术创新与变革是中美科技摩擦的基础，即任何竞争的表象都是基于技术的较量。技术供给和市场需求的相互作用共同促进了全球互联网浪潮的发生和发展，也影响了中美科技实力的此消彼长与力量转移。技术变革不是唯一的决定性因素，却是可以用于表征科技摩擦内在逻辑最直观的指标之一。重大技术变革一旦到来，高新科技产业就存在变局。美国在高科技领域的整体实力超过中国，但随着智能时代的到来，华为有无可能在5G领域单兵突破，产生“破窗效应”成为最大的悬念。5G是全球高科技产业变革的核心。

2. 脱钩式封杀华为与颠覆全球产业链

2019年1月3日，一份报告建议美国总统使用行政命令禁止对华为和中兴的采购。1月29日，美国对华为提出23项指控，指控其窃取商业机密和欺诈。5月15日，升级实施针对华为的“国家紧急状态”，美国商务部将华为列入“实体名单”，对华为供应链实施全球封杀，对中国高科技的“斩首行动”全面展开。

科技摩擦的爆发是中美40年来竞合博弈的必然结果。美国的核心目的是遏制中国高科技的竞争力，阻击中国高科技的崛起，维持中国作为高科技产业链的低端互补角色，不允许中国走向产业链的高端，不允许中国通过强有力的性价比组合冲击美国高科技的领导地位，最终将美国高科技边缘化。

3. 科技摩擦对中美各自产生的影响分析

科技摩擦对中国产生了一定的冲击。首先，直接打击了中国对高科技产业发展的信心，一些关键领域面临产业链断裂的威胁。其次，美国针对华为的行动，严重危及华为的生存和发展。同样，对美国自身也带来了负面影响。虽然美国在短期内直接打击了华为等中国企业，让美国企业减少了竞争压力。但这种借助政治手段、以莫须有的名义发动的“战争”，无疑是不义之举，几乎摧毁了几十年来全球对美国高科技的信任基础，全面动摇了高科技产业链相互紧密依赖的基本格局。

（二）移动互联网的发展影响着全球政经格局

移动互联网是高科技的集大成者，能够对全球产生更广泛和深远的影响。《世界是平的》一书作者——著名经济学家托马斯·弗里德曼认为世界正在从“平的”走向“深的”。越来越多的人在感受到这些变化，拐点的开始将对未来全球的发展带来潜移默化和长远的影响。

1. 欧洲多国启动针对超级网络平台的“数字税”

超级网络平台在为全球各地的用户提供服务的同时也获得了丰厚的利润回馈。资本的趋利性使平台企业想方设法谋求利益最大化，主要方式就是在低税率国家注册后通过转移收入的方式实现避税。这种饱受争议的方式却获得了注册地政府的保护。2019 年，这种税收不公的现象受到许多国家的质疑，在国家财政与社会福利矛盾不断增加的情况下，他们考虑对这类平台企业征收“数字税”。法国、英国、意大利和土耳其以及捷克等国家已经纷纷出台“数字税”政策。尽管各国“数字税”的征收方式和比例不尽相同，但国际移动互联网的发展给各国带来的税收和财政压力已经开始显现。政府需要承担社会管理和公共服务的巨大支出，而传统行业正在被数字化改造，数字平台却可以“合理”避税，造成的矛盾会越来越明显，甚至激化。

2. 脸书推出充满挑战性的数字货币 Libra

平台企业被征收“数字税”是被动式挑战，脸书推出天秤币（Libra）则是对政府的主动挑战。2019 年，脸书宣布联合数十家企业一起发行数字货币，给各国央行敲响了警钟。在未来现实世界数字化可期的趋势下，数字货币有了更多的可行性和想象空间。但是非官方背景和背书使其在现实应用中面临很多无法预测的风险。所以，尽管脸书对发行数字货币一直抱有信心，但来自政府的阻力始终存在。技术发展对现实社会带来的挑战又增加了许多不稳定的因素，尤其是对现行已经日益稳定的全球经贸关系和本就有许多不确定因素的政治格局等，都将构成难以估量的冲击。

（三）全球新动态对全球移动互联网发展的影响

得益于全球宏观环境的和平稳定和国际交往的日益密切，全球移动互联网的发展取得了长足进步。然而，2019 年的国际政治、经济和安全等动态出现的一些新变化也为全球移动互联网的发展带来了诸多不利影响，甚至会给 2020 年和未来的发展埋下潜在风险。

1. 源自区域政治和经济的影响

2019 年，源自多种因素的不安定局面加剧。分析机构 Verisk Maplecroft 的数据显示，2019 年全球有约 47 个国家出现了不同程度的内乱。中东地区长期动乱导致该地区的网络普及率不高，更缺乏能够持续稳定发展的移动互联网商业模式，造成数字鸿沟越来越大。欧洲的动乱也已经持续了较长时间，主要是民众与政府在经济发展和福利待遇方面的矛盾越来越大，原因之一就是欧洲一直缺乏比较有影响力的全球性互联网企业，失去了互联网高速发展带来的技术福利、产业福利，也就失去了基于互联网的税收和财政资源，导致国民就业岗位减少和国家税收减少。高福利需要更多的财政承担，矛盾不可避免。

2. 源自地区社会动乱的影响

2019 年，印度发生了多次社会动乱。主要来自两个方面，一是与巴基斯坦的领土争端，二是印度内部的法律和社会问题。面对不断升级的骚乱，印度政府采取了断网措施，对特定地区的民众进行了信息封锁。据统计，印度在 2019 年已经断网 16 次，近 5 年断网 357 次。[①] 印度作为移动互联网发展的重要国家，互联网产业也处在蓬勃发展阶段，连续频繁的断网，一方面会激化政府与民众的矛盾，另一方面也会损害地区移动互联网产业的发展，

---

① 《应对紧张局势，印度政府 5 年来断网 357 次》，http：//news. ifeng. com/c/7sWluZKCK2q。

一些地区断网时间甚至长达数月，严重影响移动互联网产业的正常运作。由此带来的数字鸿沟面临加剧的风险。

3. 源自技术与安全发展的影响

2019 年 12 月，俄罗斯进行了一次“断网”测试，以验证在紧急情况下俄罗斯网络基础设施是否能够正常运转。对此，西方媒体多持批评态度，质疑俄罗斯的试验对网络安全带来威胁，甚至认为这是俄罗斯网络走向封闭的消极防御之举。但从更客观的角度来看，俄罗斯此举恰恰是为了更好地验证网络安全运行的主动举措。人类与互联网的联系越来越紧密，发展必然伴随安全问题。俄罗斯的“断网”，并没有另起炉灶建立新的技术体系标准，而是在测试紧急情况下能否保障国内网络的正常使用。所以，这不是一种简单的自我封闭，而是建立在更高的安全角度支持互联网的深度发展。未来全球移动互联网的发展也必将要遵循这样的准则才能走向更丰富多元的连接。

三　新纪元：2020年全球移动互联网态势和趋势前瞻

2020 年，是互联网下一个 50 年的开启之年，也是新冠肺炎疫情暴发之后全球面临新格局的特殊一年。站在这样的历史节点，考虑全球移动互联网的趋势，再也无法简单地延续过去的思维和认知。正如托马斯·弗里德曼所说，新冠肺炎疫情是新的历史分期的起点，我们面对的将会是两个世界——新冠肺炎疫情之前（Before Corona）的世界与新冠肺炎疫情之后（After Corona）的世界。[①] 而且，目前我们完全无法把握新的世界会是什么样子。

这场人类的大灾难，改变了我们固有的一切，包括技术发展的一贯路线和节奏。但是，有一些信号和迹象我们已经可以把握，尤其是移动互联网的社会影响。

第一，有了移动互联网，才能让我们在这次疫情中以系统性的隔离措

① Thomas L. Friedman, Our New Historical Divide: B. C. and A. C. – the World Before Corona and the World After, https://www.nytimes.com/2020/03/17/opinion/coronavirus-trends.html.

施来延缓和控制病毒的传播与扩散。到2020年3月下旬，全球超过10亿人居家隔离，将大家从以现实世界为主导的生活方式强行切换到以网络世界为主导的新生活方式。移动互联网成为疫情期间关键的生活基础设施，也必将成为疫情之后更重要的社会基础设施。移动互联网将因为这次疫情得到加速发展。

第二，让全世界更紧密地联系起来。这次疫情显现了人们最大的一个忽视：一个超联结的世界也可能面临前所未有的风险。从世界各国应对疫情的举措来看，人们对于这样一个技术互联之后的超联结世界，还缺乏基本的风险意识和防范对策。所以，2020年，移动互联网在社会治理、社会危机和重大公共事件中的应用将会成为重中之重。

第三，在新形势下，移动互联网形成的超级平台，无论是美国的FAANG（脸书、苹果、亚马逊、奈飞、谷歌），还是中国的BAT（百度、阿里巴巴、腾讯）和TMD（今日头条、美团、滴滴），将扮演更重要的社会角色。不仅仅主导人们的生活和经济活动，更深刻地嵌入人们的社会活动与公共服务中，还将进一步强化它们的垄断地位，不仅主导人们的私权利领域，而且强有力地介入公权力领域，成为网络时代事实上的“二政府”。所以，一方面，政府和社会越来越倚重于网络平台，另一方面，网络平台积累了海量用户数据。因此掌控“超级权力”的超级平台，也将在2020年成为全球治理新的重中之重。

第四，疫情防控期间，病毒超强的传播力所形成的强大的外部性，对社会影响巨大，移动互联网形成的数据成为各国抗击疫情的关键。为了国家和公共利益，个人数据和隐私被极大地让渡出去，无论是在疫情期间还是疫情之后，无疑成为个人数据使用和保护的超级试验。如何平衡个人隐私和公共利益，如何明晰疫情非常时期和常态下不同的数据管理方法，将是全球面临的一次大考验，也必将带来新风险，也必将确定一系列的新规则。

第五，在移动互联网产业层面，虽然智能手机销售量短时间受到疫情的影响而大跌。但是，这挡不住长期更强有力的加速发展。2020年，移动互联网行业将会因为华为鸿蒙的正式推出而震动。从此，移动互联网操作系统平台将开启苹果 iOS、谷歌安卓以及华为鸿蒙三足鼎立的新格局。这将打破原来双寡头的稳态格局，极大地增强市场的竞争氛围。对于产业和消费者来说，竞争永远是最美妙的旋律。尤其是接下来移动互联网最大的新增长点——对广大发展中国家来说，三强相争将进一步促进性价比的改进，也给予移动互联网应用服务商更多的选择空间。

第六，如果说 2019 年是 5G 元年，那么 2020 年将是 5G 大规模建设、大规模普及和真正在大众层面落地开花的一年。中国在全球的引领角色将进一步突出。中信建投认为，中国 2020 年预计新建 5G 基站约 70 万个，5G 无线网投资占全球的比重约为 40%。[①] 据 GSMA 发布的《2020 移动经济发展报告》预测，2020 年中国 5G 连接在全球的占比将达到 70%。研究机构预计，2020 年全球 5G 智能手机的出货量在 1.6 亿部到 1.7 亿部之间，其中中国市场的出货量将在 8000 万部到 1.1 亿部之间。[②] 中国引领 5G 对全球最大的影响就是，5G 的普及将因为中国力量而加速；价格因为中国而快速下降，5G 将进入普通大众生活；因为中国力量，发展中国家更有机会实现弯道超车。

尤瓦尔·赫拉利（《人类简史》的作者）在《金融时报》上发表题为“冠状病毒之后的世界”的文章，指出人类现在正面临全球危机。也许是我们这一代人最大的危机。文章最后特别强调：人类需要做出选择。我们是走全球团结的道路，还是继续各据一方？如果我们选择不团结，这不仅会延长危机，而且将来可能会导致更严重的灾难。如果我们选择全球团结，这将不仅是对抗新型冠状病毒的胜利，也是抗击可能在 21 世纪袭击人类的所有未来流行病和危机的胜利。

的确，以联结世界为使命的移动互联网浪潮，已经超越技术与产业，

---

① 《中信建投：中国将引领全球 5G 投资，2020 年预计新建 5G 基站约 70 万站》，http://finance.sina.com.cn/stock/relnews/hk/2020-03-30/doc-iimxyqwa3984549.shtml。

② 《继续坐稳全球第一：今年华为 5G 手机出货量将压倒性超越三星》，https://wap.eastmoney.com/news/info/detail/202003031404985068。

决定我们的生活和生存，主导新的国际关系和全球秩序。2020 年，作为新十年的开启之年，全球移动互联网将在疫情的洗礼下，迎来一个全新的发展阶段。我们有新的压力，更有新的动力。创新和变化，是其中唯一不变的旋律。

参考文献

方兴东、陈帅：《中国互联网 25 年》，《现代传播》2019 年第 4 期。

方兴东：《战略觉醒和战略形成——中美科技战复盘小结》，http：//fxd. blogchina. com/595351176. html，2019 年 6 月 10 日。

方兴东：《俄罗斯断网试验，看透的人不多》，http：//fxd. blogchina. com/956391052. html，2019 年 12 月 30 日。

Thomas L. Friedman，Our New Historical Divide：B. C. and A. C. – the World Before Corona and the World After，https：//www. nytimes. com/2020/03/17/opinion/coronavirus – trends. html.

Simone Preuss，The World After Corona According to Trend Forecasters，https：//fashionunited. uk/news/fashion/the – world – after – corona – according – to – trend – forecasters/2020032448129/amp，24 March 2020.

产 业 篇

Industry Reports

B.7
2019年中国宽带移动通信发展及趋势分析

潘 峰 张春明*

摘 要： 2019年我国宽带移动网络建设稳步发展，网络质量不断提升，移动数据流量较快增长。在5G商用元年，全球多个国家加快推动5G发展，我国各省（区、市）积极出台专项政策文件支持5G产业、网络、应用发展。我国5G产业在部分领域实现引领，商用进展处于全球第一梯队，5G应用在个人消费市场和垂直行业均取得良好成效。2020年5G网络领衔“新基建”，将进入加速建设期，移动用户加快向5G转移，

* 潘峰，中国信息通信研究院无线电研究中心副主任，高级工程师，主要从事无线网规划、无线网测评优化、无线新技术和产业发展方面的重大问题研究；张春明，中国信息通信研究院无线电研究中心无线应用与产业研究部，工程师，主要从事无线与移动领域5G产业、应用发展相关的研究工作。

刺激用户流量需求继续增长，为经济平稳增长提供强劲动能。

关键词： 4G　5G　宽带移动通信　行业应用

一　2019年宽带移动通信网络和业务发展状况

（一）中国宽带网络建设稳步发展

1. 中国4G 网络规模保持全球最大

2019 年，我国网络基础能力建设稳步推进，移动网络覆盖范围继续扩大，4G 网络规模继续保持全球第一。三家基础电信企业（中国电信、中国移动和中国联通）与中国铁塔合作，在 2019 年共完成固定资产投资超过 3600 亿元，比上年增长 4.7%。2019 年新建移动电话基站 174 万个，基站总数累计达 841 万个，同比增长 26.1%。其中，新建 4G 基站 172 万个，4G 基站总数累计达 544 万个，占基站总数的 64.7%（见图 1）。①

截至 2019 年 9 月，中国移动累计完成 4G（TD－LTE）基站建设 213.8 万个，其中室外站 160.2 万个，室内站 53.6 万个，其中支持载波聚合基站 20 万个，4G（TD－LTE）用户数达 7.46 亿。中国联通累计完成 4G 基站建设 138.6 万个，4G 室内分布系统 18.2 万个，4G 用户数达到 2.55 亿。中国电信在全国 318 个本地网进行了 LTE 混合组网，累计建设 TD－LTE 室外基站 2.4 万个，LTE FDD 室外基站 122.5 万个，室内分布系统 36.0 万套，4G 用户数达到 2.64 亿。②

2. 5G 网络建设进展顺利

我国 5G 频谱划分工作在 2018 年底初步完成，中国移动分别在 2.6GHz

---

① 中国信息通信研究院根据公开资料整理统计。

② 中国信息通信研究院根据公开资料整理统计。

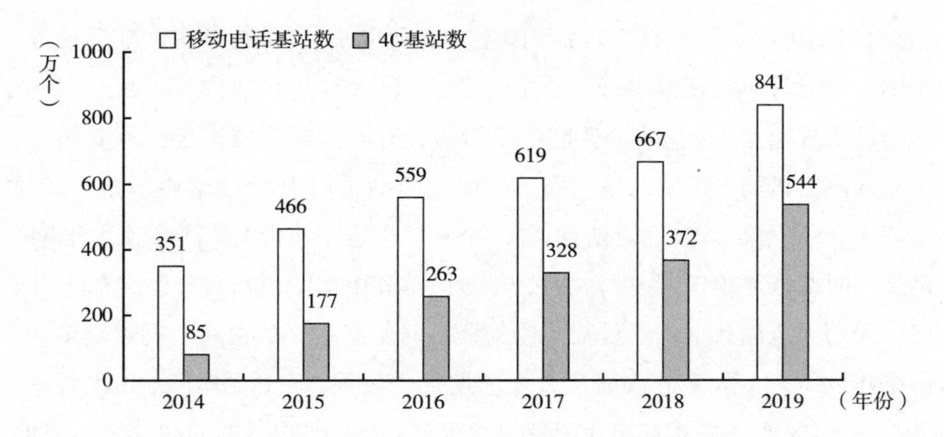

图1　2014～2019年移动电话基站发展情况

资料来源：《2019年通信业统计公报》。

频段和4.9GHz获得了2515MHz～2675MHz的160MHz带宽和4800MHz～4900MHz的100MHz带宽的频谱资源。中国电信获得了3.5GHz频段3400MHz～3500MHz的100MHz带宽频谱资源。中国联通获得了3.5GHz频段3500MHz～3600MHz的100MHz带宽频谱资源。中国广电则获得4.9GHz和700MHz频段的频谱资源（见图2）。中国电信、中国联通、中国广电在全国范围共同使用3300～3400MHz频段频率用于5G室内覆盖。运营商在取得5G商用牌照后，在各自频段进行5G网络建设。

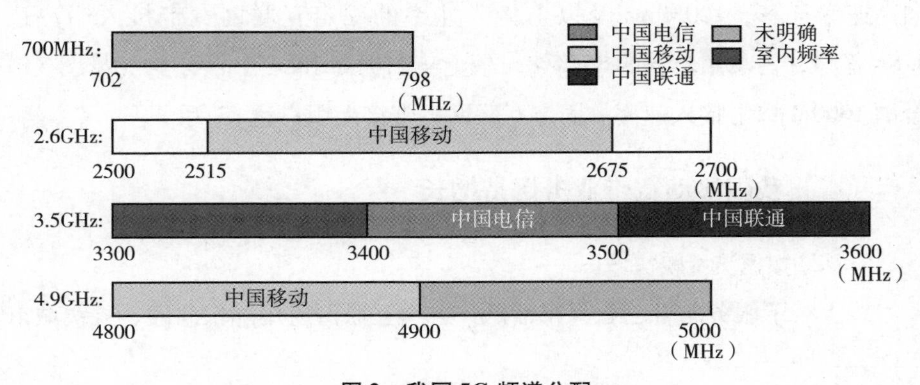

图2　我国5G频谱分配

注：702－798MHz频段频率使用规划调整用于移动通信系统。

自2019年6月6日5G在我国正式商用以来，5G网络建设顺利推进。至2019年底，全国已部署5G基站约13万个，5G用户数约300万。[①] 多个城市已实现重点市区室外5G网络广覆盖，并且实现在展览会、重要场所、重点商圈、机场等区域的室内覆盖。中国移动采用4G/5G双模基站，协同部署4G/5G网络，在建设前期进行NSA（非独立组网）/SA（独立组网）网络同时部署。2019年9月9日，中国电信和中国联通宣布共建共享5G网络，采用无线侧共享、承载网互通、核心网相互独立的策略，有效缓解5G网络建设压力。两家运营商在建设前期优先发展NSA架构下的共建共享，并将在SA标准、技术和产业成熟后全面转向SA架构下的共建共享，将保证5G网络规划、建设、维护及服务标准统一，提供同等水平服务。

3. 宽带网络质量不断提升

我国“双G双提”工作稳步推进，百兆以上宽带用户占比逐步提升。截至2019年12月底，移动互联网宽带方面，我国三家基础电信企业的移动电话用户总数达16亿户。其中，4G用户规模为12.8亿户，全年净增1.17亿户，占移动电话用户的80.1%，占比较上年末提高5.7个百分点。另外，5G用户数（套餐签约用户数）已超过300万户。固定互联网宽带接入用户总数达4.49亿户，比上年末净增4190万户。其中，光纤接入（FTTH/O）用户4.18亿户，占固定互联网宽带接入用户总数的92.5%。宽带用户继续向高速率迁移，100Mbps及以上接入速率的固定互联网宽带接入用户达3.84亿户，占总用户数的85.4%，较上年末提高15.1个百分点（见图3）。全国1000M以上接入速率的固定互联网宽带接入用户达87万户。[②]

（二）我国移动宽带业务保持增长

1. 移动数据流量较快增长

线上线下服务融合创新保持活跃，各类互联网应用加快向四、五线城市

① 2020年中国信通院ICT深度观察报告会，2019年12月26日。

② 工业和信息化部：《2019年通信业统计公报》，2020年2月27日。

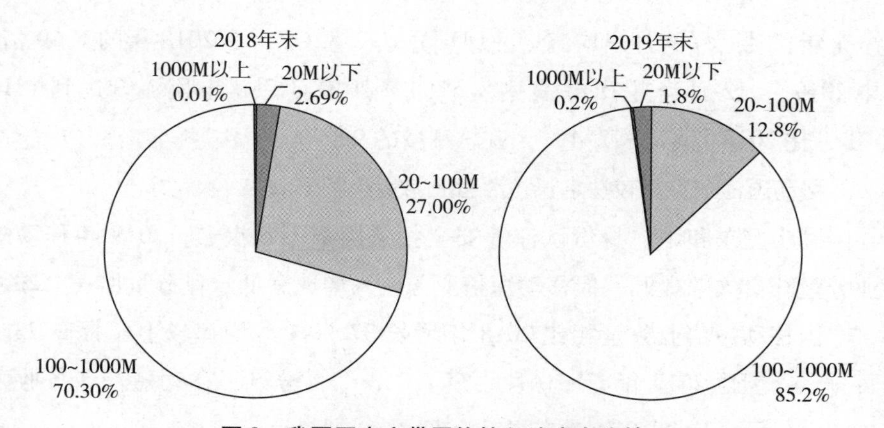

图 3　我国固定宽带网络接入速率占比情况

注：区间包括分组下限。

资料来源：《2019 年通信业统计公报》。

和农村用户渗透，视频、直播等大流量应用快速普及，使移动互联网接入流量消费保持较快增长。2019 年，移动互联网累计流量达 1220. 0 亿 GB，相比 2018 年增长 71. 6%（见图 4），但增速逐月回落，且增速较 2018 年收窄 116. 7 个百分点。①

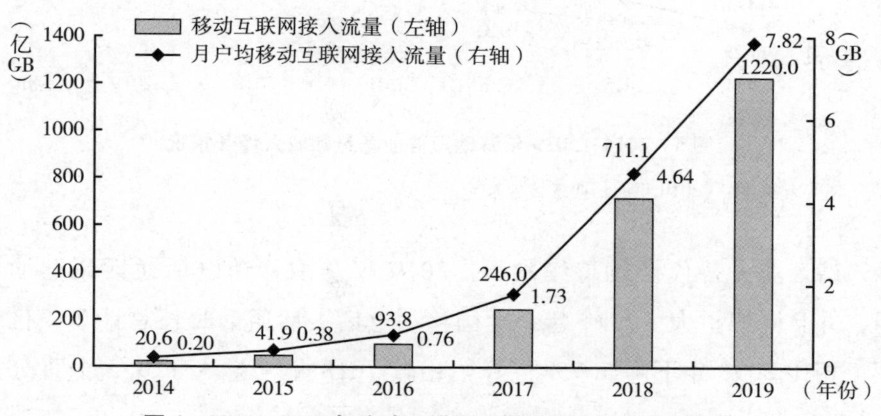

图 4　2014～2019 年移动互联网流量及月 DOU 增长情况

资料来源：《2019 年通信业统计公报》。

---

① 工业和信息化部：《2019 年通信业统计公报》，2020 年 2 月 27 日。

全年移动互联网月户均流量（DOU）达7.82GB，是2018年的1.69倍；其中2019年12月当月DOU高达8.59GB。2019年手机上网流量达到1210亿GB，比2018年增长72.4%，占总流量的99.2%。①

2. 移动短信业务量较快增长，话音业务量小幅下滑

因网络登录和用户身份认证等安全相关服务不断渗透，2019年移动短信业务量获得大幅提升，但移动短信业务收入增速远低于业务量增速。2019年，全国移动短信业务量相比2018年增长37.50%，增速较上年提高23.5个百分点，但比2019年1~10月收窄了3.3个百分点；移动短信业务收入完成392亿元，比2018年略有提升（见图5）。②

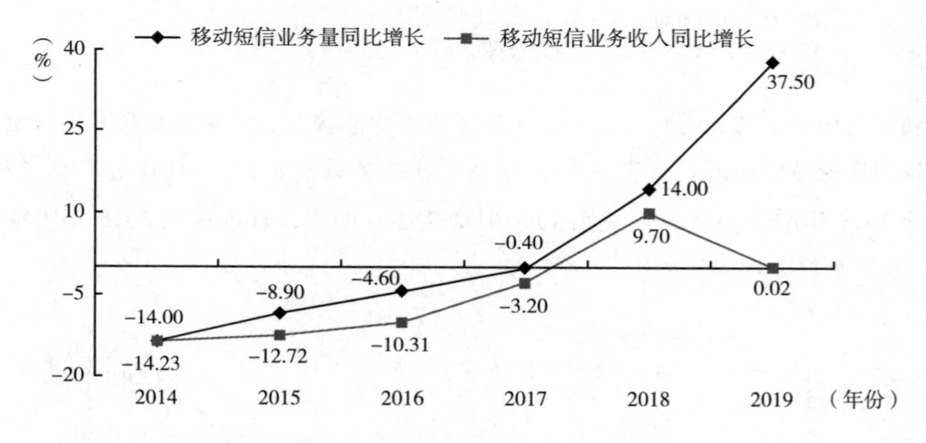

图5　2014~2019年移动短信业务量和收入增长情况

资料来源：《2019年通信业统计公报》。

话音业务替代影响持续加深。2019年全国移动电话通话量继续下降，并且降幅扩大。2019年，全国移动电话去话通话时长总计2.4亿分钟，相比2018年下降5.9%，降幅相较2018年末扩大了0.5个百分点（见图6）。③

① 工业和信息化部：《2019年通信业统计公报》，2020年2月27日。

② 同上。

③ 同上。

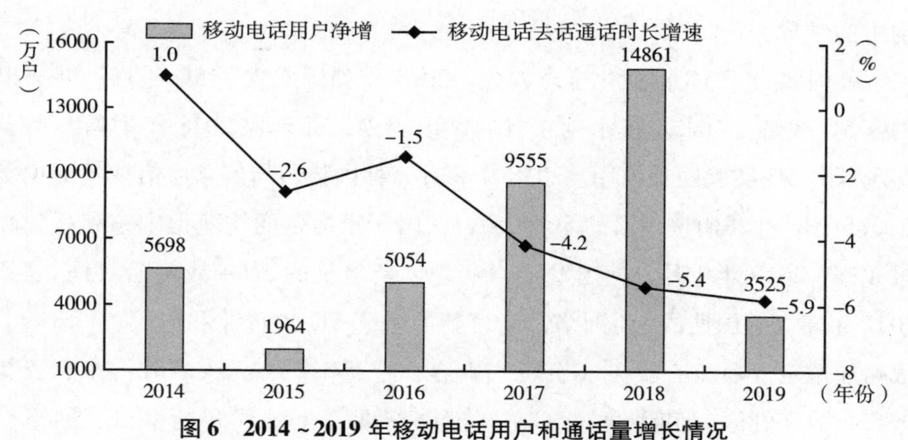

图6　2014～2019 年移动电话用户和通话量增长情况

资料来源：《2019 年通信业统计公报》。

二　5G 商用元年，各界携手促进5G 发展

（一）全球多个国家加快推进5G 商用

1. 5G 成为各国优先发展的战略领域

综观全球，主要国家和地区普遍认识到5G 在经济社会发展中的重大机遇，均将5G 作为优先发展的战略领域，通过政策支持和资金引导等方式，加快推进5G 技术研发、网络部署、应用探索和生态构建，支持和推动5G 发展。

美国政府近年来多次颁布新政和法案，对5G 发展进行全面布局，从2016 年起多次发布5G 频谱、基站、新业务监管相关政策，2018 年5G FAST 战略发布5G 高中低以及免许可频段的释放计划，减少小蜂窝审批障碍，并废除网络中立政策，放松企业数据服务资费监管。2019 年6 月完成28GHz 和 24GHz 频段共计 1. 55GHz 的频率拍卖，同年 12 月启动37GHz、39GHz 和47GHz 频段共计3. 4GHz 频谱拍卖。2020 年1 月，美国众议院通过《促进美国 5G 国际领导力法案》、《促进美国无线领导力法案》和《保障5G 及以上安全法案》，以加强其在5G 相关国际标准制定机

构中的领导力。

韩国致力于5G商业化全球领先。2013年韩国成立了5G论坛，并提出国家5G战略，对未来技术创新方向做出规划，并确保2018年平昌冬奥会实现部分5G实验网预商用。2018年6月，韩国科学与信息通信技术部拍卖了3.5GHz和28GHz频段的5G频率，韩国3家运营商均获得中频和高频两段频谱。2019年4月，韩国发布“实现创新增长的5G+战略”，目标是到2022年建立全国性的5G网络，培育新的基于5G的行业和应用，“5G+”战略还选定五项核心服务（沉浸式内容、智慧工厂、无人驾驶汽车、智慧城市、数字健康）和十大“5G+”战略产业［下一代智能手机、网络设备、边缘计算、信息安全、车辆通信技术（V2X）、机器人、无人机、智能型闭路监控、可穿戴式硬件设备、AR/VR设备］。

欧盟将5G技术视作战略机遇，早在2016年就发布“5G行动计划”，目标是2020年各成员国至少选择一个城市提供5G服务，并确保所有城区和主要陆路交通路线在2025年之前实现无间断的5G覆盖。2017年6月英国发布《下一代移动技术：英国5G战略》，于2018年4月完成3.4GHz频谱拍卖；2017年7月德国公布了国家5G战略，于2019年6月完成2GHz和3.6GHz频段的拍卖。此外，2018年4月欧盟成立工业互联与自动化5G联盟（5G-ACIA），以加快5G在工业生产领域的落地应用。截至2019年底，德国、法国、西班牙、丹麦等欧盟成员国都已经进行5G试点，超过10个国家（包括奥地利、爱沙尼亚、芬兰、德国、匈牙利、爱尔兰、意大利、拉脱维亚、罗马尼亚、西班牙、英国等）提供面向公众用户的5G商用服务。

2. 全球5G商业化进程正在加速

根据中国信息通信研究院监测，截至2019年底，全球共有33个国家或地区的61家运营商开始提供5G业务。与4G商用第一年（2010年）推出16个网络相比，5G部署明显提速。①

---

① 中国信息通信研究院根据公开资料整理统计。

美国四大运营商均已实现5G商用。Verizon于2019年4月在芝加哥和明尼阿波利斯启动5G移动服务，使用28GHz部署5G网络。截至2019年底，开通5G的城市已达31个，其覆盖范围仅限于这些城市的部分区域，且5G信号通常仅在室外可用。AT&T初期使用39GHz频谱在35个城市部署5G网络，2019年12月利用850MHz开通低频段5G网络，但速度相对较慢，定位于住宅、郊区和农村地区。Sprint于2019年5月使用2.5GHz频谱在四个城市推出5G服务，年底共覆盖9个城市接近2000万人口。T-Mobile于2019年6月在6个城市开通毫米波5G服务，12月使用600MHz频谱开通全国性5G网络，覆盖人口2亿多，覆盖地区达5000多个城镇，其中大部分在美国农村。①

韩国SK电讯、KT和LGU+三家运营商同步开展5G商用服务。2018年12月1日推出面向企业用户的5G固定接入业务，2019年4月3日在17个重点地区面向手机用户开通5G移动服务。截至2019年底，韩国运营商共建设5G基站9万余个，韩国5G用户数达到466.8万，在移动用户总数中的占比为6.77%。在消费者5G应用方面，运营商主推AR/VR、游戏、4K视频等大流量应用，推动韩国5G网络流量快速增长，2019年12月，5G网络总流量占移动网络总流量的21%，5G每户月平均流量为27282MB，是4G用户的2.8倍。②

德国和英国也推出了5G商用服务。沃达丰德国和德国电信在2019年8月、9月相继推出5G商用服务。2019年11月沃达丰德国公司已经在40个城镇和地区开通了60个5G基站，目标是2020年底覆盖1000万人口，2021年底覆盖2000万人口；德国电信已在5个城市提供5G服务，计划2020年底前5G网络覆盖德国20个城市。英国四家网络运营商EE、沃达丰、3UK和O2均已经推出5G商用。截至2019年底，EE的5G网络已经覆盖16个城市，2020年继续扩大到另外10个城市；沃达丰已覆盖19个城市，采用

① 中国信息通信研究院根据公开资料整理统计。

② 同上。

基于速率定价的方式并以有竞争力的价格推出不限量套餐；3UK 在 25 个城市推出 5G 服务；O2 已经覆盖 20 个城镇，计划到 2020 年夏季增加到 50 个。[①]

（二）中国全面推进5G 商用发展

1. 全国各省（区、市）布局5G 发展，支持5G 产业/网络/应用发展

随着 5G 上升为我国重要战略，全国各级政府积极响应，密集出台行动计划、实施方案、指导意见等政策文件，为 5G 发展营造了良好的政策环境，积极推进 5G 网络建设、应用示范和产业发展。截至 2020 年 2 月底，我国各省（区、市）累计出台 200 余个 5G 政策文件。一些 5G 发展较快的地区，政府出台多项政策支持 5G 发展，如广东、浙江两省已出台各级 5G 政策 20 余个。[②] 随着 5G 发展脚步的加快，政策支持面也越来越广。2019 年以前的 5G 政策主要侧重于 5G 网络建设，2019 年以后各级政府敏锐地把握住当前 5G 网络建设与应用推广齐头并进的窗口期，5G 政策在支持 5G 网络建设的同时也将 5G 产业和应用的发展纳入，并将应用牵引作为当前推动 5G 创新发展的重中之重。

2. 我国5G 产业快速发展，部分领域实现引领

在国际标准化方面，我国 5G 知识产权占比显著提升。中国与全球同步启动 5G 研发，深入开展 5G 创新技术研究，2018 年底 3GPP 发布了第一版本 5G 国际标准（R15），我国主导的大规模天线、极化码、服务化网络架构等关键技术被 3GPP 采纳，知识产权占比显著提升。根据欧洲电信标准化协会（ETSI）统计结果，截至 2019 年 11 月，声明量超过 1000 件的企业有华为、LG、三星、诺基亚、英特尔、爱立信、中兴和高通等企业，其中，华为以 3355 件 5G 基本专利排名第一，中国大陆企业声明的 5G 基本专利达 6531 件，占比 31.8%，有力支撑了全球 5G 国际标准的创新发展。[③]

---

① 中国信息通信研究院根据公开资料整理统计。

② 《“强政策周期”助力 5G 加速跑》，新浪网，2020 年 3 月 17 日。

③ 欧洲电信标准协会（European Telecommunications Sdandards Institute，ETSI）网站查询结果。

网络设备方面，华为发布业界首款5G基站核心芯片天罡芯片，在集成度、算力、频谱带宽等方面，取得了突破性进展；中兴也已完成7nm工艺芯片的设计并量产；目前华为、中兴等均推出可支持非独立组网和独立组网两种模式的网络设备，主要功能已达到商用要求。截至2020年2月，华为已获得91个5G商用合同，5G基站发货量超过60万个，5G商用全球领先。①

终端设备方面，国内华为海思推出业界首款支持SA和NSA组网的5G基带芯片巴龙5000，并发布了业界首款旗舰级5G SoC芯片麒麟990；紫光展锐也推出5G基带芯片春藤510。国产手机全球份额超过45%，华为、小米和OPPO在全球智能手机市场份额位列前五。华为、OPPO、vivo、小米、中兴、联想、一加等厂商均已发布支持5G网络的手机，累计推出54款5G智能手机产品。根据中国信息通信研究院统计，5G手机出货量持续提升，市场新增需求由4G向5G过渡，2019年国内5G手机总体出货量达到1376.9万部。②

3. 我国5G商用进展处于全球第一梯队

2019年是全球5G商用元年，继美国和韩国宣布5G商用以后，全球主要国家纷纷加快5G商用进程。2019年6月6日，工业和信息化部向中国电信、中国移动、中国联通和中国广电4家企业发放了5G商用牌照，标志着我国5G商用的正式启动。

我国基础电信运营企业积极开展5G网络建设。中国移动2019年内在50个以上城市提供5G商用服务；中国电信初期在40多个城市建设5G精品网络；中国联通宣布实行“7+33+N”的5G网络部署计划。截至2020年2月初，我国共开通5G基站约15.6万个。③ 在2019年10月31日的中国国际通信展上，三大运营商宣布正式启动5G商用，并发布了5G商用套餐，截至2020年2月，5G套餐的签约用户数量已超过2000万。④ 为有效降低

① 中国信息通信研究院根据公开资料整理统计。

② 同上。

③ 王志勤：《加快5G网络建设　点燃数字化转型新引擎》，中国信息产业网，2020年3月4日。

④ 中国信息通信研究院根据公开资料整理统计。

5G 网络建设成本，中国电信和中国联通决定采用共建共享方式建设 5G 网络，双方进行了相应的区域性合作和划分，截至 2019 年 12 月，双方开通的共享基站数量已经超过 2.7 万个。[①]

（三）5G 应用在个人消费市场和垂直行业同步推进

1. 我国搭建5G 应用产业创新平台

我国举办 5G 应用大赛，培育 5G 应用生态。为推动 5G 发展，工业和信息化部连续两年举办“绽放杯”5G 应用征集大赛。2018 年举办的首届大赛得到业界的广泛关注和支持，共收到参赛项目 334 个，参与单位 189 家，涵盖基础运营企业、互联网企业、科研院所等各方力量，并发布了《“绽放杯”5G 应用征集大赛白皮书》。2019 年 1 月，工业和信息化部启动了第二届“绽放杯”5G 应用征集大赛，陆续举办了浙江、上海、江苏、四川和广东等区域赛事，以及智慧城市、智慧生活、智慧工业、智慧医疗、智媒技术、云应用、车联网和虚拟现实八个专题赛，共收到参赛项目 3731 个，项目数量是 2018 年的 10 倍，参与单位约 3000 家，覆盖了 26 个省（区、市）[②]。2019 年 6 月 21 日，在工业和信息化部指导下，中国信息通信研究院牵头成立了 5G 应用产业方阵，立足于搭建 5G 应用的融合创新平台，解决共性技术产业问题，形成 5G 应用产业链协同，实现 5G 应用的孵化与推广，促进 5G 应用蓬勃发展。

全国各省（区、市）纷纷布局 5G，5G 应用成为关注重点。截至 2020 年 2 月，我国各省（区、市）共出台 5G 政策文件累计 200 余个，包括发展规划、行动计划、实施方案、基站规划建设支持政策等，积极推进 5G 网络建设、应用示范和产业发展。[③] 相比于 2018 年 5G 政策侧重产业发展和网络

---

① 中国信息通信研究院根据公开资料整理统计。

② 中国信息通信研究院、IMT－2020（5G）推进组和 5G 应用产业方阵（5GAIA）：《5G 应用创新发展白皮书——2019 年第二届“绽放杯”5G 应用征集大赛洞察》，中国信息通信研究院网站，2019 年 11 月 1 日。

③ 中国信息通信研究院根据公开资料整理统计。

建设，2019 年之后出台的政策将 5G 应用发展作为重点。此外，各地纷纷成立 5G 有关产业联盟和研究机构，为 5G 发展搭建合作平台和创新平台，截至 2020 年 3 月，我国共成立省市级 5G 联盟累计约 90 个，涉及 VR、旅游、教育、工业等行业，产业合作的范围扩大。

我国电信运营企业在重点城市、典型领域开展应用示范。中国移动成立了 5G 联合创新中心，汇聚 400 余家成员单位，其“5G +”计划提出面向工业、农业等 14 个重点行业进行 5G 应用开发，面向大众重点开发 5G 超高清视频、5G 快游戏等应用。中国联通网络研究院设立了 5G 创新中心，下设新媒体、智能制造、智能网联、智慧医疗、智慧教育、智慧城市等 10 个行业中心，并编制六大行业 5G 工作指引。中国电信积极开展5G + 云创新业务、5G + 行业应用和 5G + 工业互联网三方面 5G 示范应用，包括智慧警务、智慧交通、智慧生态、智慧党建、媒体直播、智慧医疗等共 10 大行业。①

2. 我国5G 应用发展主要特点洞察

2019 年，我国各行各业都在寻找与 5G 的结合点，5G 应用实践的广度、深度和技术创新性显著增加，5G 应用从单一化业务探索向体系化应用场景转变，行业应用的新产品、新业态和新模式不断涌现，促进传统产业转型升级。根据工业和信息化部 2019 年第二届“绽放杯”5G 应用征集大赛的项目情况分析可以看出，我国 5G 应用发展的主要特点。

行业应用方面，医疗健康、公共安全与应急处置、智慧交通、工业互联网、文体娱乐等领域的项目数量位居前列，这些领域有望成为 5G 先锋应用领域。在地域分布方面，广东、浙江、北京、上海、四川、江苏等省市参赛项目居多，约占全部参赛项目的 77%，呈现 5G 行业应用引领性态势。运营商和设备商仍是推动 5G 应用发展主体，大赛中，90.6% 的应用项目来自企事业单位及政府部门，涵盖电信运营企业、通信设备企业、终端设备企业、

---

① 中国信息通信研究院、IMT-2020（5G）推进组和5G 应用产业方阵（5GAIA）：《5G 应用创新发展白皮书——2019 年第二届“绽放杯”5G 应用征集大赛洞察》，中国信息通信研究院网站，2019 年 11 月 1 日。

科研院所、行业应用企业及第三方企业。9.4%的应用项目来自团队和个人。此外，民营企业参与度进一步提升，为下一步5G应用市场化奠定良好基础。①

5G推动人工智能、大数据、云计算、边缘计算等ICT关键技术加速融合。计算机视觉、语音识别、机器学习、机器人技术等人工智能技术加速5G各类应用场景落地，MEC（多接入边缘计算）通过将部分核心网功能下沉到接入网边缘，减少移动业务交付的端到端时延，从而提升用户体验。参赛项目应用人工智能、大数据、云计算、边缘计算技术的占比分别达55%、44%、38%和33%，② 相比第一届大赛，5G与ICT关键技术融合水平显著提升，催生孵化了更加智能的应用场景，将创造更加智慧的生活和工作方式，加速推进经济社会数字化转型。

5G融合应用商业模式逐渐显现。以面向行业用户（To B）为主导的商业模式成为业界共识，占比高达78.1%，主要集中在仓储物流、工业互联网、智慧电网等领域，盈利模式主要包括平台建设、运维以及解决方案收入等。针对个人消费者（To C）的商业模式占比约为5.2%，多在智慧家庭、文体娱乐、智慧教育等领域，商业模式主要包括终端销售和通信服务。同时，有16.7%的参赛项目同时面向行业用户和个人消费者。③

3. 5G应用发展前景及面临的挑战

5G与垂直行业的融合应用将为经济发展注入新活力，能够显著促进信息消费，有效带动产业发展，拓展创新创业新空间。5G将实现人与人、人与物、物与物的广泛连接，不仅直接推动5G手机、智能家居、可穿戴设备等产品消费，还可培育诸如超高清视频、下一代社交网络、VR/AR浸入式游戏等新型服务消费。5G支撑传统产业研发设计、生产制造、

---

① 中国信息通信研究院、IMT－2020（5G）推进组和5G应用产业方阵（5GAIA）：《5G应用创新发展白皮书——2019年第二届“绽放杯”5G应用征集大赛洞察》，中国信息通信研究院网站，2019年11月1日。

② 同上。

③ 同上。

管理服务等生产流程的全面深刻变革，通过产业间的关联效应和波及效应，将放大5G对经济社会发展的贡献。5G促进应用场景从个人消费领域拓展至行业生产服务领域，除带动信息产业就业机会以外，还将创造大量具有高知识含量的就业机会，比如，5G将催生工业数据分析、智能算法开发、行业应用解决方案等新型信息服务岗位，并培育基于在线平台的灵活就业模式。①

目前，5G融合应用刚刚起步，多个环节尚需进一步贯通，5G应用发展面临网络、产业、商业模式等方面的挑战。首先，5G在行业领域的网络建设和运维与4G有很大不同，需要解决不同行业5G网络部署架构、网络配置方案、安全等问题，以满足行业应用承载需求。其次，5G要融入垂直行业的各个环节，需要双方不断加强沟通，行业合作需要一定的时间。再次，5G行业应用暂未形成清晰的商业模式，各行各业信息化基础水平参差不齐，需求千差万别，需求碎片化意味着难以大规模复制推广，还需要产业各方协同探索合作共赢的商业模式。最后，需要面向不同应用场景、新需求，重新研制新的软硬件产品，而目前5G模组尚不能实现规模级商用，5G应用和网络、终端、基础软硬件间的协同仍需进一步加强，将影响行业终端的研发速度和行业应用的发展规模。

三　中国宽带移动通信发展趋势

（一）2020年5G网络领衔“新基建”，进入加速建设期

2020年，我国将进入大规模5G网络建设阶段，但受新冠肺炎疫情影响，5G建设进度出现不同程度延迟，甘肃、江西、安徽等省份均发布了5G项目延期招标公告。为做好5G稳定发展工作，更好支撑和保障经济平稳运

① 中国信息通信研究院、IMT－2020（5G）推进组和5G应用产业方阵（5GAIA）：《5G应用创新发展白皮书——2019年第二届“绽放杯”5G应用征集大赛洞察》，中国信息通信研究院网站，2019年11月1日。

行，2月22日和3月6日，工信部分别召开加快推进5G发展、做好信息通信业复工复产工作电视电话会议和加快5G发展专题会。中国电信、中国移动和中国联通三大运营商明确表示建站目标不变，2020年将建成共计55万个5G基站，实现地级市（含）以上市区室外广覆盖、县城及乡镇有重点覆盖、重点场景室内覆盖。中国广电将在40个大中型城市建设基于700MHz频段的5G网络，并将加快5G网络由非独立组网向独立组网的演进，开展SA端到端性能测试，推动SA端到端产业链成熟，力争在年内实现SA网络商用。

为释放5G等新型基础设施建设对经济增长的拉动力，3月4日，中央政治局常委会召开会议，明确指出"要加快5G网络、数据中心等新型基础设施建设进度"。5G网络建设将使产业链上下游获益，打造新的经济增长点，据中国信息通信研究院预测，2025年5G网络建设投资累计将达到1.2万亿元，间接拉动投资累计超过3.5万亿元。[①] 在加快5G网络建设的同时，全行业要乘势而上，推动疫情期间涌现出来的5G智慧医疗、5G远程教学、5G远程办公等新技术和新应用的普及，深化5G与经济社会各领域的融合，探索5G商业模式，加快5G关键核心技术研发，不断壮大5G产业生态，打造更高质量的数字基础设施，夯实数字经济发展基石。

（二）4G用户即将达到峰值，加速向5G转移

根据中国信息通信研究院测算，2019年全球移动用户数将超过79亿，2024年将超过87亿，其中，我国移动用户数在2019年将超过15亿，预计2023年将接近17亿。4G用户占比持续增长，2G和3G用户加快向4G用户转移，预计2024年全球5G用户将近12亿，其中，我国4G用户数将在5G商用后一年（2020年）内达到峰值，而后4G用户加速向5G

① 王志勤：《加快5G网络建设　点燃数字化转型新引擎》，中国信息产业网，2020年3月4日。

转移，预计2024年5G用户将超过7亿（见图7），渗透率约45%，占全球5G用户的六成。①

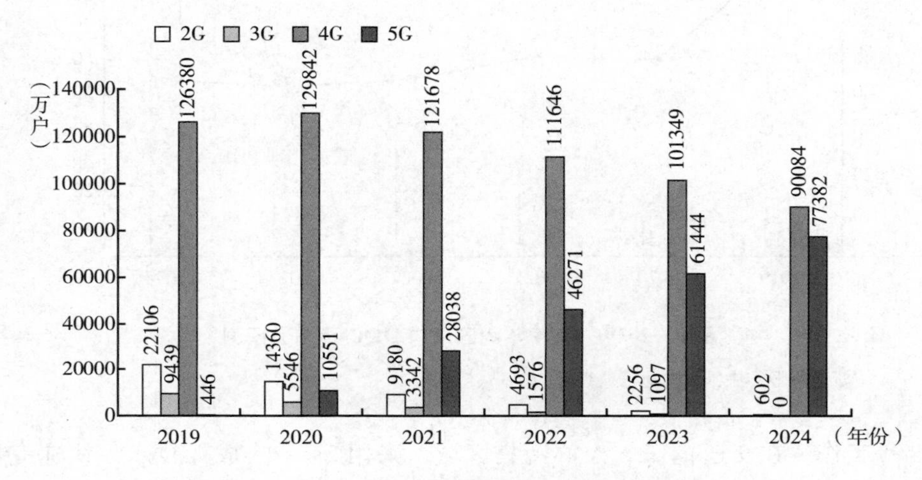

图7　2019～2024年我国4G/5G用户发展预测

资料来源：中国信息通信研究院。

（三）5G正式商用刺激用户流量需求增长

5G商用后，预计全年月均移动数据流量增速在2020年后稳定保持在50%左右。全年月户均流量（DOU）也将继续保持增长，预计2020年全年月户均流量将达到13GB，2024年DOU将超过75GB（见图8）。②

（四）5G融合应用将为经济平稳增长提供强劲动能

2020年初，5G应用在助力新冠肺炎疫情防控和复工复产方面大显身手，应用领域涉及智慧医疗、新闻媒体、智慧教育、工业互联网、智慧生活等多个领域。5G远程会诊、5G远程超声诊断等应用在多个医院得到实际应用，5G医护机器人辅助承担远程看护、测量体温、消毒、清洁和送

---

① 中国信息通信研究院预测。

② 同上。

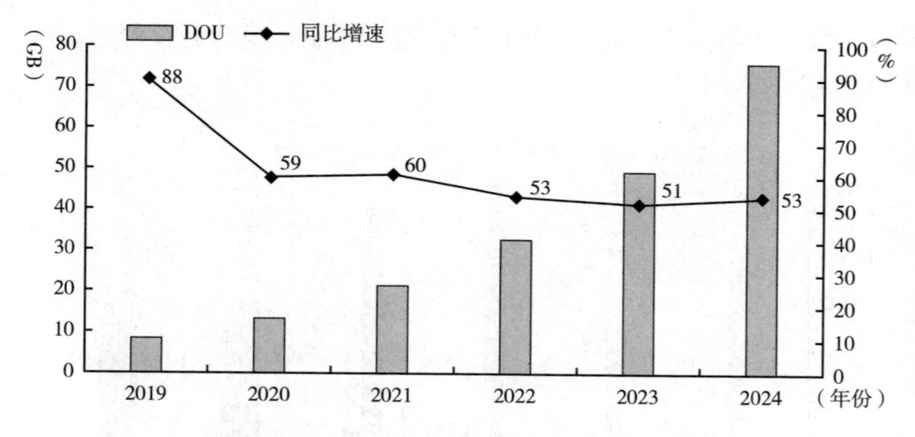

图8　2019～2024年我国用户DOU及增速预测

资料来源：中国信息通信研究院。

药等工作。在交通枢纽、人群密集区域，采用5G+热成像技术，快速完成大量人员的测温及体温监控，筑起疫情防控第一道防线。5G远程教育、5G远程办公助力疫情期间各项学习工作有序开展。此外，5G+“远程签约、远程巡检、智慧工地、智慧物流”等多种创新应用还将助力各行业复工复产。

疫情也为5G应用的发展起到了短期催化作用，疫后垂直行业数字化转型升级将加速5G应用创新，为经济平稳增长提供强劲动能。目前5G应用多数还处于试点示范阶段，在疫情中5G远程会诊、5G智能医护机器人等在多个医院得到了实际应用，而隔离防控期间企业、学校大规模延迟复工，为5G远程在线类应用提供了难得的发展机遇，这将有助于加快部分5G应用发展成熟。此外，疫情也迫使许多企业家、管理者更多关注信息技术，主动了解5G、拥抱5G，并在疫情后加快各垂直行业的数字化转型升级。此次疫情让国人第一次大范围感受到5G所带来的效率提升，为相关应用大规模普及拉开序幕。随着5G网络逐步完善、5G应用创新实践日渐深入，未来5G将在生活、生产和社会治理方面带来更加广泛的应用，为经济平稳增长提供强劲动能。

参考文献

工业和信息化部：《2019 年通信业统计公报》，2020 年 2 月 27 日。

中国信息通信研究院、IMT－2020（5G）推进组和 5G 应用产业方阵（5GAIA）：《5G 应用创新发展白皮书——2019 年第二届“绽放杯”5G 应用征集大赛洞察》，2019 年 11 月 1 日。

中国信息通信研究院：《5G 产业经济贡献》，2019 年 3 月。

中国信息通信研究院：《5G 经济社会影响白皮书》，2017 年 6 月。

王志勤：《加快 5G 网络建设　点燃数字化转型新引擎》，中国信息产业网，2020 年 3 月 4 日。

B.8

中国移动互联网核心技术发展分析

王琼　黄伟*

摘　要： 2019年移动终端元器件核心技术创新进入产品化阶段，人工智能逐步内化为移动互联网基础技术，移动互联网核心技术加速云端协同，微内核操作系统极大地适应万物互联。我国AI芯片全面崛起，产业化进入“冲刺期”，5G领域继续保持全球领先地位，企业加速泛终端操作系统平台布局，促进存储技术与产业发展，推动新型显示产业迈向价值链高端。

关键词： 5G　芯片　操作系统　存储技术　显示技术

一　移动互联网技术发展态势分析

（一）移动互联网总体发展现状

1. 全球移动终端市场从手机独霸到“一超多强”

全球智能手机市场进入红利真空期。IDC发布的数据显示，2019年全球智能手机共出货13.71亿部，同比下降2.3%，为连续第三年下滑（见图1）。① 当

---

* 王琼，中国信息通信研究院数字技术与应用研究部研究员，从事软件产业、移动互联网、人工智能等方面的研究；黄伟，中国信息通信研究院数字技术与应用研究部主任，从事智能终端、操作系统、智能传感、移动芯片等方面的研究。

① 《IDC：苹果夺得2019年Q4全球智能手机出货量冠军，华为升至2019年全年第二位》，https://baijiahao.baidu.com/s?id=1657592218860987880&wfr=spider&for=pc，2020年2月4日。

前，智能手机技术演进主要围绕硬件规格升级、软件性能优化和交互技术变换，短时间内难以形成新增长点。为寻求市场突破，全球巨头角力物联设备，并与场景相结合催生可穿戴设备、智能家居、智能车载、服务型机器人、无人机等各形态终端硬件，应用场景从个人延伸到家庭空间、车辆空间、工业环境等领域。其中，智能家居互联生态扩大成为物联网增长最快的领域，入口争夺和多联网化发展趋势明显。智能车载领域因为自身价值高，也成为产业积极布局的领域。

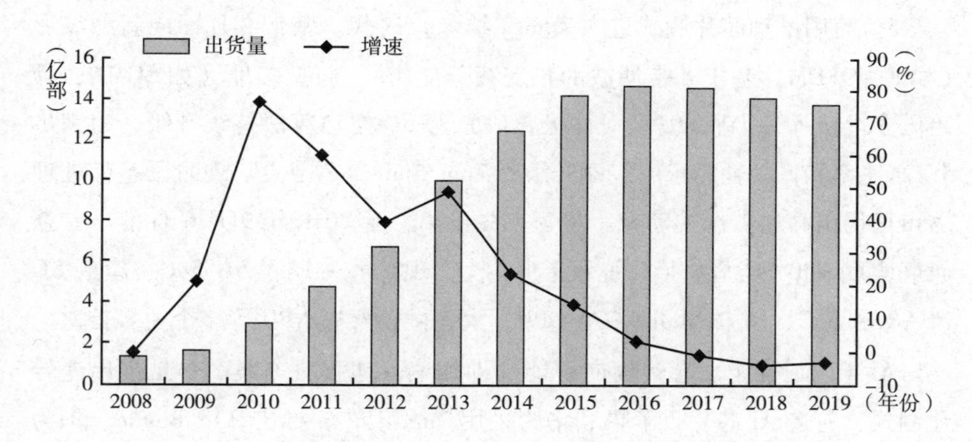

图1　2008～2019年全球智能手机出货量及增速

资料来源：IDC。

2. 移动操作系统双寡头趋势逐步稳定

安卓和iOS双寡头局面形成并稳固，合计市场份额超过98%。其中安卓市场份额约为76%，占据绝对优势。但安卓移动智能手机终端更新系统版本的速率低于iOS，而且安卓移动智能手机终端操作系统碎片化问题仍然未得到根本性解决。为满足低端移动智能手机需求，印度市场推出KaiOS，虽然全球市场份额远低于安卓、iOS，但在印度市场份额已超过iOS，成为仅次于安卓的第二大操作系统，仅在2018年用户数就超过2.5亿。① 俄罗斯市场通信公司Rostelecom

① 《金砖四国打破垄断，印度“鸿蒙”借势腾飞》，https：//www.cyzone.cn/article/551348.html，2019年9月2日。

以买入方式拥有 Sailfish OS 75% 所有权，并更名为 Aurora OS，其近 3 年的主要改变是去掉安卓兼容层，主攻安全方向，相关报道，俄罗斯政府计划将所有州政府官员都转移到 Aurora OS，预计耗资近 24 亿美元。[①] 我国元心科技面向军政等专业行业推出 SyberOS 3.5，在动态防御、AI 身份鉴别、H5 生态增强方面进行升级，目前 SyberOS 已通过 EAL（评估保障级别）4 级安全认证。

3. 移动终端元器件核心技术创新进入产品化阶段

5G 商用推动芯片制式进入 7nm（纳米）时代。基带芯片面向新型波形（如 F-OFDM，基于子带滤波的正交频分复用）、新型多址（如 SCMA，稀疏码多址接入）、新型编码（如极化码）等 5G 空口算法持续升级，为满足 5G 高速率和低功耗需求，终端升级到 7nm/5nm 工艺节点。现阶段基带处理器市场仍由高通占据主动权。华为率先发力，于 2019 年 9 月 6 日推出首款旗舰麒麟 990 5G SoC（系统级芯片），实现 7nm + EUV 5G SoC、旗舰 5G NSA&SA SoC、16 核 Mali-G76 GPU、大—微核架构 NPU 等多个业界首次。

AI（人工智能）芯片面向智能硬件加速落地解决方案。一是推出差异化制式，打造 AI 芯片。苹果和华为采用 7nm 工艺，推出 A13 Bionic、华为麒麟 980。三星基于 8nm 工艺推出 Exynos 9820。联发科 Helio P90 采用 12nm 制程。二是基于不同内核架构实现 AI 芯片高性能核心集群。华为、高通、三星均采用 Big. middle. little 设计，苹果和联发科采用多核并行设计。

为满足终端 GPU 差异化需求，企业推动自研进程。在移动智能终端领域，为突破 ARM 的 Mali、高通的 Adreno、苹果的 Bifrost/Valhall，以及 Imagination Technologies 的 PowerVR 四大 GPU 主流架构的限制，三星、华为等与终端发展布局相结合，逐步进行 GPU 自研。其中三星在 2019 年和 AMD 就超低功耗、高性能移动图形 IP 达成战略合作，将采用 AMD 最新的 RDNA 架构 GPU 自行设计手机 GPU 核心。而华为麒麟处理器中的 CPU 内核和 GPU

① 《金砖四国打破垄断，印度“鸿蒙”借势腾飞》，https://www.cyzone.cn/article/551348.html，2019 年 9 月 5 日。

内核都是来自 ARM，鉴于中美贸易摩擦影响和华为品牌竞争力提升需求，自研 GPU 也将成为其可选择的有效路径之一。

多场景感知需求刺激推动传感产品放量增长。全球传感器将持续放量增长。从 MEMS（微机电系统）、传感器生产企业区域来看，2018 年日本居首，其后为中国台湾、北美、欧洲、中东，中国大陆位居第六。其中博通（Broadcom）和博世（Robert Bosch）仍然领跑全球 MEMS 行业，其间竞争将会愈演愈烈。其中随着智能手机频率的增加，RF 的频率带宽滤波器和前端模块的需求将随之增加，RF MEMS 成为博通居首的重要因素，而博世则得益于车载传感器。相关数据显示，未来新车将搭载 5 个 MEMS，全球约 50% 的智能手机都要至少搭载 1 个 MEMS。①

（二）2019年全球移动互联网核心技术发展趋势

1. 人工智能逐步内化为基础技术

AI 与云端两侧芯片实现深度融合。围绕云侧训练与推断在处理能力（吞吐率）、可伸缩可扩展能力以及功耗效率等方面的需求，一是持续增大存储能力，通过增多片上存储器和能够提供高带宽的片外存储器，以满足处理大量数据需求和提高访问存储器速度，例如 Graphcore 公司在 AI 芯片上实现 300MB 的 SRAM（静态随机存取存储器），SK 海力士充分发挥最新 HBM2E 潜能，通过 TSV（直通矽晶穿孔）将 8 个 16GB 芯片纵向连接实现 16GB 传输速率；二是处理能力被推向每秒千万亿次，通过 CMOS 工艺提升和架构创新极大地提升芯片处理能力，例如谷歌第一代 TPU（张量处理单元）使用脉动阵列（Systolic Array）架构，NVIDIA（英伟达）的 V100 GPU 专门增加了张量核来处理矩阵运算；三是针对推断需求研发专门的 FPGA（现场可编程门阵列）和 ASIC（专用集成电路），例如谷歌的第一代 TPU，微软提出的 BrainWave 架构等。端侧围绕执行推断能力芯片持续提高能耗效

① 华夏幸福产业研究院：《产业观察丨高科技的幕后英雄——盘点 MEMS 产业前行之路》，2019 年 7 月 29 日。

率（ISSCC 2018 会议中单比特能效达到 772 TOPS/W），现阶段企业采用降低推断的量化比特精度、结合数据结构转换来减少运算量、减少对存储器访问、应用各种低功耗设计等方法来进一步降低整体功耗。此外，在内存计算方面企业也逐步加大探索，例如 Marvell（迈威）发表 AI SSD 概念验证控制器，通过前置处理非结构化的原始数据，可以在不需要访问主机 CPU 处理资源的情况下，有效执行数据标记，减少数据移动并大幅降低延迟和整体网络流量。

AI 与无线通信各层面加速融合应用。为适应大数据时代数据量急剧增加，以及业务类型和应用场景多样化演变，无线通信与人工智能快速融合，推动传统以信道为中心的服务模式向以数据为中心的模式升级。以深度学习为代表的人工智能计算在无线通信的应用层和网络层快速取得发展，在业务预测、网络切片、无线资源管理和分配等关键领域得到初步应用。例如在资源管理方面，解决从蜂窝关联和无线接入技术选择，到频率分配、频谱管理、功率控制、智能波束成形等问题。目前研究热点正在向 MAC（介质访问控制）层和物理层推进，尤其是在信道估计、信号检测、信道解码以及端到端无线通信等物理层面，已经出现无线传输与深度学习结合的趋势，例如基于 AI 的编码和调制可提供较低误码率和更好的无线信道障碍鲁棒性。

云侧 AI 依托强大的计算能力，在长周期维护、业务决策等领域发挥优势，有力地支撑经济生产、社会治理、民生服务等全领域的深度融合应用。现阶段，AI 技术已在安防、金融、医疗、家居服务、教育等领域形成较好的服务应用，其中安防领域计算机视觉技术快速突破，推动视频监控持续面向智能化改革升级，金融行业在智能投顾、定向营销、风险防控、信贷投放等应用领域取得较好成效，医疗行业依托积淀的医疗数据和流程化数据使用过程已发展智能导诊、影像诊断、医保控费等服务，家居服务方面远程控制、智能安防、环境感知等应用逐步成为热点，教育领域电子课堂、个性化学习、智能阅卷等智能应用也逐步实现。为提升行业普适服务水平、降低技术门槛，百度、阿里云、腾讯、科大讯飞、商汤集团等企业，加速建设自动驾驶、城市大脑、医疗影像、智能语音、智能视觉人工智能开放创新平台。

2. 移动互联网核心技术加速云端协同

当前云端技术持续演进，加速推动以计算力协同、服务协同、数据存储协同、统一控制协同为一体的“超级生态体”发展。一方面，全球巨头面向差异化终端加快构建通用型移动智能终端操作系统平台，谷歌以安卓为核心构建物联生态系统，通过对安卓裁剪内核、优化功耗和蓝牙打造可穿戴操作系统 Wear OS，面向汽车领域推出安卓 Auto 通过手机投射模式实现系统对接，依托安卓 TV 固化家居生态系统实现平板、电视、手机互通；我国企业阿里 AliOS、华为 LitOS、百度 Duer OS 等操作系统可满足智能网联汽车、智能家居、智能可穿戴设备、服务机器人、智能仪表等智慧互联服务需求。另一方面，全球企业加速推动云边计算协同，加快相关芯片开发，云侧为满足训练和推理复杂需求，芯片采用高并行技术架构，通过专用矩阵乘加单位、大量张量技术单元等满足高低位宽、不同精度、浮点/定点运算等差异需求，使用高带宽拓展接口如 NvLink/PCLe5 等；端侧则通过张量计算、异构计算（CPU + GPU、CUP + MIC、CUP + FPGA）、存内计算等模式，持续提升处理海量非结构化数据能力，如 Edge TOU、英伟达 Jestson Xavier、华为麒麟 990 5G、比特大陆 BM1880、富士通 A64FX 等。

5G 将解决大量数据在云端两侧的传输瓶颈问题。移动互联网时代催生海量数据，智能终端与云端服务交互日渐频繁，同时 AI 计算依赖大量的算力需求，3G/4G 时代数据传输带宽有限，导致实时分析决策受限、训练样本中情景信息有限、实际环境中信息资源不足、处理任务时间长等问题产生。而随着 5G 商用牌照的发放，其 10Gbps 高速率、1 毫秒低延时、超过 1000 亿海量连接等特性，促使云端联系紧密化，并与边缘计算相结合有效解决了终端 AI 应用的实时性、随时性、隐私性问题，使 AI 处理路径缩短，实现处理零延时。同时，通过 5G 连接更多设备，可将周边情境信息拷贝到 AI 设备，从而获取更多情景数据，极大地丰富了 AI 应用的训练数据资源，并能够在实时场景中不断迭代训练。

多种网络技术协作快速提升智能硬件的网联协同性。网络通信技术面向万物互联需求加速落地与应用，针对不同覆盖距离通过不同频段提供的异化高互联能力，使多个移动智能硬件可以进一步构成多主体、互为输出输入的一个超系统，多主体、子系统、单元间有高度相互依赖性。例如速率达到10 Gb/s及以上的可见光无线通信（LiFi）技术已逐步开始试点应用，如在德国沃尔克斯球场新闻中心，通过房间灯具的Trulifi系统，LiFi为现场新闻报道记者提供可靠、安全、高速的互联网连接服务。WiFi通信技术拥有11b：11Mbps、11g：54Mbps、11n：600Mbps、11ac：1Gbps多种速率，可满足无线局域网、家庭、室内场所高速上网应用。LoRa（远距离无线电）、NB－IoT等技术则能与智慧农业、智能建筑、物流追踪、水表、停车、宠物跟踪、垃圾桶、烟雾报警、零售终端等场景相结合，提供互联应用服务。法国SigFox公司虽然仅能提供约为100bps的传输速率，但其50km的覆盖范围可满足智慧家庭、智能电表、移动医疗、零售服务等大传输场景的传输要求。

3. 微内核操作系统极大地适应万物互联

微内核架构有效提升进程间通信效率，促使其成为当前操作系统发展的主要探索方向之一。微内核架构遵循“能多小就要多小”的设计原则，将操作系统非核心的功能从内核中隔离出来，仅把虚拟内存、任务调度和进程间通信等关键功能置于内核中，极大地压缩了内核的规模，通过功能裁剪可提供高灵活性、强扩展性服务。现阶段，微内核通过两种IPC（进程间通信）加速方案（即修改CPU的硬件使IPC通信无须内核参与和数据拷贝，以及采用双内核其中一个内核专门负责IPC数据通信），极大地解决了原先内核在内核模式和用户模式间进行大量的模式切换产生的效能低下的问题，成为当前操作系统发展探索的主要技术路径之一，例如谷歌基于微内核架构推出下一代操作系统Fuchsia，华为发展基于微内核架构的鸿蒙瞄准多终端跨平台操作系统。

微内核架构可极大地适应多类物联终端差异化需求，促进网络、存储、计算等资源的协同调度。一是微内核中的各种服务相互独立，可依据硬件平台需求装载或裁剪相应的服务，并独立地对应用进行启停、卸载、升级等，具有极高的灵活性。二是微内核因只负责上下文切换、中断处理、进程间通信和时钟处理等最基本、最底层的任务，所以其与宏内核相比占用内存小、可靠性高、便于跨平台移植，如约10万行代码量的QNX实时操作系统可广泛应用于各领域，并能满足核电、武器、航空航天、数字仪表盘、工业自动化等对于可靠性要求极高的领域的需求，而安卓系统代码超过1亿行，仅内核超过2000万行。三是微内核采用分布式架构，有利于实现分布式的软总线，硬件能力虚拟化，分布式数据管理、分布式计算以及分布式任务调度等功能，如华为鸿蒙操作系统借助软总线实现多终端硬件能力的跨设备调用，促使资源调度更加灵活化。

二 2019年中国移动互联网核心技术的最新进展

（一）中国移动互联网技术发展现状

我国移动智能终端市场逐步趋于饱和。智能手机市场已经步入成熟期，市场增速放缓并趋于饱和，“人口红利”过后，消费者换机需求逐步降低。市场研究机构Canalys相关数据显示，2019年中国智能机出货量为3.69亿部，同比下降7%（见图2）。其中，华为2019年智能机出货量为1.42亿部，同比增长35%，以38.5%的市场份额居首。OPPO、vivo、小米以及苹果排在第二至第五位。[①] 现阶段，移动智能手机技术创新趋缓，产品同质化程度日益加深。为寻找新市场增长点，国内企业加快打造差异化市场，面向动漫、游戏、明星、体育等领域以限量定制机模式吸引特定群体，如OPPO先后与巴塞罗那俱乐部、皮卡丘、高达等合作，推出R9/R11巴塞罗那定制版、皮卡丘版SuperVOOC移动电源、Reno Ace高达40周年定制版等，并与温布尔登网球锦标赛达成合作意向；vivo与乐高专业认证大师蒋晟晖（Prince Jiang）推出

① 《2019年中国智能手机出货量下滑7%　4G手机去库存压力大》，https://www.yicai.com/news/100483170.html，2020年1月29日。

了限量联名款的 iQOO 手机；面向游戏玩家，OPPO 推出 R11 王者荣耀限量版，vivo 推出 X20 王者荣耀限量版，华为推出 Mate 30 RS 保时捷定制版。

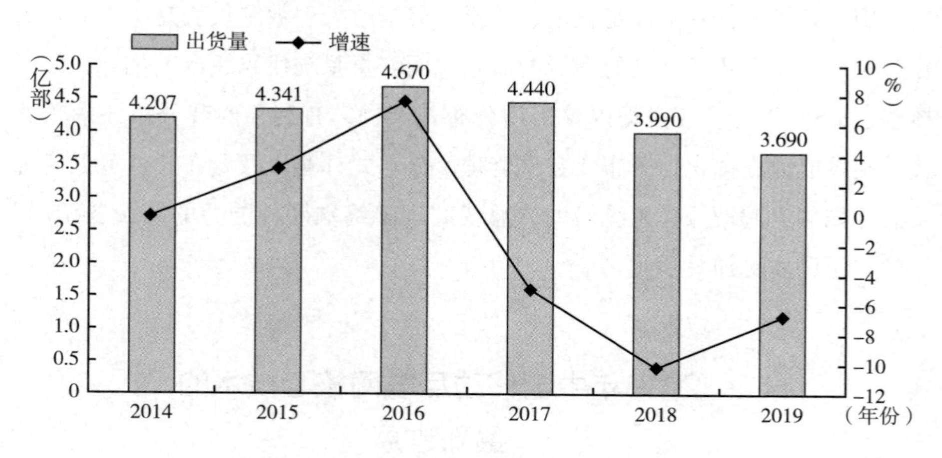

图 2　2014～2019 年我国智能手机出货量和增速

资料来源：中国信息通信研究院。

我国企业高中低端结合拓展海外市场渐显成效。随着国内智能手机市场态势下滑、移动互联网用户增速放缓，国内终端、应用厂商加大海外布局力度，积极寻求新的市场增长点，南亚、东南亚、欧洲等成为厂商发力重点。但中美贸易摩擦开始导致企业陷入被动局面，例如谷歌暂停与华为在软件、硬件和技术服务方面的合作，导致华为手机在海外市场未来或将面临安卓技术与 GMS（谷歌移动服务）生态双创发展压力。根据现阶段数据，市场反应不明显，虽然 2019 年第三季度华为依旧还是欧洲第二大智能手机厂商，但第四季度华为终端出货量出现下滑。长期来看，安卓停供和 GMS 生态受限，将造成我国手机厂商海外市场萎缩。

5G 时代下的万物互联将带来市场突破机遇。随着技术升级、网络基础设施升级完善和应用服务市场的不断成熟，智能硬件的产品形态从智能手机延伸到智能可穿戴、智能家居、智能车载、智能无人设备、医疗健康等，成为信息技术与传统产业融合的交会点。我国成为全球智能硬件市场增长主要贡献国之一，根据 IDC 估测，到 2022 年仅 AR 设备一项我国约占全球市场总量的1/4。[①] 受益于近年来我国经济高质量发展和社会消费水平的提升，产业升级、装备升级、消费升级给智能硬件的扩展带来了良好机遇，我国将成为未来全球智能硬件应用的热点地区。企业围绕智能硬件形成差异化生态发展阵营，手机大厂以手机为入口利用终端优势，通过打造云端连接平台扩充产品链条；互联网领先企业通过服务入口和用户优势，以“平台＋软件”联合硬件厂商构建生态；AI企业刚刚开始入局，在人机交互垂直领域深耕，提供场景化解决方案；传统行业企业着重利用数字技术实现产品智能化升级改造；创新型智能硬件企业通过某种垂直场景，进行软硬件产品的研发与制造。

（二）核心关键技术领域的国产化进展情况

1. 计算芯片创新进展

我国AI芯片全面崛起，产业化进入“冲刺期”。随着AI技术落地化进程加速，我国企业以芯片为突破口快速发展并逐步领先全球。华为麒麟810手机AI芯片基于华为自研达芬奇架构，采用业界最先进的7nm工艺制程，创新设计“2＋6”大小核架构，升级全新系统级AI调频调度技术，性能卓越，已在华为Nova 5和荣耀9X上搭载并发布上市；而其麒麟980作为全球最领先的手机SoC，首次实现基于ARM Cortex－A76的开发商用，首商用Mali－G76 GPU，首搭载双核NPU，全球率先支持LTE Cat. 21，已在华为Mate 20系列、荣耀V20、荣耀20、华为P30系列、Nova 5 Pro等手机搭载上市。地平线宣布量产中国首款车规级人工智能芯片征程二代，该芯片搭载地平线自主创新研发的高性能计算架构BPU2. 0，可提供超过4TOPS[②] 的等效算力，典型功耗仅2瓦，满足AEC－Q100标准，算力利用率超过90%，每TOPS算力可以处理的帧数可达同等算力GPU的10倍以上，识别精度超过99%，延迟少于100毫秒，多任务模式下可以同时跑超过60个分类任

---

① 《2022年中国或将占据全球1/4的AR市场》，https：//www. sohu. com/a/232645696_508574，2018年5月23日。

② TOPS（Tera Operations Per Second）代表处理器每秒钟可进行一万亿次操作。

务，每秒钟识别目标数可以超过2000个。燧原科技首款AI训练芯片“邃思DTU”，采用格罗方德12nm FinFET工艺，480平方毫米主芯片上承载141亿个晶体管，实现2.5D高级立体封装，据称单卡单精度算力为业界第一，达20TFLOPS，首次支持混合精度，半精度及混合精度下算力达80TFLOPS，最大功耗仅225W。此外，还有寒武纪的思元270/220、达摩院的含光800、科大讯飞的AI语音芯片CSK400X系列、百度的首款AI芯片昆仑等。

5G领域我国继续保持全球领先地位。华为、展锐位居全球仅有的5家5G基带芯片厂商之列。华为于2019年1月发布5G多模终端芯片Balong 5000和基于该芯片的首款5G商用终端华为5G CPE Pro，并于2019年9月推出支持NSA/SA的5G SoC麒麟990芯片。该芯片采用7nm+EUV工艺制程，首次将5G Modem集成到SoC上，板级面积相比业界其他方案小36%，为首款晶体管数量超过100亿的移动终端芯片，CPU方面采用大中小核模式，与业界主流旗舰芯片相比单核性能高10%、多核性能高9%，NPU方面采用华为自研达芬奇架构NPU。紫光展锐于2019年2月发布5G通信平台“马卡鲁”及其5G基带芯片春藤510，迈入全球5G第一梯队，其中春藤510基带采用台积电12nm制程工艺，支持多项5G关键技术，单芯片统一支持2G/3G/4G/5G多种通信模式，符合最新的3GPP R15标准规范，支持Sub-6GHz频段、100MHz带宽，可同时支持5G SA独立组网、NSA非独立组网两种组网方式。

我国企业积极探索泛终端领域，加快布局。受电池续航限制，低功耗成为当前可穿戴设备芯片的基本需求，硬件系统集成化成为有效途径之一，国内企业开始针对可穿戴生态提供技术解决方案。如华为麒麟A1是全球首款同时支持无线音频设备和智能手表，且获得蓝牙5.1和蓝牙低功率5.1标准认证的可穿戴芯片，集成蓝牙处理单元、音频处理单元、超低功耗的应用处理器和独立的高效电源管理单元。同时，人工智能技术与可穿戴芯片叠加成为技术标配；华米推出黄山一号芯片，内含AI前移的神经网络加速模块，让所有任务全部本地化处理，加入Heart Rate、ECG Engine、ECG Engine

Pro、Arrhythmias 四大驱动引擎，可实现对心率、心电、心律失常等的实时监测与分析。受自动驾驶高附加值影响，汽车电子设备芯片将成为继手机后又一重要领域，巨头加速芯片能力整合推出竞争力强的整体解决方案，如“英特尔凌动/至强 + Mobileye EyeQ + Altera FPGA”形成完整自动驾驶云到端算力方案；英伟达推动全球首款商用 L2 + 自动驾驶系统 NVIDIA DRIVE AutoPilot，其 Xavier 系统级芯片算力每秒高达 30 万亿次；特斯拉推出自动驾驶芯片 FSD，采用 14nm 工艺制造，拥有 60 亿个晶体管和 2.5 亿个逻辑门，峰值性能可达 36.8TOPS。国内初创企业如地平线、眼擎科技、寒武纪也都在积极参与，但与国际巨头仍存在较大差距。

2. 操作系统创新进展

我国在移动智能终端操作技术方面有较好的积累。2012～2013 年我国涌现一批自研发操作系统，此系统大多数采用以安卓为基础的二次兼容开发路线，例如中国移动播思、中国联通全智达，以及百度 OS、阿里巴巴 YunOS 等，在不断的研发与市场化过程中，企业积累了大量的技术经验并且在统一应用运行环境、功耗、安全、图形显示、Web 引擎等方面都达到甚至部分超越原生安卓的水准。而其他少数采用重新自研路线的企业也积累了一定的发展经验，如基于 HTML5 技术的盛大 OS。此外，在市场开拓过程中，小米、OPPO、vivo 等终端企业依托安卓迭代也逐步积累操作系统相关技术，并依托面向应用生态的良好服务体验积累了一批用户。但自研操作系统方向，除阿里巴巴转向车联网发展、SyberOS 面向党政军等特殊领域应用以外，面向消费领域其他操作系统均未形成生态市场。

万物互联时代我国企业加速泛终端操作系统平台布局。我国企业积极拥抱开源开放，与硬件和整机厂商紧密合作，在智能网联汽车、智能家居、智能制造、智慧能源等领域，加速打造开放赋能的智能硬件操作系统生态。如百度 DuerOS 平台与美的、海尔、联想、创维、索尼、TCL 等企业达成战略合作，智能设备激活数量突破 2 亿台，月活跃设备量超过 3500 万台，合作伙伴数量超过 300 家，搭载 DuerOS 落地的主控设备超过 160 多款。华为早期物联网平台 LiteOS 支持国外 MCU 厂商前十中的 6 家（NXP、ST、Microchip、TI、SiliconLab、ADI）和国内前三中的 2 家（兆易创新和灵动）。华为 HiLink App 有 1.8 亿装机量，合作伙伴达 200 家，已经接入 80 个品类、涵盖 700 多款物联网产品。阿里巴巴 AliOS 布局汽车领域，与上汽荣威、名爵等深度合作创建的斑马智行已经取得超过 70 万台装机量，[①] AliOS Things 服务 140 大类设备，累计装机量超 1 亿台，应用组件 300 多个，[②] 可支撑物流 PDA、智能空调、智能音箱、智能门锁和智能摄像头等硬件。

国内企业以物联网为基础发展 OS 兼顾消费市场。我国企业基于广泛的用户群体优势，不断深化对安卓原生系统的研究和个性化定制，从文件管理、文件调用到底层硬件管理持续优化。当前，国际贸易摩擦加剧加速国产操作系统发展进程，华为鸿蒙 OS 将迎来突破机遇，其通过底层技术持续创新实现抽屉式迭代。鸿蒙 OS 用 F2FS（闪存友好型文件系统）替代了 EXT4（第四代扩展文件系统），对运行内存采用动态调节机制，成倍地提升了随机读写速度；GPU Trubo 通过对底层系统传统图形处理架构进行重构，使图形处理效率提高 60%，SoC 功耗降低 30%；EROFS 可扩展制度文件系统，从系统底层提升手机流畅度。鸿蒙整体采用微内核架构并对进程间通信进行了高度优化，使其与 QNX、Fuchisia 相比效率提升 3~5 倍，鸿蒙 OS 支持手机、电脑、平板、电视、汽车和智能穿戴设备，全面兼容安卓应用和 Web 应用，结合华为“方舟编译器”最高可获得 60% 的性能提升。虽然华为鸿蒙系统在性能上具备替换安卓的能力，且顺应 AIoT 时代的发展趋势，但其在应用生态的建立方面现阶段仍然面临较大挑战。

3. 其他关键技术创新进展

国内企业逐步推动存储技术与产业发展。由于起步较晚，现阶段我

---

① 《阿里 AliOS 和斑马重组后，首席架构师谢炎离职》，https://baijiahao.baidu.com/s?id=1645789780439017103&wfr=spider&for=pc，2019 年 9 月 27 日。

② 《重磅揭晓阿里 AliOS Things 3.0 革命性创新!》，https://baijiahao.baidu.com/s?id=1645824279760645484&wfr=spider&for=pc，2019 年 9 月 27 日。

国暂无自产的存储器芯片产出。目前国内工业界对闪存投入主要集中在NOR型闪存；在NAND Flash内存领域，我国的制造能力和市场占有率与国际大公司如韩国的三星、SK海力士，日本东芝，美国的西部数据及美光、英特尔等相比差距较大；在相变存储器（PRAM）、磁存储器（MRAM）、阻变存储器（RRAM）等新型存储器的投入很少。具体来看，华虹宏力在嵌入式闪存领域加快创新取得领先位置，其第三代90纳米嵌入式闪存工艺平台的Flash元胞尺寸较第二代工艺缩小近40%，再创全球晶圆代工厂90纳米工艺节点嵌入式闪存技术的最小尺寸纪录；Flash IP使芯片整体面积进一步减小，光罩层数也随之减少，有效缩短流片周期；与此同时，可靠性指标继续保持高水准，可达到10万次擦写及25年数据保持能力。中芯国际可提供完整的嵌入式闪存技术与广泛IP支持，涵盖从0.18微米到65纳米的ETOX NOR闪存技术解决方案，现已正式出样40纳米工艺的ReRAM（非易失性阻变式存储器）芯片，未来将推出28纳米工艺版。

我国新型显示产业逐步迈向价值链高端。“十三五”期间，我国重点培育新一代信息技术、高端制造、生物、绿色低碳、数字创意等五大战略性新兴产业，而以AMOLED、超高清量子点液晶显示、柔性显示等为代表的新型显示产业是新一代信息技术的发展重点。我国企业积极布局加速产业链条整合和提升技术能力，京东方在OLED分辨率上达到全球先进水平，已推出全球最高分辨率5644 PPI的0.39英寸Micro-OLED微显示解决方案，在AR/VR等高要求使用场景中给消费者带来更优质的观看体验。目前京东方多条第六代AMOLED柔性生产线已经完全量产，正在逐渐成为全球OLED主要厂商。三安光电、国星光电已实现Mini LED量产，其中三安光电可针对不同的市场推出差异化的MiniLED解决方案，并在MicroLED巨量转移等关键技术上取得初步突破。此外，洲明科技展出4K Mini-LED0.9，开启了Mini-LED显示1mm以下可批量化应用的新时代，达科推出其首款Mini-LED显示器品牌Optica，聚积Mini LED驱动产品目前也已进入出货阶段。

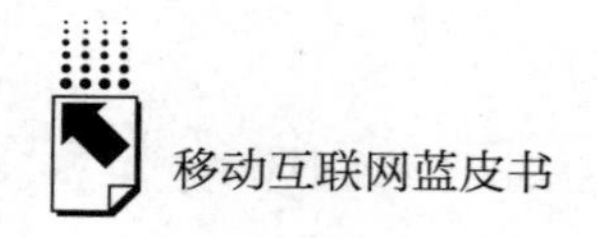

三　中国未来移动互联网核心技术升级展望

（一）持续强化计算和存储核心器件的技术攻关

加强我国5G中频基带芯片与射频器件的研发，推动更多国产品牌中频芯片走向市场；统筹规划5G高频毫米波芯片技术研发和产业化，提升批量供货能力，提高国产化水平。推进人工智能芯片指令集、计算、内存、通信等技术创新，优先推进相关产品在智能手机、安防监控、智能硬件等重点领域产业化落地应用。在我国5G已实现商用的环境下，加快自动驾驶芯片研发，尽快实现我国自动驾驶芯片的自主可控。鼓励企业深耕NAND FLASH叠层技术，积极优化现有工艺技术，积极填补当前本土企业的存储市场空白，同时支持企业积极开展DRAM（动态随机存取存储器）产品研发，向高端市场渗透。提升加速度计、MEMS麦克风、生物识别传感器性能参数，推动产品向高端市场渗透；着力推进陀螺仪、麦克风裸晶、3D感知核心器件的产业化进程，提升本土自主供给能力，加强CMOS（互补金属氧化物半导体）传感器的自主研发，补齐我国摄像头产业链短板。加强图像处理算法研发，实现软硬兼备，避免出现算法、软件的缺陷导致硬件能力无法完全发挥的状况。

（二）打造自主可控的泛在物联操作系统生态

面向智能手机、智能车载终端、可穿戴设备、智能家居设备等领域，通过生态与技术路径相结合模式，打造跨平台移动终端操作系统。一方面，依托安卓生态积累经验，重点打造稳定成熟产业生态，发展我国自主移动智能终端操作系统；另一方面，基于万物互联机遇发展泛终端独立生态的自主操作系统。加强新一代智能设备微内核操作系统关键核心技术攻关，开展面向智能终端的人工智能技术研发，强化操作系统与云端的协同能力。与移动操作系统相结合形成健壮的产业生态体系，建设自主开源社区推动移动智能终端操作系统开源发展，以联盟形式汇聚终端企业、互联网服务提供商、芯片企业等产业链各环节力量；组织制定相关技术标准和认证规范。

（三）打造面向全球的高端智能硬件生态体系

面向物联网时代加速移动智能终端整体产业布局，注重技术与生态双路径突破，稳固国内生态，力拓国际市场。功能引领应用创新方面，首先，应用技术双路径创新，实现产品差异化发展；应用方面充分挖掘新体验场景，面向智能手机、智能车载、服务机器人等加强性能和服务体验；技术方面引入新型元器件、外观设计，促进硬件微创新等。其次，加快互联高体验生态网络打造，优先聚焦医疗、交通等重点领域打通数据，构建优交互、高价值、各司其职的互动性服务生态。加快核心技术突破方面，适应产业发展趋势，加快对智能硬件融入人工智能、人机交互新技术等，持续实现应用与服务的迭代创新，实现产品和技术的相互促进与发展。强化国际市场开拓方面，针对海外市场差异化用户习惯和应用场景，研发不同类型智能硬件，抢占重点海外市场；同时，与终端配套，强化海外应用服务生态建设和品牌服务配套能力建设，助力海外市场拓展。

参考文献

中国信息通信研究院：《先进技术发展研究报告》，2018 年。

中国信息通信研究院、中国人工智能产业发展联盟：《手机人工智能技术与应用白皮书（2019 年）》，2019 年。

徐可：《我国智能网联汽车操作系统发展建议》，《世界汽车》2018 年第 5 期。

〔美〕William Stallings：《操作系统精髓与设计原理（第八版）》，陈向群等译，电子工业出版社，2017。

B.9
移动智能终端在5G商用元年的发展趋势分析

赵晓昕　韩傲雪　李东豫　曾晨曦*

摘　要： 2019年全球智能手机市场仍处于存量竞争态势，缺乏颠覆性创新，5G手机换机潮还没有真正到来，整个智能手机市场出货量和销售量均同比下降。但国产品牌在全球和国内的市场份额进一步提升，并在5G手机市场取得不错成绩。折叠屏、夜景拍摄、超级视频防抖、AI、5G等技术成为市场关注热点。可穿戴设备、物联网终端、车载无线终端等稳定快速发展，出货量创历史新高。5G + AI + IoT将推动5G智能终端在2020年全面爆发。

关键词： 移动终端市场　5G智能手机　物联网

一　全球及国内智能手机市场态势

（一）全球及国内智能手机出货量继续下滑

国际数据公司（IDC）发布的统计数据显示，2019年全年全球手机的出

* 赵晓昕，中国信息通信研究院泰尔终端实验室环安部副主任，研究领域为电气安全、电磁辐射、环境可靠性等；韩傲雪，中国信息通信研究院泰尔终端实验室工程师，研究领域为无线与移动、国际认证项目管理；李东豫，中国信息通信研究院泰尔终端实验室工程师，研究领域为电气安全；曾晨曦，中国信息通信研究院泰尔终端实验室软件部副主任，研究领域为软件与操作系统。

货量为13.71亿部，同比下降2.3%（见图1）。[①] 需要指出的是，这已经是全球智能手机出货量连续第三年下降。但相比2018年，2019年的下降速度变缓，开始表现出回暖迹象。从手机网络制式来看，4G手机仍然在市场上占比最高，约在95%。随着2019年下半年5G网络的商用，各终端厂商陆续发布了5G手机。Strategy Analytics公司发布的数据显示，2019年全球5G智能手机出货量约为1870万台，约占智能手机市场的1.3%。[②]

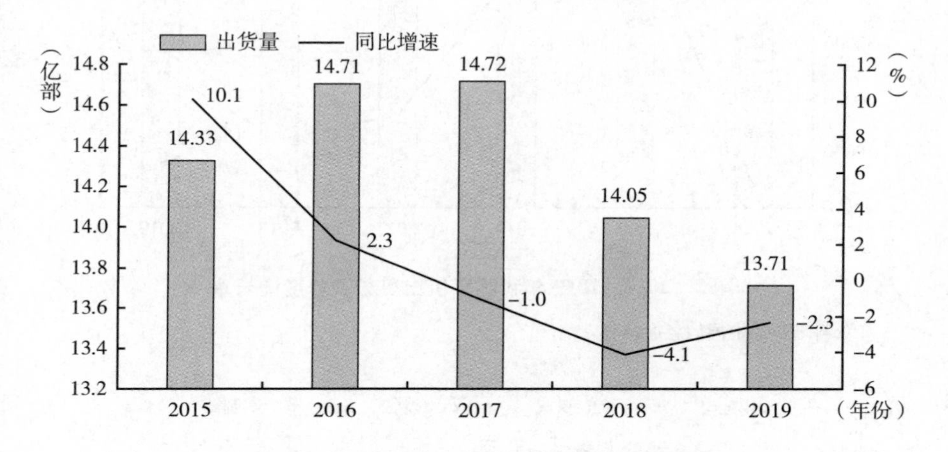

图1　2015～2019年全球智能手机出货量变化趋势

资料来源：国际数据公司（IDC）。

在国内手机市场，根据中国信息通信研究院统计，2019年国内手机出货量合计约3.89亿部，同比下降6.18%（见图2），相较出货量最高点的2016年减少了1.71亿部。和全球手机出货量下行趋势相同，国内手机出货量达到自2014年来最低值。从网络制式来看，2019年国内4G手机出货量占比为92.3%（见图3），5G手机出货量约1376.9万部，占比3.5%，高于全球5G智能手机在手机市场的占比。从发布的机型来看，2019年我国手机

① IDC：Apple Takes Top Spot in Q4 2019 Worldwide Smartphone Market While Huawei Rises to Number 2 Globally for 2019，IDC网站，2020年1月30日。

② Ken Hyers：Huawei & Samsung Capture 73 Percent Share of Global 5G Smartphone Shipments in 2019，Strategy Analytics网站，2020年1月28日。

新机型573款，同比减少25.0%，其中4G手机新机型款数占比达69.6%，较2018年也有所下降。①

图2　2014～2019年我国手机出货量及年度增长率

资料来源：中国信息通信研究院。

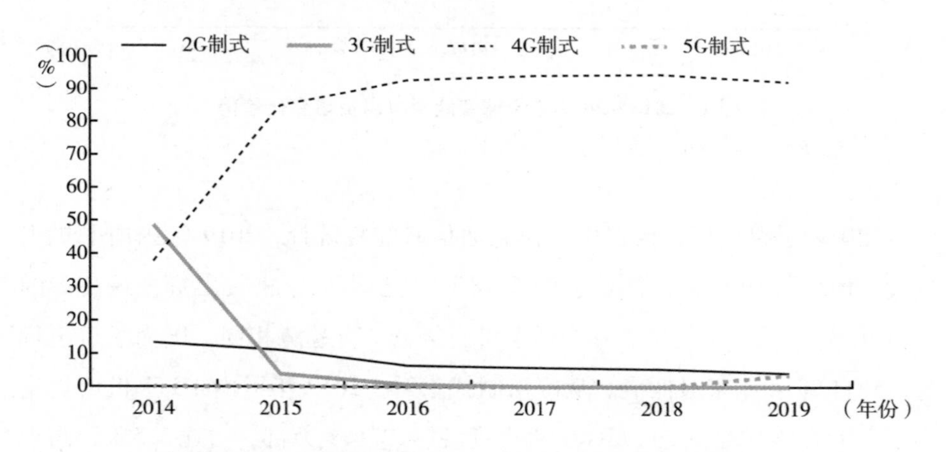

图3　2014～2019年我国2G/3G/4G/5G手机出货量占比

资料来源：中国信息通信研究院。

① 中国信息通信研究院：《2019年1～12月国内手机市场运行分析报告》，工信部网站，2020年1月17日。

整体来看，智能手机市场仍处于存量竞争态势，缺乏颠覆性创新。虽然包括华为、三星在内的各手机厂商在2019年下半年发布了5G手机，但是由于全国还没有完全覆盖5G网络，以及各手机厂商发布的5G手机机型少、价格贵等原因，5G换机潮还没有真正到来，整个智能手机市场出货量同比均出现下降。

（二）国产品牌全球市场份额提升

Counterpoint研究机构发布的统计数据显示，2019年三星（SAMSUNG）手机的出货量达到2.96亿台，约占20%的市场份额，较2018年增长了1%，仍排名第一。[①] 值得一提的是，国产品牌华为（HUAWEI）（包括荣耀）则以2.39亿台的出货量超过苹果（APPLE）升至第二。除此之外，小米（XIAOMI）、OPPO、vivo、联想（LENOVO）、REALME和传音（TECNO）都出现在2019年全球智能手机出货量排名Top10榜单中，这无疑是国人值得自豪的成绩（见图4）。其中，REALME虽然是OPPO于2018年创立的手机品牌，但是其在印度手机市场销量惊人而且受到国内消费者的青睐，成为全球增长最快的智能手机品牌。

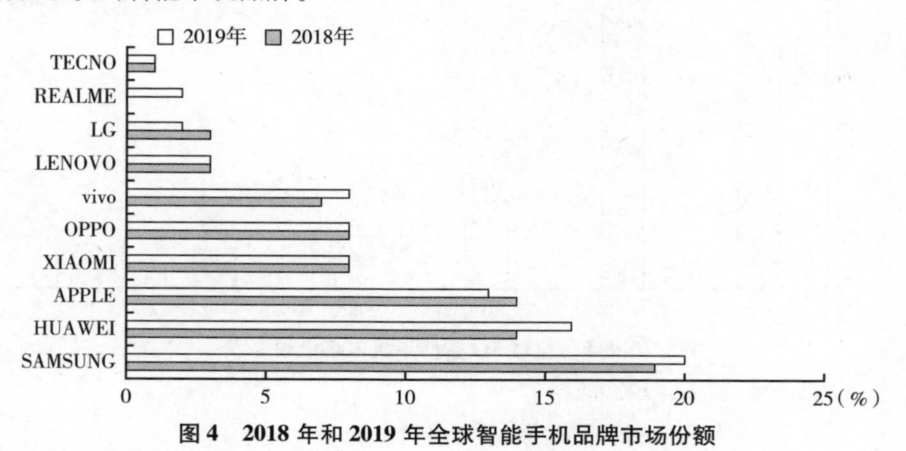

图4　2018年和2019年全球智能手机品牌市场份额

资料来源：Counterpoint。

---

① Global Smartphone Market Apple Gained the Top Spot in Q4 2019 While Huawei Surpassed Apple to Become the Second - Largest Brand in CY 2019，Counterpoint网站，2020年3月。

另外，2019 年国内手机出货量中，国产品牌占比进一步提升，达到历年新高（90.7%）。[①] 面对行业巨头苹果和三星的冲击，国产品牌在国内手机市场占比仍提升 1 个百分点，表明无论在全球市场还是国内市场，国产手机品牌越来越拥有举足轻重的地位。

（三）5G 手机市场及5G 芯片发展情况

从 Strategy Analytics 公布的数据可以看出，2019 年全球 5G 智能手机出货量达到 1870 万台，[②] 高于市场对 5G 手机的预期。另外，华为以近 37% 的 5G 智能手机市场份额位居第一，三星以 35.8% 的份额紧随其后，国产品牌 vivo 和小米分别占据第三和第四位。整体来看，在全球 5G 智能手机出货量 Top5 排名中，国产品牌占据三席，合计约占 2019 年全球 5G 智能手机市场出货量的 54%，超过全球 5G 智能手机出货量的一半，如图 5 所示，国产手机品牌率先占领了 5G 市场。

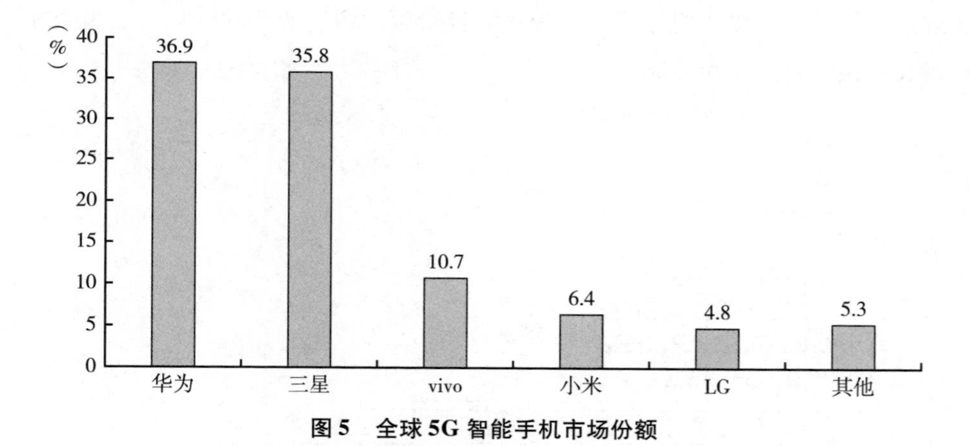

图 5　全球 5G 智能手机市场份额

资料来源：Strategy Analytics。

① 中国信息通信研究院：《2019 年国内手机市场出货量 3.89 亿部，同比下降 6.2%》，和讯网，2020 年 1 月 9 日。

② Strategy Analytics：Huawei & Samsung Capture 73 Percent Share of Global 5G Smartphone Shipments in 2019，2020 年 1 月 28 日。

据中国信息通信研究院统计，截至2019年底，国内市场共有35款5G手机终端获得入网许可。[①] 华为发布了8款5G手机，是各手机厂商发布机型最多的。备受关注的三星则只发布了1款。另外，从型号和价格可以看出，各大厂商发布的多为各厂商的高端旗舰机，型号相对较少，价格整体较高（见表1）。

表1　2019年国内开售的部分5G手机及型号

单位：元

品牌	手机型号	国内发布时间	售价(人民币)
中兴	Axon 10 Pro 5G	2019年7月	4999
华为	Mate 20X 5G	2019年7月	6199
	MateX(折叠)	2019年11月	16999
	Mate30 5G		4999起
	Mate30 Pro 5G		6899起
	Mate30 RS保时捷		12999
	荣耀V30		3299起
	荣耀V30 PRO		3899起
	Nova 6 5G	2019年12月	3799起
中国移动	先行者X1	2019年8月	4988
vivo	iQOO Pro 5G	2019年8月	3798起
	NEX 3 5G	2019年9月	5698起
	vivo X30	2019年12月	3298起
	vivo X30 Pro		3998起
三星	Note 10+5G	2019年8月	7999
OPPO	Reno 3	2019年12月	3399起
	Reno 3 Pro		3999起
小米	小米9 Pro 5G	2019年9月	3699起
	小米MIX Alpha		1999起
	Redmi K30 5G	2019年12月	1999起
联想	Z6 Pro 5G	2019年12月	3299

① 中国信息通信研究院：《2019年1~12月国内手机市场运行分析报告》，工信部网站，2020年1月17日。

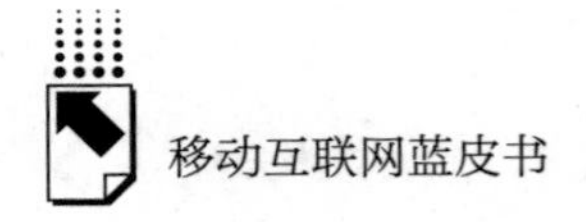

为了占领5G芯片市场的制高点，各芯片厂商纷纷发布了5G芯片，其中高通、华为、三星、联发科等厂商，目前在5G芯片研究领域处于领先地位。

1. 高通

高通2018年发布的骁龙855搭载骁龙X50 5G调制解调器，成为首款支持5G功能的移动平台。2019年12月，高通在骁龙855基础上研发并发布了骁龙765、765G和骁龙865三款处理器。骁龙865凭借7.5 Gbps的高峰值速率、支持所有关键地区和主要频段、支持NSA和SA组网模式、全球5G漫游及支持多SIM卡等优点，获得手机厂商的青睐。

2. 联发科

2019年11月26日，联发科发布集成了Helio M70基带的天玑1000。天玑1000在各个技术指标上都展现了较高的技术水平，是全球首款支持5G双模、双载波聚合的5G芯片，同时拥有4.7Gbps的下行速度、2.5Gbps的上行速度，支持NSA和SA组网模式，5G信号覆盖增加30%。该芯片瞄准高端旗舰智能手机市场，属于5G SoC（System-on-a-Chip，系统级芯片）。[①] 但联发科的5G芯片还未能实现规模商用。

3. 华为

2019年1月24日，华为同时发布天罡芯片和巴龙5000基带芯片。其中，天罡芯片是华为公司发布的业界首款5G基站核心芯片。巴龙5000在全球率先支持NSA和SA组网方式，在单芯片内实现2G/3G/4G/5G网络制式。9月6日，华为发布麒麟990 5G。该芯片是华为推出的全球首款5G SoC芯片。华为自主研发推出5G芯片，并实现了在自家5G终端产品的规模商用，推出了包括Mate 30系列、Mate X等5G手机。

4. 三星

2019年9月，三星发布首个5G集成SoC产品Exynos 980，该芯片由

① 系统级芯片（SoC）：狭义上，它是信息系统核心的芯片集成，将系统关键部件集成在一块芯片上；广义上，它是一个微小型系统，如果说中央处理器（CPU）是大脑，那么SoC就是包括大脑、心脏、眼睛和手的系统。

vivo 和三星联合设计研发，是全球首款 A77 架构 CPU，同时支持 NSA 和 SA 组网方式，其中 vivo 已发布的旗舰机 X30 使用的正是 Exynos 980。10 月，三星发布了 Exynos 990 芯片，其采用了新的 5G 调制解调器 Exynos Modem 5123，同时支持 2G/3G/4G/5G 网络制式，最高可提供 7.35 Gbps 的下载速度。

除上述厂商之外，展锐在 2019 年相继发布了 5G 通信技术平台"马卡鲁"以及 5G 基带芯片"春藤 510"。从各大厂商已经推出的 5G 芯片情况看，5G 芯片目前仍在发展过程中，由于业界目前还没有基于毫米波的大规模 5G 商用网络，同时工信部提出自 2020 年 1 月 1 日起，申请入网的 5G 终端需要同时支持 SA 和 NSA，芯片对 SA 和毫米波的支持方面将成为后续的关注点。

（四）2019年智能手机技术热点分析

综观 2019 年智能手机市场，"5G"和"折叠屏"成为引人注目的两个焦点，5G 手机的低延迟、高网速带来全新的体验，折叠屏则可能打破手机在形态和功能上的天花板，意味着人机交互的一种新的可能性。一度大热的"AI 手机"仍是头部厂家的重要发力点，在图像领域、语音领域、系统软件、影像技术等领域，AI 技术不断拓展手机的应用场景，为智能手机赋予了更多便捷的功能和更先进的图像处理能力和交互体验。除此之外，"AI 多摄""快充""液冷"也一度成为 2019 年手机的卖点。手机的 AI 应用范围不断扩大。

1. 5G

对于终端厂商来讲，5G 无疑是近年来为数不多的增长点，5G 的超高可靠、超低时延通信可以极大地提升用户体验，丰富垂直应用场景。一方面，5G 手机在下载速度上较 4G 手机有明显的优势，5G 为手机直播、视频转播、AR/VR 等手机端多媒体应用带来了大带宽、高速率的支持。另一方面，5G 的超低时延特性也为手机拓展了更多的应用场景，如自动驾驶、在线语音识别/语音翻译等。

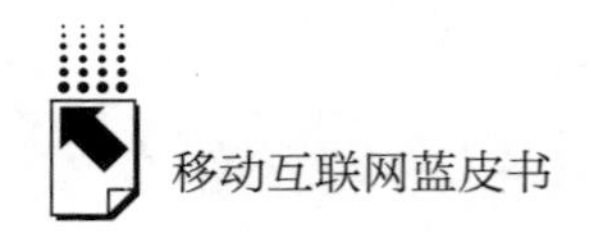

但5G技术还不完全成熟，毫米波技术没有得到大规模应用，5G的高速应用场景还没有真正形成刚性需求，同时全国还没有完全覆盖5G网络；另外，5G手机的价格、移动资费对于多数消费者来讲还是过高，大部分消费者对于是否更换5G手机保持观望态度。换机率增长的拐点还需等待。

2. AI技术

目前智能手机市场，总体来说处于同质化竞争的态势，手机的形态和人机交互方式并没有大的差异。为了在竞争中形成自己的亮点和优势，智能手机厂家纷纷发力人工智能（AI）技术。2019年，AI在手机上的技术发展热点有AI芯片、智能语音助手、智能影像技术，等等。

各大厂家纷纷推出了AI芯片，基于这些异构芯片来提升AI应用的加速能力。同时，端侧的框架一方面提供了AI加速的效率和算法/模型的支持，另一方面成为行业巨头构建其自身应用生态的核心要素，越来越成为竞争的焦点。在图像和生物特征识别领域，也大量采用了AI算法，以指纹和人脸识别为代表的新型生物特征识别技术的应用逐渐成熟，屏下指纹解锁也开始引入旗舰机型，AI算法为这些生物特征识别技术带来了更高的识别率和更好的体验。

在影像技术方面，2019年，一些旗舰级手机通过引入AI算法，较大地提升了拍照和影像性能，夜景拍摄、防抖、降噪、超分辨率成为2019年手机AI拍照技术的亮点。借助于手机AI芯片的算力，AI处理算法能够更好地降低图片噪声、保留画面细节，显著提升在夜景和暗光环境下的拍摄效果，并为用户的影像应用添加了多种有趣的处理功能。

3. 挖孔屏和折叠屏

从2019年全年发布的手机来看，旗舰机多数还是以刘海屏和挖孔屏为主。其中，挖孔屏是2019年各大厂商的新选择，不仅成功避免了升降技术带来的手机机身厚重等问题，保证手机高屏占比，还提高了手机的颜值。与此同时，手机厂商相继推出折叠屏手机，意味着消费者可以体验更丰富的多媒体视频图文内容、更好的触控体验与视觉呈现。另外，可折叠手机最大的吸引力在于它的未来感和科技感。但很遗憾，折叠屏手机在操作系统、触控方案、铰链、OLED面板等方面有多个难点问题需要解决，而且价格过高，从销量来看还不能实现大面积商用。

各大厂商通过各种方案来提高屏占比的同时，在2019年对屏幕刷新率也进行了升级。2019年已经发布的红米K30、One Plus 7T等机型已经率先使用了90Hz刷新率的显示屏。这些机型在获得极大的关注的同时，也受到了广大消费者的一致好评。目前来看，2020年将会有更多厂家选择90Hz高刷新率屏幕，甚至部分高端机型有可能配置120Hz刷新率的屏幕。

总之，2019年后，轻薄一体设计再次成为主流，挖孔屏再次成为行业大势。折叠屏虽然改变了消费者的直观视觉感受，在实际使用上也被网友称为“物理外挂”，但能不能在未来成为手机的标配还不得而知。从目前市场的发展趋势来看，高刷新率屏幕必将成为2020年手机厂商新的宣传点。

4. 摄像技术的多方位提升

拍照与摄像技术的好坏一直是衡量手机能否得到消费者青睐的重要参数之一。首先，从2019年发布的手机来看，多摄和潜望式长焦已经成为中高端智能手机的趋势，这一组合能够通过不同焦段的摄像头协同接力，实现手机上的超广角到长焦端的多倍变焦效果。华为在2019年发布的旗舰机型P30 Pro，采取了手机后置四摄方案，在潜望式长焦镜头支持下，可实现10倍混合变焦和最高50倍的数字变焦。除此之外，一些手机厂商也将旗舰机升级为四摄或五摄，例如Mate 30的四摄、小米CC9 Pro的五摄。其次，摄像头像素在2019年也大幅提升。其中，3200万像素的前置高清摄像头开始成为旗舰手机的标配，4800万像素主摄成为后置摄像头标配，小米CC9 Pro甚至采用了1亿像素主摄。高像素的一大优势在于能够保留足够多的细节，使图片的画幅增大，进一步提高画面的清晰度。最后，夜景拍摄和超级视频防抖成为今年手机厂商的主要宣传点。2019年，华为、OPPO、vivo、三星等厂商在发售的旗舰机型中都搭载了夜景拍摄和视频防抖算法，在低光照和

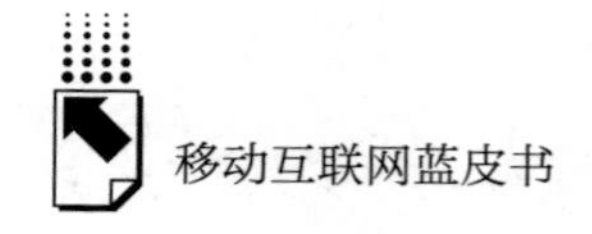

夜晚的环境下，手机也可以获得理想的拍照效果。

5. 快充和散热

5G 虽然有低延迟、高速率传输等优点，但是功耗也大幅增加，对 5G 手机的续航和散热有更高需求。续航方面，在锂电池技术遇到瓶颈的情况下，各手机厂商在快充技术上不断创新与升级，使快充成为标配，甚至有旗舰机使用了大功率超级快充，其中以 OPPO Reno Ace 的 65W 超级闪充、vivo iQOO3 的 55W 超级闪充、华为 Mate 30 的 40W 超级快充为代表。功率增大就迫使手机厂商考虑手机散热的问题，2019 年液冷散热与石墨贴片构成的立体散热技术成为新的解决方案，但由于还没有得到大面积商用，该技术能否从根本上解决手机散热问题还不得知。

二　泛智能终端产品发展态势

2019 年，泛智能终端产品渗透率继续提高，随着人工智能技术与终端产品的不断融合发展，智能网联汽车、无人机、智能服务型机器人、智能家居产品、AR/VR 等智能设备结合各类场景需求，不断丰富和方便着人们的生活。当前，随着 5G 网络的商用及物联网技术的发展，这些非手机智能终端产品无论在产品类型还是销量上都将会有一定的提升。而可穿戴设备（智能手表、蓝牙耳机等）、车载智能终端、物联网终端等依然是当前环境下社会关注度最高的方向。

（一）可穿戴设备

根据 IDC 估计，2019 年可穿戴设备出货量达到 3.36 亿台，同比增长 89.0%。从产品类别来看，智能耳机以 1.7 亿台的出货量占据榜首，同比增幅高达 250.5%。智能手表和智能手环出货量分别达到 0.9 亿台和 0.7 亿台，占据第二和第三（见表 2）。从品牌的市场份额来看，苹果以 1.06 亿的出货量占市场份额的 31.7%，小米以 12.4% 的市场份额紧随其后，Fitbit 被三星和华为超越，排名第五。

表2　2018年和2019年全球智能穿戴设备出货量情况

单位：百万台，%

智能穿戴设备	2019年		2018年		增速
	出货量	市场占比	出货量	市场占比	
智能耳机	170.5	50.7	48.6	27.3	250.5
智能手环	69.4	20.6	50.5	28.4	37.4
智能手表	92.4	27.5	75.3	42.3	22.7
其他	4.2	1.3	3.5	2.0	19.5
总计	336.5	100.0	178.0	100.0	89.0

资料来源：IDC。

根据IDC发布的《中国可穿戴设备市场季度跟踪报告，2019年第四季度》，2019年国内可穿戴设备出货量为9924万台，同比增长37.1%。[①] 从市场份额来看，小米以2489万台的出货量约占25.1%的市场份额，稳坐市场第一。华为以2025万台出货量紧随其后，成为增幅最大的厂商。苹果、步步高和奇虎360紧随华为，在可穿戴设备市场也占据一席之地（见表3）。

表3　2018年、2019年中国前五大可穿戴设备厂商：出货量、市场占比、同比增长率

单位：千台，%

公司	2019年		2018年		同比增长率
	出货量	市场占比	出货量	市场占比	
小米	24891	25.1	16973	23.4	46.6
华为	20251	20.4	9171	12.7	120.8
苹果	13609	13.7	8213	11.3	65.7
步步高	6044	6.1	5141	7.1	17.6
奇虎360	3237	3.3	2906	4.0	11.4
其他	31209	31.4	29996	41.4	4.0
合计	99241	100.0	72400	100.0	37.1

资料来源：IDC。

① IDC：《中国可穿戴设备市场季度跟踪报告，2019年第四季度》，IDC官网，2020年3月16日。

随着通信技术的发展，可穿戴设备的应用场景将更加广泛，以满足消费者多样化的需求。另外，5G 传输的高速率给基于可穿戴设备的 AR、VR 提供基本保障，高速率和低时延性的 5G 也将成为医疗级可穿戴设备快速发展的助推器。

（二）车载智能终端

5G 技术的特性能提升车辆对环境的感知、决策、执行能力，给车联网、自动驾驶应用，尤其是涉及车辆安全控制类的应用提供很好的基础条件。5G 网络能够提升汽车卫星导航的精度，使导航更加准确。5G 低时延的技术特点，能有效缩短自动驾驶汽车的制动距离，大大提升自动驾驶汽车的安全性。随着国内车联网逐步渗透，消费者对汽车安全性、操作便利性、娱乐等方面提出越来越高的需求，引发车载智能终端市场需求增加。基于移动通信技术，内置移动通信模块的车载智能终端出货量快速增长。

根据全球市场研究机构 IHS 的数据及预测，[①] 2017 年前装车联网汽车总量为 1430 万辆，由于 2020 年 5G 技术的推广应用、V2X[②] 技术发展等因素，市场将迎来爆发式增长，预计到 2022 年全球前装车联网汽车规模将达到 7838 万辆。前装车联网汽车即汽车整车出厂时已装备电子产品与服务，目前前装车联网汽车产量正在迅速增长（见图 6）。

随着政策的不断推动和用户需求的增加，智能车载终端作为产业链的核心，相关的技术和产品会迅速增长，同时带动车载智能终端产业链的共同发展。从趋势来看，传感器、集成电路、操作系统等厂商推动汽车智能程度的提升，而网络运营商、芯片与模组厂商、终端设备商等加速汽车网联化进程。

---

① IHS Markit：Worldwide Network Vehicles to 14. 3 Million Units in 2017 and Nearly 78. 38 Million Units in 2022.

② V2X（Vehicle to Everything）即车与外界的信息交换。车联网通过整合全球定位系统（GPS）导航技术、车对车交流技术、无线通信及远程感应技术奠定了新的汽车技术发展方向，实现了手动驾驶和自动驾驶的兼容。

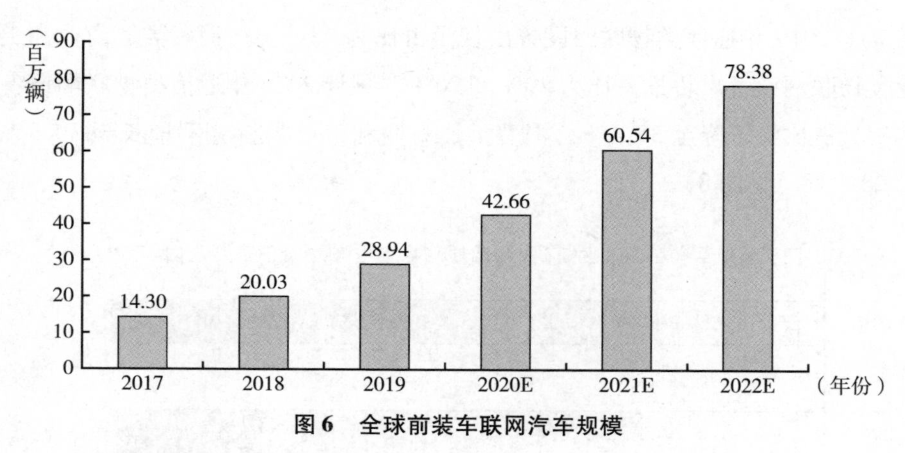

图6　全球前装车联网汽车规模

资料来源：IHS。

（三）物联网终端

随着 LoRa、NB－IoT 等移动通信技术的发展，物联网成为全球通信发展的重要方向，万物互联已成为必然。从目前物联网发展的现状来看，物联网终端已渗透进智能家居、智慧城市、智慧医疗、智慧工农业等各行各业。

目前，我国三家基础电信企业均已推出物联网卡，作为蜂窝物联网通信的重要媒介。截至 2019 年 10 月底，三家基础电信企业物联网卡用户数已达 9 亿左右，相较于 2018 年底年度净增 3 亿，同比增长 50%。[①]

2020 年 1 月，IHS 最新发布的统计数据显示，2019 年全球物联网设备安装量为 253.5 亿，同比增长 11.3%，2020 年将达到 280.4 亿，同比增长 10.6%。2019 年全球物联网设备出货量为 81.8 亿，同比增长 10.8%，2020 年将达到 0.7 亿，同比增长 10.9%。[②]

据 IHS 数据统计，2019 年通信类物联网设备安装量占比为 43.8%；商业和工业类、消费类物联网设备安装量占比分别为 21.3% 和 20.2%。预计 2020 年商业和工业类物联网设备安装量占比将升至最高，达到 23.1%（见

① 中国信息通信研究院物联网安全创新实验室：《物联网终端安全白皮书》，2019 年 11 月。

② IHS Markit：Global IOT Device Market 2019 Q3 Report.

图7）。2019年通信类物联网设备出货量占比为38.5%；消费类、商业和工业类物联网设备出货量占比为29%和20%。预计2020年通信类物联网设备出货量占比将下降至35.4%；消费类、商业和工业类将分别增长至30.9%和20.9%（见图8）。①

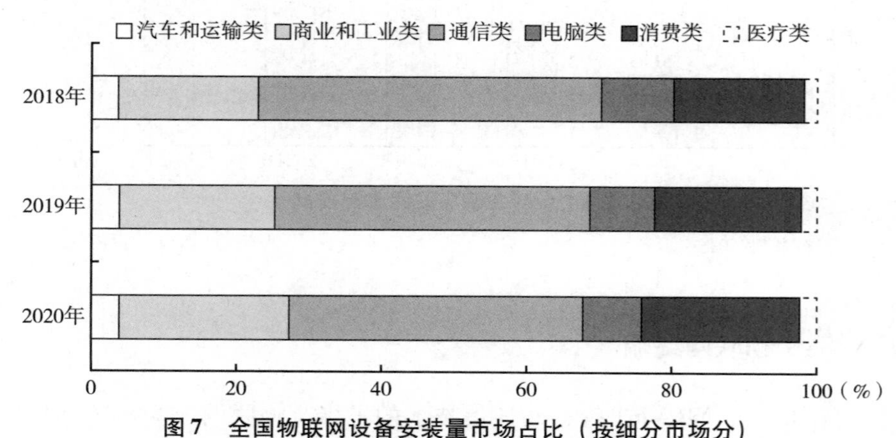

图7　全国物联网设备安装量市场占比（按细分市场分）

资料来源：IHS。

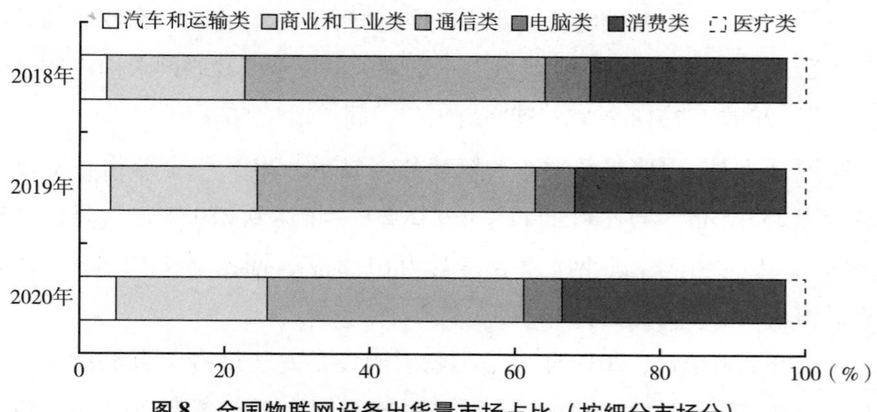

图8　全国物联网设备出货量市场占比（按细分市场分）

资料来源：IHS。

① IHS Markit：Global IOT Device Market 2019 Q3 Report.

可以肯定的是，5G 时代的到来为物联网的发展提供了更便利的技术平台，加上 5G 标准的制定，能够很好地满足物联网的需求，网速、容量、安全性等提高，这都对物联网的发展起到了推动作用，5G 网络将大幅促进物联网的发展并催生更多的应用场景。

三　移动智能终端未来发展趋势

（一）拍照和影像技术仍是智能手机的关注热点

从 2019 年整体趋势来看，智能手机的影像拍摄性能，已成为影响消费者选择机型的重要考虑因素。未来影像拍摄性能的创新依然是手机竞争为数不多的焦点领域之一。在手机摄像头模组领域，预计在 5G 技术的支持下，ToF（飞行时间）[①] 镜头将逐步运用于游戏、VR/AR 等场景。未来，旗舰机型前后置摄像头的方案可能更多地采用多摄 + ToF。由于潜望式摄像镜头可以大幅增加焦距，并且不增加模组大小，可以很好地满足手机的体积要求，因此，预计在 2020 年，潜望式摄像头将会在智能手机中得到更广泛的应用，同时大倍数（如 5 ~ 10 倍）的光学变焦将有条件得到大规模普及。AI 影像算法也会进一步为用户带来更佳的拍摄体验。全面屏是当下的发展趋势，屏下摄像头技术可能在 2020 年的旗舰机型中得到更多的应用，vivo Apex 2020 使用了屏下摄像头技术，华为的 Mate 40 预计可能也会采用。

（二）5G 将持续推动移动智能终端的发展

2020 年将是 5G 终端进一步爆发的一年，随着 5G 技术更加成熟，5G 网络覆盖面积增大，2020 年会发布更多中低端 5G 机型，5G 手机销量预计会在 2020 年得到较大提升。Canalys 预测，到 2020 年，中国手机市场上 5G 手机占比将达到 17.5%，到 2023 年，这一比例将攀升至 62.7%，而到 2025

① 飞行时间（Time of Flight）技术，即传感器发出经调制的近红外光，遇物体后反射，传感器通过计算光线发射和反射时间差或相位差，来换算被拍摄景物的距离，以产生深度信息。

年，中国将与美国、日本和韩国一起主导全球5G市场，将有15.7亿人使用5G手机，约占手机用户总数的18%。就单纯的用户数量而言，中国将成为最大的5G市场，拥有超过5亿的5G用户。[①]

另外，随着5G网络在更大面积覆盖，2020年或将成为IoT黄金十年的起点。根据IDC数据，预计2020年超过40%的消费者拥有不止一个终端设备。[②] 另外，5G通过赋能AI+IoT，让“5G+IoT+AI”的黑科技终端产品应用于家庭的不同场景，为用户的生活、工作带来无限可能。“5G+IoT+AI”必将推动移动终端产品迎来全面爆发，同时对人们的社交方式、通信方式、生活娱乐产生巨大的影响。

（三）AI终端多领域融合向垂直行业渗透

从2015年到2018年，手机AI功能从低频使用走向高频刚需，从辅助的、边缘化的功能升级到对核心服务本身的体验优化。据预测，到2022年，搭载AI功能的手机在智能手机出货量中的比重，将从2017年的不到10%提升到80%，年销量超过13亿部。[③] 可预见的是，搭载AI技术的不同形态的移动智能终端，将应用于各行各业，并扮演举足轻重的角色。如在医疗行业，可穿戴AI智能终端可实时监控和反馈患者的各项生理指标，借助云端大数据及时对患者潜在的病症、发病概率和时机进行预测，并从云端获取医院及医生所建议的预防或诊断方案，使患者得到及时的治疗。在教育行业，AI智能终端通过深度学习，成为不同学科的讲师，对学生在学习过程中所遇到的问题给出专业的解答，帮助学生随时随地掌握专业知识。在汽车行业，AI将赋能车载终端，除了在语音交互、个性化体验上有进一步提升之外，还可以通过分析驾驶员的驾驶习惯，制订定制化驾驶方案；甚至当驾驶

---

① Canalys：1.9 Billion 5G Smartphones will Ship in the Next Five Years, Overtaking 4G Shipments in 2023.

② IDC：《智能时代新竞争——2019年中国智能终端市场十大预测》，搜狐网，2018年12月24日。

③ 商汤科技、艾瑞咨询：《2018年中国人工智能手机行业研究报告》，艾瑞网，2018年12月18日。

员进入疲劳状态时，AI 车载终端能够替代驾驶员，并通过播放音乐、调节车内温度、调节车座姿势等，使驾驶员得到充分的休息。除此之外，AI 移动智能终端对制造业、法律行业、金融行业等也将产生重大影响。对垂直领域的探索和发现，将为 AI 移动智能终端产业带来全新的市场机遇。[①]

参考文献

泰尔终端实验室、北京旷视科技有限公司：《2019 智能手机影像技术应用观察及趋势分析》，2020 年 1 月。

中国信息通信研究院：《车载智能终端市场分析报告》，2019 年 8 月。

中国信息通信研究院物联网安全创新实验室：《物联网终端安全白皮书》，2019 年 11 月。

① 中国信息通信研究院：《手机人工智能技术与应用白皮书（2019 年）》，2019 年 6 月。

B.10
移动互联网推动数字经济健康快速平稳发展

孙　克*

摘　要： 我国移动互联网产业发展居全球领先地位，且仍有较大的增长空间。移动互联网的普及带来了新的就业模式和新业态，激发了经济发展新活力。移动互联网不仅推动了实体经济如制造业、零售业和支付模式的转型，还推动了政务惠民、社交电商、泛娱乐产业的发展。今后移动互联网的发展有赖于新型基础设施、核心技术自主创新能力、信息共享与信息化建设以及移动互联网安全监管与保护四个方面的提升。

关键词： 移动互联网　数字经济　经济发展

一　移动互联网发展进入新阶段

（一）产业规模持续领先

一是我国移动互联网市场规模总量大。《中国互联网发展报告（2019）》显示，2018 年我国移动互联网市场规模达 11.39 万亿元，增速为 38.35%，

* 孙克，北京大学经济学博士，中国信息通信研究院数字经济研究部主任、高级工程师，主要从事 ICT 产业经济与社会贡献相关研究，曾主持 GSMA、SYLFF 等重大国际项目，国务院信息消费、宽带中国、“互联网 +” 等重大政策文件课题组的主要参与人。

规模总量远超物联网、云计算、大数据、人工智能产业规模总和。其中，移动购物占据主要地位，规模达到8.85万亿元；网络游戏市场规模约为2871亿元，同比增长21.9%。[①] 二是移动互联网产业发展居全球领先地位。现阶段，我国在智能手机、移动通信网络和移动应用服务等移动互联网产业各领域均已取得全球领先的发展态势。2019年德勤发布《中国移动消费调查》，调查显示我国智能手机拥有量在全球排名第一，2018年我国智能手机拥有率达到96%，同比增长7个百分点，较全球平均拥有量高出6%。2018年全球App下载量为1940亿次，中国成为全球移动应用（App）下载量最大的国家，在iOS和第三方商店中占2018年总下载量的近50%。[②]

（二）增长空间依然广阔

一、二线城市的流量红利与增量空间几近饱和，获客成本日益高涨，而下沉市场拥有的广阔人口基数和移动互联网的快速普及为移动互联网提供了更加广阔的增长空间。一方面，下沉市场居民消费潜力大。下沉用户对于移动互联网的依赖进一步加深，娱乐和生活相关的App在下沉市场获得最多新用户。近五年来，在人均可支配收入及消费支出上，农村居民增长速度均高于城镇居民，农村居民消费潜力可期。2019年，泛娱乐行业在下沉市场中优先获得红利，其中以短视频最为突出，同比增长过亿。[③] 另一方面，下沉市场用户为移动互联网带来新发展形态。价格利益对下沉市场用户刺激较大，因此团购、低价、优惠比价类App吸引了大量用户，微店服务类App快速崛起；下沉市场用户对线上信任度低，刺激线下驱动线上应用的发展，如传统品牌店建立线上旗舰店，线上店铺构建各种线下体验场景；熟人社交对下沉市场用户影响较大，社交属性突出的社交电商获得发展空间。

---

① 中国互联网协会：《中国互联网发展报告（2019）》，2019年7月。

② 德勤：《中国移动消费调查》，2019年2月。

③ QuestMobile：《2019移动互联网半年增长报告》，2019年8月14日。

（三）催生灵活就业新模式

随着移动互联网的迅速普及，灵活的就业方式已经成为拓宽就业渠道的重要途径。新经济、新业态不断涌现，形成了各种各样的灵活就业新模式。2019 年 4 月中国信息通信研究院发布数据显示，2018 年中国互联网平台雇用 598 万名正规就业者，同时还带动提供共享服务的劳动者 7500 万人，灵活就业大量增加。[①] 以电商平台为例，电商平台为销售商家提供了更广阔的销售渠道，带动了销售人员、物流人员的就业，同时网店需要定期进行商品图片上传、商品内容编辑、公众号推广、实时客户咨询等，这也带动了网店运营、客户服务、培训管理等相关就业。这种灵活的新型就业方式，对于就业者沟通能力、数字技能和专业知识提出了不同要求，可以为不同层次群体提供多元化就业机会，且相较于工厂制下的传统工作，这种新型就业方式工作内容丰富、工作时间灵活，能改善劳动者工作环境，为劳动者提供更多就业自主性。

（四）激发经济发展新活力

随着信息网络技术的飞速发展和移动智能设备的广泛普及，移动互联网凭借其无处不在、连通性、智能性和包容性的突出优势，极大地促进了互联网与实体经济的深度融合。一方面，以电子商务为代表的网络经济对经济发展的推动作用进一步凸显。2019 年国家统计局测算结果显示：2018 年，网络经济指数高达 605.4，较上年大幅增长 67.2%，对经济发展新动能指数增长的贡献率为 80.8%，贡献最大。[②] 从主要构成指标来看，移动互联网发展态势稳健。2018 年底，移动互联网用户数达到 14.0 亿，比上年增长 9.9%；移动互联网接入流量高达 711.1 亿 GB，比上年增

① 中国信息通信研究院：《中国数字经济发展与就业白皮书（2019 年）》，2019 年 4 月。

② 国家统计局：《2018 年我国经济发展新动能指数比上年增长 28.7%》，2019 年 7 月 31 日，http：//www.stats.gov.cn/tjsj/zxfb/201907/t20190731_1683083.html。

长 1.9 倍。[①] 另一方面，借助移动互联网的迅猛发展，新模式、新业态蓬勃兴起。得益于社交电商、小程序、生活服务应用等移动终端程序的不断开发，线上消费应用场景持续延伸，方便、快捷、多样化的线上消费对线下消费的替代效用进一步凸显。国家统计局数据显示，2019 年全国电子商务交易额为 34.81 万亿元，比上年增长 6.7%。2019 年全年全国网上零售额为 10.6 万亿元，比上年增长 16.5%，增速高于全社会消费品零售总额增速 8.5 个百分点。[②]

二　移动互联网驱动创新发展

（一）信息基础设施演进升级

1. 宽带网络覆盖水平显著提升

"宽带中国" 战略实施以来，各地积极部署全光网建设，推动部署信息基础设施建设，高速畅通、覆盖城乡的宽带网络设施和服务体系基本建立。2019 年，新建光缆线路长度 434 万公里，全国光缆线路总长度达 4750 万公里，总长度较上年增加 392 万公里，增长约 9%。我国网络覆盖加深速度可见一斑。虽然 5G 产业已经诞生，5G 也成功实现商用，但目前我国移动宽带的核心仍然是 4G。2014 年至 2019 年，我国 4G 基站数量逐年上升，2019 年，我国 4G 基站总数达到 544 万个，占移动宽带总基站数的 64.7%。[③] 同时，4G 用户的渗透率也在逐年走高。截至 2019 年 6 月底，我国 4G 用户渗透率为 77.6%，远高于 47.4% 的全球平均水平。[④]

---

① 国家统计局：《国家统计局统计科学研究所所长闾海琪解读 2018 年我国经济发展新动能指数》，2019 年 7 月 31 日，http://www.stats.gov.cn/tjsj/sjjd/201907/t20190731_1683091.html。

② 国家统计局：《2019 年国民经济运行总体平稳　发展主要预期目标较好实现》，2020 年 1 月 17 日，http://www.stats.gov.cn/tjsj/zxfb/202001/t20200117_1723383.html。

③ 工业和信息化部：《2019 年通信业统计公报》，2020 年 3 月。

④ 工业和信息化部：《2019 年上半年工业通信业发展情况》，2019 年 7 月。

2. 新一代信息网络技术超前部署

目前，我国已经全面推进 IPv6 部署，相继发布《国家信息化发展战略纲要》《“十三五”国家信息化规划》《推进互联网协议第六版（IPv6）规模部署行动计划》等，将超前布局下一代互联网，以及全面向 IPv6 演进升级。如今，IPv6 规模部署工作取得明显成效。在网络基础设施方面，我国基础电信企业已全面完成了 LTE 网络和固定网络的 IPv6 升级改造，并为 LTE 用户分配 IPv6 地址。截至 2019 年 7 月，我国已分配 IPv6 地址用户数达 12.07 亿，其中 LTE 网络分配 IPv6 地址用户数为 10.45 亿，固定宽带接入网络分配 IPv6 地址的用户数为 1.62 亿。①

（二）核心技术系统性突破

1. 通过创新驱动引领核心技术发展

我国始终坚定不移实施创新驱动发展战略，② 秉承在科研投入上集中力量办大事的原则，加快移动芯片、移动操作系统、智能传感器、位置服务等核心技术突破和成果转化，推动核心软硬件、开发环境、外接设备等的系列标准制定，加紧人工智能、虚拟现实、增强现实、微机电系统等新兴移动互联网关键技术布局，尽快实现部分前沿技术、颠覆性技术在全球率先取得突破。③

2. 落实核心技术研发配套政策措施

为保障移动互联网核心技术的系统性突破，我国实施企业研发费用加计扣除政策，创新核心技术研发投入机制，探索关键核心技术市场化揭榜攻关，着力提升我国骨干企业、科研机构在全球核心技术开源社区中的贡献度和话语权，积极推动核心技术开源中国社区建设。④

---

① 李政葳：《我国推进 IPv6 规模部署工作初显成效》，《光明日报》2019 年 7 月 21 日，第 2 版。

② 《在网络安全和信息化工作座谈会上的讲话》，人民出版社，2016 年 4 月 19 日。

③ 中共中央办公厅、国务院办公厅：《关于促进移动互联网健康有序发展的意见》，2017 年 1 月 15 日。

④ 同上。

（三）产业生态体系协同创新

一是加强产业链各环节协调互动。我国统筹移动互联网基础研究、技术创新、产业发展与应用部署，鼓励企业成为研发主体、创新主体、产业主体，组建产学研用联盟，推动信息服务企业、电信企业、终端厂商、设备制造商、基础软硬件企业等上下游企业融合创新。二是推动信息技术、数字创意等战略性新兴产业融合发展。提高产品服务附加值，加速移动互联网产业向价值链高端迁移。完善覆盖标准制定、成果转化、测试验证和产业化投融资评估等环节的公共服务体系。[①] 三是全面向互联网协议第六版（IPv6）演进升级。通过布局下一代互联网技术标准、产业生态和安全保障体系，统筹推进物联网战略规划、科技专项和产业发展，建设一批效果突出、带动性强、关联度高的典型物联网应用示范工程。

三　移动互联网推动实体经济转型升级

（一）制造业 C2M 模式成为新趋势

随着移动互联网的深入发展和大数据应用的广泛普及，智能数字化正在改变传统制造业，业务逻辑的核心逐渐由产品向用户转变，以消费者为核心的传统产业重构趋势日益明显，消费者驱动型制造（Consumer to Manufactory，C2M）模式正成为制造业发展的新思路和产业升级的新工具。[②]

一是 C2M 模式满足个性化消费需求。传统制造业追求的是大批量、规模化、同质化的产品，但随着信息流通速度加快，沟通方式高度发达，已经富起来的消费者的消费理念开始转变，越来越关注个性化的产品。在 C2M

① 中共中央办公厅、国务院办公厅：《关于促进移动互联网健康有序发展的意见》，2017 年 1 月 15 日。

② 宋迎、安晖：《C2M 模式成制造业改革的新思路》，《中国计算机报》2016 年 12 月 5 日，第 2 版。

模式下，运用互联网技术将客户碎片化、零散的个性化需求连接起来，然后将这些信息整合，以可操作的形式提供给生产厂商，在保证生产厂商生产规模的基础上满足消费者的个性化需求。二是促进生产要素优化配置。C2M模式是一种需求驱动型的生产方式。制造企业通过移动互联网随时随地地收集、分析消费端的需求信息和购买数据，统计消费偏好和销售数据，可以预测哪款产品将成为市场“爆款”，进而进行有重点的物料备货和产能投放，实现产销有效对接，提高生产要素利用效率，在不同领域、不同产业、不同地区间实现资源的有效配置。三是创新发展动能推进方式。C2M 的实现需要制造企业根据市场需求变化灵活调整生产。一方面驱动着企业打造更柔性化、精细化生产线，另一方面也推动企业在管理、制度等方面的进步，驱动企业运用平台思维、社会化思维、大数据思维，对传统价值传递环节进行优化升级，变革管理模式。为了进一步适应个性化定制生产新模式，海尔集团打破了传统的科层式管理，将组织架构彻底扁平化，以“突击队模式 + 经典爆品模式”管理企业。[①]

（二）新零售业态推动消费升级

零售业关系国计民生，是最贴近民生的商业形态、流通产业的主要行业，是推动消费转型升级的核心、吸纳就业的重要容器、拉动经济增长的主因子。[②] 新零售以互联网为依托，运用大数据、人工智能，对商品的生产、流通与销售过程进行升级改造，对线上服务、线下体验以及现代物流进行深度融合。新零售通过打破线上和线下边界，重塑传统零售业，从多个维度提升消费者服务和体验。同时，图像识别、传感等技术开始被大量应用于新零售，催生无人超市、无人货架等众多新业态，将进一步带动消费升级，创造新的消费需求。

首先，技术升级为新零售提供发动机。移动互联网、云计算、大数据等

① 宋迎、安晖：《C2M 模式成制造业改革的新思路》，《中国计算机报》2016 年 12 月 5 日，第 2 版。

② 商务部流通产业促进中心：《走进零售新时代——深度解读新零售》，2017 年 9 月 11 日。

新一代信息通信技术构建起“互联网+”下的新社会基础设施，为新零售准备了必要的条件。一直以来，零售商依赖于数据塑造与顾客之间的互动，通过信息技术推动商业向顾客深度参与的方向发展。其次，新零售成为消费升级牵引力。[①] 居民消费购买力日益攀升，消费主体个性化需求特征明显，消费主权时代到来，对商品与消费的适配度提出了更高要求，同时对零售升级产生了巨大的牵引力。随着经济的快速发展，我国消费结构也进入了快速升级阶段。我国的消费主体主要由18~35岁的新生代、上层中产和富裕阶层构成，这一消费群体尤其注重产品品质和生活质量。当前人们消费已经告别“羊群效应”或“排浪式消费”，大众消费更加追求个性化、多样化，并逐渐成为主流。最后，新零售打造新型零供关系。传统零售活动中，零售活动涉及的各商业主体之间的关系为交易关系，背后是产业链上各产业主体之间利益关系的对立。传统零售模式下的零供关系是冲突的、相互博弈的；零售商与消费者的关系是独立的、单一的商品交易关系；整条供应链是由生产端至销售端层层推压的推式供应链。新零售模式下，零售商为供应商赋能，零供关系成为彼此信任、互利共赢的合作关系；零售商将商业的触角进一步延伸至消费者的需求链，与消费者实现深度互动和交流，零售商成为消费者新生活方式的服务者和市场需求的采购者，成为消费者的“代言人”，零售商与消费者之间形成了深度互动的社群关系；供应链转变为以消费者需求为初始点的拉式供应链模式。[②]

（三）移动支付实现全场景覆盖

移动支付的发展从根本上改变了传统支付模式，在移动互联网发展的带动下，移动支付为经济发展、民生改善提供了新动能。支付模式变革与移动互联网的双层叠加，促使我国快速实现后发先至，我国已经成为全球移动支付第一大市场，在移动支付用户规模、交易规模、渗透率等方面都处于大幅领先地位。移动支付已经作为通道和载体渗透进衣食住行，实现对线上线下

① 商务部流通产业促进中心：《走进零售新时代——深度解读新零售》，2017年9月11日。

② 同上。

消费、服务等场景的全行业覆盖，带来消费生活的升级，以及公共服务、交通等刚需领域的场景演变。首先，提高了民众的“获得感”。中国特色移动支付的发展顺应了民生以及社会发展浪潮，在极大程度上突破了时间和空间对支付行业的限制，其便携、简易支付的特点满足了人民对轻现金、高效生活的需求，让民众幸福感得到提升。移动支付不仅改变了支付生活，也提高了公共服务的效率和质量。在获取政府公共服务时，群众得以少跑腿、少排队，甚至足不出户办事。其次，推动了传统产业转型升级。移动支付不仅变革了支付方法，相较于传统支付方式，还缩短了支付流程，降低了人与人之间的“信任”成本，提高了支付服务效率，创新出多种支付业务模式，给市场参与主体带来的不仅仅是资金流，还有资金背后所吸引的人才流、信息流以及物流等。移动支付覆盖社会各个行业，以定制化形式服务产业链，加深多种先进技术交叉，解决中小微企业融资难题，推动传统行业的转型升级等，是我国全面建成小康社会的加速器。最后，推动了普惠金融发展。普惠金融强调对贫困人口进行金融赋权，致力于全民共享发展成果，是落实新发展理念、推动共享发展的具体体现。当前，我国普惠金融工作所面临的最大难题是满足广大欠发达农村地区的金融服务需求，移动支付的发展为破解这一难题提供了机遇。移动支付相对于传统支付方式成本大幅降低，有效提高了农村和偏远欠发达地区的资金使用效率。移动支付还有效填补了农村信贷服务的空白。由于农企和农户存在贷款额度小、经营分散及可供抵押资产较少、真实经营状况数据缺失和无法评估其信用水平等问题，往往难以满足传统金融机构信贷条件的要求，无法享受金融对“三农”的扶持。以蚂蚁金服为代表的科技金融企业，利用其移动支付的流量导入平台优势和技术优势，为农民和农业企业提供了小额信贷服务，成功填补了农村信贷服务的空白。

四　移动互联网打造新市场

（一）移动政务信息惠民

目前，国务院已经印发了《关于加快推进“互联网 + 政务服务”工作的指导意见》《“互联网+政务服务”技术体系建设指南》等一系列文件指导和部署“互联网+政务服务”工作，我国政务服务进入高质量发展的新阶段，移动政务信息惠民呈现三大特点。一是移动政务信息惠民成为政府数字化转型变革的重要驱动力。政府借助互联网产品的技术和经验，获得精准的服务能力，构建移动化服务入口。许多省份的政务服务都提供了政务服务移动应用，以及商业互联网平台移动应用的小程序服务端口。二是数据智能技术的应用成为移动政务跨越式发展的基础。政务服务的虚拟智能客服机器人，可以利用大量的数据，以及强大的计算能力、模型与算法，来提供精准化和主动化的服务。内蒙古国税局基于钉钉平台上线了“内蒙古i税服务平台”，快速实现了全区超过150万纳税企业和自然人的纳税“最多跑一次”。[①] 三是数据治理成为移动政务的保障工程。数据是实现精准化数据服务的关键，数据的准确性、及时性对于移动政务的体验感产生重要影响，因此数据实时共享、实现数据在线是实现移动政务信息惠民的基础。

（二）电子商务社交化发展

传统电商流量红利见顶，社交电商兴起，试图借助社交网络完成低成本引流，电子商务呈现社交化发展。

首先，移动社交价值凸显。移动互联网时代，以微信为代表的社交App全面普及，成为移动端最主要的流量入口。这些社交平台占据了用户的大量时间，使用频次高、黏性强，流量价值极其丰富。社交媒体自带传播效应，可以促进零售商品购买信息、使用体验等高效、自发地在强社交关系群中传递，对用户来说，信息由熟人提供，其真实性更为可信，购买转化率更高。同时，社交媒体覆盖人群更为全面，能够较好地进行用户群体补充。社交媒体的有效利用为电商的进一步发展带来新的契机。[②]

---

① 《内蒙古i税服务平台上线运行》，内蒙古新闻网，2018年5月7日，http://szb.northnews.cn/nmgrb/html/2018-05/08/content_6725_34738.htm。

② 艾瑞咨询：《2019年中国社交电商行业分析报告》，2019年7月5日。

其次，移动社交成为电商发展新风口。传统电商红利将尽，获客成本攀升。移动社交将社交与电商结合的模式为电商企业获取低成本流量提供了新的解决思路。社交电商特点在于高效获客和强裂变能力，吸引一众企业加入。2018 年以来，社交电商获得了资本的青睐，而蘑菇街、拼多多、云集等社交电商成功上市，一举将社交电商推上了风口。行业规模增长迅速，中国互联网协会发布的《2019 中国社交电商行业发展报告》显示，2018 年社交电商市场规模超过 1.26 万亿元，较上年增长 63.2%；2018 年社交电商规模占据网络零售交易规模的 14%，成为网购行业的一匹黑马。伴随着“全民社交”，中国的社交零售渗透率已达 71%。[①] 随着社交流量与电商交易的融合程度不断深入，社交电商占整体网络购物市场的比重也不断增加，2015 年至 2018 年三年间，社交电商占整体网络购物市场的比重从 0.1% 增加到了 7.8%。[②]

最后，社交电商模式创新百花齐放。按照流量获取方式和运营模式的不同，目前社交电商可以分为拼购类、会员制、社区团购和内容类四种，其中拼购类、会员制和社区团购均以强社交关系下的熟人网络为基础，通过价格优惠、分销奖励等方式引导用户进行自主传播；内容类社交电商则起源于弱社交关系下的线上社区，通过优质内容与商品形成协同，吸引用户购买。未来，随着行业的不断发展，有可能涌现更多社交与电商相结合的创新模式。[③]

（三）泛娱乐行业爆发增长

泛娱乐行业基于互联网和移动互联网的多领域共生迅速发展。以文学、动漫、影视、音乐、游戏、演出、周边等多元文化娱乐形态组成的开放、协同、共融共生的泛娱乐生态系统初步形成。首先，全民娱乐时代到来。截至

① 波士顿咨询公司（BCG）、腾讯广告、腾讯营销洞察（TMI）：《2019 中国社交零售白皮书》，2020 年 1 月。

② 艾瑞咨询：《2019 年中国社交电商行业研究报告》，2019 年 7 月。

③ 同上。

2019 年 4 月，泛娱乐用户规模达到 10.86 亿，约占移动互联网用户规模的 95.6%；移动互联网月人均使用时长同比增长 13.8%，用户平均每天在移动互联网花费约 4.7 个小时。[①] 短视频内容形式大众化，且内容获取门槛低，其行业用户规模、月人均使用时长异军突起。数字阅读、在线音乐用户规模快速发展。其次，用户付费意愿和能力增加。泛娱乐用户年轻化趋势明显，“00 后”和“90 后”成为泛娱乐用户的主要增量来源。泛娱乐按小说、游戏、动漫（cosplay）等划分的用户内容圈层特征明显，且优质内容和关键意见领袖（KOL）/明星将持续刺激泛娱乐用户的付费和持续消费，付费用户使用黏性和流量贡献显著高于整体用户。良好体验、高质量内容及参与感是泛娱乐用户付费的主要动因。

五 加快发展移动互联网，推动数字经济发展

（一）积极推动新型基础设施发展与升级

新型基础设施是带动信息产业升级的新机遇和推动高质量发展的重要支撑。一是加快建设双千兆网络。推进千兆光纤宽带向机构单位、厂矿企业、工业园区等延伸覆盖。各地结合优势条件积极开展信息枢纽、新型互联网交换中心等规划建设，提升端到端网络性能，带动 ICT（信息传播技术）新兴产业聚集。二是统筹部署泛在感知设施。泛在感知设施是整个数字社会的神经元，做好感知的连接，重点发展面向物联网应用的 4G、5G、光纤等连接设施，大力推进 NB - IoT（基于蜂窝的窄带物联网）、eMTC（增强机器类通信）等物联网技术商用部署和业务测试，推广感知设施部署，充分挖掘感知设施部署场景、应用模式和管理模式。三是合理布局智能计算设施。智能计算设施包括超级计算、云计算、边缘计算等不同形态，应加强统筹规划，促进合理布局。超级计算应从国家层面规划建设，云计算数据中心应结合业

① QuestMobile：《泛娱乐用户报告》，2019 年 6 月。

务需求差异优化布局，边缘计算设施与5G等技术相结合，靠近用户和应用场景部署。

（二）大力提高关键核心技术自主创新能力

一是加强关键核心技术基础研究。十九大报告强调：拓展实施国家重大科技项目，突出关键共性技术、前沿引领技术、现代工程技术、颠覆性技术创新，为建设科技强国、网络强国、数字中国、智慧社会提供有力支撑，[①] 为做好网络信息技术工作提供指引。瞄准防范移动支付、云计算、物联网、大数据、工业控制系统等新技术新应用安全风险，制定技术创新路线图、时间表、任务书，组建研发中心，加强应用基础研究，组建产学研用联盟，加快技术创新，加大科技协同攻关力度。二是实现关键核心技术取得重大突破。2016年10月9日习近平总书记在中共中央政治局第三十六次集体学习时强调：抓紧突破网络发展的前沿技术和具有国际竞争力的关键核心技术，加快推进国产自主可控替代计划，构建安全可控的信息技术体系。改革科技研发投入产出机制和科研成果转化机制，实施网络信息领域核心技术设备攻坚战略，推动高性能计算、移动通信、量子通信、核心芯片、操作系统等的研发和应用取得重大突破。[②]

（三）全面加强信息共享与信息化建设

一是开放政府数据资源。加大政府部门间的信息共享力度，尤其是涉及企业办事环节较多的部门，推进办事资料和办事程序实现信息共享，减小企业办事的难度。在大数据的前提下相关部门开放服务和管理数据资源，打破信息断层现象，实现政府的精准化服务。二是运用信息化建设推动社会治理现代化。深化移动互联网应用，实现“数字农业”“数字校园”“数字社区”等在政务、民生、实体经济各领域的发展，通过移动互联网技术的普遍适用与深度嵌入，引起信息采集、传递、分析、运用模式的革命性变迁，

① 《决胜全面建成小康社会　夺取新时代中国特色社会主义伟大胜利》，2017年10月18日。

② 《习近平：加快推进网络信息技术自主创新　朝着建设网络强国目标不懈努力》，《人民日报》2016年10月9日，第1版。

驱动多元主体从多方视角、多维度对集成数据展开多层次的分析与应用，推动治理实践走向公开化和扁平化。

（四）稳妥推进移动互联网安全监管与保护

一是提升网络安全保障水平。不断强化移动互联网基础信息网络安全保障能力，大力推广具有自主知识产权的网络空间安全技术和标准的应用。增强网络安全防御能力，制定完善关键信息基础设施安全、大数据安全等网络安全标准。[①] 二是维护用户合法权益。完善移动互联网用户信息保护制度，严格规范收集使用用户身份、地理位置、联系方式、通信内容、消费记录等个人信息行为，保障用户知情权、选择权和隐私权。督促移动互联网企业切实履行用户服务协议和相关承诺，[②] 切实维护消费者权益和行业秩序。三是增强网络管理能力。强化网络基础资源管理，落实基础电信业务经营者、接入服务提供者、互联网信息服务提供者、域名服务提供者的主体责任。创新管理方式，加强对新技术、新应用、新业态的研究应对和安全评估。[③] 四是打击网络违法犯罪。健全移动互联网防范和打击网络违法犯罪工作联动机制，[④] 充实监管和执法力量，维护移动互联网良好发展秩序。

参考文献

中国互联网协会：《中国互联网发展报告（2019）》，2019 年 7 月。

中国信息通信研究院：《中国数字经济发展与就业白皮书（2019 年）》，2019 年 4 月。

① 中共中央办公厅、国务院办公厅：《关于促进移动互联网健康有序发展的意见》，2017 年 1 月 15 日。

② 同上。

③ 同上。

④《中共中央关于全面深化改革若干重大问题的决定》，2013 年 11 月 15 日。

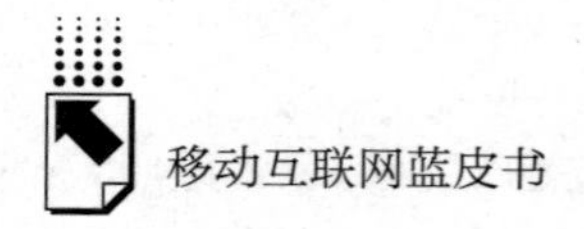

工业和信息化部：《2019 年通信业统计公报》，2020 年 3 月。

工业和信息化部：《2019 年上半年工业通信业发展情况》，2019 年 7 月。

波士顿咨询公司（BCG）、腾讯广告、腾讯营销洞察（TMI）：《2019 中国社交零售白皮书》，2020 年 1 月。

QuestMobile：《泛娱乐用户报告》，2019 年 6 月。

B.11
2019 ~2020年中国工业互联网发展报告

高晓雨*

摘　要： 2019年，在政产学研各方的共同努力下，我国工业互联网发展加快从概念普及转入实践深耕阶段，形成了政策支持到位、技术创新多样、产业推进迅速的良好局面。2020年，尽管受疫情影响，整体投资环境复杂严峻，但工业互联网平台企业有望发挥优势"化危为机"，"两区三带多点"发展格局将加速推进。

关键词： 工业互联网平台　产融协同　集群协作

2019年3月，政府工作报告鲜明提出"打造工业互联网平台，拓展'智能+'，为制造业转型升级赋能"，"工业互联网"一词首次被写入政府工作报告。地方层面，福建、河北、内蒙古、长沙、深圳、广州、银川等地也相继出台相关支持政策和指导意见，因地制宜推动工业互联网发展政策落地实施。总体来看，我国工业互联网发展加快从概念普及转入实践深耕阶段，形成了政策支持到位、技术创新多样、产业推进迅速的良好局面。

一　2019年工业互联网发展总体情况

2019年，供给侧与需求侧同步发力，助力工业互联网迈入创新发展的

* 高晓雨，国家工业信息安全发展研究中心信息政策所副所长、高级工程师，主要研究方向是数字经济、产业数字化转型。

快车道，市场呈现协同联动、创新活跃的良好发展格局，充满活力的产业生态体系加速形成。工信部数据显示，2019 年我国工业互联网产业规模将达到 4800 亿元，为国民经济带来近 2 万亿元的增长。[①]

（一）三大核心体系实现全方位突破

在政策红利的支持下，我国工业互联网建设的三大核心体系——网络、平台、安全实现全方位突破。网络层面，工业互联网标识解析体系初具规模，五大国家顶级节点功能不断完善，实现与主要标识解析体系国际根节点的对接。截至 2020 年 1 月 15 日，工业互联网标识注册总量突破 20 亿，二级节点已上线运营 45 个，覆盖钢铁、电子、医药等 19 个行业，接入企业超过 1000 家。[②] 平台方面，工业互联网平台建设迈上新台阶，初步构建起涵盖研发创新、生产制造、运维管理、平台资源整合等的多层次平台发展体系。截至 2019 年底，全国具有一定区域和行业影响力的平台超过 70 个，重点平台平均工业设备连接数已达到 69 万台、工业 App 数量突破 2124 个。[③] 安全方面，我国工业互联网安全能力不断提升，国家、省、企业三级联动安全监测预防体系进一步完善。国家级工业互联网安全监测平台已上线运行，可识别 141 类协议、4500 余类联网设备和平台。

（二）产业承载基础持续夯实

目前，特色鲜明的工业互联网体系逐渐形成，全国各类型工业互联网平台数量总计已有上百家，具有一定区域、行业影响力的平台数量超过 70 家，重点平台平均设备连接数达到 69 万台，工业模型数突破 830 个，工业 App 数量突破 2124 个，平台注册用户数突破 50 万。[④] 广覆盖、高可靠的工业互联网

---

① 工业和信息化部副部长陈肇雄在出席 2019 工业互联网峰会“工业互联网技术创新与产业发展”主题论坛时的讲话。

② 数据来源：国家工业信息安全发展研究中心。

③ 数据来源：国家工业信息安全发展研究中心。

④ 国家工业信息安全发展研究中心：《2019～2020 年中国工业互联网产融合作发展报告》，2020 年 2 月。

网络体系加快建设，2019年开通超过13万个5G基站，国家顶级解析功能不断完善，40个二级节点已完成部署上线，覆盖装备、钢铁、船舶、化工、家电、电子、建材、能源、食品、医药、建筑等行业，接入企业数量近千家。此外，连续两年实施的工业互联网创新发展工程，在平台方向累计支持了124个项目，中央财政资金支持22.6亿元，累计带动社会资本投资170亿元。[①]

（三）平台企业成长迅速

三大功能体系建设的快速推进，引发需求侧的应用全面渗透拓展，基于平台的创新解决方案和应用模式不断涌现，"平台+新技术"融合应用创新活跃，在行业和区域中驱动工业数字化转型的作用日益凸显。2019年我国数字化研发设计工具普及率为69.7%，比2018年提升1.7个百分点，关键工序数控化率为49.7%，工业电子商务普及率增至61.2%，制造业重点行业骨干企业"双创"平台普及率达到81.0%。[②] 全国各类工业互联网平台企业发展迅速，多层次平台体系初步形成。一是越来越多的知名工业互联网平台涌现出来。面向传统工业企业转型发展需求搭建平台的，诸如航天云网、宝信、石化盈科等；徐工、TCL、中联重科、富士康等大型企业建设独立运营公司专注互联网平台运营；优也、昆仑数据、黑湖科技等创新企业各自发挥自身特色，在细分领域内提供平台解决方案。二是形成一批创新解决方案和应用模式。如在研发设计方面，涌现数码大方设计与生产集成打通、索为研发设计与产品运维一体化以及安世亚太基于工业知识生态的先进设计等平台服务。在生产制造方面，富士康ICT治具智能维护、航天云网精密电器智能化生产等一批平台解决方案形成。在企业管理方面，用友、金蝶等平台创新提供云ERP、云MES、云CRM等服务。在应用模式创新方面，树根互联、天正、生意帮等企业探索出"平台+保险""平台+金融""平台+订单"等新模式、新业态。[③]

---

① 国家工业信息安全发展研究中心：《2019～2020年中国工业互联网产融合作发展报告》，2020年2月。

② 两化融合服务平台，www.cspiii.com。

③ 工业互联网产业联盟：《工业互联网白皮书（2019）》，2019年5月，第1～2页。

（四）重点企业上市加速推进

2019年，安博通、致远互联、宝兰德、安恒信息、卓易信息等一批聚焦工业互联网领域的企业成功登陆科创板，募集资金总额突破40亿元，扣除发行费用，实现募集资金净额约36.84亿元。相关企业所募集资金主要应用于技术研发、产品升级、营销平台建设、补充流动资金等方面（见表1）。

表1　2019年工业互联网领域科创板上市情况

单位：亿元

企业名称	上市时间	募资净额	资金用途
安博通	9月6日	6.7	①深度网络安全嵌入系统升级与其虚拟资源池化；②安全可视化与态势感知平台研发及产业化；③安全应用研发中心与攻防实验室建设
致远互联	10月31日	8.4	①新一代协同管理软件优化升级；②协同云应用服务平台建设；③西部创新中心；④营销服务平台优化
宝兰德	11月1日	7.1	①软件开发；②营销服务平台建设；③技术研究中心
安恒信息	11月5日	9.52	①云安全服务平台升级；②大数据态势感知平台升级；③智慧物联安全技术研发；④工控安全及工业互联网安全产品升级；⑤智慧城市安全大脑及安全运营中心升级；⑥营销网络及服务体系扩建；⑦补充流动资金
卓易信息	12月9日	5.12	①补充流动资金；②国产BIOS固件和BMC固件产品系列开发；③基于大数据的卓易政企云服务产品系列建设

资料来源：国家工业信息安全发展研究中心整理（2020年2月）。

聚焦工业互联网底层协议互联互通的福建中海创科技引入证券辅导机构，已经按期完成中海创控股集团的重组，成立专注于工业互联网相关业务的中海创科技有限公司，拟推动科创板上市。航天云网于2019年1月在北京产权交易所挂牌，同时启动股份制改造的前期准备工作，计划尽快完成股份制改造，为IPO申报奠定基础。江苏徐工信息于2019年3月已经启动新三板摘牌工作，拟转至科创板上市。浪潮云信息在2019年7月完成第二轮融资后已开始推进上市筹备，中信证券将协助其进行私募融资、股份制改造及科创板上市工作。恒安嘉新在2019年12月向证监会提交上市辅导备案，拟于科创板上市，此前其因财务问题注册失败。

（五）集群协作特征明显

2019年，北京、上海、广东、江苏、浙江等地凭借在互联网、平台软件及智能制造领域的发展优势，成为工业互联网产业推进集中地。北京充分发挥作为中国软件名城在人才、资源、要素等方面的聚集效应领跑全国。长三角地区依托企业数量大、细分领域多、行业分布广、产业链相对齐全的雄厚工业基础，以及在工业互联网领域政策环境、生态打造等方面的先行建设布局，加速建设工业互联网一体化发展示范区，形成区域经济下工业互联网平台推进路径和落地样板。粤港澳大湾区凭借广州、深圳、汕头等电子信息产业重镇的雄厚基础和先发优势，抓住战略机遇，打造工业互联网平台先导区，构建区域战略叠加新功能。此外，江苏、浙江、山东、福建等地的工业互联网联动发展也很活跃。从区域协同看，目前已初步形成以解决方案供应商集聚为特色的北京、以产业链协同为特色的广东、以新旧动能转换为特色的山东、以块状经济推广应用为特色的长三角等区域发展格局。集群协作特征明显，为区域经济发展和产业转型升级注入了新的动力。①

二　2020年工业互联网发展趋势判断

展望2020年，尽管受疫情影响整体投资环境复杂严峻，但工业互联网特别是工业互联网平台企业有望“化危为机”，“两区三带多点”发展格局加速推进，行业进入洗牌期的马太效应持续显现。

（一）受疫情影响整体投资环境复杂严峻

受新冠肺炎疫情影响，国内投资募资市场低迷。清科研究中心统计数据显示，2020年1月国内投融资事件数量较2019年同期下降60.83%，股权

① 赛迪智库：《2020年中国工业互联网平台发展形势展望》，2020年，第266～267页。

投资募资市场新募集基金数量及金额均下降近半。[①] 工业互联网行业的产融合作也遭遇较大冲击，据国家工业信息安全发展研究中心跟踪统计，2020年1月至2月中下旬，国内共有工业互联网融资案例8起，较上年同期下降42.86%，披露融资金额2.5亿元，较上年同期降低86.55%。一方面，2020年1月的不少融资事件是在疫情暴发前就已完成，因此疫情带来的后续影响将会在未来几个月内持续体现；另一方面，新冠肺炎疫情作为“黑天鹅事件”将导致商业洽谈、尽职调查、文件签署等投资流程进展延缓，进而对2020年整体的投资市场带来冲击。此外，受全球产业链分化重构、中美贸易摩擦持续等外部因素影响，2020年我国宏观经济仍将面临较大下行压力，国内创业和投融资环境也将受此影响面临一定困境。

（二）平台企业发挥优势有望“化危为机”

疫情期间，工业互联网企业基于自身优势开展了一系列应急响应工作，在支持物资精准对接、保障医院工程建设、帮助企业复产提效等方面取得了诸多积极成果。海尔、京东、航天云网等企业通过数据汇聚、资源调度与数据分析，积极搭建防疫物资供需对接平台；树根互联、江苏徐工信息等企业基于工业互联网合理安排工业机械机群作业，支撑了各应急医院的快速建成；阿里、腾讯、用友、华为等面向复工企业提供员工体温异常筛查、生产设备远程监控与维护等解决方案和服务，有效缓解企业复产复工压力。预计2020年，依托边缘计算、协议转换、工业机理模型、生产线数字孪生等关键技术，工业互联网领域有望形成更多具有价值的行业解决方案，迎来更加广阔的发展前景。制造业数字化转型升级进程也将持续加快，推动行业保持高位增长。

（三）“两区三带多点”发展格局加速推进

工信部于2019年11月印发的《“5G+工业互联网”512工程推进方案》

① 国家工业信息安全发展研究中心：《2019～2020年中国工业互联网产融合作发展报告》，2020年2月。

提出，到2022年，在“5G＋工业互联网”领域打造5个产业公共服务平台，内网建设改造覆盖10个重点行业，形成至少20大典型工业应用场景，培育形成5G与工业互联网融合叠加、互促共进、倍增发展的创新态势。我国“5G＋工业互联网”具有良好、扎实的发展基础，以中国电信为例，其在已积累了近300个“5G＋工业互联网”案例的情况下，于2019年10月发布中国电信工业互联网开放平台，并成立5G应用产业方阵，重点聚焦5G产业应用，积极促进供需对接、技术革新和知识共享。“5G＋工业互联网”的应用正逐渐由巡检、监控等外围环节向生产控制、质量检测等生产内部环节延伸拓展。随着融合应用不断深入，2020年以粤港澳大湾区、长三角地区为引领，鲁豫一带、川渝一带、湘鄂一带积极推进的“两区三带多点”集群化发展格局将持续深化，并逐步形成协同联动效应，带动行业整体提升、加速产融合作生态培育。

（四）行业进入洗牌期的马太效应持续显现

2020年将是工业互联网行业技术、应用、模式等多维度内部竞争加剧之年。市场研究机构IoT Analytics的研究报告指出，全球范围内的物联网平台企业已由2015年的260家增长至2019年的620家，在数量增长的同时，市场却日趋集中于部分提供商：2019年排名前10的提供商所占的市场份额为58%，而在2016年排名前10的提供商所占的市场份额仅为44%。[①] 我国工业互联网行业经过了前几年的市场培育和快速增长，平台的竞争格局逐步形成，特别是2019年十大跨行业跨领域工业互联网平台的发布，加速了细分行业商业模式的成熟。在政策的不断推动下，工业互联网发展开始从追求平台数量转入追求质量提升阶段，投资也将更加倾向于盈利模式相对成熟、用户群体规模较大、汇聚数据质量较高的企业。中商产业研究院预计，2019年我国工业互联网市场规模超过6000亿元，未来三年将保持年均10%以上的增长速度。[②] 行业优胜劣汰形势加剧，资本马太效应尽显。

---

① IoT Analytics研究报告。

② 中商产业研究院：《2019～2024年中国云安全市场前景及投资机会研究报告》，2019年4月。

三　工业互联网发展面临的问题和挑战

总的来看，我国工业互联网发展还处于起步阶段，面临开发退伍建设滞后，数据确权不清晰，企业价值难以充分体现以及区域协同发展仍有不足等问题和挑战。

（一）开源社区和工业 App 开发队伍建设滞后

囿于经济利益诉求，工业互联网企业往往不愿主动将自己的开发工具、知识组件等代码开源共享，使非标的工业化企业需投入大量成本开发定制化工控系统和工业 App。目前，各方平台产业主体对开源项目的筹划搭建仍处于初级阶段。华为开源了基于 Kubernetes 容器应用的边缘计算开源项目 KubeEdge；微软开源了平台边缘层技术 Azure IoT Edge。工业 4.0 研究院在 2018 年 12 月发起开源工业互联网联盟，旨在利用开源工业互联网的方式帮助中国制造企业转型升级，但目前尚未形成规模化的开源社区。同时，开放共享、资源富集、创新活跃的工业 App 开发生态尚未成形。相比于通用型和垂直行业平台，工业 App 往往针对工业场景特定痛点提供细分解决方案，技术投入大、方案实施周期长，市场应用却相对单一，这样的特征弱化了工业互联网平台企业开发工业 App 的积极性。国外工业互联网平台企业正在接近杀手级工业 App，而我国工业互联网平台企业还多聚焦跨行业、跨领域平台“大而全”的商业模式，提供细分解决方案的现象级工业 App 尚未出现。另外，工业大数据种类不全、质量不高、复合型开发人才短缺等也制约了国内工业 App 的快速发展。

（二）数据确权与安全问题影响合作模式的展开

随着工业互联网的快速发展，制造环境走向开放、跨域、互联，不同参与主体之间的数据交互将会不断增多和加深，数据确权、数据流转和平台安全成为影响平台企业健康持续发展的关键。目前工业互联网平台在数据产权确认、数据交易与保护、数据跨境流转等方面的标准尚不健全，企业“想用数据解决问题，又怕使用数据产生问题”。工业信息安全防护手段和机制不完善，导致企业对工业数据上云后的数据安全风险、数据资产流失存在顾虑，也影响了平台与工业企业间的有效合作。在政策法规层面，建立中央、地方、行业、企业多层次数据管理机制，开展分类分级研究，提升工业数据防护能力；完善工业数据安全保障体系，发布工控安全防护建设实施规范等关键标准；健全工业互联网安全管理法律法规体系等已成为当务之急。在安全防护层面，工业安全防护具有较高的行业壁垒，现有天地和兴、长扬科技、木链科技等企业为工业企业提供工控安全产品和技术服务，但总体来说，信息安全产业基本处于早期发展阶段，能够提供工控解决方案的规模化企业较少，工业互联网平台安全、工业控制系统安全、标识解析系统安全、工业大数据安全等相关技术和产业的发展亟待推动。[①]

（三）企业价值难以充分体现

一方面，受制于国外专利商，国内工业互联网企业对于特定行业的生产工艺和控制机理缺乏深入的研究，现有产品技术水平偏低，产业规模未发展起来，无法满足高端行业用户应用需求，导致其提供高端产品的难度持续增大，市场占有率与国外企业差距大，抑制了企业核心技术的发展和企业价值提升。另一方面，工业互联网企业与传统企业的业务模式差异较大，由于行业处于发展初期，业内很多企业将在较长一段时间内处于亏损状态，业绩不稳定，很难像传统企业一样以净资产或盈利来估值。即使一些专业投资机构深耕创业投资行业多年，也需要投资人深入挖掘企业技术特点，有针对性地搭建估值模型，从而发现工业互联网领域的优质项目进行投资。同时，工业互联网领域的投资回报周期长、门槛高、技术风险大，当前部分投资人对行业持谨慎参与态度，企业实际融资过程中寻找领投机构的难度也有所加大。特别是大量投资人青睐于在细分领域内拥有较大业务规模或客户群体的龙头

① 赛迪智库：《2020 年中国工业互联网平台发展形势展望》，2020 年，第 269～270 页。

企业，致使掌握一定核心技术的中小企业因资金缺乏无法进一步壮大。同时，信息不对称也在一定程度上导致了投资机构和工业互联网企业之间的投融资障碍。

（四）区域协同发展仍有不足

目前我国工业互联网领域，区域协同合作发展差距较为明显，长三角地区、粤港澳大湾区集群化及辐射实力强劲，华中及西南一带协同发展水平不足。长三角地区工业增加值占全国的1/4 以上，信息服务业占 1/3，高端装备制造水平在全国领先，在工业互联网领域，依托大国企、大平台已经建起“云上长三角”，上海、浙江、江苏等地强强联合，一批跨区域工业互联网平台形成互信机制，联合开展工业互联网重大关键技术攻关和产业创新，成立了长三角工业互联网开发者社区。2019 年 8 月，中国工业互联网大会暨粤港澳大湾区数字经济大会在广州召开，重点布局标识解析合作及华南区域协同合作，粤港澳大湾区数字经济和工业互联网合作框架得到进一步深化。山东、福建等沿海发达地区发挥各自在工业互联网领域的发展特色和发展潜力，以济南、青岛、福州、厦门等软件名城的人才和资源优势辐射省内其他地域。而其他地区的协同发展程度相对较低，特别是四川、重庆、陕西、湖北、湖南、安徽等省市在经济发展、工业生产、科技创新等方面处于局部领先地位，亟待进一步加强支持引导、完善政策体系，提高地方企业融资能力，释放地域间发展的协同效应。此外，金融作为支持工业互联网科技创新的重要载体，在区域协同发展中发挥着重要作用。应以京津冀协同发展、粤港澳大湾区建设、长三角一体化等为契机，充分发挥发达产业集群的辐射外溢效应，为周边区域工业互联网企业提供更多投融资对接机会，带动较弱地区共同发展。

四　对策建议

据此，面向未来，为更好地推动我国工业互联网发展，提出以下四点建议。

（一）充分挖掘工业互联网平台企业价值

对企业而言，工业 App 创新能力与应用交付能力将是平台价值实现的关键，平台企业在充分提高平台的数据分析、应用开发能力基础上，应着力提高研发具体场景应用的工业 App 的能力，加强与制造业的深度融合，跟上企业的应用需求，提高产品成熟度、适用性、稳定性和兼容性。发挥产业投资基金的引导、纽带作用和资源集聚效用，通过市场化方式支持培育工业互联网企业培育，更好地引导社会资本助力工业互联网产业发展、生态建设和创新创业。强化企业信用体系建设，积极利用大数据、互联网、人工智能、区块链等新一代信息技术，打造企业可视化诚信体系。探索搭建工业互联网企业估值模型，充分挖掘工业互联网平台的价值，如工业互联网平台上关于设备运行状态的数据，可以真实反映工业企业生产运营情况，金融机构据此开展贷款业务，能够减少授信审查等方面成本，大幅降低坏账率。

（二）提升工业技术软件化能力

我国工业软件产业正处于由引进应用向自主研发转型的关键期，现阶段要以多个资源要素为抓手，综合提升工业技术软件化能力。一是依托工业互联网创新发展战略，发挥工业企业应用牵引效应和工业软件企业的技术优势，重点突破工业机理模型、算法、信息物理系统，积极布局数字孪生、云化仿真等，加强关键核心技术攻关。二是政府引导平台企业开源自身高质量、广覆盖、易应用的开发工具，联合自动化企业开源各类标准兼容、协议转换的技术，促进开源社区搭建。三是提高工业企业生产设备数字化率和数字化设备联网率，提升工业数据采集能力，为互联网平台建设、工业技术软件化提供更扎实的基础。四是加强工业软件人才队伍建设，加大高校工业软件人才培养投入，建设相关交叉学科，建立产教融合、校企合作等模式，加大人才引进和培养力度。

（三）深入推动产业集群工业互联数字化转型

深化政产学研用共同发力，鼓励产业生态创新类工业平台建设发展，促进产业链上下游的协同开发、制造，整合产业集群资源，降低成本，增加能效，推动产业集群工业互联数字化转型。一是加快数字化基础设施建设，打通数据孤岛，驱动数据高效流通。引导工业企业提升生产设备数字化，提高工业大数据数量，优化数据采集质量。二是鼓励平台企业强化核心技术攻关，以数字孪生等“数据 + 模型”提高工业互联转型效率。三是分期分批培育一批跨行业跨领域和特定行业、特定区域工业互联网平台。四是推动百万工业企业上云，以工业设备上云牵引平台技术迭代和功能演进。五是面向工业 App 突破一批关键技术并建设资源池，实实在在地解决工业企业转型的痛点问题，形成一批具有亮点的创新解决方案和应用模式。构筑强资源、强技术、强合作的工业互联网平台应用生态。

（四）完善工业互联网行业产融合作环境

以搭建产融合作平台、深化产融交流对接为着力点，汇聚资本市场和产学研用各方力量，推动产融服务常态化，形成机制推动信息共享，畅通资金需求方与投资方之间的沟通交流，激发工业互联网产业发展活力，促进产融双方互利共赢。丰富产融合作模式，支持企业通过发债、抵押、担保、借贷、金融租赁等多种方式进行融资。通过金融估值、金融信息、金融产品、金融人才等服务于产业，利用金融机构的咨询服务功能，实现产业资本与金融资本的紧密合作。围绕工业互联网产融合作的最新进展、关键问题和未来趋势，开展客观、深入的研究、分析与预测，积极探索工业互联网领域产融互动、产融双驱新路径。强化行业主管部门与人民银行、银保监会、证监会等部门间的工作联动，利用科创板和试点注册制新契机，为工业互联网企业上市融资营造有利环境。

参考文献

工业互联网产业联盟：《工业互联网平台白皮书（2019）》，2019 年 5 月。

袁晓庆：《建设跨行业跨领域工业互联网平台，四步不可少》，《中国电子报》2019年7月。

中国工业技术软件化产业联盟：《2019中国工业软件产业白皮书（征求意见稿）》，2019年11月。

张丽敏：《“5G＋工业互联网”落地路径明晰》，《中国经济时报》2019年11月。

刘多：《推动5G与工业互联网融合发展》，央广网，2019年11月。

周宝冰：《盘点：2019中国工业互联网十大事件》，《中国工业报》2020年2月。

於亮：《疫情危机对工业互联网的检验》，《人民邮电报》2020年3月。

B.12
2019年中国移动应用发展现状及趋势分析

董月娇*

摘　要： 2019年，我国移动应用市场整体发展平稳，在全球移动应用市场具有较高影响力。各类移动应用（App）加快创新升级，成为数字经济发展的重要力量。即时通信、手机搜索、网络新闻App用户众多，游戏类App数量最多，音乐视频类App下载量最大，促进信息服务消费快速增长。"App+小程序"逐渐成为政务服务的标配，直播、短视频等应用助力扶贫、公益事业，小程序、快应用多元化发展，人工智能等创新技术提升应用体验。移动应用管理愈加规范，个人信息安全成为监管重点。

关键词： 移动应用　短视频　个人信息安全

一　2019年移动应用市场整体平稳发展

（一）中国移动应用市场稳定发展

2019年，我国移动网民规模持续稳定增长，根据CNNIC数据，① 截至

---

* 董月娇，DCCI互联网数据中心业务发展总监，有丰富的TMT产业项目经验，并长期研究智能家居等创新科技领域。

① 中国互联网络信息中心：《第44次中国互联网发展状况统计报告》，2019年8月。

2019 年 6 月，手机网民规模达 8.47 亿人，较 2018 年底增长 2983 万人（见图 1），已接近整体网民规模（8.54 亿），手机网民占整体网民的比重高达 99.1%，移动互联网用户规模触及天花板。用户规模增速放缓，人口红利消失，促使我国移动互联网市场从增量消费转向存量消费，精细化、个性化、创新服务成为市场发展主要目标。

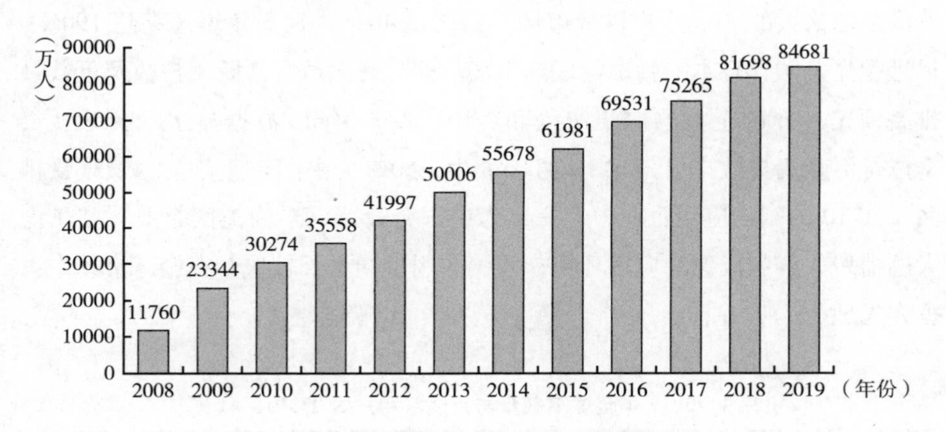

图 1　2008～2019 年中国手机网民规模状况

注：2019 年数据为截至 2019 年 6 月数据。
资料来源：中国互联网络信息中心。

在趋于完善的市场监管和优胜劣汰机制的双重作用下，2019 年移动应用程序（App）数量下滑。工信部数据显示，[①] 截至 2019 年 12 月末，我国国内市场上监测到的 App 数量达 367 万款，同比减少 85 万款，下降 18.8%。其中，本土第三方应用商店 App 数量为 217 万款，苹果商店（中国区）App 数量超过 150 万款。我国应用市场逐渐成熟，App 合规性要求体系逐渐完善，随着政府及各应用平台对安全管理的重视，违法违规 App 陆续被下架整改。同时在存量消费环境下，激烈的市场竞争加剧 App 的优胜劣汰，头部 App 不断寻求突破，构建生态壁垒，中长尾 App 以特色化创新服务在市场中角逐，应用市场整体健康、有序发展。

① 工业和信息化部：《2019 年互联网和相关服务业运行情况》，2020 年 1 月。

（二）全球应用市场快速发展，中国市场领先

2019 年，全球 App 市场整体保持较快增长，其中 App 下载量增长明显。App Annie 的数据显示[①]，2019 年全球 App 下载量突破 2040 亿次，在近 3 年内增长 45%，其中我国市场增速高达 80%，领先美国市场，同时，我国依然是全球最大的 App 用户付费市场，占比达 40%，近 3 年增速高达 190%，远远领先美国、日本、韩国等成熟市场。而且，全球月活跃用户数及下载量排名领先 App 的企业均属于中国和美国。App Annie 数据显示（见表 1），全球月活跃用户数排名 TOP 10 的 App 中，60% 为中国企业；全球下载量排名 TOP 10 的领先应用企业中，一半为中国企业，一半为美国企业。基于庞大的消费人群和成熟的应用环境，我国应用市场增长较快，在全球市场中占据领先地位。

表 1　2019 年全球下载量与月活跃用户数 TOP10 App

月活跃用户数 App 排名			下载量领先 App 公司排名		
排名	App 名称	国家	排名	公司名称	国家
1	WhatsApp Messenger	美国	1	Google	美国
2	Facebook	美国	2	Facebook	美国
3	Facebook Messenger	美国	3	字节跳动	中国
4	微信	中国	4	阿里巴巴	中国
5	Instgram	美国	5	微软	美国
6	Tik Tok	中国	6	欢聚时代	中国
7	支付宝	中国	7	腾讯	中国
8	QQ	中国	8	Amazon	美国
9	淘宝	中国	9	Inshot Inc.	中国
10	百度	中国	10	Snap	美国

资料来源：App Annie（苹果商店和谷歌应用市场综合数据）。

① App Annie：《移动应用市场报告（2020）》，2020 年 1 月。

同时，2019 年我国企业加快全面自主研发移动服务。智能硬件设备与操作系统是移动 App 发展的前提，近年来受国际市场环境的影响，我国华为、中兴等企业加快自主研发软硬件技术，其中华为自主研发的鸿蒙系统备受瞩目，其通过统一集成开发环境，实现一次开发、多段部署，实现跨终端生态共享。继自主研发芯片、操作系统后，华为发布应用商店 AppGallyery，构建以 HMS（Huawei Mobile Services，华为移动服务）为核心的自主服务架构体系。

二 科技驱动，移动应用服务创新升级

（一）移动应用服务融入生活，覆盖全场景

移动 App 种类丰富，覆盖生活全场景，其中 2019 年泛娱乐 App 发展较快。从团购到本地生活，从网约车到共享单车，从跨境电商到母婴电商，移动 App 覆盖场景愈加垂直、全面，满足大众差异化的生活需求，比如金融类 App 涉及银行、保险、股票、借贷等多种类型，而且很多均带有财经资讯服务，App 服务边界不断延伸。从 App 的规模来看，根据工信部数据（截至 2019 年 12 月末）①，游戏、日常工具、电子商务、生活服务类 App 数量最多，总占比达 57.9%，其中游戏类 App 数量最多，达 90.9 万款，占全部 App 的比重为 24.7%，其后为日常工具类、电子商务类和生活服务类 App，数量占全部 App 的比重分别为 14.0%、10.6% 和 8.6%。从 App 下载量来看，2019 年我国第三方应用商店在架 App 分发总量达到 9502 亿次，其中，音乐视频类下载量最多，达 1294 亿次，其后是社交通信类、游戏类、日常工具类、系统工具类。此外，生活服务类、新闻阅读类、电子商务类和金融类下载总量超过 500 亿次。

随着移动互联网的发展，移动应用服务使用加深。从用户规模看，即时

① 工业和信息化部：《2019 年互联网和相关服务业运行情况》，2020 年 1 月。

通信、搜索、网络新闻类 App 使用最多，CNNIC 数据显示，[①] 2019 年上半年手机即时通信用户超过 8 亿人，搜索、网络新闻类 App 的用户均超过 6.6 亿人，同时，即时通信、网络购物、网络支付、网络音乐、网络文学、网上订外卖类 App 的用户增长率均超过 5%（见图 2）。从人均安装的 App 数量来看，15～19 岁网民平均在手机上安装的 App 数量达 66 个，接触网络较晚的 60 岁及以上网民人均安装 App 数量也达到 33 个。

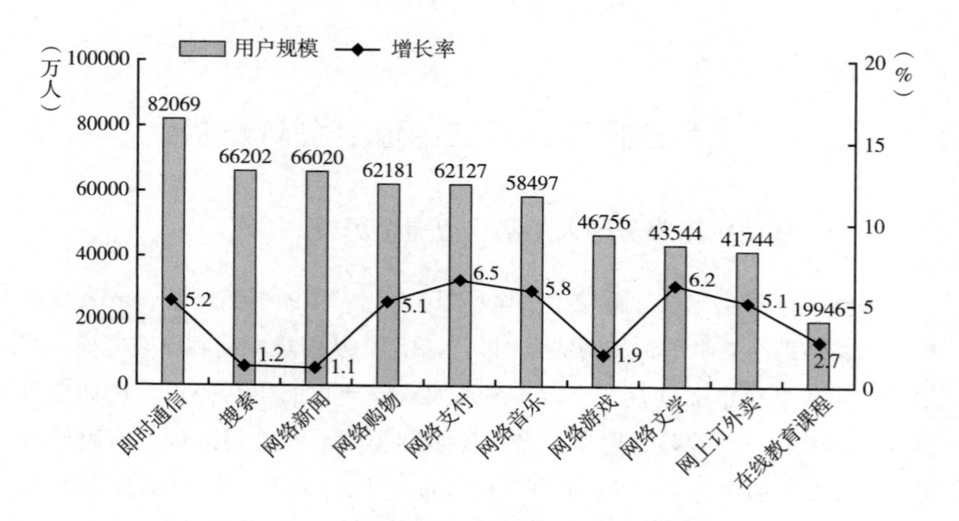

图 2　2019 年上半年中国网民各类手机 App 用户规模及增长状况

资料来源：中国互联网络信息中心。

（二）移动应用助力数字经济，刺激消费

随着供给侧结构性改革深入，移动应用助力产业数字化转型。移动 App 是线上线下消费融合的平台，带动产生电商购物、娱乐生活等多样化消费，同时创新产品服务模式。以餐饮业为例，移动 App 能够覆盖供应链、运营、财务、营销等全链条，实时掌控需求端及供给端发展状况，有助于企业优化资源配置，提高运作效率。

① 中国互联网络信息中心：《第 44 次中国互联网发展状况统计报告》，2019 年 8 月。

移动 App 作为生活消费的重要渠道，促进信息服务消费快速增长。App Annie 的数据显示，[①] 2019 年全球应用商店用户支出达 1200 亿美元，近 3 年增长率高达 110%。根据腾讯公布的数据，2019 年微信小程序交易总额超过 8 千亿元，微信商业支付日均交易笔数超过 10 亿，月活跃商户数超过 5 千万。随着付费方式的多样化，信息服务消费愈加普遍。工信部数据显示，[②] 2019 年信息服务（包括网络音乐和视频、网络游戏、新闻信息、网络阅读等）收入达 7879 亿元，同比增长 22.7%。

随着移动 App 的普及，各类型 App 服务不断深化，拉动消费增长。移动 App 成为新时代众多生活服务的入口，推动产生新的消费模式。比如，随着电子支付与城市服务的融合，如今多个城市内的公交车、出租车、地铁等出行工具开始普及二维码或 NFC 等在线支付方式。移动 App 也是推动营收增长的重要环节，在电子商务方面，网络购物 App 是网上零售交易的重要平台，根据国家统计局数据，2019 年我国网上零售交易额达 10.6 万亿元，同比增长 16.5%。

（三）政务服务移动化，为大众生活提供便利

我国政府加快构建移动应用服务矩阵，“App + 小程序”已逐渐成为移动互联网时代政务服务的标配。政务 App 是建设一体化在线政务服务的重要渠道和平台，2019 年国家及各级政府通过移动 App 不断提高社会治理效能。2019 年 6 月，国家政务服务小程序正式上线运行，接入了 46 个国务院部门、32 个地方政府的 142 万项政务服务指南，涵盖人社、医保、教育、司法、税务、民政、住建等多个领域。同时，我国各级政府陆续推出具有亮证、办事、查询、缴费、预约、举报、信息公开等多种功能的“掌上政务”平台，如北京的“北京通”、上海的“随申办”、广东的“粤省事”、山西

---

① App Annie：《移动应用市场报告（2020）》，2020 年 1 月。

② 《2019 年规上互联网企业完成业务收入 1.21 万亿元　同比增 21.4%》，人民网，http://it.people.com.cn/n1/2020/0122/c1009-31560276.html，2020 年 1 月 22 日。

的“三晋通”等。[①]

2019年政务App顺应时代发展，不断完善服务。其中，随着新的个人所得税法的实施，2019年政府部门发布个人所得税App，通过自主申报的方式，极大地提升税务工作效率。为保障青少年合法权益和网络空间安全，国家级搜索平台“中国搜索”专门为青少年定制搜索引擎——花漾搜索App。政务App也是公民获取权威资讯、提升政治素养的平台。比如，学习强国App统合主流资讯和学习资源，运用积分、答题等管理和激励机制，引领国民学习风潮，其权威性和可信度赢得广泛认可。此外，越来越多的政府部门入驻社交、短视频平台，并通过创新内容形式，积极宣传正能量。

（四）小程序、快应用多元化发展，成为企业构建生态重要力量

领先移动互联网企业布局小程序，加快覆盖全场景。近年来，最早起步的微信小程序发展迅速，根据腾讯公布的2019年第四季度和全年业绩报告，2019年微信小程序日活跃用户数超过3亿，活跃小程序的平均留存率较2018年提升14%，人均访问次数提升45%，人均使用小程序个数提升98%。同时，支付宝、百度、抖音、QQ、360等多个平台布局小程序，小程序市场快速发展。小程序具有低成本、引流能力强、易推广等特点，能够将领先App平台的用户流量进行再次消费，布局小程序已经成为领先App平台提升用户黏性、带动消费、构建企业服务生态的重要方式，有助于推动产业数字化发展。现阶段，小程序市场已经初步完成用户积累，生活消费、电商、娱乐类小程序较多。随着小程序的普及，小程序覆盖场景逐渐增多，如网络教育、智能家居等，企业更加注重提升用户黏性，市场进入快速发展时期。同时，华为、小米、OPPO等智能手机制造商布局快应用，即基于手机硬件平台的新型应用形态，2019年加大力度扶持开发者，积极推动发展车联网，探索终端应用新模式。

---

① 《中国政务服务小程序上线，推动全国政务服务一网通办》，新华网，http://www.xinhuanet.com/tech/2019-06/05/c_1124585451.htm，2019年6月5日。

（五）人工智能技术创新交互方式，提升应用体验

语音识别、图像识别、自然语言处理等人工智能技术被广泛应用于App中，成为App创新服务的重要技术手段。现阶段，随着智能手机的发展，指纹、面部识别等解锁或支付手段已经被广泛应用于手机支付App中，身份证、银行卡、驾照等证件识别方便用户在金融、政务、出行等App中填写相关信息，语音识别也逐渐成为App内搜索功能的标配，还有短视频类、翻译类、速记类、智能助手类等App中广泛使用语音与图像识别、自然语言处理等多种人工智能技术。人工智能技术的应用创新用户交互方式，在为用户提供便利的同时带来新的感官体验。

（六）直播、短视频等应用助力扶贫、公益事业

近年来，政府大力扶持扶贫、公益等民生事业，App成为推动民生事业发展的重要力量。随着直播、短视频的兴起，信息传播方式多元化发展，成为网络扶贫、网络公益的重要手段。与传统的文字、图片等信息传播方式不同，直播、短视频更直观、动人，同时依靠意见领袖的粉丝效应，在推广扶贫、公益教育的同时，切实带来经济效益。2019年“直播＋短视频”创新扶贫及公益模式，比如快手在国务院扶贫办社会扶贫司的指导下，联合20多家地方扶贫办，与97位意见领袖开展山货促销活动。虎牙、斗鱼等直播平台及淘宝等电商平台依靠直播技术聚焦贫困地区，通过开发当地的特色农产品、文化产品等，帮助提升居民收入，助力全国脱贫攻坚。

三　市场化竞争推动各方加快发展、形成突破

（一）内容运营成为各方竞争焦点

内容生产方式变革，使越来越多的用户成为内容生产者，丰富的媒体平台加快内容产生。2019年，内容相关市场火爆，相关应用平台不断调整发

展策略。如2019年今日头条创作者共发布内容4.5亿条，累计获赞90亿次。[①] 随着内容类型的多元化发展，直播、短视频等内容平台成为2019年内容市场的热点。公开数据显示，短视频App抖音日活跃用户数超过4亿（截至2020年1月）；[②] 短视频App快手日活跃用户数突破3亿（截至2020年初），视频量近200亿，2019年累计点赞次数超过3500亿；直播App虎牙月活跃用户数达1.46亿（截至2019年第三季度），其中，用户人均观看时长超100分钟，日均观看4小时以上用户超250万。注意力经济时代，通过内容服务提升用户黏性，成为企业发展重点。2019年众多企业通过扶持计划、奖励机制等吸引创作者，比如抖音的“看见音乐计划”、快手的“媒体号UP计划”等，2019年今日头条在青云计划中奖励了1.4万名创作者的12万篇内容。

2019年企业不断扩充流量入口，用户获取内容的方式发生改变。比如，“看一看”“搜一搜”已经成为众多微信用户获取内容的渠道。2019年微信持续加码搜索功能，加大布局内容市场。微信小程序的搜索方式新增“内容搜索”，并开始布局视频内容，如视频动态和“视频号”等。同时，由于微博、微信等App对信息内容的分流作用，手机搜索引擎的使用率下滑，CNNIC数据显示（见图3），2018年开始，手机搜索引擎的使用率出现下滑，截至2019年6月，手机搜索引擎用户占手机网民的78.2%，较2018年底下降1.8个百分点。

而且，内容消费逐渐普及，反向催生优质内容。现阶段，直播、短视频均成为网络营销的标配，付费订阅、打赏等机制更多地出现在媒体平台中。根据今日头条公布的数据，2019年今日头条助力创作者获得46亿元收入。同时，随着内容营销的发展，丰富题材的内容成为营销推广的核心力量。现阶段，直播、短视频App成为电商消费的重要渠道，2019年快手App电商用户数超过100万，其中粉丝数超过十万的电商用户月均收入达5万元。

---

① 《今日头条2019年度数据：创作者全年发布4.5亿条内容》，环球网，https：//capital.huanqiu.com/article/9CaKrnKoOhy，2020年1月10日。

② 抖音：《2019抖音大数据报告》，2020年1月。

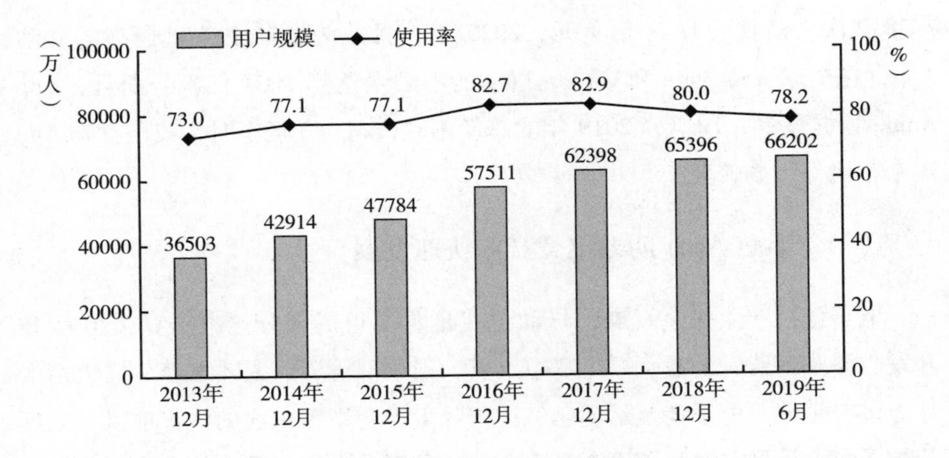

图3 2013～2019年中国手机搜索引擎用户规模及使用率状况

注：手机搜索引擎使用率即手机搜索引擎用户占手机网民的比重。

资料来源：中国互联网络信息中心。

（二）市场渠道下沉，海外市场有所突破

随着互联网人口红利消失，发展速度较慢的三线及以下城市成为移动互联网市场发展的新驱动力。我国三线及以下城市人群基数大，随着移动互联网的普及，其消费价值逐渐显现。现阶段拼多多等电商App和聚划算等收益类新闻资讯App立足于下沉市场快速发展起来，在聚划算的“99划算节”中，下沉市场订单量占比高达60%。下沉城市已经成为用户增量的主要来源，根据阿里巴巴公布的财报数据，2019年第二季度在淘宝新增用户中，超过70%来自三线及以下城市。下沉市场成为众多电商平台的新战场。

2019年随着国内互联网市场竞争加剧，移动App全球化发展趋势更加明显。我国猎豹、360、阿里巴巴、腾讯、百度等企业已经通过收购或App本地化等方式发展国际业务，2019年阿里巴巴投资印度App ShareCha，今日头条发布企业IM产品Lark，货拉拉在巴西、印度落地。现阶段，视频类、游戏类、社交类App是国内出海较多的类型，其中，抖音等应用平台发展迅速。Sensor Tower数据显示，Tik Tok（抖音海外版）2019年下载量超

7.38 亿次，营收近 1.77 亿美元，2020 年 1 月成为全球下载量最高的移动 App，在全球 App Store 和 Google Play 的下载量达到 1.04 亿次。而且，App Annie 数据显示，Tik Tok 2019 年的总使用时长超 680 亿小时，我国移动 App 逐渐在境外市场普及。

（三）手游 App 助力电竞产业快速发展

电子竞技产业快速发展，移动游戏是重要组成部分。电子竞技覆盖 IP 开发、游戏运营、游戏直播、赛事运营、俱乐部管理、人才培养、周边衍生品等多个领域。电子竞技运动已经被国际奥委会视为正式的体育项目，也逐渐被更多人认可，而我国逐渐成为全球最具影响力的电子竞技市场。中国音数协游戏工委、IDC 数据显示，2019 年我国电子竞技市场收入达 947.3 亿元，同比增长 13.5%。[①] 其中，根据 Sensor Tower 数据，我国王者荣耀和和平精英是 2019 年全球收入最高的移动游戏 App。[②]

2019 年移动游戏成为游戏产业主要的营收来源。基于便捷的游戏体验和移动游戏市场的高质量发展，相比于网页游戏和客户端游戏，移动游戏成为主流的游戏消费平台。App Annie 数据显示，2019 年全球移动用户游戏支出超过 PC/Mac 游戏 2.4 倍，超过家庭主机游戏 2.9 倍。[③] 根据中国音数协游戏工委、IDC 数据，2019 年我国游戏市场整体实际销售收入 2308.8 亿元，其中移动游戏市场收入占比最高，达 68.5%。[④]

四　个人信息安全成为市场监管重点

（一）数据安全管理成为移动应用管理核心

安全是移动 App 健康发展的基石，2019 年移动 App 健康发展面临诸多

① 中国音数协游戏工委、IDC：《2019 年中国游戏产业报告（摘要版）》，2019 年 12 月。
② Sensor Tower：《2019 年全球及中国手游市场趋势报告》，2020 年 2 月。
③ App Annie：《移动应用市场报告（2020）》，2020 年 1 月。
④ 中国音数协游戏工委、IDC：《2019 年中国游戏产业报告（摘要版）》，2019 年 12 月。

挑战，主要有以下几方面：①移动 App 存在安全漏洞，恶意攻击形势严峻，容易引发位置篡改、网络欺诈等风险；②移动 App 手机获取个人信息的行为不规范，强制、过度及超范围获取个人信息的现象普遍存在；③移动 App 平台使用数据行为不规范，个人信息泄露、滥用事件频繁发生；④App 内部安全管理缺失，企业无法快速应对风险；⑤企业恶意竞争，扰乱市场秩序；⑥安全管理相关法律法规不健全，落地执法较为困难。随着移动互联网的发展，数据安全管理已经成为全球网络治理的重点。

2019 年政府部门制定个人信息保护相关法律法规，并加大执法力度。我国政府部门及行业协会陆续发布《互联网个人信息安全保护指南》《信息安全技术　网络安全等级保护基本要求》《儿童个人信息网络保护规定》《App 违法违规收集使用个人信息行为认定方法》等，致力于防范侵犯公民个人信息的违法行为，保障公民合法权益和网络空间安全。同时，2019 年 1 月，中央网信办、工信部、公安部、市场监管总局等四部门发布《关于开展 App 违法违规收集使用个人信息专项治理的公告》，并在全国范围开展专项治理，目前已经有超过 200 款 App 被建议整改。

（二）政府引导强化细分领域、分类监管

2019 年，政府进一步加强保障青少年及儿童的安全。5 月，国家互联网信息办公室统筹指导西瓜视频、好看视频、全民小视频等 14 家短视频平台和腾讯视频、爱奇艺、优酷等网络视频平台，统一上线“青少年防沉迷系统”。8 月，国家互联网信息办公室发布《儿童个人信息网络保护规定》，作为我国第一部针对儿童网络保护的法律，该规定填补了儿童个人信息保护的空白，明确儿童个人信息保护的基本原则和职责。

同时，政府机构不断落实垂直领域安全管理细则。2019 年 4 月，国家市场监管总局出台《网络交易监督管理办法（征求意见稿）》，致力于完善网络交易规范制度，促进网络交易活动持续健康发展。8 月，教育部、中央网信办、工信部、公安部等八部门印发《关于引导规范教育移动互联网应用有序健康发展的意见》，明确要求建立备案机制，并规范教育 App 的商业

行为，建立长效的管理机制。9月底，中国人民银行定向发布《关于发布金融行业标准加强移动金融客户端应用软件安全管理通知》，加强对金融App的评估和认证，整治市场乱象。

五 中国移动应用市场发展趋势

（一）创新科技推动应用服务向多终端、多场景延伸

人工智能、5G等创新科技将带来新的发展机遇。随着可穿戴智能设备、智能家居的发展，通过App控制多终端的方式将愈加普及。同时，5G成为影响下一代App发展的重要技术因素，随着5G技术的普及，新型App产业将逐渐兴起。基于高速率、低功耗、大容量、低时延的特征，5G将推动超高清视频在App中的普及，带动VR、AR、智能汽车等产业发展，促进移动App云端化、高效化发展，满足云游戏、云视频和云购物等应用场景的需求，同时，5G能够实现多个智能终端的实时有效交互，推动物联网快速发展，真正加快构建万物互联的步伐。

（二）内容市场竞争加剧，网生一代逐渐成为消费主流人群

随着领先企业加码内容服务，内容市场竞争将更加激烈。百度等搜索引擎，UC浏览器等浏览器工具，微博、微信等社交平台，今日头条、腾讯新闻等资讯平台，喜马拉雅等网络音频平台，爱奇艺、哔哩哔哩等网络视频平台，YY、斗鱼等直播平台，以及抖音、快手等短视频平台……多种不同类型的App带给用户丰富的内容产品或服务，满足用户多元化的需求，打赏、付费订阅等方式愈加普及，内容消费模式更加成熟。同时，随着移动互联网的发展，网生一代逐渐成为消费人群增长的主要来源，较高的创新应用接受度、活跃度和消费意愿，促使网生一代逐渐成为移动互联网消费的主流人群。

（三）数据安全成为主旋律，政府、行业等共同维护网络安全

网络安全已经成为移动互联网发展的基石，保障个人信息安全、维护公民合法权益将持续成为移动应用管理的重要组成部分。在借鉴国外优秀管理经验，综合考量中国基本国情的基础上，政府部门将逐渐完善数据安全管理体系，以立法明确管理范畴、基本原则和责任，统领执法工作；以规范细则满足不同场景管理的需要，覆盖数据收集、存储、转移、使用、删除等整个环节的行为，推动企业落实相关规定；以教育宣传提升公民网络安全意识和维权技能，推动企业强化数据安全预警和应对能力。同时，政府将会统筹发展与管理，既通过法律法规规范市场，又保障人工智能等创新产业快速发展，形成技术创新、服务升级、产业变革的良性生态。

参考文献

商务部国际贸易经济合作研究院课题组：《下沉市场发展与电商平台价值研究》，2019 年 9 月。

中国信息通信研究院：《移动应用（App）数据安全与个人信息保护白皮书（2019 年)》，2019 年 12 月。

《即速应用：〈2019 年小程序行业年中增长研究报告〉》，2019 年 8 月。

市 场 篇

Market Reports

B.13
2019年中国移动游戏产业报告

张遥力　滕 华*

摘　要： 2019 年，中国移动游戏市场持续发展，市场规模已达到 1513.7 亿元人民币，用户持续增长。中国移动游戏自主研发实力进一步提高，海外市场、移动电竞等领域成为发展重点，创新及投融资受到各方进一步重视，移动游戏企业社会责任指数和品牌重视程度提升。未来，5G 和云游戏等新技术新业态将进一步为移动游戏赋能，移动游戏的功能化将越来越得到重视，全球化步伐将加快。

关键词： 移动游戏　海外市场　5G　云游戏

* 张遥力，北京伽马新媒文化传播有限公司（伽马数据）董事长，自由投资人；滕华，伽马数据总经理，专注数字娱乐、新文创等领域研究。

一 中国移动游戏产业发展现状

2019 年，是中国移动游戏产业持续发展的一年。2018 年，因为版号总量控制，整个移动游戏市场增长放缓。进入 2019 年，游戏产业经历一年多的严格管理，市场整体呈现强势回暖趋势。而创新度提升，成为中国移动游戏产业 2019 年的一大特点，取得令人信服的成绩。

（一）中国移动游戏收入情况

2019 年，中国游戏市场实际销售收入达 2330.2 亿元，增速为 8.7%，较上年增速有所回升（见图 1），这主要受益于移动游戏市场实际销售收入增速保持平稳，而客户端游戏市场实际销售收入同比下降幅度收窄。

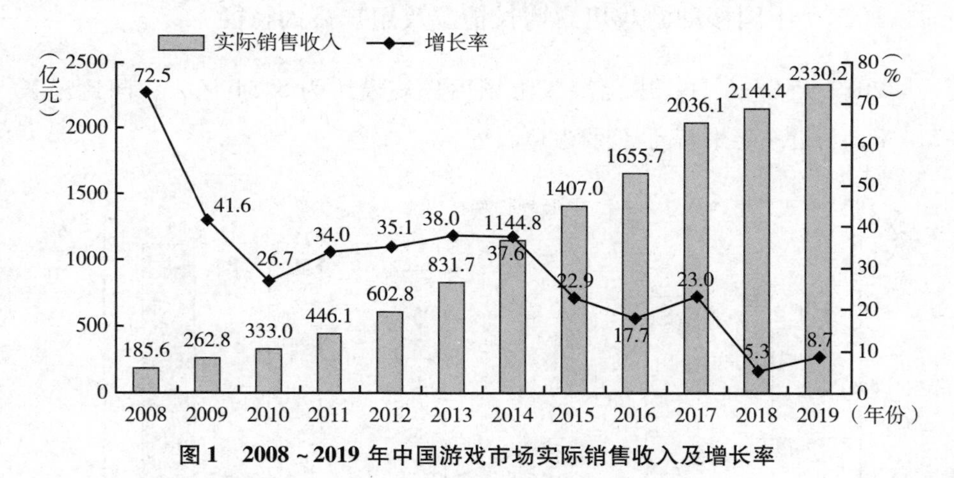

图 1 2008～2019 年中国游戏市场实际销售收入及增长率

资料来源：伽马数据：《2019 中国游戏产业年度报告》，2019 年 12 月。

2019 年中国移动游戏市场实际销售收入突破 1513.7 亿元，较上年增长 13.0%，继续保持增长势头（见图 2）。中国移动游戏市场已经趋于成熟，用户因对精品、创新的需求而产生对产品的自然筛选现象是重要标志，精品与创新已是未来移动游戏市场发展的重要推力。

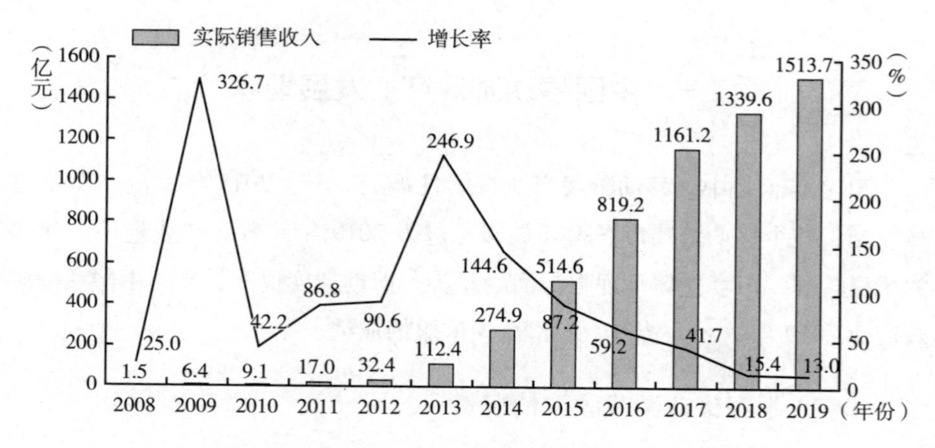

图 2　2008～2019 年中国移动游戏市场实际销售收入及增长率

资料来源：伽马数据：《2019 中国游戏产业年度报告》，2019 年 12 月。

（二）中国移动游戏用户增长情况及用户行为特征

2019 年 1～6 月，中国游戏市场用户规模约为 5.54 亿人，同比增长 5.1%，为近三年来新高（见图 3）。

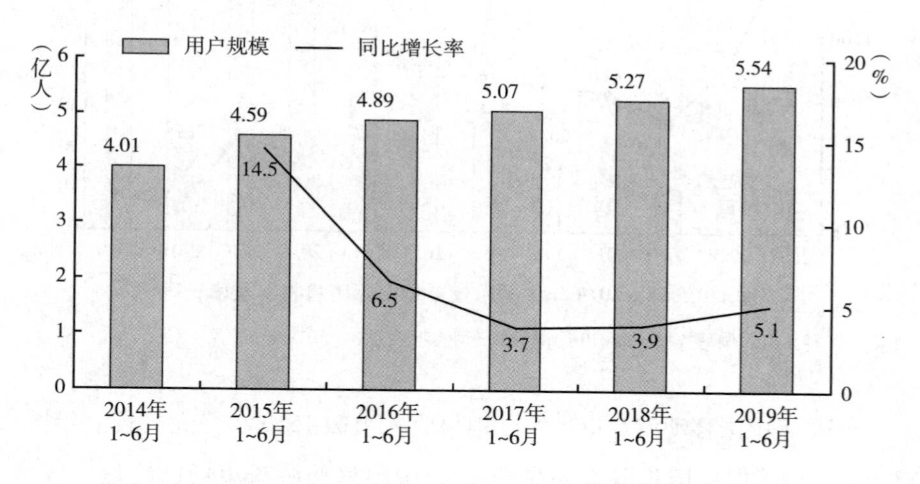

图 3　2014～2019 年中国游戏市场用户规模

资料来源：伽马数据：《2019 中国游戏产业半年度报告》，2019 年 8 月。

据伽马数据调查，中国网络游戏用户主要集中在35岁以内，18～25岁占比最高，达到27.7%。此外，男女游戏用户比例接近，分别为53.3%和46.7%，[①] 这表明女性游戏市场并不缺乏用户基础。

调研数据显示，多人在线竞技游戏（MOBA）、射击类游戏位居“00后”偏爱游戏类型的前两名，分别占68.3%和61.9%（见图4）。MOBA类游戏成为最受核心女性移动游戏用户欢迎的游戏类型，其后为射击类游戏。而在游戏外的日常生活中，更多核心女性移动游戏用户把时间花在社交软件、音乐等方面（见图4）。

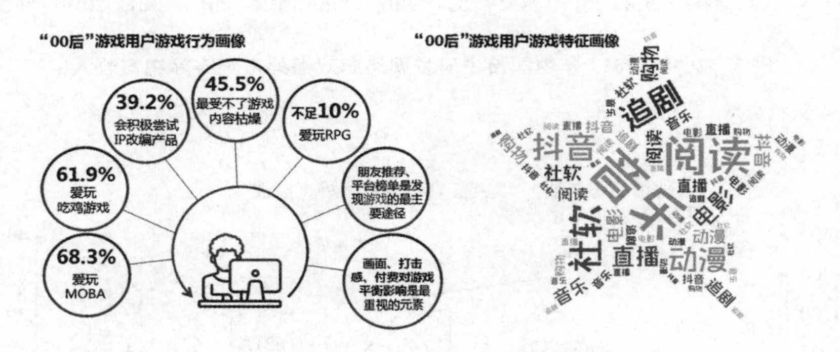

图4　“00后”游戏用户游戏行为画像和特征画像

资料来源：伽马数据。

（三）中国移动游戏海外出口情况

2019年，中国自主研发网络游戏海外市场实际销售收入为111.9亿美元，增长率为16.7%（见图5），其中移动游戏市场方面表现显眼。

2019年，全球游戏市场收入将近1500亿美元，其中移动游戏市场为681.6亿美元，增长率9.7%（见图6），占比最高且市场规模稳定增长。随着5G技术的落地及智能机普及率的提升，未来移动游戏市场在全球范围内仍具备较高的拓展空间。

① 伽马数据：《2019中国游戏产业半年度报告》，2019年8月。

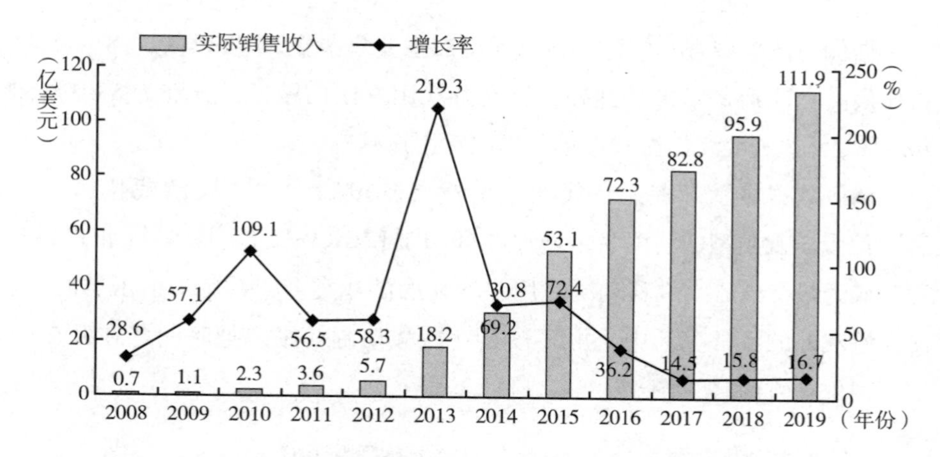

图5　2008～2019年中国自主研发网络游戏海外市场实际销售收入

资料来源：伽马数据。

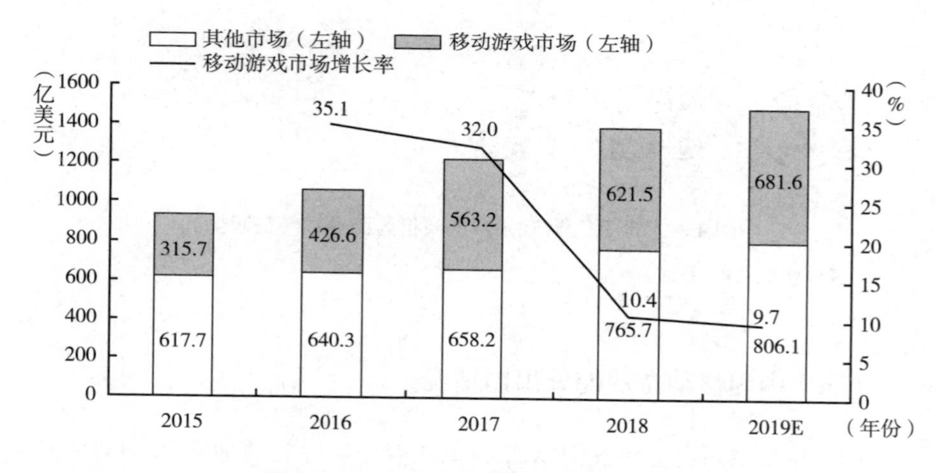

图6　2015～2019年全球游戏市场规模

资料来源：Newzoo。

2019年，中国移动游戏市场规模达到215.7亿美元（见图7），占全球市场约31.6%，领跑全球移动游戏市场。未来，海外移动游戏市场将成为未来的重要竞争点。①

① 伽马数据：《2019中国游戏产业年度报告》，2019年12月。

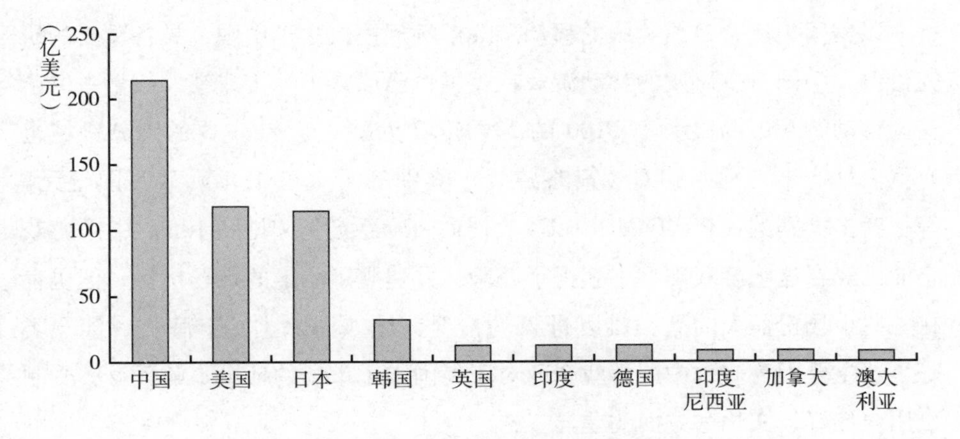

图7　2019 年全球移动游戏市场规模 TOP10 国家

资料来源：Newzoo。

目前中国自主研发的移动游戏在美、日、韩、英、德等国家的流水同比增长率均高于该国家移动游戏市场的增速（见图 8），国产移动游戏在海外市场已经建立起一定的优势。得益于研发实力的提升，中国自主研发移动游戏出海前景明朗。

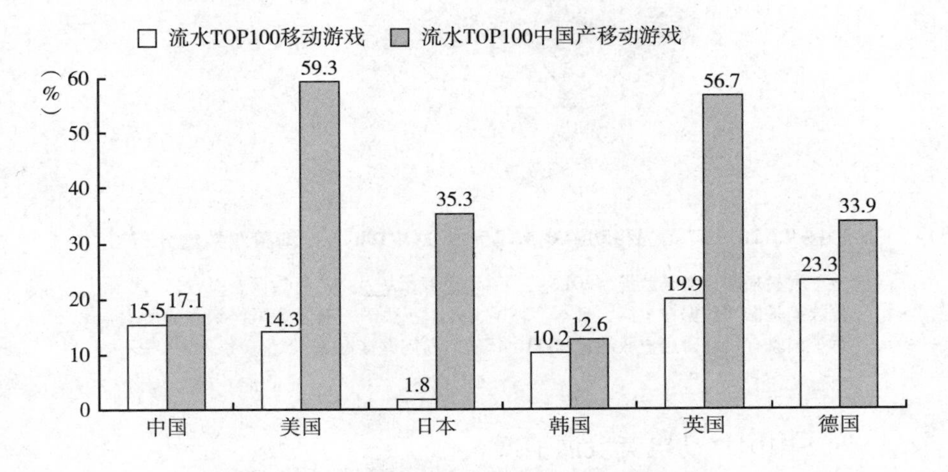

图 8　2019 年全球重要移动游戏市场流水同比增长率

资料来源：伽马数据，此数据是伽马数据在美国、日本、韩国、德国、法国、英国等国详细调研所得，每个国家有效调研用户数超过 3000，每份问卷问题接近 50 个。

以美国为例，目前美国的移动游戏市场规模仅次于中国，具备重要的研究价值。中国自主研发的移动游戏在美国也已取得了一定成绩，数量占据了美国移动游戏市场流水 TOP100 的 23.0%（见图 9）。在重要的细分领域也有代表性产出，例如 SLG（策略游戏）类别的《火枪纪元》《王国纪元》等；射击类别的《PUBG MOBILE》《使命召唤手游》（见图 10）。中国游戏企业已经在这些游戏类型中获得了经验，并建立了一定的市场优势，但也存在一些市场份额大的品类难以进入的情况，比如消除类、卡牌类、沙盒类等。这主要因为多数中国游戏企业对于美国本土市场的环境了解不够，受制于用户偏好、文化等方面的差异。

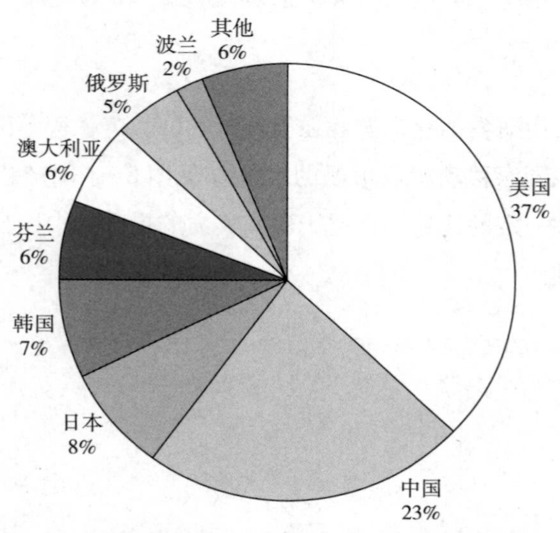

图 9　2019 年美国移动游戏市场流水 TOP100 各产地游戏数量分布

资料来源：伽马数据《2019 美国移动游戏市场及用户行为调查报告》，此报告数据是伽马数据在美国、日本、韩国、德国、法国、英国等国详细调研所得，每个国家有效调研用户数超过 3000，每份问卷问题接近 50 个。

（四）中国移动电竞发展情况

2019 年中国电竞游戏市场规模为 969.6 亿元，增量超过百亿元，移动电竞的发展成为主要驱动力（见图 11）。

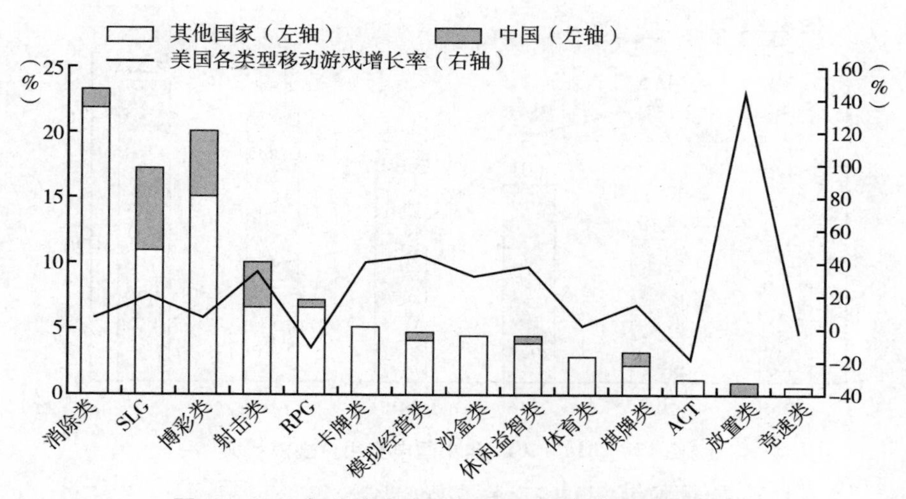

图10　2019年美国移动游戏TOP100各类型流水分布

资料来源：伽马数据：《2019美国移动游戏市场及用户行为调查报告》。

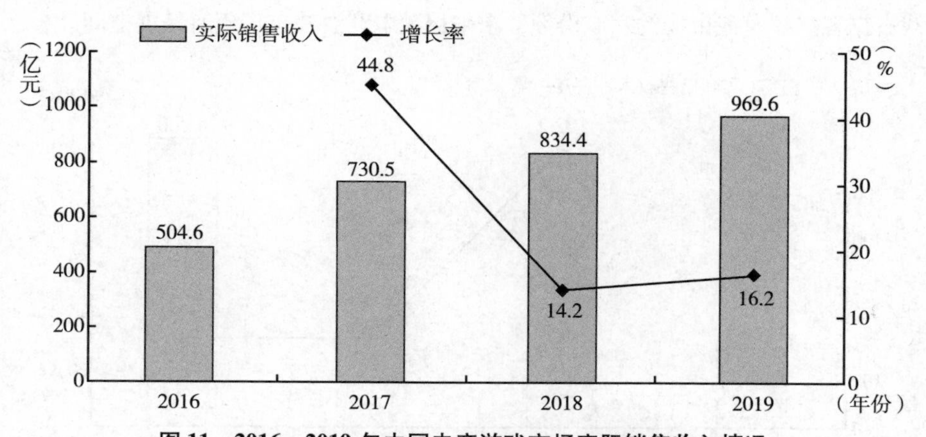

图11　2016～2019年中国电竞游戏市场实际销售收入情况

资料来源：伽马数据：《中国电竞产业发展研究报告》。

得益于移动电竞的快速发展，电竞用户数量快速提升，但目前移动电竞对于游戏用户的渗透已处于较高水平，2019年用户增长率仅为7.2%（见图12），用户增长陷入瓶颈。以人口红利推动产业增长的方式难以持续，而产业内的用户沉淀将成为发展关键。

2019年中国移动电竞游戏市场实际销售收入仍然保持着较高的增长率（见

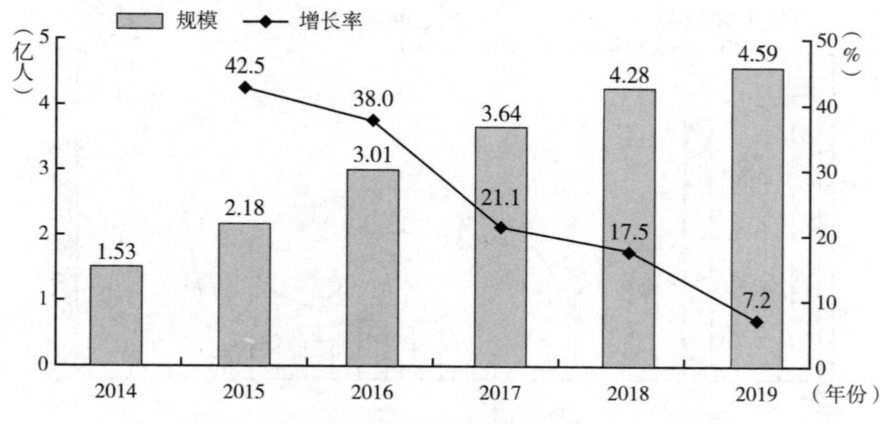

图12　2014～2019年中国电竞用户规模状况

资料来源：伽马数据：《中国电竞产业发展研究报告》。

图13），目前移动电竞游戏在移动游戏市场的占有率超过四成，而客户端电竞游戏占据客户端游戏市场约六成份额，未来移动电竞游戏市场仍有拓展空间。

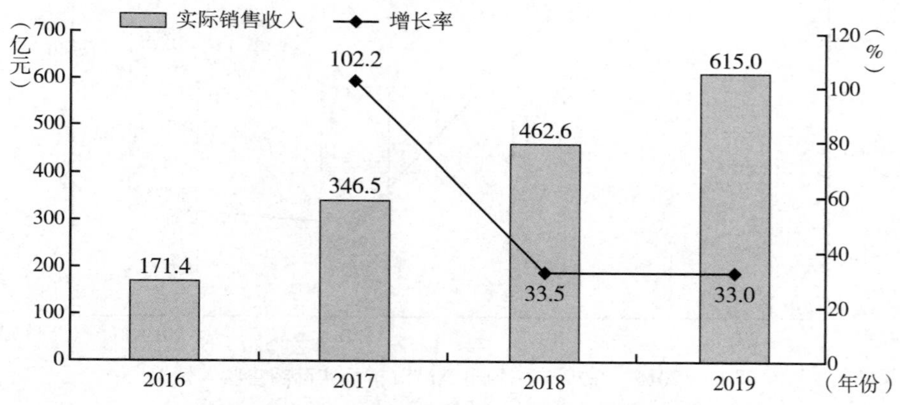

图13　2016～2019年中国移动电竞游戏市场实际销售收入状况

资料来源：伽马数据：《中国电竞产业发展研究报告》。

2019年游戏直播市场实际销售收入突破百亿元，游戏直播市场的增长率仍然处于较高水平（见图14）。随着虎牙、斗鱼等直播平台的上市，其他领域的企业如视频平台快手、哔哩哔哩也持续布局游戏直播，为这一产业的发展注入动力。未来，这一产业具备较高的增长潜力。

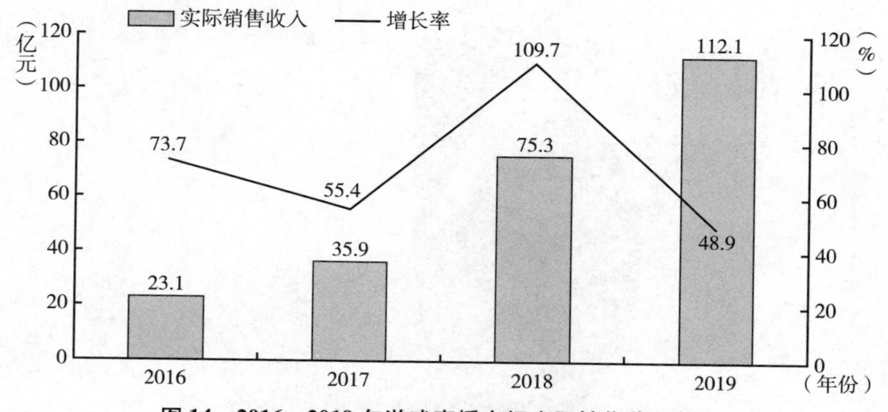

图 14　2016～2019 年游戏直播市场实际销售收入状况

资料来源：伽马数据：《2019 年中国电子竞技产业报告（直播篇）》。

从 2019 年 1～6 月的直播平台开播量来看，开播量 TOP5 企业出现较大变化，开播量位于前三的熊猫直播关闭，快手、哔哩哔哩进入 TOP5，后入企业仍存在破局机会（见图 15）。但快手与哔哩哔哩均具备自有用户平台，这也是其游戏直播业务能够快速发展的关键。

二　2019年中国移动游戏发展特征

（一）中国移动游戏自主研发实力进一步提高

近年来，中国自主研发的网络游戏在全球游戏市场实际销售收入与市场占比均得到提升，中国自主研发游戏产品全球竞争力持续加强。

中国自主研发游戏产品竞争力的提升，一方面得益于国内游戏市场规模持续扩大，2019 年中国在全球范围内已成为仅次于美国的游戏市场，国内游戏企业通过深耕自主研发领域抓住这一市场机会。另一方面得益于中国自主研发游戏出海进程的加快，为强化在海外游戏市场的竞争力，中国游戏企业持续提升自身的海外研发能力。①

① 伽马数据：《2018～2019 年中国游戏产业研发竞争力报告》。

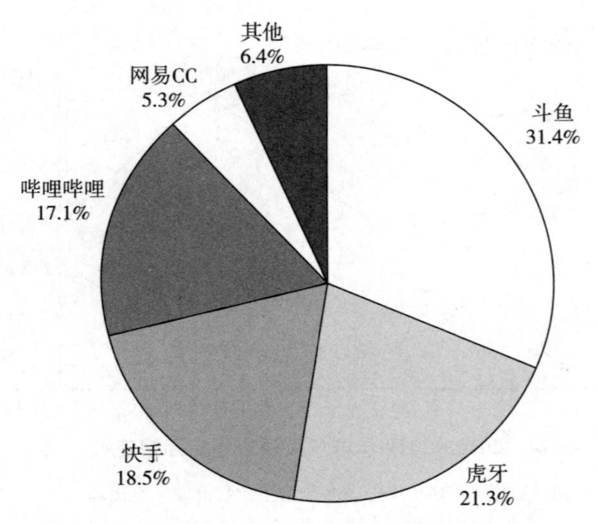

图 15　2019 年 1～6 月主要游戏直播平台开播量占比状况

资料来源：伽马数据：《2019 年中国电子竞技产业报告（直播篇）》。

（二）创新成2019年中国移动游戏最大特点

2019 年，政府管控力度加大、用户需求提升、海外市场拓展等因素，倒逼市场通过创新获得增长，已经初见成效。

从近年流水 TOP250 产品中不同上线时间产品流水占比可以发现，每年的新产品流水占比均在 25% 左右，而 2015 年以前上线的老产品流水占比虽出现明显缩减，但仍居首位。研究显示，每年进入流水 TOP250 的新产品中，研发创新明显，如玩法创新、美术效果创新、题材创新等；而老产品在运营维护上创新手段则更多。借此可推断，企业在研发运营等方面的创新行为一定程度上影响着市场中新老产品的流水表现。

用户调查显示，超过 90% 的游戏用户看重产品的创新。但从看重程度来讲，大部分用户并不苛刻，仅约 1/3 的用户选择了非常看重创新。而在产品创新程度对付费意愿的影响上，大部分用户的付费意愿会受到产品创新程度的影响。从这项调查可以看出，产品创新对于当下国内市场的用户而言极具必要性（见图 16）。

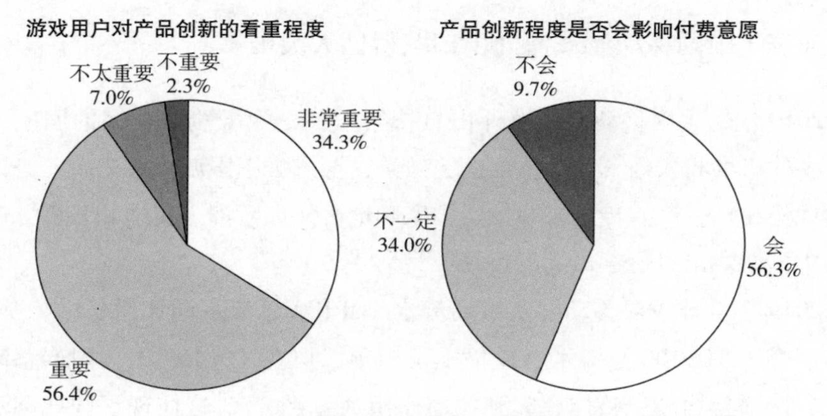

图16　游戏用户对产品创新的看重程度、产品创新程度是否会影响付费意愿

资料来源：伽马数据。

为更清晰地分析创新给企业产品带来的变化，伽马数据将产品创新力划分为4个创新程度。可以发现，明显创新程度的产品数量占比仅有15.3%，其流水占比却达62.3%，这也说明了产品创新力直接影响着产品流水收益（见图17）。

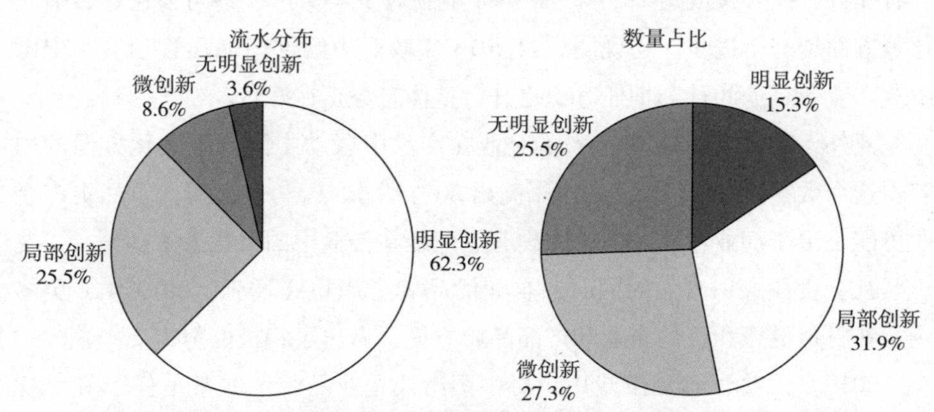

图17　2019年流水TOP250中国产移动游戏各创新程度游戏流水分布、数量占比

资料来源：伽马数据。

此外，在近年来的游戏市场中，IP联动、跨界营销、内容营销（热点营销）等方式的效果明显，创新体现在从研发到营运的各个环节。

（三）中国移动游戏海外出口取得巨大突破

2019 年，中国移动游戏海外出口持续增长，除了覆盖更多的国家，获得更多的市场收入外，一个重要的突破是：与过去中国游戏在东南亚等地区占据优势相比，一些传统游戏发达国家和地区，如欧洲、美国和日韩，已经成为中国游戏出口份额最大的市场。

2019 年全球重要移动游戏市场流水 TOP100 总流水同比增长中，美国、日本、韩国 TOP100 总流水增速仍不及中国，但在 TOP100 中，国产移动游戏在五国增速均高于整体，起到拉动作用（见图 8）。这体现了国产移动游戏在海外市场的较强竞争优势，也说明未来一定时期内，海外移动游戏市场仍为国内游戏企业的重要选择。①

（四）中国移动游戏企业社会责任指数和品牌重视程度提升

2019 年，中国移动游戏企业社会责任指数达到 12.4，较 2018 年的 11.0 有所提升，提升幅度达 12.7%。② 各企业在青少年保护、参与公益、传播文化等方面均有所进步。这说明，自 2018 年政府主管部门加强管理后，中国游戏产业各企业的社会责任意识提升，整体态势正在好转。

此外，2019 年，有 60.7% 的企业在产品中联动中国传统文化方面的内容，这个数字比 2018 年的 40.0% 高出 20 个百分点。③ 这说明，虽然更多企业可能是出于商业考虑，但也的确有意识地在传播中国文化上下功夫。

社会责任意识增强的同时，企业的品牌意识也在增强。2019 年，更多企业在打造健康积极的企业和产品品牌方面，做出了积极的努力。

2019 年，中国移动游戏用户对中国游戏企业品牌“非常信任”和“比较信任”的占 36.2%。④ 较之过去，中国游戏产业企业对于品牌建设的积极

---

① 伽马数据、Newzoo：《2019 全球移动游戏市场中国企业竞争力报告》，2019 年 11 月。

② 伽马数据：《2019 中国游戏产业——企业社会责任调查报告》，2020 年 1 月 3 日。

③ 伽马数据：《2019 中国游戏产业——企业社会责任调查报告》，2020 年 1 月 3 日。

④ 源自伽马数据大数据研究及 1676 位有效用户深度调研的结果。

性正在提升。

2019 年，企业纷纷利用自身资源，加强品牌传播。伽马数据企业品牌模型结果显示，2019 年 TOP10 品牌企业百度资讯指数较2018 年增长16.3%（见图 18），① 随着企业对于自身品牌传播能力的重视，企业品牌的传播效果也得到了提升。以完美世界为例，企业不断加大品牌传播力度，形成更系统全面的品牌形象，在 2019 年被媒体报道超过 3000 次，其中被《人民日报》、新华每日电讯和中央电视台新闻报道次数超过 10 次。完美世界企业负责人多次受邀出席世界互联网大会、中国财经峰会等活动，2019 年完美世界第八次入选中国文化企业 30 强，并被 Facebook 评选为2019 中国出海品牌 50 强。高曝光率巩固了完美世界既有的品牌认知，也推动其品牌影响力进一步提升。

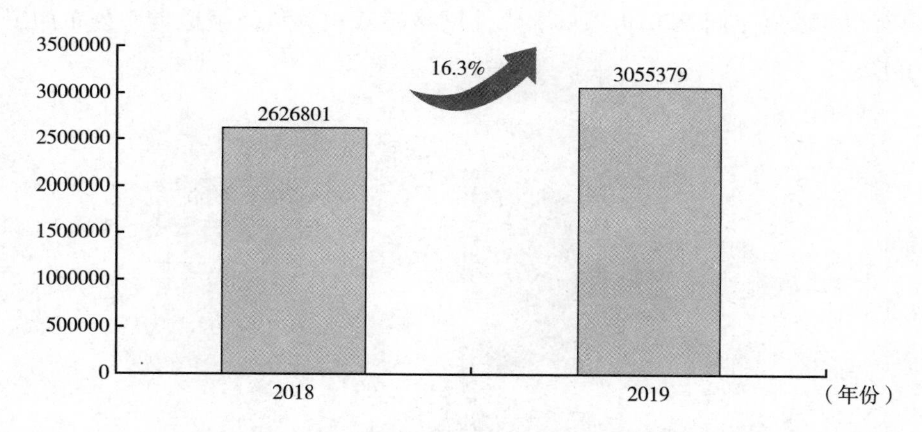

图 18　2018 年、2019 年 TOP10 品牌企业百度资讯指数

资料来源：伽马数据：《2019 年中国游戏产业报告》，2020 年 1 月 13 日。

（五）投融资机构重视游戏领域

随着近几年游戏产业的蓬勃发展，投融资机构逐渐提高了对这个领域的

① TOP10 品牌企业为伽马数据企业品牌评估结果中位列前十的企业；企业百度资讯指数为 TOP10 企业各年的百度资讯指数均值累计结果。

关注度。2019 年，在二级市场上，媒体板块中，游戏已经成为最为重要的领域之一。

截至 2019 年 7 月 31 日，国内共有 198 家游戏企业上市，较 2018 年底增加 3 家，赴港、赴美上市的游戏企业有所增加，目前各个证券市场仍有 10 余家游戏企业在排队上市。伽马数据统计了目前年游戏业务收入超过 4 亿元且占其总营收的比重大于 15% 的企业，共 39 家。[①]

三 2019年移动游戏领域存在的问题

尽管发展势头良好，但中国游戏产业仍存在未成年人沉迷游戏、企业经营状况、侵权纠纷、涉赌诈骗等方面的问题，此外在用户权益保护等方面，仍有很大改进空间。2019 年重点媒体网络游戏相关负面报道类型分布如图 19 所示。

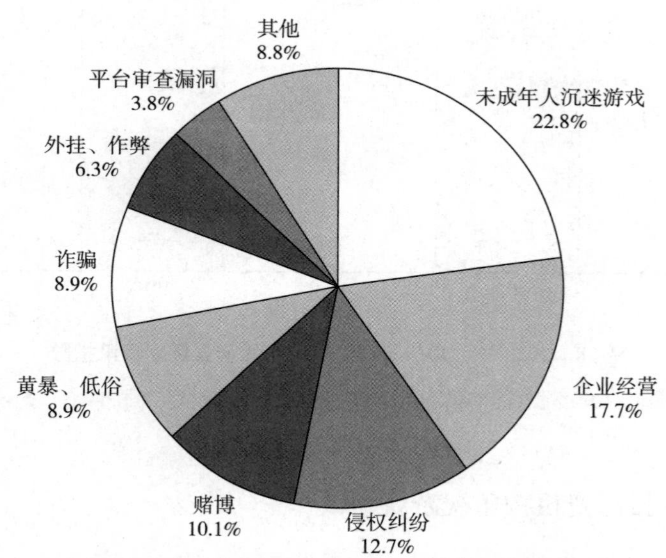

图 19 2019 年重点媒体网络游戏相关负面新闻报道类型分布

资料来源：伽马数据，由重点媒体搜索到的相关新闻筛选去重后进行分类得出。

① 伽马数据：《2019 年上市游戏企业竞争力报告》。

最值得关注的问题是青少年保护层面，整个产业的重视程度还不够。2019 年 11 月，国家新闻出版署发布《关于防止未成年人沉迷网络游戏的通知》，在实名、使用时长、付费等 6 个方面明确了未成年人网络游戏应遵循的原则和规范。伽马数据对 2019 年重点监测的 28 家企业共 54 款产品，在产品是否有实名认证环节、有认证环节但可以游客登录、是否必须进行身份验证（不能以游客身份登录）、错误身份证号验证、未成年人是否限制充值及时长等几个方面进行了深入研究发现，有 85.2% 的游戏产品在每个环节都严格遵守通知规定。可以看出，近两年国内企业均在积极推动未成年人保护系统的建设。但个别企业的产品，对未成年人上网的保护力度有限。

另一个比较值得关注的问题是游戏企业受处罚或纠纷依旧不少。一方面，在 2019 年伽马数据重点监测企业法律诉讼案件中，商标权、著作权等侵权纠纷占比超过四成（见图 20），这说明企业版权保护等法律意识还需要进一步提高。另一方面，2019 年重点监测企业在证券市场的表现欠佳，其中某游戏企业在 2019 年受到证监会及公安局的处罚次数超过 10 次，严重扰乱证券市场秩序。

根据对中国移动游戏用户进行的问卷调查，[①] 近七成中国移动游戏用户在打游戏过程中遇到过损害自身权益的事件，但其中仅有 14.8% 的用户得到了维护与补偿，超过 40% 的用户表示完全没有得到维护与补偿。用户权益无法得到保障，会直接影响用户对于游戏产品所在企业的信任程度，损害企业的品牌形象。

中国消费者协会数据显示，游戏用户对于网络游戏的投诉数量连年增长，2019 年仅前三季度就超过 3 万件（见图 21）。从 2019 年前三季度网络游戏投诉的类型分布（见图 22）来看，售后服务类占比较上年同期下降 15.0 个百分点，而诈骗、盗号等安全类问题的投诉占比则较上年

① 《中国游戏产业品牌报告：36.2% 用户信任品牌 TOP10 年度品牌企业出炉》，http://www.ce.cn/xwzx/gnsz/gdxw/202001/13/t20200113_34110788.shtml。

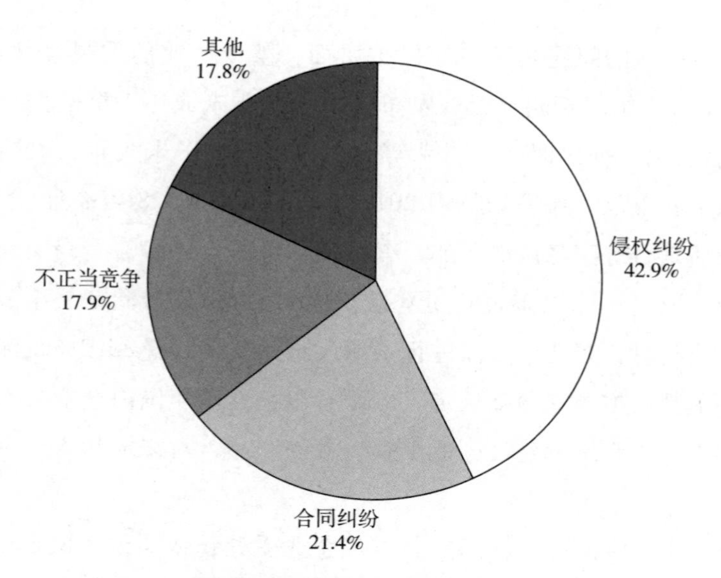

图 20　2019 年重点监测企业法律诉讼内容分布

资料来源：伽马数据，对 2019 年重点监测企业法律诉讼案件的统计结果。

同期增长 8.7 个百分点。通过投诉数量的增长可以看出，一方面，游戏用户维权意识大幅提高；另一方面，企业应当增强用户权益保护的意识，重视用户的投诉并及时解决。

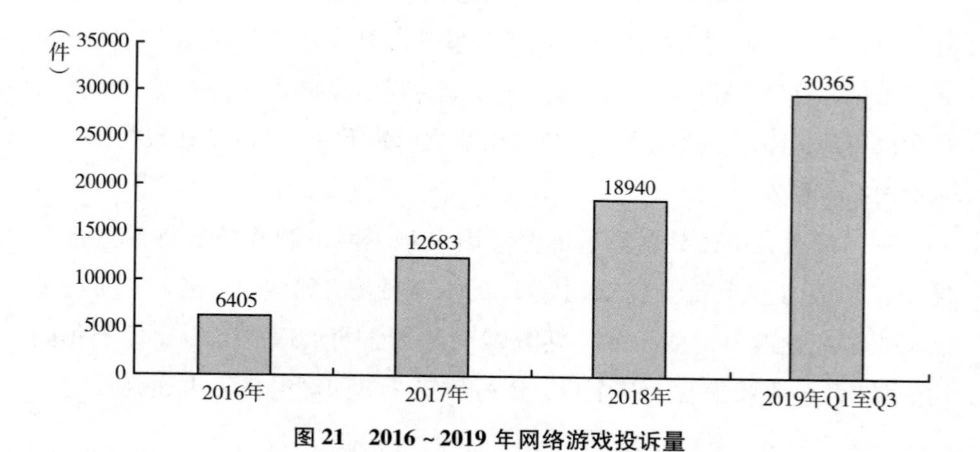

图 21　2016～2019 年网络游戏投诉量

资料来源：伽马数据：《2019 中国游戏产业——企业社会责任调查报告》，2020 年 1 月 3 日。

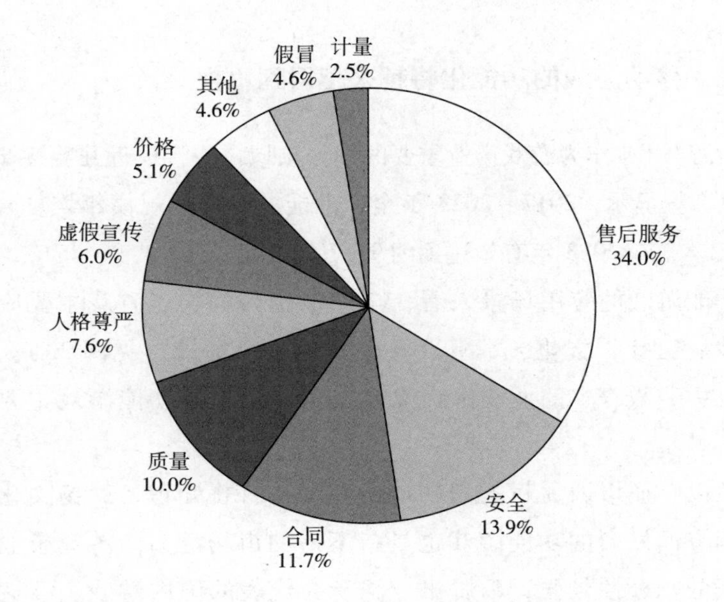

图22　2019年Q1至Q3网络游戏相关投诉类型分布

资料来源：伽马数据：《2019中国游戏产业——企业社会责任调查报告》，2020年1月3日。

四　移动游戏产业未来发展趋势

（一）5G和云游戏带来更多机会

2019年游戏企业创新的一大方向是云游戏，随着5G建设取得实质性进展，云游戏迎来发展风口，众多企业正在布局。目前包括腾讯、网易等均已取得实质性突破。2019年，国内多个重要城市公布5G建设进程，计划两年内实现城市网络覆盖，2020年云游戏将迎来发展风口。

《2019游戏产业趋势报告》显示，2019年，中国游戏市场实际销售收入预计超2300亿元。未来5年，5G用户可能增长至5亿，从而为云游戏的发展奠定坚实基础。

（二）移动游戏的功能化将越来越得到重视

功能游戏[①]，作为游戏产业重要的细分领域之一，最近几年逐步得到重视。相关数据显示，2017～2023 年全球功能游戏市场规模年均复合增长率约为 19.2%，在 2023 年有望达到约 91.7 亿美元。[②]

从功能游戏的应用场景来看，全球范围内的功能游戏主要应用于教育、商业、医疗、文化、军事以及政府等多个场景（见图 23）。在中国游戏市场中，教育、商业、医疗以及文化等领域是功能游戏主要的发展方向。

除了以企业培训为目的的功能游戏，在科普知识、弘扬文化以及医疗康复等方面发力的功能游戏也具备不俗的市场潜力。游戏企业发展功能性游戏的积极性较强，以腾讯、网易为代表的国内游戏企业逐渐开始大规模布局功能游戏，全球前 20 的游戏大厂也有约 55% 不同程度地开发了功能游戏。[③]

（三）移动游戏全球化步伐加快

移动游戏发展至今，全球化日趋加深，尽管中国游戏在全球市场发展迅速，但海外市场占比还不大，尚有巨大潜力可挖。

近年来，海外移动游戏市场规模不断增长，越来越多的中国游戏企业已经开始开拓海外市场，但其市场占有率依旧较低。中国游戏企业正在加速出

---

① 广义上的功能游戏一般是指一切具备娱乐性功能以外功能的游戏，而狭义上的功能游戏则是指企业研发初衷或者在运营过程中，有意愿将游戏与功能相结合，使用户在使用中达到学习教育、技能训练、康复治疗等娱乐以外的目的，可以分为两类。第一类为传统功能游戏，强调功能的游戏化，即研发初衷就是为了解决社会与行业问题，将游戏的元素、设计、技术和构架创新应用于其他领域，主要包括教育类游戏、训练类游戏等。第二类为延伸性功能游戏，强调游戏的功能化，即游戏研发初衷并不以解决社会或行业问题为唯一目的，在实际过程中进行跨界应用，并取得一定成果的游戏。主要包括沙盒类、模拟经营类等。此处指的是狭义上的功能游戏。

② PR Newswire：《2019 年中国功能游戏人才报告》，2019 年 3 月。

③ 伽马数据：《2018 中国功能游戏力报告》，2018 年 7 月 9 日。

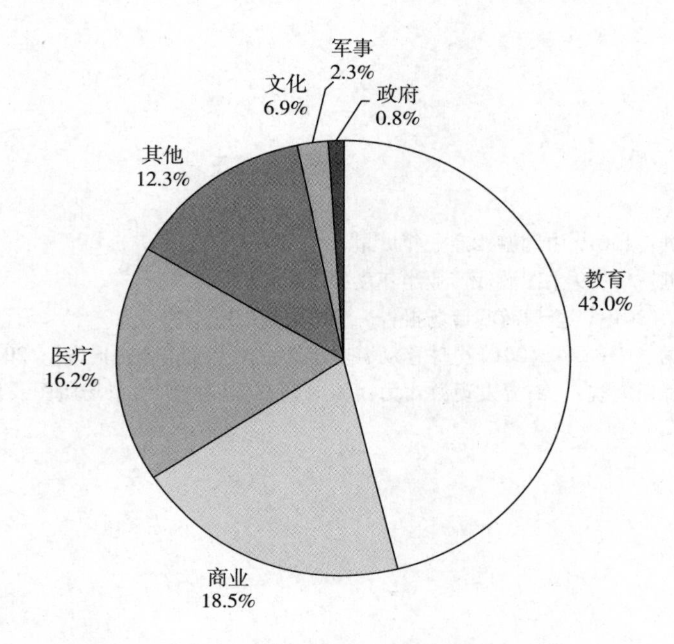

图 23　全球功能游戏的应用场景分布

资料来源：企鹅智酷。

海的进程，从而更好地支持收入的不断增长。日韩、美国和西欧是海外移动游戏收入的重点市场。中东和非洲及东南亚目前虽然整体市场规模较小，但其增长率均超过 40%，有望成为未来全球移动游戏的重点市场。

在游戏类型分布中，日本、德国、土耳其及俄罗斯市场的移动游戏更多地集中在一个到两个游戏类型，如策略类。中国游戏企业可以重点发展当地市场份额最高的游戏类型。同时，在美国、印度尼西亚以及墨西哥，移动游戏类型较为分散，中国移动游戏可以优先选择自己擅长的游戏类型进行突破，在当地市场取得优势后再拓展其他游戏类型。

在土耳其、德国和俄罗斯收入 TOP50 榜单中，有更多中国移动游戏上榜。中国移动游戏可以在保证已有产品类型优势的基础上，进一步推进其他细分类型发展。日本和美国收入 TOP50 榜单中，中国游戏较少，但仍取得了一些成绩。可以凭借中国游戏企业的快速开发能力和多种游戏品类覆盖能力，推送游戏到日本或美国市场，以占据市场空白。

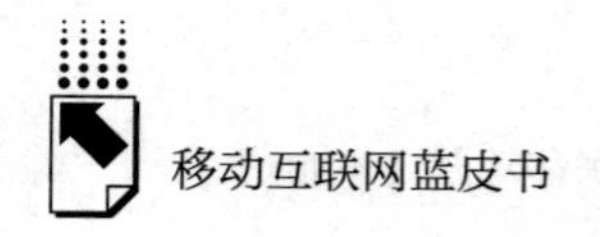

参考文献

伽马数据:《2019 中国游戏产业年度报告》, 2019 年 12 月。

伽马数据:《2019 中国游戏产业半年度报告》, 2019 年 8 月。

Newzoo:《2019 年全球游戏市场报告》, 2019 年 6 月。

伽马数据、Newzoo:《2019 全球移动游戏市场中国企业竞争力报告》, 2019 年11 月。

腾讯传媒研究院:《跨界发现游戏力: 面向垂直领域的游戏市场版图及价值报告》, 2017 年 11 月。

B.14

智能音箱行业运营发展及竞争分析

张 毅 王清霖*

摘 要： 在政策推动和社会需求的双向驱动下，智能音箱及相关的智能制造行业得到了发展。自2016年起，中国智能音箱的销量一直保持110%以上的增长，预计2020年销售规模将接近90亿元。目前智能音箱正在迭代产生更好的人机交互体验，仍然面临语音理解不准确、使用场景不丰富、信息安全待完善等问题。智能音箱有必要把握机遇，成为5G时代物联网发展的新入口、互联网流量竞争的新场域。

关键词： 智能音箱 5G 人工智能 产业升级 信息安全

一 智能音箱行业运营发展概况

（一）智能音箱行业的发展基础

扩大内需、优化消费结构，是近年来国家经济发展、引导居民消费的主要方向。国务院在2019年发布的《关于完善促进消费体制机制 进一步激发居民消费潜力的若干意见》中就提到，要加快推动产品创新和产业化升级，

* 张毅，艾媒咨询创始人及CEO，广东省互联网协会副会长，中山大学和暨南大学创业学院导师；王清霖，澳门大学传播与新媒体专业硕士，艾媒咨询高级分析师，主要研究方向为新媒体传播、互联网产业。

升级智能化、高端化、融合化信息产品，重点发展适应消费升级的中高端智慧家庭产品等新型信息产品。在这一背景下，中国人工智能产业发展如火如荼。2018 年，在全球 4998 家人工智能企业中，有中国企业 1045 家，数量排名第二，仅次于美国。中国人工智能产业的蓬勃发展是智能音箱产业前进的最大后盾。①

特别是，随着中国经济发展进入新常态，居民可支配收入不断提高，中国居民的消费结构发生变化。据国家统计局公布的数据，2018 年中国人均可支配收入达到 28228 元，其中教育、文化和娱乐的消费支出超过 2200 元人民币，将近占整体支出水平的 10%。② 文化产业、高频精神产品消费俨然成为中国新经济增长点。同时，在人工智能和物联网技术的发展带领下，智能家居蓬勃兴起并保持稳定增长态势。智能音箱作为人工智能新技术与知识付费、音乐行业等融合发展的交互产品，凭借其亲民的价格和仅次于智能手机的便携性，成为现阶段社会需求最高的人工智能产品。

在政策推动和社会需求的双向驱动下，智能音箱及相关的智能制造行业得到了发展。从中国智能音箱市场规模看，自 2016 年起，中国智能音箱的销量迅速增长，增长率一直保持在 110% 以上。在 2018 年，智能音箱销量规模从 2017 年的 2.88 亿元激增至 14.95 亿元，增幅突破 400%，2019 年达到 46.33 亿元。根据行业发展一般规律，中国智能音箱基本形成了稳定增长的发展态势，预计 2020 年销售规模将继续增长，约 90 亿元（见图 1）。③

（二）智能音箱产业图谱及产业链发展分析

智能音箱涉及复杂庞大的产业链。从产品本身看，智能音箱需要人工智能、智能芯片和语音交互等技术支撑；而作为一个典型的人工智能硬件，智

---

① 中国信通院、Gartner：《2018 世界人工智能产业发展蓝皮书》，中国信通院网站，2018 年 9 月。

② 国家统计局：《2018 年居民收入和消费支出情况》，国家统计局网站，2019 年 1 月。

③ 艾媒咨询产业升级研究院：《2020 年全球及中国智能音箱产业发展及典型企业案例分析》，2019 年 12 月。除标记引文出处的数据外，均为艾媒咨询数据。

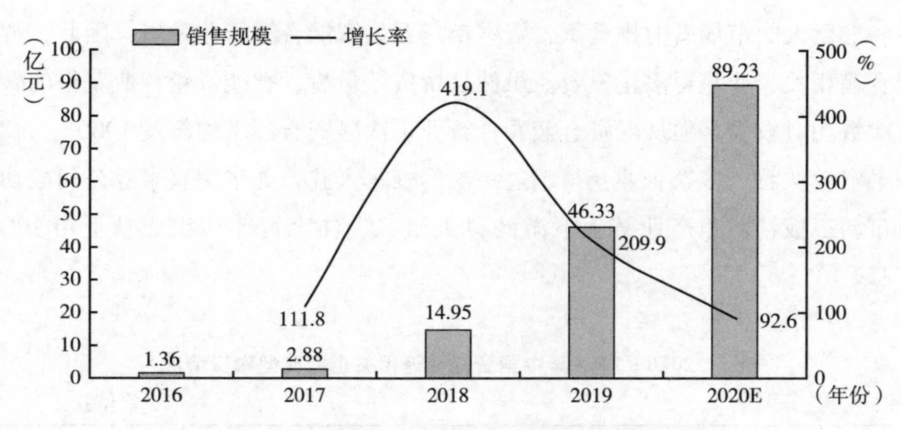

图1　2016～2020年中国智能音箱销售规模及预测

资料来源：iiMedia Research（艾媒咨询）。

能音箱需要通过接入物联网以最大化地展现其生态价值，因此需要语音交互功能、内容服务功能、互联网服务功能和智能家居服务功能等多样化场景和功能。因此，从产业链构成看，智能音箱产业链一般分为上游的硬件厂商、技术开发和内容供应商，中游的智能音箱生产、技术供应商，以及下游的终端智能音箱厂商，具体产业链环节如图2所示。

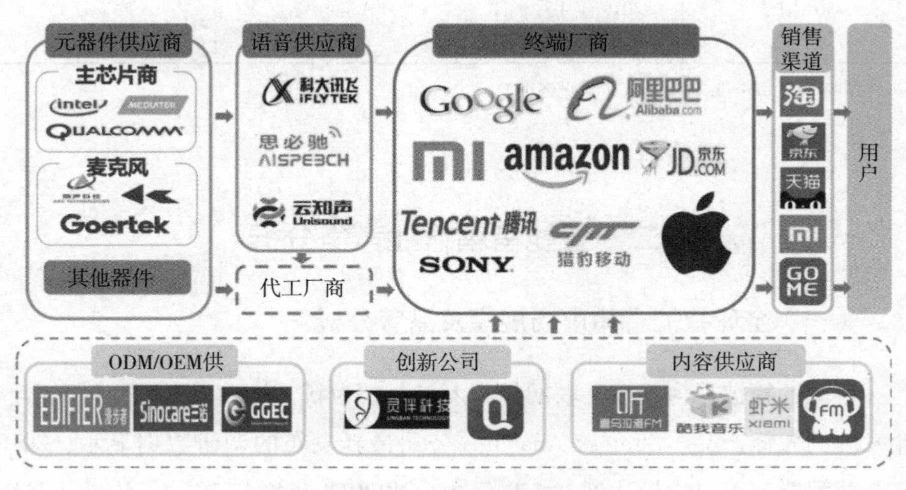

图2　中国智能音箱产业图谱

资料来源：iiMedia Research（艾媒咨询）。

在巨大的市场潜力推动下，资本市场看好智能音箱行业发展，因此，智能音箱相关企业获得多轮投资。虽然从融资数量看，智能音箱行业获得的融资次数相对较少，但从融资金额看，行业单次融资金额平均超过1000万元。从融资轮次看，多家企业获得超过一次的资本入驻，如华美兴泰等公司成功上市新三板，覆盖产业链上下游的科大讯飞、佳禾智能等也成功上市IPO（见表1）。

表1　2016～2019年中国智能音箱相关企业典型融资情况

单位：元

企业名称	时间	轮次	金额（人民币）
BeSound	2016年3月22日	天使轮	400万
音磅	2016年12月12日	天使轮	数千万
华美兴泰	2016年8月9日	新三板	—
旷世音箱	2017年4月14日	A轮	数千万
乐韵瑞	2017年3月13日	B轮	—
乐韵瑞	2017年12月18日	C轮	6000万
Crazybaby	2018年10月26日	B轮	7100万
猫王收音机	2018年11月12日	战略投资	数千万
猫王收音机	2019年4月3日	B轮	—
国声国学	2019年4月8日	A轮投资	数千万
佳禾	2019年10月18日	IPO上市	5.6亿

资料来源：iiMedia Research（艾媒咨询）。

二　智能音箱行业竞争分析

（一）全球智能音箱市场规模及品牌分析

智能音箱被视为连接互联网的新入口，成为新一代人工智能和物联网产业发展的先锋产品。Strategy Analytics公司最新发布的调研数据显示，2019年全球智能音箱出货量达到1.469亿台，比2018年增长70%。从具体品牌来看，美国亚马逊的智能音箱Echo占据先发优势，长期保持市场领先地位。

2019 年，亚马逊 Echo 出货量全球最高，占据全球 26.2% 的市场份额。[①]

而在过去几年里，谷歌也注意到智能音箱的市场发展，开发了谷歌 Home 并逐步进入智能音箱市场。Canalys 最新调研数据显示，2019 年，谷歌 Home 在美国的市场份额达到 23.9%，在全球的市场份额也跃升至全球第二。谷歌 Home 的进入令其他品牌看到了市场契机，撬动了原本亚马逊 Echo 市场龙头的地位，对亚马逊造成了不小的冲击。而 Voicebot.ai 数据显示，2019 年亚马逊 Echo 的市场份额下降了 10.8 个百分点，降至 61.1%；而与此同时，谷歌 Home 和其他品牌智能音箱的市场份额则有所增长。另据美国研究公司 Loup Ventures 预估，谷歌有望在 2023 年超过亚马逊成为智能音箱领导品牌。

在亚马逊和谷歌智能音箱激战的同时，中国智能音箱品牌的力量已经不容小觑。Canalys 数据显示，2019 年第一季度，中国成为全球最大的智能音箱供应商，智能音箱出货量突破 1000 万台，占全球的 51%，实现近 500% 的同期增长。[②] 然而由于中美贸易摩擦等复杂的国际形势，2019 年中后期，中国智能音箱的销量略降。不过，在 2019 年第四季度，中国的百度智能音箱、阿里天猫精灵和小米智能音箱的出货量排名分列全球的第三、四、五名，分别占全球市场的 5.9%、5.5% 和 4.7%。[③]

（二）中国智能音箱市场需求数据分析

在国内市场方面，经过几年的发展，百度、阿里和小米三大品牌占领了中国智能音箱九成以上的市场份额，行业形成了三足鼎立的竞争格局。2019 年中国智能音箱市场集中度较高，阿里、百度和小米的智能音箱销量位居前三名，这三个智能音箱品牌的市场份额达到 92.7%。

---

① Strategy Analytics：Global Smart Speaker Vendor & OS Shipment and Installed Base Market Share by Region，Telecom 网站，2020 年 2 月 17 日。

② Canalys：China Overtakes US in Fast Growing Smart Speaker Market，Canalys 网站，2019 年 5 月 20 日。

③ Canalys：Global Smart Speaker Market to Grow 13% in 2020 despite Coronavirus Disruption，Canalys 网站，2020 年 2 月 27 日。

但是，国内外巨头都瞄准了中国智能音箱市场，亚马逊和谷歌希望趁机切入，国内的互联网技术巨擘如腾讯、华为、京东等也纷纷加入。以华为为例，华为掌握着先进的5G技术并且拥有终端通信设备制造优势，它在2018年推出首款智能音箱后，又在2019年推出了定位高端市场的Sound X智能音箱，带给其他智能音箱一定的冲击。2019年《中国消费者的智能音箱品牌认知度调查》显示，目前小米的智能音箱有71%的用户认知度，排名第一；其次为华为，认知度53%；再次为百度和阿里，其智能音箱认知度分别为47%和37%。[①]

（三）智能音箱的人机交互发展趋势分析

随着技术的不断进步，智能音箱产品也开始迭代。一方面，智能音箱的直接相关技术得到发展，特别在语音识别方面的用户体验有了明显提升。在中国科学院发布的《智能音箱的智能技术解析及其成熟度测评》中，通过“听清率”和“听懂率”对智能音箱的用户体验进行测试，结果显示，百度推出的小度智能音箱系列的听清率高达98%。[②]

另一方面，智能音箱也在进行着产品迭代，从听觉语境向视听语境转化，进一步提高了人机交互体验。2017年，亚马逊发布的带屏智能音箱Echo Show开启了全球带屏智能音箱的新竞争赛道。2018年国内屏幕音箱仅占市场的1.8%，但是到了2019年市场份额增长到了13.8%，较上年增长了12个百分点。[③] 其带来的更便捷、更深入的人机交互体验，令其成为智能音箱新的发展方向。在智能音箱的带动下，2019年第四季度全球智能扬声器和智能显示器的出货量同比增长44.7%。[④]

① Strategy Analytics：Smart Speakers in China：63% of Non－owners Will Buy One Within Next 12 Months，Businesswire网站，2019年10月17日。

② 中国科学院：《智能音箱的智能技术解析及其成熟度测评》，流媒体网，2019年12月10日。

③ Canalys：200 Million Smart Speakers will be Sold before Year-end，Venturebeat网站，2019年4月14日。

④ Strategy Analytics：Global Smart Speaker Vendor & OS Shipment and Installed Base Market Share by Region，Telecom网站，2020年2月17日。

三　智能音箱用户画像及认可度分析

（一）中国智能音箱用户画像及购买意愿分析

艾媒咨询2019年的最新调查显示，智能音箱的用户以35岁及以下的青年群体较多，城市差异对用户的影响不明显。具体而言，智能音箱的男性用户居多，占60.5%，女性用户占39.5%。从年龄分布看，七成（70.8%）智能音箱用户在26～35岁。从地理分布看，智能音箱用户所在的城市级别分布比较平均，即一线城市、新一线城市、二线城市、三线和四线及以下城市平均都约占25%。换言之，智能音箱已经在各线城市基本得到普及，想要单纯依靠低价补贴等下沉市场策略，取得突破的概率不高；但是智能音箱的用户有明显的年龄特征，想要有效提升智能音箱的销售率，需要抓住和吸引青年群体。

此外，Strategy Analytics发布的《中国2019智能音箱用户调查》显示，目前中国有大约3500万个家庭拥有智能音箱，并且有超过一半的智能音箱用户拥有两台或以上的智能音箱。同时受访用户对智能音箱给出了很高的满意度评价，90%的用户表示智能音箱的功能体验超过了他们的预期，甚至有59%的用户表示已经无法离开智能音箱。①

（二）中国智能音箱潜在用户群体及市场发展潜力分析

艾媒数据显示，在2018年的智能音箱前景发展调查中，超过三成的网民对智能音箱发展持“看好”的态度，35.1%的受访网民持“中立”的态度，剩下27%的网民则对智能音箱未来发展并不看好。总的来说，智能音箱的不断发展给网民带来一定的信心，相信在一段时间后，网民对于智能音

① Strategy Analytics：Smart Speakers in China：63% of Non－owners Will Buy One Within Next 12 Months，Businesswire网站，2019年1月17日。

箱的前景会持更加积极的看法。

而在2019年，Strategy Analytics开展的另一项调查显示，在1044位受访者中，有22%还没有智能音箱的受访者表示，过段时间便会去购买一台智能音箱，另有63%还没有智能音箱的受访者表示，会在未来的一年内购买智能音箱。①

四 智能音箱行业面临的问题及发展机遇分析

（一）智能音箱行业发展问题

1. 人机交互体验需进一步加强

目前的中国人工智能语音识别技术与国外技术差距并不大。早在2016年，百度、科大讯飞和搜狗就陆续宣布自家企业的语音识别准确率达到97%。但是当语音识别运用在实际生活场景中，会受到许多因素的干扰，实际的识别准确率或会有所降低。如何在嘈杂的环境中准确捕捉到用户的声音、准确识别不同用户的语言习惯、口音，如何不断更新可识别的词汇量、语言、网络词语和方言等问题，都是语音识别技术在未来需要进一步加强的地方。随着一些硬件如麦克风、算法建模、数据收集等技术的升级，语音识别在现实场景应用时的准确识别率将会得到提升。

2. 接入场景需要进一步丰富

智能音箱作为未来智能家庭场景的入口，是连接、控制智能家居的枢纽中心。美国OC&C咨询公司在2018年的报告数据显示，在美国有62%拥有智能音箱的人都有语音购物的经历。② 但是在使用智能音箱时，大部分中国用户的需求只停留于基础层面，如听音乐、天气查询和闹钟设定等休闲娱乐需求，把智能音箱看成一个工具，而非一种人机交互的体验。然而智能音箱

---

① Strategy Analytics：Smart Speakers in China：63% of Non－owners Will Buy One Within Next 12 Months，Businesswire网站，2019年1月17日。

② Emarketer：Smart Speaker Shopping Gains Traction，Emarketer网站，2019年7月8日。

作为物联网的一个新入口，需要进一步挖掘用户的需求场景，加强智能音箱与未来交互场景的融合。

3. 产品发展及运营策略进一步优化

目前国内智能音箱的基本销售价格在百元左右，小米、百度和阿里推出的带有人机交互、语音控制功能的智能音箱基础价格都不到150元，补贴仍为厂商抢占中国智能音箱市场的主要手段。特别是在“双11”“618”等电商节日，各大品牌都大降价以提高产品的用户覆盖率。虽然在产品推广初期，通过价格战可以很好地促成销售转化，然而一味地进行价格战会让中小企业发展面临困境。因此，要开拓用户市场、提高用户存留率和积极性，还是需要企业进一步提高产品的用户体验，通过抓住青年群体这一核心用户的需求，提升产品覆盖率。

4. 用户信息安全监管需进一步完善

特别值得注意的是，智能音箱也暴露了很多安全问题，其中，信息安全问题最受关注。目前，智能音箱的信息不仅会增加用户个人信息暴露的风险，还有可能加大内容监控难度，甚至成为不良信息内容传播的渠道。同时，智能音箱过度“拟人化”的设计也引起如“不安全的依恋关系”等社会道德问题。智能音箱要真正在每个家庭中普及，还需要相应法律法规的监督和支持。

（二）智能音箱行业发展机遇

1. 5G时代物联网发展的新入口

除了个人用户端的智能家居是智能音箱未来入口之一，企业端也是目前各大智能音箱厂商抢占的主要领域。随着5G时代逐渐到来，物联网进一步发展，企业端如酒店、医院和养老院等的智能化应用场景的打造时机成熟。百度和阿里在2018年把智能音箱发展目光由个人用户端转变到企业端，进军酒店智能化领域，打造智慧酒店、无人酒店等智能产业。通过智能音箱的深度参与，实现酒店关键服务与用户的人机交互，用户语音控制诸如客房呼叫、室内设备控制和订餐等。2019年11月，小米也宣布进军企业智能场景

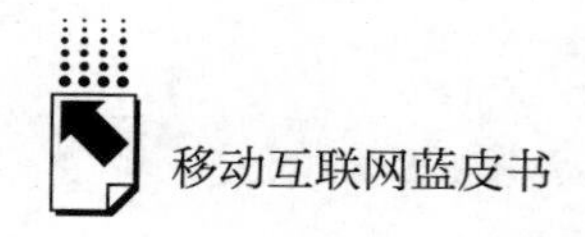

领域，为企业打造智能化的服务场景。企业智能场景成为智能音箱未来的新入口。

2. 知识付费及版权保护的新动力

目前国内智能音箱用户使用较多的功能是听音乐、信息类服务和设置闹钟，但是随着各大内容厂商开启了内容付费模式，智能音箱两个最常用的功能或成为行业的一个壁垒。比如天猫精灵用户就曾因为天猫与喜马拉雅 FM 停止合作而无法继续获取平台上的内容。因为知识付费，很多智能音箱接入的内容有限。随着中国用户知识付费意识的提高，内容购买服务、会员制付费等或会成为智能音箱未来的一个新盈利点。

3. 互联网流量竞争的新场域

2019 年智能音箱移动客户端用户规模已经达到 2370 万人，同比增长 8 倍以上；但同时，智能音箱移动客户端在行业的渗透率仅为 2.15%，还有很大的上升空间。这些数据进一步反映出智能音箱为其产业链上的内容、场景供应商带来的巨大流量，在交互方式转变的背后，是流量入口的转变。智能音箱强大的引流能力给企业带来巨大的商业价值，特别是以流量为王的互联网行业，未来智能音箱产业将会成为互联网竞争的领域。以阿里巴巴的天猫精灵为例，天猫精灵在早期就接入了虾米音乐、优酷、蜻蜓 FM 等音视频内容，还连接了自身的电商平台天猫、飞猪等，用户可以直接通过音箱进行内容消费和网上购物等。归根结底，智能音箱的竞争是互联网流量的竞争，更是物联网新入口的竞争。

参考文献

张建中：《声音作为下一个平台：智能语音新闻报道的创新与实践》，《现代传播》（中国传媒大学学报）2018 年第 1 期。

王海坤、潘嘉、刘聪：《语音识别技术的研究进展与展望》，《电信科学》2018 年第 2 期。

颜永红：《Echo：以语音交互为入口的软件定义音箱》，《网络新媒体技术》2018 年第7期。

孙永杰:《智能音箱“风口”背后：技术与生态之争才是根本》,《通信世界》2017年第20期。

尹琨:《智能音箱是广播的新风口吗?》,《中国广播》2018年第3期。

B.15
新文旅时代的智慧应用与精益管理

孙　晖*

摘　要： 当前，在数字中国建设、新基建的战略背景下，以5G、人工智能、区块链等为代表的互联网技术正深刻改变着人们的生活和生产方式，文旅产业也随之发生巨大变革，科技成为文旅产业发展的新引擎，并涌现众多智慧文旅应用和精益管理体系，形成科技与文旅融合的新模式、新业态。“智能+文旅”正在打破产业与科技边界，混合创新，催生共创型文旅新消费，共建一个数字文旅产业生态共同体。

关键词： 文旅融合　数字科技　智能+新生态

近年来，随着综合带动功能全面凸显，旅游产业逐渐全方位融入国家战略体系，同时作为老百姓美好生活方式的重要载体，在全域旅游、文旅融合、高质量发展的大背景下，也承担着更大的责任和使命。

当前以互联网为代表的新技术，正深刻地改变着人们的生活方式、生产方式，数字经济已成为全球经济增长的新引擎。在网络强国、数字中国、新基建的大战略之下，如何更好地推动科技与文旅融合创新发展，使新技术服务、应用到行业本身，值得深入研究。

---

* 孙晖，腾讯文旅产业研究院秘书长，从事产业互联网、智慧文旅方面的工作和研究等。

一　洞察：智能时代的新文旅发展

（一）智能时代文旅产业新变革

消费互联网时代，互联网已经改变了人们生活的方方面面，包括娱乐、休闲、生活、购物等，中国消费互联网在全球居于领先地位；到了产业互联网的新阶段，供给侧智慧化升级，从设计、供应、服务到商品的后端和前端打通，实现数据智能与网络协同。产业互联网时代，文旅行业的线上空间、线下场景和业态边界等将前所未有地被打开，科技在文旅融合、文旅消费、数字治理、国家文化软实力建设当中将发挥重要作用。这方面的实践才刚刚开始，对传统企业和旅游目的地来讲也是一个很大的发展机遇。

当前，我们看到了文旅行业的一些突出变化。首先，在消费层面，“千禧一代”成为主力，数字化、智能化、品质化、共享化、IP 化成为主流特征，从美丽风景到美好生活、从流量经济到体验经济的转变成为趋势。其次，在产业价值层面，文旅行业作为现代服务业龙头，已成为拉动消费和经济增长、助力脱贫攻坚、提高人民生活水平的重要产业。最后，在行业发展层面，中国旅游经济增长的动力由过去改革开放 40 年来的资源红利、改革红利、开放红利、人口红利，到了科技红利、转型红利、政策红利、创新红利的新阶段。

现代旅游市场规模大、发展速度快，但是总体来看旅游产业的现代化水平和创新能力还有待于进一步提升，要充分发挥科技、教育、资本、智库在旅游业改革创新中的作用，特别是要用好大数据、人工智能、5G 等新技术、新手段，在深度和广度两个方面推动智慧旅游向纵深发展。推动互联网与旅游业的融合发展，将有利于提升旅游体验、优化资源配置、提高综合效率，也是促进新消费、培育新模式新业态、推动高质量发展的必由之路。

近年来，在国家政策推动以及文旅行业发展进程中，涌现了一批优秀行业应用案例，在“科技 + 旅游”方面，如腾讯与云南省政府联合打造的全域旅游数字化平台“一部手机游云南”，旨在全面助推云南旅游产业转型升级、数字经济创新与实践，建设一个智能、健康、便利的云南全域旅游生态，在全国引领了“一机游”模式建设浪潮，推动了全国文旅产业的转型升级。在“科技＋文化”领域，如数字故宫、敦煌文创、“互联网＋秦文化”等创新手段和模式也获得了良好的效果和口碑。

（二）新文旅的特征和趋势

由于产业的进阶、技术的成熟和供需的升级，新的文旅时代已经到来，数字科技将驱动文旅融合、全链条数字化协同和智能化产业生态重构。新文旅总体呈现五个新特征：新体验、新管服、新融合、新业态、新生态。

1. 新体验：智能沉浸式体验、内容产品创新的文旅新玩法

Z时代人群[①]已成为文旅消费主力，对于服务体验、休闲个性、健康品质等要求更高。未来，互联网服务将在供需两端发挥重要作用，游客在旅游的全周期对于智能化将更加依赖。例如腾讯联合敦煌研究院以及人民日报社推出的集探索、游览、保护敦煌石窟艺术功能于一体的“云游敦煌”小程序，通过科技与文旅的融合，实现了智能交互和价值共创。

2. 新管服：精益服务和管理，打造现代化治理能力和数字竞争力

未来市场将从增量向存量转变，行业发展将回归到创新和效率之争，线上线下将加速融合。AI、大数据、区块链、5G等技术在文旅服务、管理和治理方面的应用将会发挥巨大作用。打造现代化治理能力，增强数字化竞争力，具体体现在游客综合服务、管理服务、大数据、宣传推广、安全服务等多个方面。

3. 新融合：云旅游及文创IP建设加速，成为文旅融合的重要抓手

旅游企业将强化数字化、网络化、社交化、互动化产品供给，云看展、云直播、云娱乐、数字文创等将成为未来重要的需求方式。当前互联网已经成为中国IP和国家文化符号建设的重要舞台，例如腾讯通过自身丰富的游戏、电竞、动漫、体育等数字IP内容矩阵和广泛的用户连接，与线下的文旅资源、目的地

---

① 1970年以后出生的人称为X时代人群，1985年以后出生的人称为Y时代人群，1996年以后出生的人称为Z时代人群。

进行创新结合，让传统文化更加流行，让流行文化更有内涵。同时也形成了从文旅 IP 规划到整体运营升级的方法论，助力文旅融合和产业经济发展。

4. 新业态：产业链延伸突破边界，场景的丰富催生文旅新业态

当下，文旅产业依托传统资源，运用科技进行创新升级，产生了很多新的体验、新的展览、新的场景。科技与文化的融合将创新模式，带来新的产业链供给，满足消费人群的需求。深度挖掘传统文化，用 AI 等高科技手段来展现，得到年轻人的高频率打卡和认可。此外，“IP + 智能化”主题酒店、数字博物馆、智慧剧院、数字小镇等新兴业态的出现，丰富了产品形态，形成产业链式发展。

5. 新生态：数字驱动、万物互联，构建协同共赢的数字生态共同体

通过行业专业分工构建生态共同体，通过科技等弥补线上能力，增强了上下游能力以及产业生态能力。打通政府、企业与消费者之间的关系，形成一个健康可持续的数字经济体，科技在建立新生态的过程中发挥了重要作用。运用互联网和新科技推进工具使用、产品应用、平台建设、生态系统的不断迭代和演进，应该成为企业、旅游目的地的长久战略思维。

二　应用：新文旅的智慧创新实践与探索

（一）智慧文旅产业发展概述

《2019 中国数字文旅发展报告》显示，2018 年我国 GDP 达 90.03 万亿元，数字经济总量达到 31.3 万亿元，占 GDP 的比重为 34.8%。根据中国社会科学院、国务院发展研究中心的研究，2017 年中国数字文化产业总产值为 2.85 万亿 ~ 3.26 万亿元，2020 年将达到 8 万亿元。[①] 从旅游数据看，2013 ~ 2018 年，我国在线旅游市场规模从 3070.1 亿元增长至 1.51 万亿元，2020 年，我国在线旅游市场规模有望突破 2 万亿元。[②] 而中商产业研究院发

① 中国旅游研究院、旅享视界：《2019 中国数字文旅发展报告》，2019 年 8 月。

② 《2019 年中国在线旅游度假行业研究报告》，2019 年 11 月。

布的《2019～2024年中国在线旅游市场发展前景及投资研究报告》提到，截至2019年6月，在线旅游用户规模近1.5亿，同比增长超六成，渗透率持续快速提升。① 综观文旅行业的发展轨迹可以发现，最近20年文旅行业发展是一个爆发的过程，技术在其中起到了重要的推动作用，引发了文旅行业新一轮的变革。文旅行业经历了1.0阶段（网络助力期）、2.0阶段（移动推动期）、3.0阶段（智慧引擎期），现在正在迈入4.0阶段（万物智能期）（见表1）。

表1　文旅行业发展阶段演变（文旅1.0到4.0：从物理连接到智力思想共享）

阶段	文旅行业1.0 网络助力期		文旅行业2.0 移动推动期	文旅行业3.0 智慧引擎期	文旅行业4.0 万物智能期
时间	1997年之前	1997～2009年	2009～2012年	2012～2019年	2019年至今
信息获取渠道（需方）	口口相传	网络获取	手机获取	手机获取	精准推荐
服务提供渠道（供方）	线下旅行社	OTA网站提供飞机、酒店预订服务	各类App提供不同服务	各类App提供不同服务	一键定制服务
技术迭代		互联网普及	3G/4G智能手机，App/移动支付/LBS	云计算/物联网/大数据/人工智能/5G	AloT数字物种
旅游体验	在陌生环境中较为困难	前期做大量准备，体验无太大变化	便捷消费，信息透明度增加，体验碎片化，景点服务待提升	“智慧文旅”出现，实现旅游服务、旅游体验个性化	“智能+”更加个性化的推荐，各环节无缝连接
旅游方式	跟团游为主流	自动游成为可能	休闲度假	休闲度假成为趋势	定制游大众化

1. 文旅行业1.0阶段：网络助力期

1997年之前是网络信息助力行业发展的时期。随着互联网的普及，携程、同程艺龙、马蜂窝等各种旅行平台纷纷成立，网络平台技术解决了信息

① 《2019～2024年中国在线旅游市场发展前景及投资研究报告》，2019年12月。

获取的痛点，但仍然不够灵活和方便。

2. 文旅行业2.0阶段：移动推动期

2009 年后，移动互联技术开始推动文旅行业向个性化消费方向发展。移动互联网和智能手机的快速普及，使手机 App 取代网站成为消费者获取文旅服务的主要入口，“随时随地的消费”和“说走就走的旅行”成为可能，但由此也造成了旅游体验的碎片化。

3. 文旅行业3.0阶段：智慧引擎期

近几年，5G、大数据、区块链、物联网等智慧技术崛起，为文旅行业发展提供了新的引擎，一方面，为行业转型升级提供了新的战略方向，另一方面，智慧技术的应用可以提升行业的服务能力，以满足游客日益增长的个性化和深度体验需求。

4. 文旅行业4.0阶段：万物智能期

2019 年《政府工作报告》指出，新动能正在深刻改变生产生活方式、塑造中国发展新优势。报告重视新技术的发展和应用，提出“智能 +”的号召，要发展壮大旅游业，加强文物保护利用和非物质文化遗产传承。云计算、5G、人工智能和大数据等新科技、新业态和新模式，正改变着旅游业既有的发展方式和产业格局，技术正在成为文旅行业发展的强劲引擎（见图 1）。

从文旅行业发展的四个阶段中可以看出，当前促进经济社会发展已经由过去的人口红利驱动向创新驱动转变，技术决定行业发展，只有适应技术进步，充分利用新的生产工具，提升生产力水平，才能抓住发展机遇，从激烈的竞争中脱颖而出。

（二）智慧文旅应用及精益管理生态体系

2019 年 8 月，国务院办公厅发布《关于进一步激发文化和旅游消费潜力的意见》，提出以高质量文化和旅游供给增强人民幸福感。其中，涉及智慧应用方面的内容包括：到 2022 年，实现全国文化和旅游消费场所都能支持银行卡或移动支付，互联网售票和 4G/5G 网络覆盖率超过 90%；引导文化和旅游场所增加参与式、体验式消费项目，积极拓展文化消费广度和深

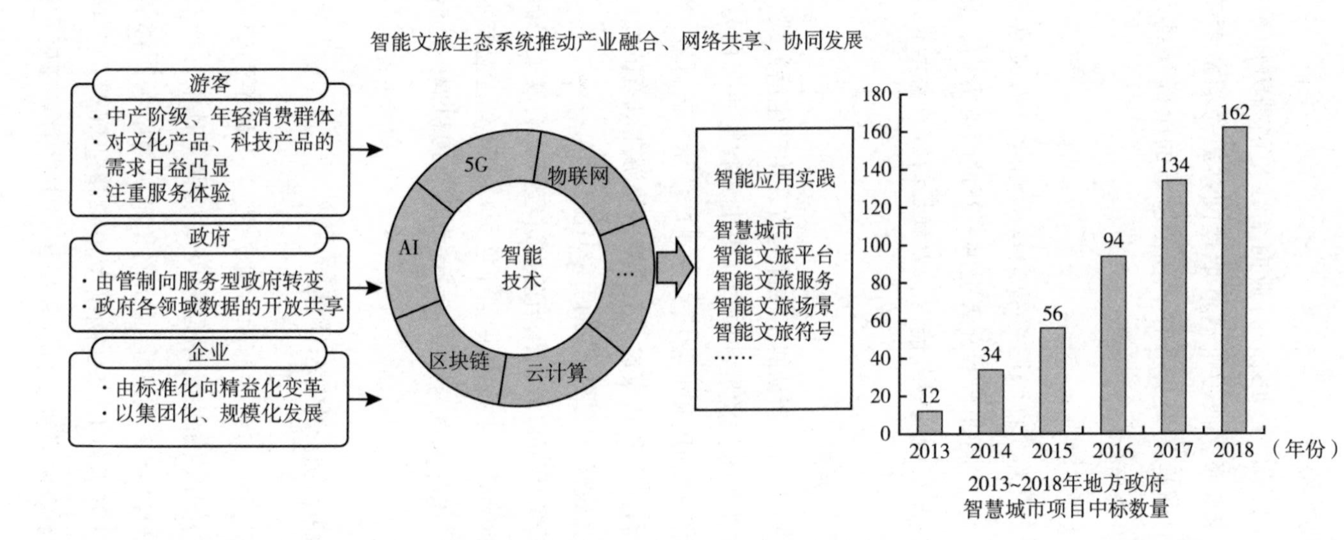

图1　智能时代的文旅4.0生态系统

资料来源：艾瑞咨询：《2019年中国智慧城市发展报告》。

度，注重利用新技术发掘中华文化宝贵资源，发展基于5G、超高清、增强现实、虚拟现实、人工智能等技术的新一代沉浸式体验型文化和旅游消费内容。

以5G、区块链等新一代互联网技术为基础的文旅行业发展成为热潮，旅游目的地开始构建以提升游客情感价值认知为核心，由地方政府主导、旅游企业和本地居民协同供给，具有普惠性、可信性、亲善性、易获得性、选择自由等特征的综合服务体系。同时，企业更加强调专业化、智能化、品质化、IP化，注重由科技赋能文旅产业发展的新业态，涌现众多创新智慧应用案例和精益管理体系，旅游目的地精益服务如图2所示。

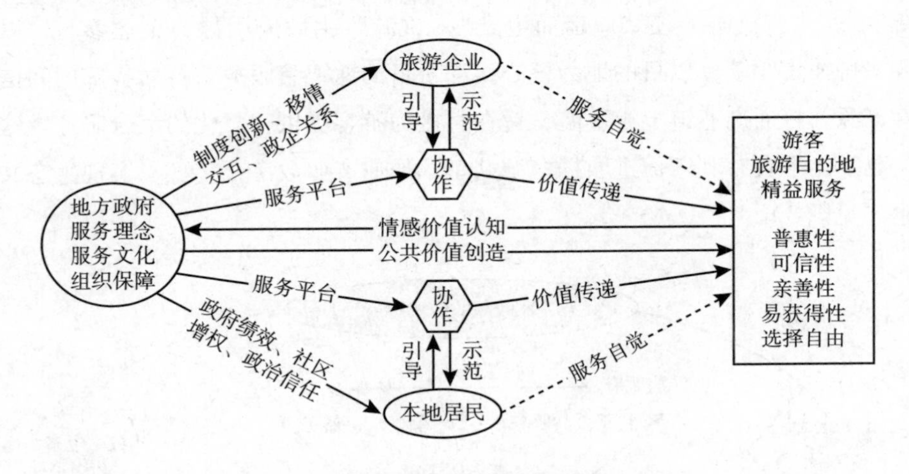

图2　旅游目的地精益服务模式

北京市将人工智能技术运用于无人驾驶摆渡车、智能刷脸跑道等，将科技与文旅要素结合，设计和创作了“端门数字馆”产品和“玩转故宫”等服务；将监管体系运用在区域全域旅游开发，创建了智慧旅游服务平台，实现了“一部手机游延庆”的旅游新体验，通过标准化、智慧化以及数据化的数字治理体系提升了城市公共服务质量。

云南等目的地景区数字服务体系，通过在线服务平台与数字身份体系连接，打通目的地文化旅游消费的数字化链条，覆盖文化场馆、酒店、景区门票、购物、特色活动等多个方向的场景，以数字身份为抓手，实现消费惠民与公共服务的无缝衔接，形成消费数据积淀。正如文旅部雒树刚部长在

2019年中国旅游集团发展论坛上提到的："一些地方与专业机构合作，运用互联网、云计算、大数据打造一部手机游平台，让游客可以通过平台享受吃、住、行、游、购、娱等各环节的一键订单、一码通行和一键投诉，让游客感到旅游体验自由自在。"

（三）智慧文旅创新实践与探索

1. "一机游"模式的产业应用和影响

在全域旅游发展的大背景下，借助数字化手段整合线下资源，构建发展新生态，"一机游"模式应运而生。"一机游"由政府引导，企业参与，以数字科技为驱动，以目的地为核心，深耕目的地智慧服务，打通各部门间信息资源，打通产业链上游下游，旨在直接为游客提供智慧化的综合服务。这一数字化平台有利于促进数据资源共享，加速产业数字化转型，实现生态共建（见图3）。

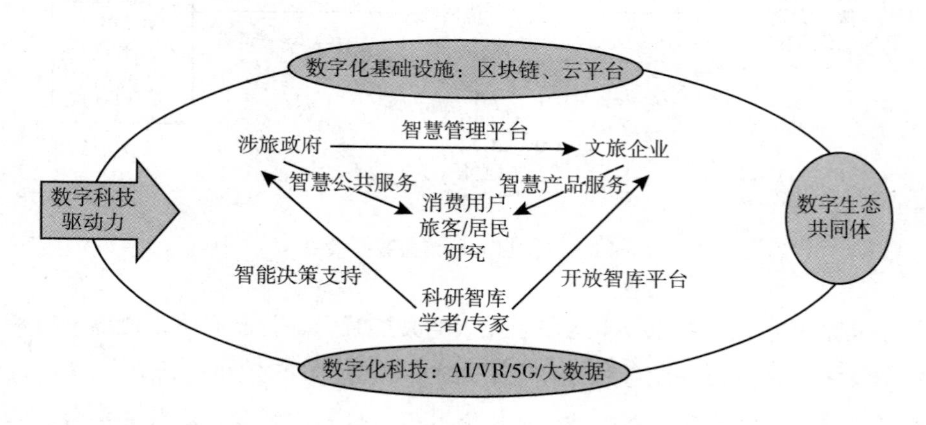

图3　"一机游"数字生态图谱

2017年，"一部手机游云南"项目开启了"一机游"时代，实现全程规划用户在云南的旅程，提供从机票、住宿、门票到购物的一站式服务，具有刷脸入园、移动支付、语音导览、拍照识物、智能厕所、景区直播等智慧化功能，实现了从景区智能设备部署到商家诚信体系建设，创新性地开创了智慧旅游的权威性、一站式、多业态发展。"一机游"模式为全域智慧旅游落地提供了一个范本，在全国乃至世界范围掀起了“一机游”的浪潮（见图5）。

云南“一机游”的成功实践，带动和引领了全国“一机游”模式的产生和发展

2018年3月28日
“一部手机游烟台”平台上线

2018年5月1日
“一部手机游都江堰”小程序上线

2018年12月29日
“一部手机游黄山”上线

2019年1月5日
“一部手机游三区三州”上线

2019年1月10日
“一部手机游乌鲁木齐”平台上线

2019年4月24日
“一部手机游河南”战略发布会举办

2019年4月12日
“一部手机游潇湘”平台发布

2019年4月30日
“一部手机游甘肃”上线

2019年5月3日
“慧游泰山”智慧旅游平台上线试运行

2019年5月3日
“一部手机游中国”成果展示

2019年5月19日
“一部手机游广西”平台上线

2019年5月19日
“掌游成都”App正式上线

2019年5月26日
“一部手机游贵州”小程序发布

2019年7月11日
“日照文旅”App正式上线

2019年8月29日
“游宁夏”App正式上线

2019年9月9日
“一部手机游衡水”平台上线试运行

2019年9月13日
“游山西”App上线试运行

2019年9月30日
“智游恩施”平台正式上线

2019年10月14日
河北省文化和旅游厅与腾讯公司签订战略合作协议

2019年10月22日
“一部手机游上海”App正式上线

2020年1月13日
“一部手机游江西”上线

图4　“一机游”在全国的发展

资料来源：《“一机游”模式发展白皮书》，2020年4月。

“一机游”的基础模块包括一个大数据中心，两个综合平台，五大统一体系（见图5）。“一机游”的外延模块包括平台的多个应用模块，以及景区智慧服务、特色文旅建设等实施项目。以数字全域旅游为切入点，“一机游”逐步连接其他领域，形成完善的产业链，将产业互联网不断延伸，促进各部门与互联网的深度融合，实现全社会的数据转型，达到多方参与共赢的效果。

未来，“一机游”在新一轮科学技术和产业变革的推动下，将继续推动游客、政府、企业相互协作，形成“铁三角”式的强势价值共创网络。其

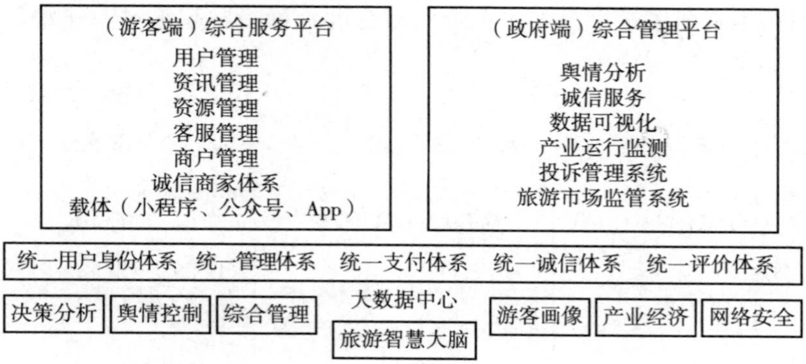

（游客端）综合服务平台
用户管理
资讯管理
资源管理
客服管理
商户管理
诚信商家体系
载体（小程序、公众号、App）

（政府端）综合管理平台
舆情分析
诚信服务
数据可视化
产业运行监测
投诉管理系统
旅游市场监管系统

统一用户身份体系　统一管理体系　统一支付体系　统一诚信体系　统一评价体系

决策分析　舆情控制　综合管理　大数据中心　旅游智慧大脑　游客画像　产业经济　网络安全

图5　“一机游”的基础模块

资料来源：游云南大数据中心。

中，数创体验将使游客从被动消费转向体验共创，数字治理促进政府职能从管制转向服务，数据赋能推动企业发展由标准化向精益化变革。

2. 文创 IP 的智慧化及文旅融合实践

大众旅游时代的到来，使年轻人的旅游消费出现散客化、去中心化、个性化的特点。随之而来的是游客的出游动机、组织方式、消费内容与消费模式发生了根本性变化。人们在旅程中不仅要看不一样的美丽风景，还要分享高品质的生活方式。因此，传统文化符号的构建成为目的地吸引游客以及文旅融合实践的重要一环，而文创 IP 的构建是其重要路径。

近几年，故宫博物院、敦煌研究院等文化机构以及景区目的地与互联网公司进行了广泛而深入的合作，成功打造了众多文创 IP。例如，故宫博物院联合腾讯公司通过社交、游戏、动漫、音乐、青年创新赛事、人工智能、云计算、LBS 技术、眼动技术等十大文创业态与前沿技术，全面助力故宫传统文化“活起来”，先后推出故宫主题 QQ 表情包、故宫传统服饰主题游戏、《故宫回声》主题漫画、“玩转故宫”小程序、“故宫国宝唇彩”换妆互动、《古画会唱歌》音乐专辑等十余款优秀代表作。

敦煌研究院与腾讯携手发起“敦煌数字供养人”计划，号召大众通过游戏、音乐、动漫、文创等多元数字创意，参与敦煌文化的保护和传承。双方共同打造的“敦煌诗巾”小程序，以敦煌石窟的藻井图案为灵感，将藻井层次丰富、富丽庄严的结构及图像特点融入互动中，同时从敦煌壁画中提取了较具代表性的8大主题元素和200多个壁画细节元素，供用户任意组合、设计。用户可以通过对上述设计元素的提取，DIY自己的专属敦煌丝巾，生成个性化的创意，并可以一键下单定制实物丝巾。所有参与互动的用户通过数字文创手段，成为敦煌数字供养人。

云南省通过“新文旅IP战略合作计划”，设计出云南旅游IP形象“云南云”，打造出《英雄联盟》校园电竞文创村、“人生一罐”表情茶、影旅联动IP“我们的西南联大”等案例。这些都成为云南旅游的新亮点，为云南打造全新的文化旅游体验。

随着文旅产业与科技融合的不断深入，文创IP的智慧化将成为文旅产业创新升级的重要抓手，也对旅游目的地打造文化标签、梳理活化及传承传统文化有重要意义。

3. 文旅新业态新模式的发展探索

随着文旅产业与科技融合的不断深入，以及供给侧改革的深化，文旅产业逐渐涌现智慧景区、智慧剧院、智慧小镇、智慧文博、智慧酒店、数字文创节等各种文旅融合发展新业态和新模式，给游客带来更加个性化、体验化的沉浸式旅游体验。例如，TGC腾讯数字文创节海南站，将线上场景和IP落地，受到年轻人的欢迎，整体人流破10万，活动场地日月广场的人流量提升了23%；国家大剧院打造的“线上剧院”App，整合现有的节目播出频道，打造了一个没有围墙、永不落幕的“线上剧院”开放体系；亚朵智能酒店通过AI技术、大数据、硬件集成化等手段打破了酒店的常规运营方式，为住客提供了从入住到离店的全链式智能服务体验等。

当前，我国旅游新业态发展迅速，但是和不断升级的旅游消费需求相比，还有很大可提升空间。未来，旅游新供给将立足于旅游消费新需求，在文旅融合大背景下，不断提高产品和服务的质量，提升旅游产品的文化内涵、科技含量、绿色元素等，让我国文化和旅游消费设施更加完善，消费结构更加合理，消费环境更加优化，文化和旅游产品、服务供给更加丰富，从而推动文化和旅游消费规模快速增长。

三　展望：“智能＋文旅”开创新未来

（一）新文旅时代的共创型文旅新消费

在消费升级的大背景下，“新中产阶级”以及“90后”“95后”“00后”等追求文化创意、科技创新的一代，正成为智能时代的文旅新消费人群。文旅产业升级的过程中，也催生了行业消费的三个新趋势：第一，文化消费开始崛起，从以前只是满足生活的物质需求，变成满足生活的精神需求，数字化、虚拟化等新一代沉浸式体验型文化和旅游消费内容也开始流行；第二，在人们对物质文化的需求达到更高的层次之后，消费方式也从“被动消费”变为“体验共创”，从“个体体验”变为“群体体验”；第三，旅游不再只是特定阶层和少数人可享受，已逐步成为国民大众的生活常态。

（二）打破产业与科技边界，混合创新

目前，世界已经进入数字经济发展新时期，互联网技术开始发挥“连接一切”的作用，产业之间的界限越来越不明显，产业互联网时代已然到来。产业互联网的实现，需要跨界共建数字生态共同体，形成新价值网络。当连接扩展到全产业、纵深到产业链的每个环节，需要传统行业发挥主导作用，利用互联网工具，构建适合自身特点的新型文旅数字生态网络，获得新动能、实现新价值；也需要互联网科技公司做好数字化转型助手，提供连接器、工具箱，进行文旅产业产品、服务、经营等方面的创新。

（三）共建数字文旅产业生态共同体

文旅与科技的深入融合，创造出越来越多的业态与产品，“文旅＋智

能”走到了前台，开始释放巨大潜能。伴随着科技手段被运用到文化和旅游场景消费中，游客、政府、企业“铁三角”式的价值共创网络也逐渐形成。这意味着，智能时代更需要关注的不再是拥有什么资源，而是跟谁合作、跟谁连接、为谁助力、对谁服务，从而共享更多的资源和更多的可能性。

未来，伴随着5G、AI、物联网、云计算、区块链等技术的落地，科技会成为文化旅游产业新的发展引擎，以“科技+文旅”为发展理念的智慧文旅逐渐成形，不仅催生更多新模式，提升产业连接效率，同时也为游客带来新颖、智能的体验和更高效、更人性化的服务。智能时代，从万物互联到价值网络，新技术对文旅的赋能通过价值网络贡献新思想、构建新生态、培育新商业、创造新体验。

参考文献

中国旅游研究院、旅享视界：《2019中国数字文旅发展报告》，2019年8月。

腾讯文旅产业研究院、现代旅游业发展省部共建协同创新中心：《智能时代的文旅4.0创新研究报告》，2020年1月。

腾讯文旅、腾讯云启：《2019产业互联网智慧文旅研究报告》，2019年5月。

腾讯文旅等：《“一机游”模式发展白皮书》，2020年5月。

B.16

内容商业化：生态、热点与发展趋势

何海明　马　澈　周婉卿*

摘　要：　内容产业从传统内容产业的1.0时代、数字内容产业的2.0时代发展到内容创业的3.0时代。内容变现逻辑分为一次变现和二次变现。2019年内容商业化的主要热点包括短视频主导、内容消费下沉、内容创作普及、内容电商和直播电商兴起、知识付费走向理性、内容出海显成效等。未来5G+4K+VR+IoT的应用，将激活更多内容场景和连接，形成“内容+”的产业化生态。

关键词：　内容产业　内容创业　内容商业化　移动互联网

一　内容商业化的含义、演进与模式

（一）内容商业化的含义与演进

内容产业（Content Industry）早期并不被认为是一个独立的产业，那些制造、开发、包装和销售信息产品及其服务的企业，在产业门类上被认为是文化产业、出版产业、传媒产业、信息产业的组成部分，这是内容产业1.0时

* 何海明，中国传媒大学广告学院教授，国家广告研究院副院长，主要研究方向为新媒体创业和企业营销战略；马澈，中国传媒大学广告学院副教授，主要研究方向为网络传播和数字营销；周婉卿，中国传媒大学广告学院硕士研究生。

代——传统内容产业，内容主要作为生产要素，通过物质载体（图书等出版物）销售或者吸引注意力支撑传媒的广告经营。随着信息技术和互联网的发展，数字化的信息内容逐渐产品化，可以进行加工和传播，由此产生内容产业2.0时代——数字内容产业，这一阶段主要是版权经济，传统的优质内容在互联网各种渠道上发行产生收入。随着移动互联网的发展，特别是社会化分发平台的出现和自媒体的崛起，内容逐渐摆脱媒介的束缚，成为流量的直接来源和依托，可以独立化运作，进入内容产业3.0时代——内容创业时代。2015年被认为是内容创业元年，发展至今形成了繁荣的内容生态，内容的形态和边界得到了极大的拓展，内容的产业链条也日益明晰，包括各类文化内容的创造、生产、包装、分发、营销、评估、交易等。相比内容产业1.0时代、2.0时代，内容创业时代一个突出的变化就是内容商业化（Monetization）的问题，内容可以直接作为商业化经营的产品，内容创作者可以通过多种变现方式来获取收入。移动互联网的发展和逻辑，对内容商业化的模式和趋势影响巨大。

（二）内容商业化的手段与模式

目前我国移动互联网内容的变现逻辑主要分为一次变现和二次变现，两者的区别主要在于内容变现的路径，前者是对内容产品的一次收费，而后者则要通过内容平台、通过对于内容衍生价值的二次开发来获取收入，具体手段与模式包括以下几种。

1. 一次变现

（1）用户付费。用户付费是用户直接对内容进行付费，这种方式大大缩短了从内容到收益之间的路径，对于内容创作者来说是最直接可见的变现方式，但也是要求较高的方式，对于内容创作者的知名度、专业度、产出内容的质量要求都相对较高，且目标用户为有付费意愿的特定群体，主要应用在知识付费和自有IP领域。

（2）版权收益。这是内容产业的传统收入模式，近年来随着互联网版权保护逐渐严格，版权收益形成两种手段：一是优质原创内容的创作者被侵权并发起维权后所获得的补偿费用；二是对现有内容文化进行深耕后，所开发的周边衍生品的售卖收益以及开发过程中的授权费用，如“吾皇万睡”“长草颜团子”等。

（3）内容电商。这是2019年最为“火爆”的内容变现模式，因为它的商业空间巨大。内容创作者自建电商平台售卖商品的模式称为自营模式，内容创作者需要负责电商销售的全流程，通常要有大量的资本和流量作为支撑，典型案例如“一条”“年糕妈妈”等。通过第三方平台售卖商品的模式称为电商导购模式，目前已有较为成熟的第三方电商平台提供产品供应、电商运营、开发等服务，内容创作者只负责选品和内容推广，通过销售分佣获得收益，典型案例如“黎贝卡的异想世界”“Alex大叔”等。

2. 二次变现

（1）平台收益。内容创作者在平台上发表内容，平台通过保底、分成、激励和奖金等手段对创作者进行补贴。这一模式在内容平台的快速成长期往往存在红利，能够给符合平台利益的内容创作者以较高的补贴。随着内容平台的竞争趋于稳定，内容创造者需要寻找其他变现模式。

（2）广告收益。广告是内容产业最重要的收益来源之一，也是最成熟的商业模式，其基本逻辑是由内容换取流量（即用户的注意力）进而换取广告收入。移动互联网内容广告变现的路径主要有三种，分别是媒体广告平台基于内容流量的效果广告，内容创作者直接与广告主或代理商进行合作的品牌广告和原生广告，以及内容创作者与广告主深入合作的整合营销服务。①

二 2019年内容商业化的基本生态

（一）内容商业化的PEST分析

1. 政策（Policy）：内容生态治理进一步加强

2019年我国继续强化内容监管，专项行动包括整治版权问题的“剑网

① 新榜研究院、腾讯媒体研究院：《内容产业商业化观察报告》，2018年11月。

2019”、净化网络内容的“净网2019”、维护新闻出版传播秩序的“秋风2019”以及专门整治未成年人接触较多应用的“护苗2019”等。12月，国家互联网信息办公室公布了《网络信息内容生态治理规定》，该规定自2020年3月开始实施，规范内容生产者、内容服务平台、内容服务使用者及网络行业组织的行为，明确了各级网络信息内容生态监督管理部门的职责，并对违反者所需承担的法律责任进行了规定。这一规定的出台势必会对内容商业化产生重要影响，有利于头部的、合规的内容创作者和内容平台，对于不良商业化行为形成打击。

2. 经济（Economy）：内容消费活跃，广告市场紧缩

近年来随着消费升级，作为精神消费的内容消费随之迎来良好的市场环境。2019年以来经济发展面临较大压力，但是由于“口红效应”,[①] 特别是2019年末至2020年初的新型冠状病毒肺炎疫情，广大人民群众一段时期内居家生活，减少了其他开支，进一步激活了精神内容消费。另外，受整体经济环境的影响，2019年前三季度中国广告市场整体下降8.0%,[②] 2019年全年移动互联网的硬广流量[③]首次同比减少，下降7.4%。[④] 在广告市场全面紧缩的情况下，作为传统市场主体的硬广存在下降趋势，而内容营销、内容电商因为广告效果显著，将会加快内容商业化的模式升级。

3. 社会（Society）：网络文化的普及、差异与连通

截至2019年6月，我国互联网普及率超过六成，越来越多的人通过互联网接触到生活环境之外的文化，移动互联网内容产业，无论是受众、消费者还是创作者，都出现了规模和社会圈层的扩大。但是，由于文化存在地区和阶层差异，形成了不同的内容消费品位和偏好，有利于内容类型和生态的繁荣。通过移动互联网的连通效应，文化流动随之加强，无论是内容创作者

① 指经济萧条时人们仍有强烈的消费欲望，会购买偏爱又廉价的商品，从而导致口红等类似商品热卖的一种经济现象。

② 媒体范围：电视、广播、报纸、杂志、传统户外、电梯、影院视频、互联网（非移动端）。

③ 广告范围：可通过加码监测，实现技术量化追踪的广告，不含软文、植入广告、KOL、直播等各种形式的内容营销，不含不可通过第三方监测的硬广。

④ 秒针系统、明略科技泛媒体行业研究：《2019中国互联网广告流量报告》，2020年1月。

的下沉，还是内容消费的上行，都将产生内容商业化的新格局。

4. 科技（Technology）：ConTech 兴起，推动内容产业升级

2019 年被称为内容科技（ConTech）元年。内容科技是指以人工智能、大数据等信息技术为内核，对内容产品的生产与消费链条、内容产业的组织与分工模式产生重大影响，包括区块链、物联网等在内的一系列数据与信息采集、存储、加工、传输的新技术。这些技术催生了内容产业领域的新应用、新服务。[①] 从其对于内容商业化的影响来看，主要是提升了内容分发的个性化和智能化程度，进而使内容付费和广告变现都趋于精准，提升了内容商业化的效率。比如，腾讯 2019 年推出的 ConTech 内容受众面预估模型，可以对内容的特征进行识别处理，在内容分发之前就可以预估其受众面的大小，有助于提高内容运营的效率。

（二）内容产业的主要类型

1. 新闻资讯

截至 2019 年 6 月，我国网络新闻用户规模达 6.86 亿，其中手机网络新闻用户规模达 6.60 亿，移动互联网渗透率为 78.0%。[②] 目前主流的移动端新闻资讯平台分为四类，分别为传统媒体数字化转型平台，如人民日报、澎湃新闻、央视新闻、南方周末等；传统互联网门户网站移动化转型平台，如腾讯新闻、网易新闻、新浪新闻等；聚合类资讯平台，如今日头条、一点资讯、看点快报等；垂直资讯平台，如汽车之家、虎扑、懂球帝、中关村在线等。2019 年优质内容成为新闻资讯平台争夺的焦点，众多头部平台纷纷延续并推出一系列优质内容扶持举措。新闻资讯内容平台的主要商业模式是广告。

2. 网络视频

网络视频内容主要涉及电影、剧集、综艺、赛事等持续时间相对较长的

---

① 《2019，内容科技（ConTech）元年》，人民网，2020 年 3 月。

② 中国互联网络信息中心：《第 44 次中国互联网络发展状况统计报告》，2019 年 8 月。

流媒体视频节目。截至 2019 年 6 月，我国网络视频用户规模达 7.59 亿，其中长视频用户规模为 6.39 亿。[①] 视频平台的主要商业模式有广告收益、用户付费及版权收益等。2019 年，网络视频进一步加强了用户付费的经营，爱奇艺、优酷、腾讯的付费用户数都超过了 1 亿，此外，它们还在探索新的变现方式，如视频电商“边看边买”。

3. 短视频与直播

经过近年来的大爆发，2019 年我国短视频与直播行业增长态势趋于平稳。截至 2019 年 6 月，我国移动互联网短视频用户规模达 6.48 亿，网民渗透率达到 75.8%；网络直播用户规模达 4.33 亿，主要包括真人秀直播、游戏直播、体育直播和演唱会直播。[②] 短视频与直播的主要商业模式有广告收益、内容电商以及平台收益，其中直播带货和短视频带货是 2019 年的亮点，出现了薇娅、李佳琦等现象级的“带货红人”，2019 年“双 11”淘宝直播成交额近 200 亿元，快手在“双 11”期间也与天猫联合举办了“双 11 老铁狂欢夜”，内容平台与电商平台的合作加深。

4. 网络音频

网络音频主要包括音频节目、有声读物（广播剧）、音频直播以及网络电台等形式。2019 年中国在线音频市场用户规模达 4.89 亿，[③] 主要受益于移动互联网的场景化收听与服务。当前主流的音频平台分为三类，分别是综合性平台，如喜马拉雅、荔枝 FM、蜻蜓 FM 等；有声读物平台，如酷我听书、懒人听书、阅文听书等；音频直播平台，如克拉克拉等。音频平台在有声书的良好版权基础上与知识付费结合，其主要商业模式是用户付费。

5. 网络阅读

网络阅读主要指阅读在网络上发布的文学作品以及已有出版物的电子版。截至 2019 年 6 月，我国手机网络文学用户规模达 4.35 亿，移动互联网

---

① 中国互联网络信息中心：《第 44 次中国互联网络发展状况统计报告》，2019 年 8 月。

② 中国互联网络信息中心：《第 44 次中国互联网络发展状况统计报告》，2019 年 8 月。

③ 艾媒咨询：《2019 ~ 2020 年中国在线音频专题研究报告》，2019 年 12 月。

渗透率为51.4%。[①] 网络阅读的商业模式主要是用户付费。值得一提的是，自2015年IP元年以来，我国网络文学扮演了IP源头的角色，展现了巨大的商业价值。

（三）内容商业化的核心主体

1. 移动互联网内容平台

内容平台是连通内容生产者与消费者的平台，是内容集成与分发环节中的重要主体。内容平台上游对接内容生产者，包括个人创作者、媒体或MCN机构（Multi-Channel Networks，多频道网络，内容生产者与内容平台之间的中介机构）；下游对接内容消费者与商业化服务者，是内容变现的主要阵地。根据平台内容类型的不同，可分为新闻资讯、网络视频、数字音乐、在线音频、数字阅读、短视频与直播、社交社区、垂直内容平台等，移动互联网主要内容平台如表1所示。

表1　代表性移动互联网内容平台

类型	代表性平台
新闻资讯	人民日报、澎湃新闻、今日头条、腾讯新闻、汽车之家等
网络视频	爱奇艺视频、优酷视频、腾讯视频、芒果TV、B站等
数字音乐	网易云音乐、QQ音乐、虾米音乐等
在线音频	喜马拉雅、蜻蜓FM、荔枝FM等
数字阅读	起点中文网、书旗小说、QQ阅读、掌阅、快看漫画等
短视频与直播	抖音、快手、淘直播、火山、微视、映客、陌陌等
社交社区	微信、微博、知乎、小红书等

2. 机构媒体

机构媒体在内容产业中充当内容生产者的角色，主要包括传统的纸媒、

① 中国互联网络信息中心：《第44次中国互联网络发展状况统计报告》，2019年8月。

广电机构，如《人民日报》、《南方周末》、央视新闻等；以及媒体集团在新媒体领域投资或成立的新媒体机构，如界面新闻、澎湃新闻、芒果 TV 等。区别于普通的自媒体创作者，它们拥有媒体基因，具备一定的媒体背景与定位；此外，它们在组织运作上也更具备专业性及组织性，在商业策略及目标上通常与其所在的媒体集团保持一致。2019 年机构媒体开始注重打造产品平台化与生态化。澎湃新闻在已有“湃友圈”“问吧”“湃客”的基础上，开放了媒体号，有更多的媒体入驻澎湃。另外，也将“湃友圈”打造成为小微博社区。

3. MCN 与内容创作者

MCN 指多频道网络，是内容生产者与内容平台之间的中介，上游对接优质内容，下游对接平台流量，业务范围涉及内容生产、集成与营销等多个环节。MCN 的核心职能是打造“网红”，为他们提供内容创作、流量曝光、商业变现等核心业务，MCN 的变现手段以广告收益和内容电商为主。

4. 商业化服务者

商业化服务者是指为移动互联网内容提供商业化服务的平台机构，主要包括广告服务机构、数据服务机构、电商平台及运营服务机构、内容推广机构以及版权交易机构。广告服务机构，如为中小企业提供营销服务的“微盟”、短视频营销服务平台“微播易”等，它们将广告主与优质内容创作者连接起来，帮助内容实现广告变现。数据服务机构，如新榜、清博大数据，主要是对内容的传播价值和商业价值进行评估。电商平台及运营服务机构，是内容电商的重要组成部分，2019 年出现了电商平台内容化（如淘宝直播）、内容平台化（如抖音小店）以及综合内容电商平台（如小红书）三种发展趋势。内容推广机构，指帮助内容生产者进行内容推广的机构，机构通过与平台合作，增加内容创业者或媒体所生产内容的曝光量，如新榜提供的“涨粉宝”服务。版权交易机构，主要包括版权公共服务、版权电子商务和版权产业聚集功能，2019 年出现了国家版权交易中心联盟。

三　2019年内容商业化热点现象评析

（一）短视频成为内容流量和商业化的关键平台

2019 年我国短视频用户规模达到 6.48 亿，因为占据了大量的碎片化时间并契合移动互联网特性，其平台黏性非常显著。数据显示，短视频整体的日均活跃用户规模达到了 5.74 亿，人均每日使用时长上升到 105 分钟，消耗了大量的内容流量和内容使用时间。[①] 2019 年抖音、快手都加快了商业化步伐，从引流到转化到留存再到变现，短视频内容可以将人、货、场连接起来，其中，抖音的全年商业收入可能达到 500 亿元，[②] 成为内容变现的重要平台。2019 年越来越多的品牌选择与短视频创作者合作推广产品，尤其是走亲民路线的国产品牌，如完美日记、百雀羚、花西子等品牌纷纷与温精灵、胡阿小小、王乃迎等短视频创作者合作推广。

（二）下沉再下沉：下线市场、低幼和银发人群内容消费提升

2019 年，我国 10 周岁以下的网民数量达 3400 万，增速达到 21.4%，60 周岁以上的网民数量达 5900 万，增速达到 39.9%，增速均显著超过其他年龄段。[③] “10 后”出生在移动互联网时代，伴随着移动互联网一同成长，移动互联网是他们最主要的信息来源。而绝大多数“60 前”的中老年群体也在全民移动互联的背景下，逐渐养成了使用智能手机的习惯，他们成为移动互联网内容消费新的增长点。随着移动互联网内容平台的大力下沉，城市与乡镇农村用户也不再存在内容级差，乡镇青年的内容消费潜力被大力激发。以短视频为例，2019 年三线城市及以下的用户占据了 56.7%。[④] 相较

① QuestMobile：TRUTH 中国移动互联网数据库，2020 年 2 月。

② 《抖音与快手的“攻守道”》，投中网，2020 年 1 月。

③ 企鹅智库：《2019 ~ 2020 内容产业趋势报告》，2019 年 12 月。

④ QuestMobile：GROWTH 用户画像标签数据库，2019 年 9 月。

原来的主力内容消费人群，低幼、银发和下线用户拥有更多的闲暇时间，对于泛娱乐内容、增长见识和技能提升类内容特别是短视频内容有更强的消费偏好。

（三）普及与细分：全民活跃创作，泛内容类型得到机会

随着移动互联网内容平台的普及和下沉，越来越多的普通人加入内容创作的队伍中，他们制作图文内容、拍摄短视频、做直播、做与互联网内容相关的创业。内容创作者不再局限于具有媒体从业经验的人，社会各行各业的人们都在内容平台上积极地自我表达，2019 年涌现一大批草根背景的创作者，例如竹鼠饲养员“华农兄弟”、电焊工“手工耿”、农民“本亮大叔”、表演团演员“皮卡晨”以及快递员“老四的快乐生活”等。在全民活跃创作的基础上，2019 年内容创作的垂直领域也进一步丰富，以快手为例，内容覆盖明星、体育、萌宠、美食、游戏、动漫、喜剧、才艺、科普、非遗等 20 余个类别，突破了原有内容产业的类型化局限。

（四）内容电商火爆，KOC 兴起，深挖内容转化力

内容电商作为 2019 年最火爆的内容商业化手段，受到平台和商业化双方的强烈关注。在这个浪潮中，市场主体发生了迁移，过去 KOL（Key Opinion Leader，关键意见领袖）是内容电商的首选渠道，随着 KOL 身价激增、成本高昂，出现了 KOC（Key Opinion Consumer，关键意见消费者）。KOC 的成本更加低廉，并且由于契合消费场景与内容平台，能带来更接近消费者的导购体验，其在实践中的销售转化率更高。从新榜 KOC 自助接单平台“自媒宝”的交易数据来看，粉丝数量不足 1 万的接单公众号的交易额占整体的 46%。[①] 在内容电商的带货手段上，2019 年是直播电商元年，除了薇娅、李佳琦等现象级网红外，还有 2 万名村播、40 位县长通过淘宝直播使当地的农产品走向更广阔的市场。

---

① 新榜：《2020 年内容产业年度报告》，2020 年 1 月。

（五）知识付费从焦虑到理性，需求更加明晰、内容更趋优质

2016年被认为是知识付费元年，知识付费商业模式的价值开始显现。以喜马拉雅FM的知识狂欢节为例，经过4年的发展，消费总额从2016年的5100万元增长至2019年的8.28亿元，2019年首次参与付费的用户占总人数的25%。[①] 但是2019年，用户逐渐觉醒，发现之前冲动之下的知识付费并未缓解知识焦虑，在知识付费产品的选择上也趋于理性，不再跟风付费。从知识付费的内容类型来看，2019年逐渐向亲子儿童、英语学习、职场技能、高品质阅读等需求更加明晰、内容更加优质的知识付费上迁移。对于知识付费平台和创作者来说，除了注重知识含量提升外，还需要更加重视完播率等数据运营以及产品上线后的用户服务。

（六）影视变局：央媒入局、电影网络首发、VVIP收费争议

影视作为内容产业的传统主体，在2019年迎来了一些看乎微小，却可能是里程碑式的变化。首先是央媒“躬身入局”，2019年央视新闻入驻抖音、快手等平台，大力探索短视频、直播等内容形态，并且尝试vlog（Video Log，视频日志），全面地以接地气的形式发布内容，引发了用户的热议与好评。央视还推出了“央视频”客户端，全力打造央媒自有的移动互联网视频平台。其次是院线电影网络免费首发。2020年初，受到新冠肺炎疫情的影响，春节档、情人节档电影全体撤档，徐峥导演的《囧妈》宣布于大年初一在头条旗下的全部平台和移动互联网平台上免费首发，上线3日总播放量超过6亿，总观看人次达1.8亿。这一事件有可能成为电影行业发行模式和商业模式一项里程碑式的探索。最后是视频平台试水VVIP会员（Very Very Important Person，高级别付费会员）与超前点映。2019年8月，腾讯视频推出《陈情令》大结局“超前点映”，用户支付30元可获得后续6集的超前点播特权，此后其他剧集和平台也纷纷效仿。VVIP会员超前点映

① 易观：《2019中国泛知识付费市场专题分析》，2019年12月。

成为腾讯视频和爱奇艺 2019 年增加营收的新手段。尽管引发广泛争议，但是这一手段有可能为高品质内容和具有粉丝经济特性的内容带来超额的内容变现机会。

（七）内容创业者的破局之道：技术赋能、私域流量与 IP

从 2015 年内容创业元年发展至今，内容创业的环境和机会都发生了巨大变化，逐渐告别流量和市场红利，趋于稳定和理性。在后流量时代，内容创业者关心如何破局，2019 年孕育了若干契机。

第一是技术赋能，2019 年是 ConTech 元年，原来内容创业者比拼的是创意能力和内容生产能力，而随着大数据、人工智能等技术的应用，给内容机构和创业者赋予了新的能力，那就是更加有依据的内容生产、更加个性化的内容智能分发以及更加精准、更加有效率的内容变现。

第二是私域流量，经营私域流量是弥补流量红利消失的破局之道。2019 年我国移动互联网活跃用户规模及人均使用时长在整体上都呈现放缓态势，内容平台也不再对内容创作者进行大力度的流量和收入补贴。这就需要内容机构和创作者充分利用自有阵地和社交网络，对存量用户进行深度运营、留存和转化。

第三是 IP 价值日益凸显，IP 开发走向细化。除了借力大 IP 以外，小而美的 IP 是 2019 年的新现象，如《慢游全世界》、《密食》、《一封家书》、《Bigger 研究所》及《透明人》等短视频系列节目，都致力于在后流量时代开发和维系小众 IP。

（八）内容出海“梦想照进现实”

对外讲好中国故事，增强中国的国际传播力一直是备受关注的问题。2019 年，中国文化内容出海取得重要突破，以李子柒、办公室小野为代表的民间内容创作者在 YouTube、Instagram 等平台上取得了成功。他们了解国外平台的机制规则，内容制作精美，且符合国外网民的审美和话语，通过边缘创新，开辟了一条新的对外传播的路径，甚至成为有影响力的

IP 形象和传播事件，引起海外媒体的关注与报道。这将激励更多的内容创作者在未来走出国门。2019 年，内容平台也纷纷提出国际化战略，推出适应国际市场的 App，将平台上的优质内容推送至全球各地，如抖音海外版（Tik Tok）、今日头条海外版（TopBuzz）、UC 头条海外版（UC News）、起点国际（Webnovel）、芒果 TV 国际版等。比较领先的是网文内容探索的出海模式，由最初的以出版授权为主，转变到海外内容平台的搭建与内容输出并重，再到 2019 年上线适应海外市场的原创内容并输出大量成熟 IP。起点国际 2019 年累计访问用户数量已超过 2000 万，向海外推出了 300 余部中国精品网络文学的英文翻译作品。大量网文 IP 改编的衍生内容风行全球，例如《扶摇》《天盛长歌》登上 Netflix 和其他国外主流视频平台。①

四　内容商业化的挑战与发展趋势

（一）内容商业化的挑战

1. 平台流量与数据垄断

尽管内容商业化当前呈现繁荣之势，但仍面临着内容创作者与内容平台之间的博弈。在双方的合作关系中，内容平台占据着主导地位。一方面，头部内容平台在流量分配上占有绝对的垄断地位，它们拥有流量入口，大部分内容创作者完全没有话语权，只有极少部分头部内容机构和创作者凭借其内容优势能够获得平台青睐和流量的倾斜；另一方面，内容平台掌握着数据和算法，由此在内容分发和广告匹配上也形成优势，这在智能时代尤为重要，内容机构和内容创作者在商业化上只能依赖平台。这种平台垄断使内容生态形成了马太效应，即 10% 的头部创作者占据了 75% 的流量和商业收入，②

① 艾瑞咨询：《2019 年中国网络文学出海研究报告》，2019 年 6 月。

② 周艳、吴凤颖：《互联网下半场内容创作的乱象与破局》，《现代传播》2019 年第 4 期。

大部分内容创作者无法获益。这就需要内容机构和创作者一方面加大私域流量运营，形成自有的用户来源；另一方面，在平台很难进入的细分类型领域深耕优质内容，做到内容的IP化与品牌化，例如星座博主“同道大叔”、传统美食文化博主李子柒等。

2. 内容“负消费”与调控

内容产业的数字化与传播渠道的无限扩张，让每一位受众都处于信息洪流之中，这些信息中难免有消耗了用户大量时间、精力和金钱的“负消费”内容。在以往的媒体秩序中，媒体拥有把关人，但是随着大量平台和自媒体内容的涌入，不再有人对内容进行把控，产生了大量鱼龙混杂的冗余内容，同时在商业化过程中也出现了虚假宣传和过度营销的现象，影响了用户对内容的健康消费。2019年以来，内容平台与监管部门都加强了对内容的净化与管控，短期来看，会影响到内容创作者的商业化和利益，但是长期来看，则会引导内容产业走向更加稳健的持续发展。

3. 模式创新与商业瓶颈

内容产业发展至今，尽管已经涌现一次变现和二次变现两种变现逻辑、多种收入模式，但是随着商业化走向深入，已有模式的变现遭遇瓶颈，需要不断开发新的收入模式，这就考验到行业的持续创新能力。从目前来看，纯粹广告收益模式和版权收益模式都已经遭遇天花板，用户付费模式从VVIP引发的争议来看，不能仅从收费模式上下功夫，还需要提升内容自身的吸引力，内容电商这种模式在短期内可能释放较大的商业价值，但是在未来也将迎来强监管的挑战。内容商业化需要给予技术更多的关注、融入新的技术浪潮以突破瓶颈，探索机会。

（二）内容商业化的机遇与趋势

1. 内容消费浪潮持续升级

尽管迎来了一波消费升级，但是从我国整体国民消费结构来看，内容消费支出在国民消费总支出中的占比依然相对较低，还有较大的发展空间。发展文化创意产业是我国经济转型升级的一个重要路径，除了娱乐消费的

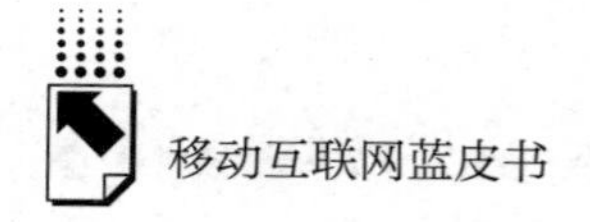

“口红效应”外，下一阶段内容消费的机遇将是与教育产业、旅游产业、现代服务产业的深度融合，不断扩展内容边界，提升内容的附加价值。

2. 人机耦合，解放内容创造者，提高内容变现效率

传统的内容创作都是由人来全部完成，这在一定阶段是我国内容产业的优势。比如我国的影视后期制作产业，就是通过劳动力优势在国际影视产业分工中获得一定位置和收益。然而，人工智能技术的应用，将会一步步解放内容创作者。比如，通过大数据和人工智能的分析，可以减少内容创作者在选题、策划和创作过程中的试错行为，提高内容的成功率。目前无论是在新闻创作还是广告创意领域，都出现了机器人的参与，如腾讯的机器人写稿和阿里的程序化广告创意都已经体现出技术的优势。当人机耦合走向深入，内容创作者将从低水平的重复劳动中解放出来，投身于更有价值的创意、优质内容制作，以创造更加打动人心的产品；内容创作者从商业化运营这一并不擅长的技术工作中解放出来，同时通过算法把内容智能匹配给最合适的用户和广告主，各种内容都能有特有的市场和收益。

3. 5G +4K +VR +IoT：内容的新平台、新形态与新机会

2019 年 6 月，我国 5G 商用牌照正式发放。5G 首先落地的杀手级应用可能就是直播，可能带来全民直播。全民直播带来新的内容场景、更加符合场景需求的内容类型，以及更加普及的内容创作者。直播的创作规律和传播规律一定不同于静态视频，现在其内容商业化与内容电商结合已经爆发出活力，未来有可能产生新的商业模式。4K 也已经在 2019 年得到广泛落地，超高清晰度电视和超高清晰度视频，是广播电视专业化制作和播出的优势领域，带来了难得的发展机遇。IoT（Internet of Things，物联网）也在 2019 年出现了各种消费级产品，如智能音箱、智能车机系统等，IoT 将开辟新的内容载体和更加多元的内容消费场景，各种硬件的普及将会加大内容的短缺，尤其是契合硬件特征的内容，这会放大内容的需求。4G 改变生活，5G 改变社会。5G +4K、5G + VR/AR、5G + IoT 带来的更有意义的趋势在于内容 + 产业的出现，比如在线教育、在线医疗、在线旅游、在线办公等。在“内容 +”生态中，内容并不是直接作为消费产品存在，而是回归到以往的作

为生产要素，并且叠加新的内容想象力和连接力的价值，为产业赋能。这将为内容从更大规模的产业经济活动和社会经济活动中获得一定的价值回报带来更加广阔的空间。

参考文献

新榜研究院、腾讯媒体研究院：《内容产业商业化观察报告》，2018 年 11 月。

中国互联网络信息中心：《第 44 次中国互联网络发展状况统计报告》，2019 年 8 月。

企鹅智库：《2019 ~ 2020 内容产业趋势报告》，2019 年 12 月。

新榜：《2020 年内容产业年度报告》，2020 年 1 月。

B.17
直播带货：2019年移动电商新风向

刘志华　陈　丽*

摘　要： 直播带货成为2019年移动电商发展新风向。直播带货平台丰富，模式多元，诞生了一批现象级主播。借助私域流量变现，直播带货成为移动电商发展新的增长点，拓展了下沉市场，助力乡村振兴，呈现巨大的发展潜力。直播带货在快速发展的同时，也暴露了准入门槛低、产品质量缺乏保障、售后维权难等问题。未来，随着资本大量流入，直播带货业态将不断演变，5G、VR等新技术将推动直播带货形式的创新，同时，随着政策监管趋严，行业整体将进一步走向规范化。

关键词： 直播带货　带货网红　移动电商格局　乡村振兴

近年来，中国在线直播行业发展迅猛，用户规模整体呈现上涨态势。在经历了游戏直播、社交直播的火爆后，2019年直播带货成为行业热点。直播带货，是指主播借助互联网平台，通过视频、音频等媒介形式，向消费者推介商品和服务、答复咨询，多数时候还会提供产品和服务的购买链接。直播带货开启了电商流量增长新模式，成为2019年移动电商发展的新风向。

---

* 刘志华，人民网研究院副院长、舆论与公共政策研究中心主任，主要研究方向为移动互联网生态与舆情危机处置；陈丽，人民网研究院研究员、智库项目主管，主要研究方向为移动互联网生态与新经济政策分析。

一 2019年直播带货基本市场格局

据光大电商预测，2019 年，中国直播带货市场规模达到 4400 亿元，相比 2018 年，增长率超过 200%（见图 1）。[①] 2019 年，也被业界称为“直播电商元年”。

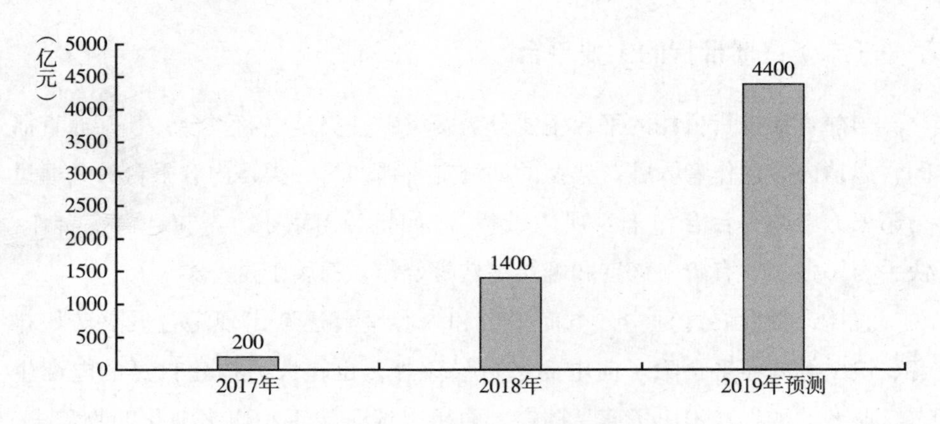

图 1 中国直播带货市场规模发展

资料来源：公开资料整理、光大证券测算。

（一）直播带货的基本模式

依照直播形态的不同，目前直播带货主要包括店铺直播模式、导购模式、走播模式等。

店铺直播模式是指主播针对店铺中的在售商品进行介绍，观众可通过与主播互动，请主播针对性地介绍某款产品。入驻电商平台的店铺多采取该直播模式，主播主要是两类人员：一类是店铺老板或员工，另一类是长期聘请的网红主播。

导购模式主要是主播和品牌商合作，寻找精准消费群体，借助主播流量

① 《直播带货总规模望达 4400 亿元》，http：//finance. eastmoney. com/a/201912121320886869. html。

带动品牌销量。主播往往借助自身议价能力压低商品价格或为粉丝争取赠品等。导购模式多带有秒杀性质，产品限量销售，卖完即止。淘宝主播薇娅、李佳琦等均采用导购模式，也是目前直播带货的主要形式。

走播模式，顾名思义，即主播到工厂或供应链基地做直播。一般由工厂、供应链基地做好场景搭建，邀请主播进行直播。该直播模式有较强的现场感，且有供应链团队负责货源准备。

（二）直播带货的主要平台

当前直播带货依托的平台主要分为两类：一类是电商平台，其开通直播间，邀请内容创作者入驻，典型的如淘宝直播；另一类是内容平台，其通过与第三方电商平台合作来实现“带货”。如抖音与京东、考拉、淘宝合作，快手与拼多多、有赞、淘宝和魔筷星选等合作，都属于这一类。

直播带货发展过程中，电商平台和内容平台逐渐出现融合发展。如抖音、快手等内容平台除了向电商平台导流外，也在大力构建自身的电商生态。典型的如抖音推出了商品橱窗，快手上线了快手小店来消化购物需求。京东、网易考拉、拼多多等电商平台与内容平台合作之余，也在自身平台开启直播，构建内容生态，进一步从电商直播市场“分蛋糕”。

淘宝、抖音、快手是目前直播带货依托的主要平台。淘宝凭借李佳琦、薇娅等头部网红主播的超强带货能力，以及自身完善的供货平台、内容生态，稳坐电商直播第一把交椅。淘宝平台公布的数据显示，2019 年“双 11”期间，直播带货成交额近 200 亿元，其中有超过 10 个“亿元直播间”，超过 100 个“千万元直播间”，预计未来三年淘宝直播还将带动 5000 亿元规模的成交。①

快手凭借独特的“老铁经济”，主打三、四线城市市场，将小镇中青年转变为直播带货的重点用户。2019 年，有赞 & 快手直播购物狂欢节

① 《薇娅、李佳琦稳坐一二把交椅，双 11 淘宝直播成交近 200 亿，直播带货潜力无限》，https://www.iimedia.cn/c460/66751.html。

（11 月 5 日至 11 月 6 日）期间，两天内有数百万卖家、1 亿多用户参与，下单数超过 5000 万。平台总交易额同比增长 400%，平台订单量同比增长 230 %。[①]

抖音通过内容分发机制筛选优质内容推送至用户，成为直播带货领域重要的竞争者。相关数据显示，2019 年“双 11”活动期间，开通抖音购物车功能的用户数量超过 200 万，相比 2019 年“618”活动期间增长 100%，抖音好物发现节标签播放量达 123 亿。在抖音参与商品分享的直播场次达 50 万，总计观看次数破 20 亿。[②]

（三）直播带货的产业链条

随着资本的涌入，直播带货逐渐进入专业化、产业化发展阶段。直播带货产业链中，主播端有了销售技能娴熟的专业主播和运营团队，还产生了挖掘和培养专业主播的 MCN[③] 机构，产品端则连接了产品上游供应链及供应链基地。

直播带货的发展推动了行业分工和岗位角色分化。如蘑菇街基于直播带货的迅猛发展，在内部孵化了一个企业，专职负责为企业提供做直播的 SAAS（软件即服务）和工具。直播带货还促进了一批产业基地的发展。如杭州九堡成为电商直播 MCN 机构的聚集地；正在修建的四川·成都“电商直播产业园”项目，作为西南首家基于电商产业发展构建的产业园区，一期建设将构建起“直播 + 电商 + 网红带货”的业务雏形。

---

① 《有赞快手直播购物狂欢节战报：观看总热度突破 60 亿》，http：//www. ebrun. com/ebrungo/zb/358183. shtml。

② 《抖音直播 11. 11 战报：商品分享视频日活跃用户超 5000 万》，http：//www. ebrun. com/20191112/359603. shtml。

③ MCN（Multi – Channel Network）模式源于国外成熟的网红经济运作，其本质是一个多频道网络的产品形态，将 PGC（专业内容生产）内容联合起来，在资本的有力支持下，保障内容的持续输出，从而最终实现商业的稳定变现，即为内容创作者提供运营、商务、营销等服务的专业机构。

二　2019年直播带货主要发展特征

2019 年，直播带货异军突起，在平台竞争、主播成长及市场拓展等方面呈现诸多重要特征，同时也暴露了快速发展过程中的部分问题。直播带货的发展也引发广泛的社会关注，相关话题在舆论场持续引发讨论（见表 1）。

表 1　2019 年直播带货热点话题热度

序号	话题	网媒	微博	微信	App	论坛	热度
1	李佳琦、薇娅等网红主播备受关注	89.5	87.2	89.9	86.8	86.3	88.3
2	多地、多平台启动“网红孵化”	84.9	86.6	81.0	81.1	77.0	82.0
3	众多明星加入直播带货	80.2	86.8	75.1	75.6	70.1	76.9
4	市县长等地方官员直播带货	66.1	86.2	72.3	73.0	68.3	72.3
5	网红主播带货“翻车”引热议	64.9	81.4	63.2	62.7	55.7	64.5

注：综合考察相关话题在网媒、微博、微信、App、论坛等平台的传播情况，数据统计时间为 2019 年 1 月 1 日至 12 月 31 日。

资料来源：人民在线舆情数据系统。

（一）借助私域流量变现，破局移动电商存量时代

著名财经作家吴晓波在 2019 年八大预测中曾指出，私域电商是 2019 年的三大商业模式创新之一（其他两个为：圈层社交、会员制）。① 相比其他电商营销模式，直播带货的一个显著特征就是推动了私域流量变现。在互联网从增量时代迈入存量时代的大背景下，电商用户增速放缓，整体流量增长碰到天花板。在电商平台不断寻求突破的背景下，网红主播的私域流量价值开始凸显。

私域流量强调主播自身进行营销和传播的自主控制权，指无须向平台

① 《吴晓波：2019 年的八大预测》，https：//www. sohu. com/a/286928759_ 355115。

缴纳流量推广费，能够随时随地触达、反复利用的渠道，包括个人微信号、微信群、抖音个人号、快手个人号、个人微博等渠道。过去，主播私域流量的商业变现主要依靠用户打赏形式，因内容同质化和用户付费意愿较低等，打赏模式遭遇一定的瓶颈。“电商+直播”的出现，为主播私域流量变现找到了新出路。直播带货在2019年的爆发，充分证明了私域流量变现的巨大价值。

直播带货能够实现私域流量变现基于两大重要因素。一是直播形式与电商内容的结合构建了一个高频率、强互动场景，这个场景在商品呈现、购物体验、社交互动等方面均有显著优势。消费者从中获得直观的产品信息，同时在群体效应的刺激下提升了购买欲望。二是主播个人魅力、专业能力的加持。对于主播而言，把粉丝经营成忠实用户，是私域流量变现的关键。消费者不再仅仅因为需要而去购买商品，对主播个人的信任、对其分享内容的兴趣都会激发购买其冲动。秒针系统发布的《快手平台电商营销价值研究》的数据显示，有32%的快手受访用户会因为信任主播的推荐而购买产品。①

（二）现象级带货网红备受关注，“马太效应”凸显

随着直播带货市场的爆发式增长，电商主播成为热门职业，甚至李湘、柳岩、王祖蓝等诸多明星也加入直播带货队伍。2019年，李佳琦、薇娅、辛有志等凭借超强的带货能力，成为家喻户晓的现象级带货网红。

一分钟卖出14000支口红，10秒钟卖出10000瓶洗面奶，5个半小时直播创造353万元营业额……李佳琦无疑是2019年最受瞩目的直播带货主播，其口头禅“OMG，买它买它”一跃成为网络流行语。被称为“淘宝直播一姐”的薇娅，2018年的直播成交量达到27亿，而2019年仅淘宝“双11”期间，其销售额已达到27亿元。

---

① 《快手电商报告：84%用户接受主播推荐产品》，http://www.ebrun.com/20190617/337959.shtml。

现象级带货网红的出现，与时代机遇、个人魅力、团队运营等众多因素密切相关。薇娅、李佳琦在直播带货领域多年耕耘，形成了鲜明的个人风格，积淀了忠诚粉丝。李佳琦魔性洗脑的夸张表达、美妆领域的号召力、真诚温暖的个性，让不少学生和白领女性为之沉迷；薇娅在日化品牌方面的专业性，亲切的个性，使其拥有诸多具有高消费能力的女性粉丝。此外，现象级主播背后还有团队对个人 IP 价值的充分挖掘。无论是李佳琦，还是薇娅，都离不开专业团队的协助——提升内容质量、沉淀粉丝、打通高性价比产品的供应链条。专业团队的协助确保了运营效率，为持续稳定的变现提供保障。

淘宝直播负责人赵圆圆曾透露，2019 年 4 月，淘宝直播日活跃用户数量（DAU）达 900 万，其中，薇娅独占 300 多万，李佳琦占 200 多万。而其余 6 万多个直播间竞争剩下的流量。[①] 从行业整体来看，以李佳琦、薇娅为代表的头部网红拥有较强的话语权和议价权，占据了较大的市场份额，直播带货行业呈现明显的马太效应。这也使不少平台和机构致力于培养超级网红。例如，2019 年，京东宣布计划至少投入 10 亿元资源，孵化不超过 5 名“红人”（超级网红）。[②]

（三）拓展下沉市场，挖掘电商消费潜力

随着一、二线城市消费群体趋于稳定，互联网平台加速向低线城市下沉。借助直播带货这一新模式继续吸收低线城市未完全释放的红利，成为各大平台突破现有电商格局的重要手段。

低线城市的购买力和消费升级是直播带货“下沉”的第一因素。根据尼尔森调研统计数据，自 2015 年以来，快消品市场大约 60% 的增长来源于

① 《李佳琦、薇娅等网红直播带货有多火？要注意的点有哪些?》，https：//www. sohu. com/a/347546850_ 120292233。

② 《京东推进红人孵化计划　投入至少 10 亿元资源》，http：//www. ebrun. com/ebrungo/zb/343208. shtml。

低线城市，低线城市复合年均增长率为7.9%，而一线城市为2.6%。[①] 从中可以看出下沉市场的市场潜力，特别是对于本身就立足于“下沉市场”的快手、拼多多等平台，深耕这一市场更是顺理成章。

低线城市的居民消费特点则是推动直播带货发展的另一重要元素。相比一、二线城市，低线城市居民拥有更充裕的休闲娱乐时间，直播带货社交化、娱乐化模式契合了他们的需求。消费者与主播之间以及消费者之间的即时互动，带给小镇居民更多的新鲜感。《2019年淘宝直播生态发展趋势报告》显示，淘宝直播在五、六线城市的核心用户占比最高，且核心用户的黏性很高，他们在淘宝直播的日均停留接近1个小时，并且数量还在快速增长。[②] 艾媒数据中心统计的2019年上半年中国网民对直播电商关注率的城市分布情况显示，三、四线城市及县城对直播电商关注率最高，占比达79.3%。[③]

（四）直播带货助力脱贫攻坚与乡村振兴

电子商务能够创造就业，改善民生，特别是其对于乡村振兴、脱贫攻坚的价值此前已得到广泛验证。世界银行发布的《电子商务发展：来自中国的经验》报告指出，中国电商发展速度居世界前列，交易额占全球电商交易额的40%以上，中国电商在经济增长、产业创新、就业扶贫、改善社区方面的领先经验，值得全球发展中国家借鉴，报告针对中国2118个淘宝村的调查发现，电商家庭比非电商家庭的年收入高80%。[④]

直播带货在提高农民收入方面具有突出的优势：门槛低，投入小，一个人一部手机就能开播创业。通过直播，偏远地区的乡土特色、“原生态”以

---

① 《三大动力驱动快消品市场发展》，http：//finance. sina. com. cn/stock/relnews/us/2019-10-21/doc-iicezzrr3617248. shtml。

② 《2019年淘宝直播生态发展趋势报告》，https：//www. sohu. com/a/350107428_120406166。

③ 《电商行业数据分析：近八成中国三四线城市及县城网民关注直播电商》，https：//www. iimedia. cn/c1061/68991. html。

④ 《世界银行发布〈电子商务发展：来自中国的经验〉》，http：//news. chinabaogao. com/it/201911/11254640432019. html。

及主播个人的风格得以直观展现，一些特色产品在全国打开销量。此外，移动互联网在农村的普及，以及农村物流等基础设施的改善，也为电商活动的展开提供了基础。一些农村的草根主播利用平台获得了推广商品的便利渠道，实现了增收致富。电商直播也成为各地探索精准扶贫的重要抓手，多个国家级、省级贫困县（区）联合快手、抖音等平台，以“电商直播+短视频”的形式，带动贫困地区特色农产品及商品的销售，扶持农产品品牌。数据显示，截至2019年9月，超过1900万人在快手平台获得收入，其中，逾500万人来自国家级贫困县（区）。[①] 2019年3月，淘宝直播启动“村播”计划，计划在全国100个县培育1000名农民主播，帮助农民通过直播形式销售农产品。

基层政府的主要负责同志，参与直播带货，为当地产品“代言”，也成为一大景观。官员是直播带货队伍中的一支特殊群体，为了留住观众，许多人一改往日严肃的形象，学着与网民互动，也由此诞生了不少“网红官员”。其中许多直播带货活动，由省一级或市一级政府统筹推动，与互联网平台进行系统化合作，也取得了良好成效。总体来看，官员直播带货的示范和带动作用大于实际带货作用，更关键的还在于带动培养更多乡村“带货达人”。2020年是全面建成小康社会的决胜之年，是打赢脱贫攻坚战的收官之年，又面临疫情防控的严峻考验。在人员流动不便、农产品销售渠道不畅的背景下，越来越多的地方官员走进助农直播间，推销当地特色农产品，“县长直播天团”成为一道新景观。分析认为，2020年将成为“县长直播元年”。

（五）商品质量低劣、虚假宣传、售后维权等问题亟待解决

在直播带货爆发式发展的同时，一些问题逐步暴露出来。网红主播李佳琦销售的不粘锅在直播演示的过程中却粘了锅，作为一个典型的“翻车事

① 《快手上的“国民经济”：超过1900万人在快手平台获得收入》，https：//baijiahao.baidu. com/s？id=1647183972701941350&wfr=spider&for=pc。

故”广为流传，也引发了公众对于直播带货乱象的关注与讨论。

总体来看，当前直播带货存在的问题主要表现在以下几个方面。一是部分产品质量低劣，有的是“三无”产品。部分销售商品的质量、来源、渠道不明，缺少监督。二是虚假宣传，误导消费。一些直播带货存在不同程度的夸大宣传，消费者收到的商品的功能与网络经营者的宣传不符。另外，存在刷单等数据造假问题。三是交易过程中提供的服务缺少监管，存在卖家不发货、延迟发货、发货商品与销售不符等情况。四是缺少售后保障，消费维权困难。相关交易一般地区跨度较大，常通过微信付款等方式私下交易，许多产品售出后便下架，一系列因素导致消费者一旦对商品不满意，或发生消费纠纷，举证困难，维权成本高，退换货等需求无法得到保障。2019 年，中国消费者协会发布的十大消费维权舆情热点中，直播带货的消费问题成为一个重要方面。[①]

作为一种新兴的电子商务营销模式，直播带货的交易方式有其特殊性，但总体来看，没有超越我国现行的法律规范范围。推荐产品的主播，类似广告代言人，符合《中华人民共和国广告法》中的对产品代言人的定义。广告法要求产品代言人必须使用过推荐的商品或服务，即如果代言人想为某件商品或某项服务代言，必须先使用该商品或接受该服务。同时，根据广告法第五十六条第二款规定，关系消费者生命健康的商品或者服务的虚假广告，造成消费者损害的，其广告经营者、广告发布者、广告代言人应当与广告主承担连带责任。

与此同时，主播所处的平台也需要承担相应责任。根据我国电子商务法第三十八条规定，“电子商务平台经营者知道或者应当知道平台内经营者销售的商品或者提供的服务不符合保障人身、财产安全的要求，或者有其他侵害消费者合法权益行为，未采取必要措施的，依法与该平台内经营者承担连带责任”。

---

① 《十大消费维权舆情热点发布》，https：//baijiahao. baidu. com/s? id = 1655664036110866066&wfr = spider&for = pc。

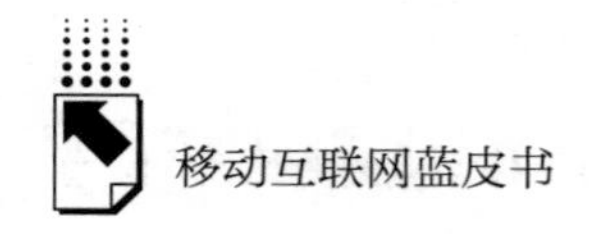

总体来说，无论是主播个体的自我约束，还是平台的相关规则，以及监管部门的针对性监管措施，都需要在行业发展过程中不断完善。

三　直播带货未来发展趋势

（一）资本大量涌入，直播带货竞争日趋激烈

据艾媒咨询的数据，预计2020年我国在线直播的用户规模将增至5.26亿人，直播电商销售规模将达9160亿元，约占中国网络零售总额的8.7%。随着直播带货经济效益的显现，资本必然加速涌入。天眼查专业版数据显示，我国目前从事电商直播和网红业务的相关企业有1200余家，其中近三年新增的企业有563家，占比将近47%。具体来看，超过200家直播电商企业曾获得过融资。2020年以来，海淘电商“洋码头”宣布获得数亿元D轮融资，社交电商小红书被曝正在进行新一轮融资，直播电商解决方案服务商特抱抱获投1000万元人民币天使轮融资。

新冠肺炎疫情的暴发，导致线下零售行业几乎停摆。依靠直播带货模式向线上发力，成了诸多行业的选择。2020年2月，以苏宁、红星美凯龙、海底捞等为代表的零售、餐饮业负责人频频通过直播带货拉动销量，取得了不错的成效。更有主营企业数字化营销业务的深圳市加推科技有限公司决定取消在百度等渠道的广告投放，将核心战略转向直播，还为此成立了专门的学院。这一转型也反映了直播在企业营销方面的重大价值正在受到越来越大的重视。此外，地方领导干部、企业家、专业人士等纷纷试水直播带货，进一步推升行业热度。

地方政府也成为推动行业发展的重要力量。如广州市提出推进实施直播电商催化实体经济“爆款”工程，即构建一批直播电商产业集聚区、扶持10家具有示范带动作用的头部直播机构、培育100家有影响力的MCN机构、孵化1000个网红品牌（企业名牌、产地品牌、产品品牌、新品等）、培训10000名带货达人（带货网红、“网红老板娘”等），将广州打造成为

全国著名的直播电商之都。[1]

政府、平台、企业等多方力量的持续介入，以及资本的加速聚集，使直播带货有望为移动电商发展持续提供新动力。与此同时，行业竞争将更加激烈，从平台到主播的竞争格局都将加速演变。

（二）业态发展：去品牌化、强供应链与反向定制

随着直播带货竞争加剧，对相关商品的个性化需求匹配、品控、供应链、售后的要求必然不断提升，这也将倒推主播专业度的提升以及整个产业链条的变化。

直播带货模式下，人与商品之间形成隐藏的背书关系。部分消费者购买商品，并不关心商品品牌，而主要看主播是否可靠、主播的议价能力以及选品风格等，使商品品牌的作用相对弱化。与此同时，直播带货为了快速激发消费者的购买欲望，需要随时响应消费者需求的变化，需要上游工厂快速上新与出货。以上特征可能带来两大变化：一方面，需要建立更加完善的供应链来实现对商品供销的快速反应；另一方面，在去品牌化背景下，部分主播可能尝试以消费者为市场主导的反向定制方式，即聚合数量庞大的消费者需求，向商家进行定制化采购。部分超级主播将通过自创品牌使自身影响力进一步变现，即主播通过直播前端数据获知消费需求，采用自创品牌、委托设计与制造的方式，进行定制生产。以超级主播为核心，串联直播平台、供应链、工厂、消费者等多方运转，打造成熟体系。

（三）5G、VR等新技术推动直播带货形式创新

5G产业的发展，AR/VR设备的普及，也会从技术层面给直播带货带来巨大的想象空间。5G环境下，直播的载入速度和清晰度将有大幅提

① 《广州“16条”打造直播电商之都》，http://www.gz.gov.cn/xw/jrgz/content/post_5743323.html。

升，直播制造的临场感，也会愈发生动鲜活。VR 直播营造虚拟的购物环境，使观众“身临其境”，商品细节一览无余，可实现人与场景的更多交互体验。此外，更多的虚拟网红可能涌现。目前，已出现一些 CGI（电脑生产图像）虚拟网红，比如，海外社交平台 Instagram 上的虚拟网红 LilMiquela，不仅在 Instagram 上有超过 180 万的粉丝数量，受邀出席 Prada 秋冬秀，还和美国总统特朗普一起入选了《时代》杂志全球 25 大网红。虚拟网红因具备更强的可塑性与趣味性，拥有较强的营销能力，未来可能受到电商平台青睐。

（四）政策监管趋严，行业整体走向规范化

互联网业态的发展有其特殊性，一般具有技术或模式创新性强、爆发性发展等特征。与此同时，相比行业的快速发展，相关监管往往表现出一定的滞后性，在包容审慎监管的原则下，行业往往形成“先发展，再监管”的路径。2019 年直播带货的发展可谓“野蛮生长”，在创造了亮眼的商业成绩的同时，也带来了大量消费问题。2019 年 11 月，国家广播电视总局办公厅发布通知，要求网络视听电子商务直播节目和广告节目用语要文明、规范，不得夸大其词，不得欺诈和误导消费者等。[①] 这一通知明确地传达出强化监管的政策信号。随着直播带货逐渐成熟，相关监管政策也将逐步细化，对侵害消费者权益的行为加大打击力度，提高违法成本，推动行业进一步走向规范发展。与此同时，直播带货平台作为重要的组织方、参与方、责任方，也需要不断完善主播诚信评价机制、提高准入标准，进一步构建健康的交易生态。对于主播个体，也需要在提升自身专业水平和遵守商业规范方面做出更多努力。

---

① 《国家广播电视总局办公厅关于加强“双 11”期间网络视听电子商务直播节目和广告节目管理的通知》，2019 年 10 月 29 日。

参考文献

刘东明:《抖音电商运营:广告+引流+卖货+IP变现》,中国铁道出版社,2019。
郑适:《中国B2B电子商务的发展与障碍》,中国经济出版社,2010。
艾瑞咨询:《2019年中国社交电商行业研究报告》,2019年。
张程:《直播“带货”监管需跟上》,《检察风云》2020年第3期。

B.18 2019年移动互联网反欺诈研究报告

董纪伟　杨晓东　田晟宇　王　毅　王悦悦*

摘　要： 2019年以来，中国移动互联网欺诈手段呈现新的态势，覆盖申请、支付、交易、营销活动、渠道等多个环节。行业监管治理取得了一定的成效，但在整体上形势仍比较严峻。通过对2019年重点细分领域的典型欺诈攻防案例的分析，我们能够深入了解移动互联网中的专业欺诈攻防过程。2020年移动互联网反欺诈面临传统反欺诈方法失效、专业人才缺失、新冠肺炎疫情影响等严峻挑战，需要尽快构建以AI驱动的反欺诈风控体系，成立反欺诈联盟，形成全行业联防联控机制。

关键词： 移动互联网　黑产　反欺诈体系　决策引擎　反欺诈联盟

一　2019年移动互联网欺诈风险形势及特征

据《中国数字用户行为年度分析2019》① 统计，2019年第一季度中国数字用户规模首次突破10亿人，2019年底用户规模达到10.17亿人，同

---

* 董纪伟，同盾科技策略建模总监，私有云解决方案负责人，主要研究方向为决策引擎、AI模型、风控智能分析与决策；杨晓东，同盾科技高级解决方案专家，主要研究方向为知识图谱和数据中台；田晟宇，同盾科技互联网行业售前支持，主要研究方向为互联网反欺诈分析与决策；王毅，同盾科技资深策略分析师，主要研究方向为支付金融风控体系建设及风控产品；王悦悦，同盾科技互联网反欺诈策略分析师，主要研究方向为互联网企业和传统企业反欺诈风控策略支持。

① 易观：《中国数字用户行为年度分析2019》，https://www.analysys.cn。

比增长2.19%，2019年全年，中国数字用户日均活跃用户高达9.8亿人。在移动互联网规模扩大的同时，欺诈风险也呈现新的特征，形势依然严峻。

（一）2019年移动互联网欺诈形式

（1）垃圾注册：黑产通过机器脚本批量化操作，注册大量账号，为后续营销活动薅羊毛、刷人气、广告导流等行为做准备，在对企业后续业务行为埋下隐患的同时，由于平台内产生了大量虚假账号，会对用户留存率等统计指标造成严重干扰，甚至可能导致平台产品发展决策失误。

（2）恶意登录：包括拖库、撞库和暴力破解，即非法盗取并登录他人账号，可能导致平台用户经济或信誉损失，尤其是电商、游戏、社交、支付等类型平台。

（3）渠道假量：目前为App渠道推广市场的普遍现象，网上充斥着各种出售假量的团队，不同渠道激活用户质量参差不齐，对平台广告投放费用造成了严重浪费。

（4）虚假刷量：通过虚假刷量方式来提高自身曝光度，如刷直播间人数、刷粉丝数、刷点赞、刷商品成交量等。

（5）营销活动套利：滥用平台的各种营销活动机制，如新人奖励、用户裂变拉新奖励、签到奖励、秒杀优惠、商户补贴等，通过批量操作大量虚假账号以积少成多的方式进行套利。

（6）广告导流：黑产通过在流量聚集的平台发布大量虚假广告信息，将用户导流后进行各种类型的欺骗，如推荐假冒商品、色情诈骗等。

（7）交易欺诈：在交易支付环节，平台常会面临盗卡盗刷、iOS恶意退款等风险，提供了相应的产品或服务，却没有收到相应款项，造成直接经济损失。

以上列举了常见的黑产在移动互联网中的作案场景，而实际中根据行业及业务属性的不同，欺诈分子利用平台技术或业务逻辑漏洞发起攻击的场景成百上千。

（二）2019年移动互联网欺诈风险形势严峻

1. 六大场景最易发生欺诈风险

2019 年欺诈行为发生频次较高的场景为恶意交易、广告作弊、渠道作弊、虚假裂变拉新、支付欺诈和营销作弊，均为面向企业侧的欺诈。根据同盾反欺诈数据研究分析，2019 年作弊案件量占比最高的场景是移动互联网广告，比例约为 26.9%，其次是渠道类，作弊量占渠道推广总量的比例为 11.2%，图 1 是六大主要欺诈场景的分析。

2. 面向企业的欺诈概率较高，给移动互联网企业造成较大损失

根据直接利益受损的对象不同，欺诈大体可以分为面向企业的欺诈和面向个人的欺诈，2019 年面向企业的欺诈概率较高，其造成损失的金额更大。

以互联网广告营销为例，根据艾瑞咨询《2019H1 中国网络广告市场数据发布报告》[①]，2019 年中国互联网广告行业上半年市场规模为 2592.1 亿元，可预估 2019 年广告作弊造成的损失达上百亿元。2019 年，“百亿补贴”成了电商的关键词，以拼多多、京东、苏宁、聚划算为首的电商企业均推出百亿补贴活动，这给黑产从业者带来了极大的利好，一部分营销补贴流进黑产手中，2019 年营销补贴损失至少上亿元。

3. 低概率的支付欺诈和诈骗单笔损失金额更高

高频的欺诈场景一般单笔损失较少，抽样数据分析可以看出，一般金额在 0～26 元不等，而支付欺诈和诈骗单笔损失少则成百上千，多则数万元以上，社会危害程度更大。

4. 区块链行业黑产攻击最活跃

2019 年，数字货币行业发展势头迅猛，随着比特币价格飙升，用户活跃度也有了很大提高，黑灰产也嗅到了其中的利益，基于同盾互联网反欺诈

① 艾瑞咨询，http：//report.iresearch.cn/report/201910/3455.shtml。

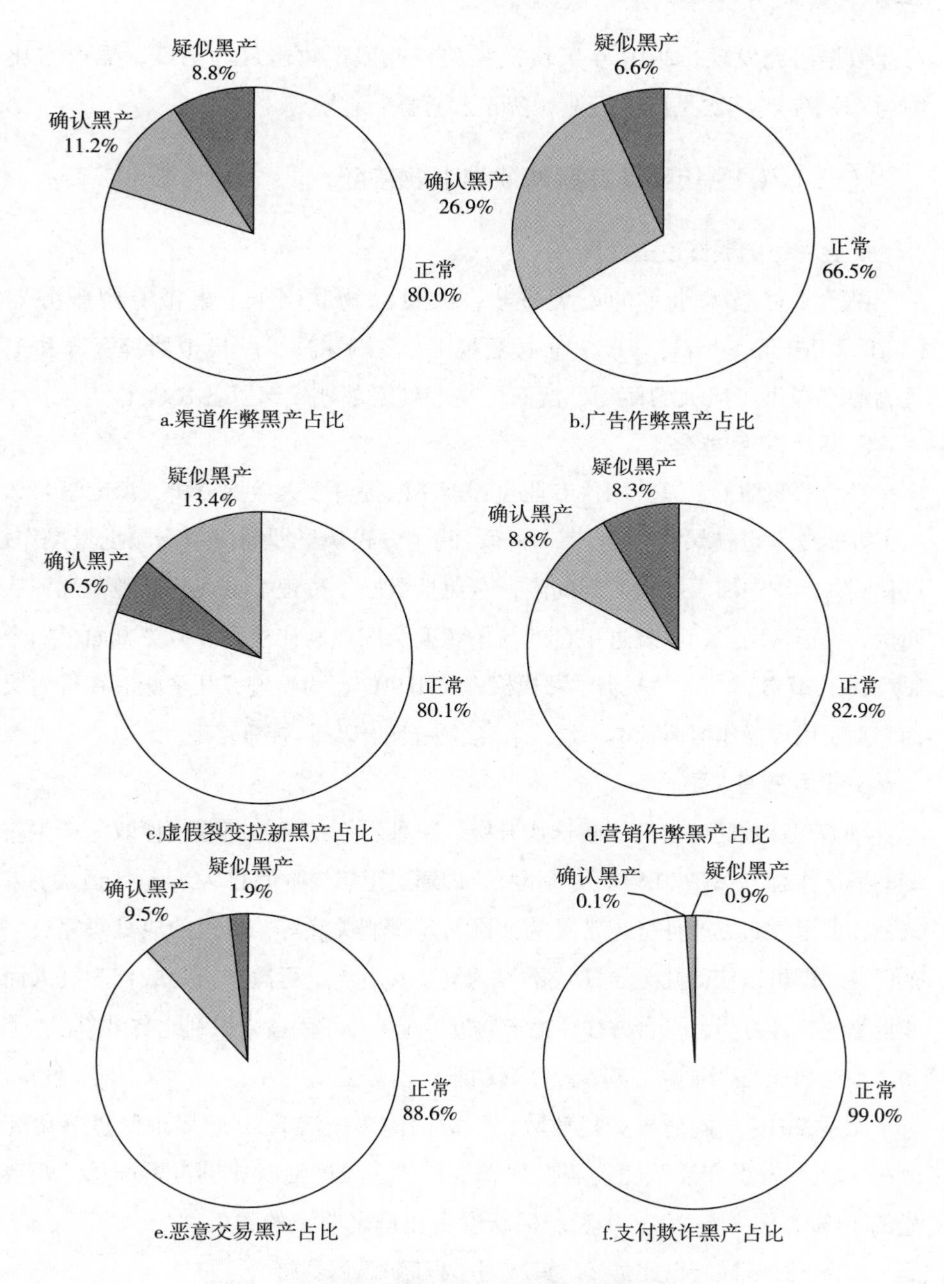

图1　2019 年主要欺诈场景黑产调用量占比

资料来源：同盾反欺诈研究数据，后文图表若无特别说明，均来自同盾反欺诈研究数据。

行业数据研究发现，2019 年区块链相关行业黑产攻击最为活跃，黑产占比约为 41.3%，其次是广告行业、资讯和直播行业。

（三）2019年移动互联网欺诈主要特征

1. 更先进的欺诈攻击工具

随着整体技术水平的发展进步，大量的物联网卡、虚拟专用服务器（Virtual Private Server，VPS）秒拨更换 IP、云手机、iOS 模拟器等资源和工具为黑产提供了巨大的便利，从而更高效且隐蔽地发起了各式攻击。

2. 黑产 AI 智能化

在金钱驱动下，黑产团伙专业化程度不断提升，大数据分析、深度学习和人工智能技术也被黑产使用。一方面，欺诈方式从早期的简单高频批量操作，进化到在脚本中加入随机时间间隔，避免批量操作过程中呈现明显规律性，从而伪装成正常用户，以绕过平台的简单频度及用户欺诈检测。另一方面，如今黑产利用 AI 技术，通过机器学习模拟真实用户的行为轨迹，几乎能够在行为层面与真实用户操作习惯基本一致，来绕过平台的传统风控策略。

3. 机刷转向人刷

随着黑产攻防对抗的不断迭代升级，一种看似初级但随着规模效应产生质变的黑产作恶方式在 2019 年发展迅猛，即通过论坛、微信群、QQ 群等运营的方式，在群里发布黑产任务，常见的如刷粉丝量刷关注等，群里的成员每完成一个任务，即可以获得几毛至几块不等的奖励。由于进行黑产行为的均为真人而非批量的机器行为，平台方往往很难通过传统的技术手段来识别此类黑产。

4. 地域特征明显，江苏省黑产活动居全国首位

根据 2019 年同盾黑产拦截数据，对国内黑产活动 IP 归属地区进行研究分析，江苏省黑产活跃比例居全国省份首位，黑产活跃比例占黑产总活跃数量的 14%，图 2 是 2019 年黑产活跃度占比排名前十的省份。

5. Android 黑产占比最多，其次为小程序/h5/网页端

根据 2019 年对同盾黑产拦截数据的分析，Android 平台黑产活跃比例位居第一，原因归结于 Android 的开源特点，作弊工具的开发和刷机技术难度

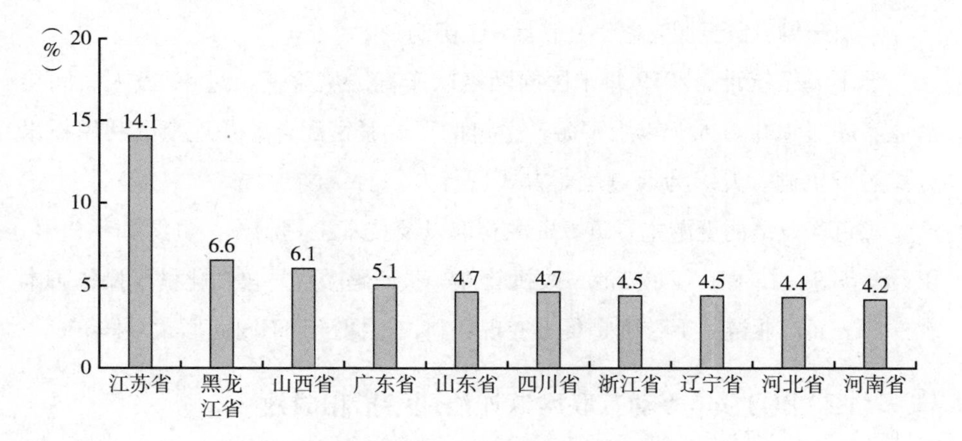

图2　黑产活动IP归属省份TOP10

低，大部分黑产采用Android设备进行作弊；其次是小程序/h5/网页端应用，据《2019年小程序互联网发展白皮书》① 报告，从2016年开始，经过三年的基础建设期，2019年小程序日活用户已达3.3亿，小程序平台黑产活跃比例已经超过iOS端，图3是各应用端的黑产日活用户占比。

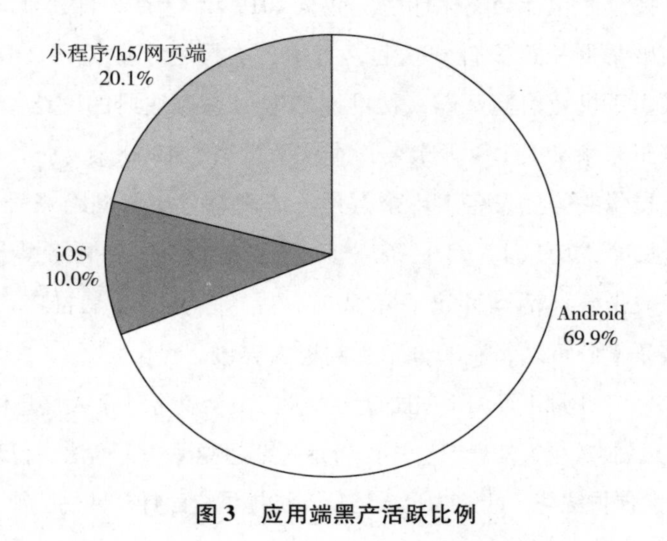

图3　应用端黑产活跃比例

① https：//www.useit.com.cn/thread－26051－1－1.html.

6. 黑产供应链更加完整，上下游分工更明确

据不完全统计，2019 年末国内网络欺诈直接从业者超过 40 万人，间接从业者超过 160 万人，以上下游产业链的形式紧密配合，并逐渐由利用技术方式进行机刷，升级为通过运营方式进行人刷。

黑色产业链的上游主要负责资源获取以及技术工具制作，资源如手机号、IP、设备等，技术工具如猫池、改机软件、验证码破解、自动化批量操作脚本软件等。而产业链的下游则是负责变现获利，根据行业不同而形式多样。

（四）2019年移动互联网欺诈治理举措和成效

（1）工信部积极与多家互联网企业联手打击网络黑产，2019 年全国共拦截诈骗呼叫 10. 8 亿次，关停重点地区诈骗号码 88. 8 万个。在制度建设、技术能力、企业责任、协同联动多方面综合施策，打击整治电信网络诈骗取得积极成效。

（2）自 2019 年 2 月以来，全国公安机关组织开展了“净网 2019”专项活动，旨在持续净化社会文化环境。截至 2019 年 12 月 3 日，全国公安网安部门成功侦破集群战役案件 690 起，打掉各类黑色产业公司 210 余家，捣毁、关停买卖手机短信验证码、帮助网络账号恶意注册的网络接码平台 40 余个，抓获犯罪嫌疑人 1. 4 万余名，查获手机黑卡 1300 余万张，收缴猫池、卡池、针孔摄像头等黑设备 114 余万件，清理恶意注册网络账号 4250 余万个，缴获公民个人信息 12. 63 亿条。通过集群战役打击，网络黑卡黑号明显减少、网络攻击破坏活动环比下降 60%，黑卡、黑号、黑推广、黑公关等黑色产业链条遭到重创，犯罪分子受到极大震慑。①

（3）2019 年 3 月 4 日，十三届全国人大二次会议将《个人信息保护法》列入本届立法规划，《个人信息保护法》将是一部超脱民法、刑法、行政法的，独立的个人信息保护法律，能够为个人信息保护提供全面针对性的法律支撑。

① 中华人民共和国公安部网站，https：//www. mps. gov. cn/n2254098/n4904352/c6845987/content. html。

（4）2019 年 7 月，工信部印发《电信和互联网行业提升网络数据安全保护能力专项行动方案》，开展为期一年的行业提升网络数据安全保护能力专项行动。

（5）2019 年 10 月，最高人民法院、最高人民检察院联合发布《关于办理非法利用信息网络、帮助信息网络犯罪活动等刑事案件适用法律若干问题的解释》和相关典型案例，着力解决办理电信网络诈骗犯罪的案件管辖、证据标准、法律适用等难题，为打击网络黑产犯罪提供了有力依据。

二　移动互联网欺诈攻防演绎实践

（一）电商行业欺诈攻防演绎

为获客而产生的营销活动包括领券、抽奖、签到、分享、砍价、兑换、裂变拉新、完成任务等，以上任一环节产生的利益，都极易成为羊毛党[①]的目标。图 4 是来自《同盾科技 2019 年入库案例统计》的 2019 年攻击集中的营销类型统计。

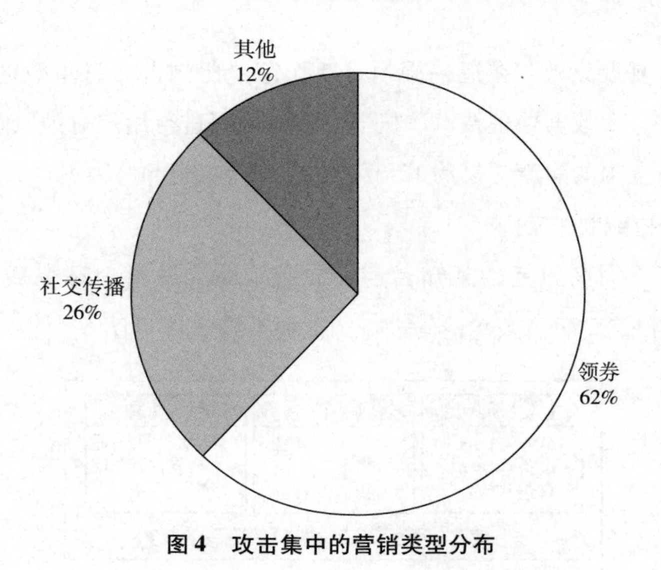

图 4　攻击集中的营销类型分布

① 线上线下活动中，大批利用优惠活动获取利益的且不以真实消费为目的非目标用户。

从图4可以看出，领券类的营销活动仍然是黑产薅羊毛行动的重点目标，其次是近来热门的社交传播模式营销活动，而其他营销活动类型或因获利门槛较高，或因活动模式带来的平台用户质量并不理想而逐渐退出电商行业进行营销获客的首要选择。

1. 领券作弊欺诈案例

国内某知名综合电商“6·18”期间进行大促满减活动，投入大量营销资金，吸引了大量黑产账号，发生如黄牛囤货、商户刷单骗补、特惠商品抢购等薅羊毛欺诈行为（见图5）。

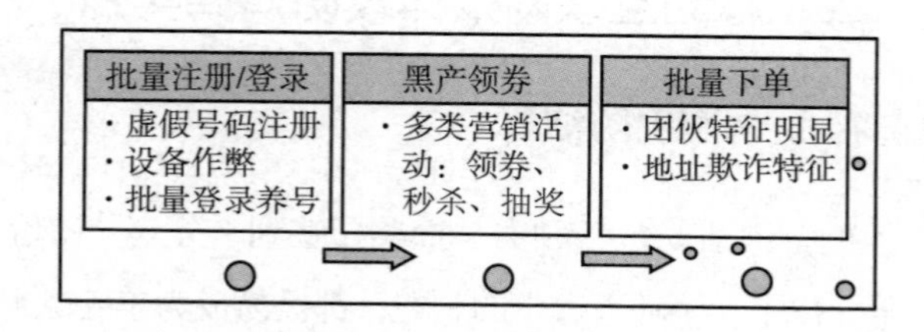

图5　领券作弊案例还原

经事后复盘分析，在近一周内，欺诈订单比例占总订单数的20%，通过设备指纹、大数据处理技术、机器学习算法等进行用户行为风险识别，精准拦截遍布全国的黑产交易约12万笔，涉案金额近500万元。

2. 裂变拉新欺诈案例

2019年8月9日起，某知名连锁酒店集团开展新一轮裂变拉新活动，在App内的h5页面输入邀请码进行师徒关系绑定（见图6）。

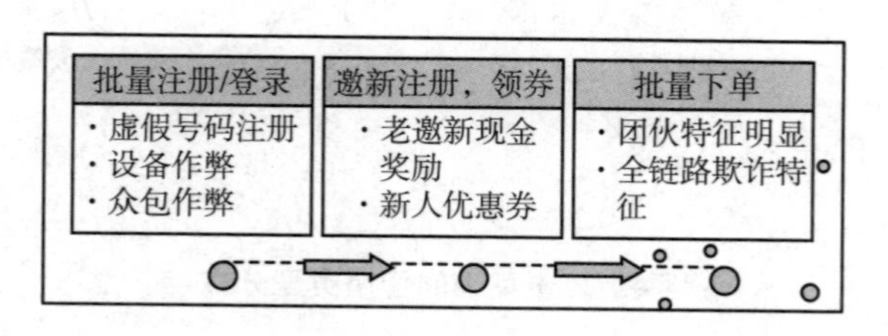

图6　裂变拉新案例还原

黑产攻击手法：①黑产深夜更新拉新脚本；②黑产倒卖虚假号码；③黑产众包千人群；④黑产使用分身软件进行注册。

经事后复盘分析，在整个活动期间，同盾构建规则策略+机器学习模型+关系图谱的智能多维风控体系，精准识别作弊账户16万个，有效降低营销费用损失约50.2万元。

（二）游戏行业欺诈攻防演绎

一般而言，黑产会掌握一些银行卡信息，并将其绑定在Apple ID上，然后向游戏账户充值。卡主人在发现存在异常消费后会向银行/苹果公司投诉，苹果公司在接到投诉后会将此笔款项冻结并退还给消费者，但此时游戏厂商已经为消费者完成充值，因此会受到损失（见图7、图8）。

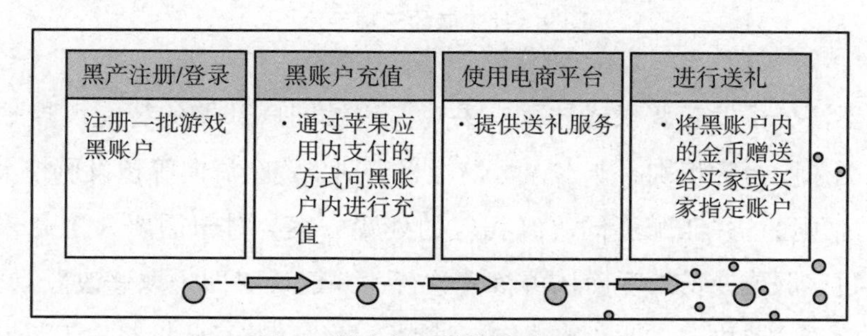

图7　游戏行业欺诈作案手法1

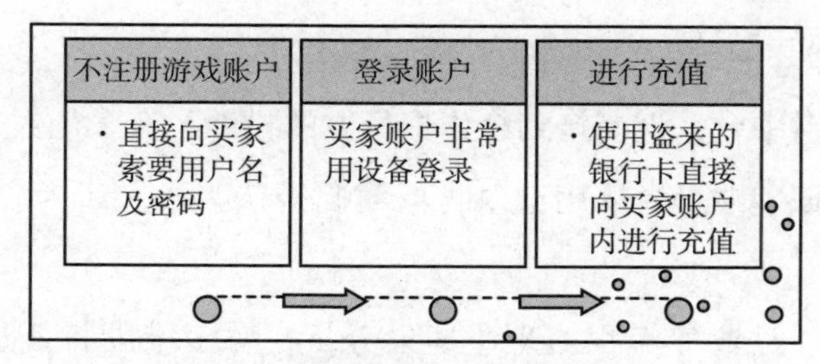

图8　游戏行业欺诈作案手法2

在保证营销活动正常进行、用户稳定增长前提下，同盾通过灵活的实时规则配置与自动机器学习建模相结合的方式，对游戏买卖双方均进行监控，日均为客户拦截盗卡充值交易2万余元，每年拦截欺诈交易700余万元。

（三）互联网金融业欺诈攻防演绎

1. 撞库攻击场景

某银行大量用户在移动端被异常登录，并试图进行转账操作。不法分子获取了一批身份证件、手机号码信息，并持续利用该批信息对银行的个人网银和手机银行进行撞库，此次攻击事件具备有预谋、成规模、范围广的特点。

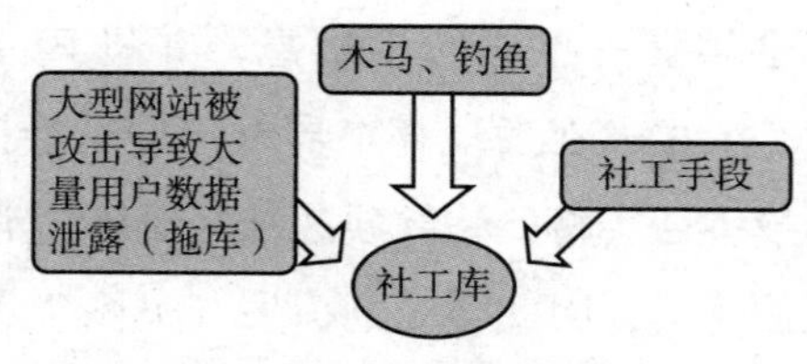

图9　社工库的三种手段

在不法分子发起登录或转账交易时，均被同盾部署的智能风控平台识别，根据风险行为识别、非本人习惯行为识别、资金流向等预设风控策略及模型发出预警，并匹配不同等级相应的处置方案，对于需要人工介入的情形，通过客服或专员外呼确认再核实放行，并建议立即采取修改登录密码、交易密码等防范措施，防止账户资金被盗。最终，该行此批客户无一发生资金损失。

2. 盗卡场景

某知名理财平台，近期接到合作银行方的投诉：有多位银行持卡人反馈卡内资金有被该理财平台挪用记录，但明确否认为本人所为。图10为案件过程的还原。

同盾科技通过业务流程梳理、场景分析，对多维度特征进行提取与筛选，构筑一套高效精细的策略设计体系，根据操作主体、金额、频率、流向、用途等要素结合时间、空间、载体进行分析计算，对可疑赎回交易随即做出预警，考虑到理财平台遵循同卡进出原则，一般不直接拦截，但若赎回操作持续高风险提示，即可及时增加验证手段，避免影响平台声誉。

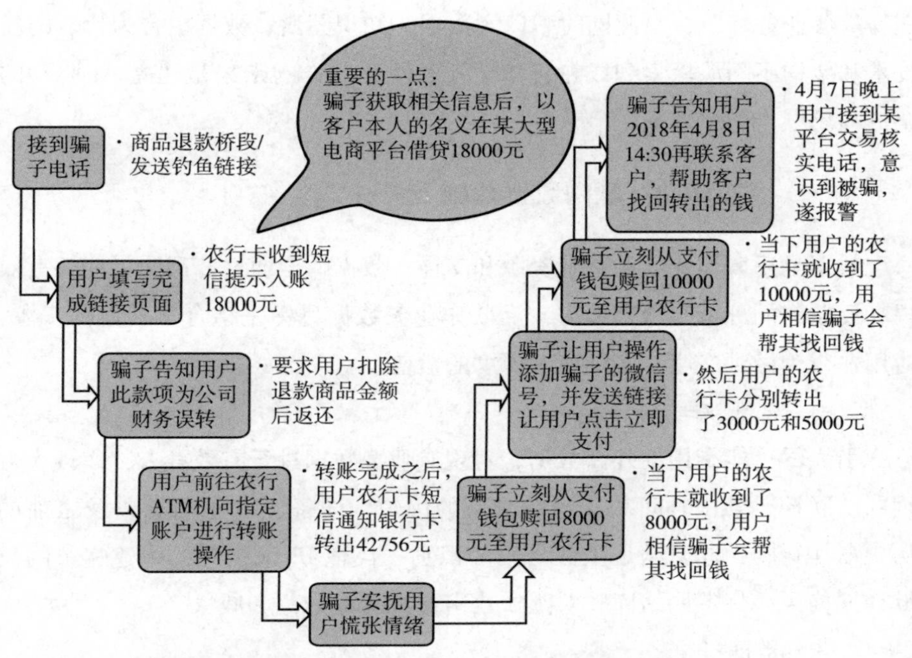

图10　盗卡场景案件还原

综合上述案例发现，不同行业的欺诈攻击在方式方法上均有差异，网络支付、营销作弊、盗卡盗用、套现洗钱等多种风险类型并存，整个诈骗过程充斥着社会工程学的运用，使得信息泄露的途径愈加难以控制。但无论攻击如何进化，只要风控人员能有效地使用防控工具，同时结合持续的黑产攻击研究，在减少人工干预、降低成本的同时，构建集数据、平台、策略、模型、运营于一体的闭环风控体系，技术与业务相结合，站在企业整体的角度分析风险，风控就能真正为业务快速发展保驾护航。

三　构建AI驱动的智能反欺诈体系

移动互联网时代，欺诈风险已经完整涵盖营销、申请、账户信息修改、交易等各业务环节，与此同时，以大数据、知识图谱、数据中台为代表的新技术和架构不断从探索到成熟，移动互联网反欺诈的未来是建立 AI 驱动的全流程反欺诈体系。

（一）夯实移动互联网数据基础

数据是反欺诈业务的基础资源和支撑，数据的全面性和高质量能够有效提高反欺诈的分析与甄别能力，反欺诈业务数据目标是结合多种数据来源，对用户行为做到广度、多维度和深度的覆盖。

1. 引入外部数据

引入尽可能有用的外部数据，对现有业务数据进行有效补充，实现大数据联防联控，第一时间获知当前交易的用户、设备、IP 等信息以及之前的历史欺诈行为，同时满足虚假号码的识别、代理 IP 识别等，构建完整的反欺诈网络风险标签网络库，对黑产攻击形成有效防范和威慑。

2. 内部数据打通

内部数据应覆盖各业务渠道和环节，形成统一用户画像，业务数据与欺诈系统打通，与决策引擎、指标计算、风控平台、模型结合，应用在客户服务、欺诈策略、欺诈模型等业务场景。

（二）反欺诈技术创新和应用

1. 新一代设备指纹技术

设备指纹是在网站、App 等渠道端嵌入指纹脚本，获取用户操作设备的多重属性，为操作设备建立全球唯一的设备 ID，该设备 ID 就作为设备的指纹，不论这个设备使用何种浏览器、何种应用或是在何地，都能够唯一标识该设备。

近年来，黑产攻击软件可以修改设备信息，导致传统的设备指纹已经变得毫无意义，新一代设备指纹技术应运而生，通过将设备的特征集合，通过特定的算法，生成一个唯一且稳定的 ID 作为设备的标识，追踪设备的行为。设备指纹的实现包括信息采集、设备 ID 计算、风险标签加工、业务场景应用四个过程。

2. 反欺诈中台

移动互联网行业特性需要企业具备快速迭代的能力来应对市场的变化，反欺诈中台基于数据驱动业务发展，建立一站式技术能力、统一数据管理、快速配置开发业务的能力，是最适合移动互联网企业的技术架构和方法论。中台采用云计算、大数据、人工智能技术，实现实时、批量数据获取、存储和计算，统一标准和口径，实现数据资产业务化、数据的统一管理和服务，将核心业务通用能力沉淀，通过 API 接口、配置管理，或者 low-code 的高可配置运行机制开放共享能力，满足不同时效、不同场景的欺诈数据需求、服务需求和模型需求。图 11 是反欺诈中台的逻辑架构。

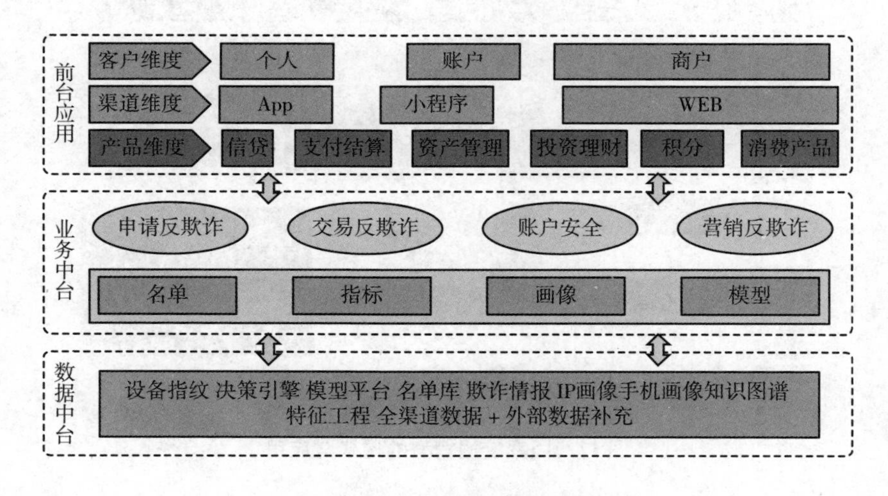

图 11　反欺诈中台逻辑架构

3. 知识图谱赋能穿透式欺诈风控

在移动互联网反欺诈领域，知识图谱通过从碎片化的数据中提取与欺诈相关的实体、关系和属性，形成庞大的关联关系网络，存储在图数据库中，集成 NLP、搜索、图挖掘模型及可视化分析技术，识别个体的关联风险和团体风险，知识图谱在反欺诈的应用场景主要有三个方面。

（1）客户关系图谱：通过图析方式刻画用户画像，展示高风险节点的关系特征，对交易的风险路径深度分析，辅助风控业务人员决策和排查。

（2）个体欺诈风险反查：通过图技术关联个体的 N 度关系，挖掘实体疑似和隐性关联关系，应用于案件反查、信息修复、交叉验证等场景，对现有的反欺诈体系形成补充和完善，提升个体欺诈风险识别的精准度。

（3）团体欺诈防范：使用社团分割、图指标计算、风险传播算法等，结合时间、空间、行为维度，进行深度挖掘，计算关系网络指标，进而构建相应的团伙、黑中介模型，进行关联风险的识别预警和案件追溯（见图 12）。

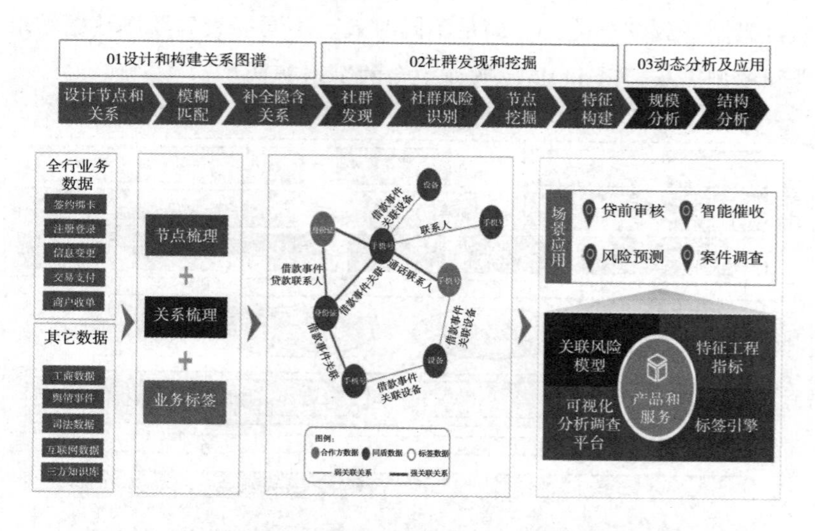

图 12　团案挖掘模型的构建与应用

4. 态势感知

移动互联网下反欺诈体系不能成为一个虚有其表的马其诺防线，单点防御很强，在其他位置部署薄弱，因为对于狡猾的黑灰产欺诈分子而言，往往他们寻找的恰好就是防守最软弱的地方，以最少的操作成本攻破平台的反欺诈防御体系，最大程度上实现“有利可图”。

欺诈攻防愈演愈烈，手段花样不断翻新，在这个形势下，构建态势感知的事前洞察和防御能力就显得尤为重要，依托移动终端、操作环境、网络链路、行为时序、时域分析完成对交易的动态、整体的风险洞悉，可以大幅提升风险浓度的准确度量，提升对安全威胁的发现识别、理解分析、响应处置。

态势感知的全栈式探查分析能力不仅可以覆盖全场景多维度，快速判断当前业务是否正常，做到业务变化及时洞察，防止“雪崩”现象发生，还可以针对规则策略的预警波动提前感知，前瞻发掘隐性风险，抵御类似于高级持续性威胁攻击（Advanced Persistent Thread，APT）的波次操作，提高交易风险管控能力，保障反欺诈决策体系防御的全面性与高效性。

5. 风控模式动态切换

结合欺诈风险等级、客户体验、业务目标、流量管控等因素，设定多种风控模式，按需操作，欺诈防御的颗粒度做到参数化配置和精细化管理。决策核心中的策略模型实现动态热部署，并实时监控量化评估其监测指标，在异动情况下可以给出最优的管控策略组合，完成一键式切换。

提升多渠道多级管控工具的联动能力，整合全渠道、多口径联防联控处置措施，设计多元化策略处置矩阵，智能化进行预警信号的实时处置，进行跨条线跨部门告警及调查处理结果的信息共享，实现包括预警队列灵活配置、可疑事件及案件的自动化分配、一键管控等领先欺诈识别应用，规避了多平台、跨系统的烦琐操作，提升了案件核查及风险处理的运营效率。

6. 反欺诈 AI 模型

当前移动互联网的欺诈防范多采用黑名单和策略规则相结合的模式，黑名单的优势是简单、直观，缺点是黑名单覆盖度有限，主要是基于事后积累；规则的方式是当前主流的应用模式，优点是部署快，精确率提升，缺点是依赖人工经验，应对欺诈风险变化响应时间有待提升。

AI 技术全面落地，与机器学习相关的反欺诈模型应用的全面覆盖，能够以欺诈场景的特点为依托实现风险的等级划分及精细化风控，可以大幅提升风险防御的深度，弥补反欺诈策略滞后性、识别精度低、易被攻击等不足。利用机器学习算法组合多维度特征，欺诈识别更为精准（见图 13）。

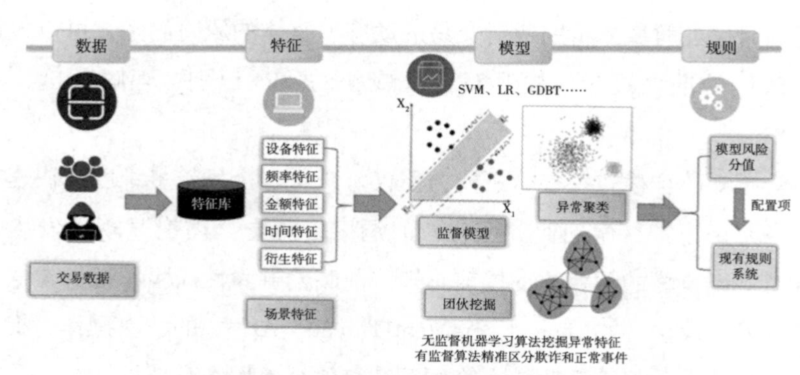

图 13　反欺诈 AI 模型落地场景示例

（三）构建反欺诈运营体系

反欺诈运营体系目标如图 14 所示，主要为欺诈风险最小化、客户利益最大化以及管理效率最佳化，为使反欺诈系统得到最大效用的发挥，除了欺诈平台本身开发和运转外，还需要完善风控职能及运营体系流程，特别是组织架构及运营流程机制，优化人员配置，明确团队职责，落地自动化风控，实现资源有效配置，最终实现对风险的有效经营。

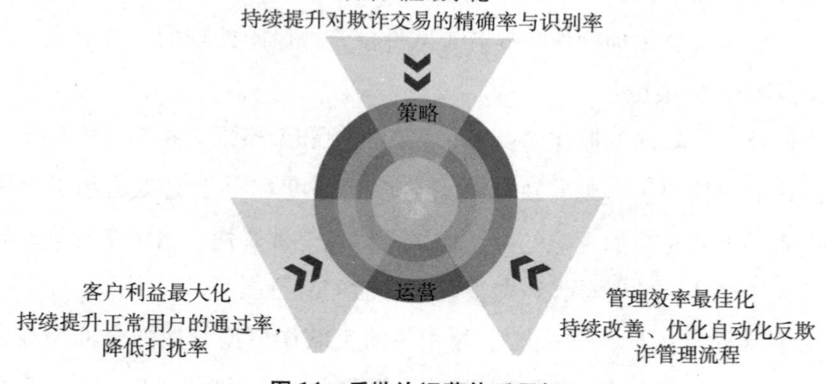

图 14　反欺诈运营体系目标

风控运营体系主要包括风险监控、风险处置和风险分析三部分内容。

（1）风险监控：对平台整体数据和交易进行监控，根据设备信息、用户行为等字段筛选出异常交易进行排查，并定义风险等级。

（2）风险处置：根据风险排查情况，对不同风险等级的风险事件进行风险处置，如高风险拒绝，中风险外呼，低风险通过。

（3）风险分析：跟踪策略和规则的执行效果，分析风险趋势，根据历史事件追溯优化风控策略和规则，形成欺诈处理的“闭环迭代，持续进化”。

四　2020年移动互联网反欺诈挑战及展望

（一）当前移动互联网反欺诈面临的挑战

1. 专业人才缺口较大

与黑产从业人员百万数量级相比，当前移动互联网反欺诈专业人才的缺口十分巨大。目前大多数中小型公司几乎没有独立的风控团队，或由产品、运营、运维、研发等部门人员兼职负责。另外，有效地与专业黑色产业链进行抗衡，对风控团队及成员的能力及业务要求非常高，需同时具备技术功底、数据积累、数据分析、业务理解及逻辑设计优化、黑产研究等能力，且是一个长期运营沉淀的过程。

2. 数据隐私保护和欺诈防控矛盾

近年来用户个人隐私数据泄露以及被滥用造成不良影响的事件频发，全球范围内对用户数据隐私保护的重视程度提升到了前所未有的级别，国际GDRP以及国内CDRP等条例也相继出台并细化落实执行。然而站在反欺诈的视角，则需要对用户相关维度数据进行收集和分析从而识别异常。在对用户信息数据进行保护的同时，有可能也保护了黑产欺诈分子。如何权衡并合法合理地获取、使用用户数据，将面临长期挑战。

3. 传统反欺诈方法失效

随着黑产作案技术手段的升级，以及通过社群运营的方式来组织真人在平台实施恶意行为，传统风控反欺诈系统的识别效果具有很大局限性甚至失效。如何适应黑产攻防的变化，具备快速升级迭代能力，并利用新技术与黑产形成有效对抗也是平台面临的挑战之一。

4. 新冠肺炎疫情的影响

2020 年初新冠肺炎疫情的暴发对人们的生活和经济产生了巨大冲击，同时也带来了新的机遇，如一些传统行业加快了向互联网转型，地产企业通过 App 或小程序实现在线或预约看房购房，超市通过线上订单线下配送的模式来运作，中小学生通过在线教育平台实现停课不停学等。而线上流量爆发式增长势必让黑产图谋不轨，尤其是偏传统行业缺少线上运营的经验，且大部分人力和精力要投入优化完善业务中，会存在缺乏风控意识，能力、精力、时间不足等问题，因此企业在进行线上业务转型以及忙于用户增长的同时，务必提高风控意识，可通过与专业第三方风控服务提供商进行协作，实现业务增长和反欺诈风控建设齐头并进。

（二）移动互联网反欺诈对策建议

1. 建立反欺诈联盟

建立反欺诈联盟的意义是构建行业共享的反欺诈基础设施，以金融科技助力金融系统安全，为普惠金融的开展创造条件，形成政府、公安、银保监会、企业的联防联控机制。

反欺诈联盟建立共享的智能反欺诈风控平台，联盟成员将欺诈黑名单数据加密上传到联盟数据云平台，通过黑名单数据共享、黑色产业链情报共享、欺诈模型等方式建立全行业的智能反欺诈风控体系。也可以将反欺诈所需的信息进行共享，在打破信息孤岛的同时，又保护用户隐私数据。反欺诈联盟可采用先试点后推广的方式进行，前期以地方范围为试点，建立联盟实体和组织架构，搭建反欺诈联盟数据平台，接入成员单位开始运作，试点完成后，逐步在全国范围复制推广。

2. 创新反欺诈技术应用

随着 2019 年黑产技术手段的升级，以及以社群运营的方式来组织真人从事黑产活动的大规模兴起，基于简单黑名单数据、设备指纹、策略规则的传统风控方式难以有效识别，而利用机器学习、知识图谱等技术则可以有效地通过团伙聚类挖掘算法来识别异常用户和团体，形成与黑产的高效对抗。

3. 持续提升企业反欺诈意识

由于缺少对互联网黑色产业链的认知，企业的反欺诈意识仍比较薄弱，或抱有侥幸心理，往往造成损失后才亡羊补牢。2020 年，移动互联网企业需继续提升自身的反欺诈意识和能力，成立风控团队，并借助于第三方风控服务提供商的能力，提前建设部署智能化的反欺诈系统并持续运营。

参考文献

艾瑞咨询：《2019H1 中国网络广告市场数据发布报告》，2019 年 10 月。

易观：《中国数字用户行为年度分析 2019》，2020 年 1 月。

专 题 篇

Special Reports

B.19

区块链基础设施发展趋势研究

唐晓丹 *

摘　要： 2019年以来，在全球区块链政策环境不断向好、应用和标准化水平不断提升的背景下，区块链基础设施特别是通用型基础设施的发展取得一系列进展。本文总结了国内外区块链基础设施建设的最新进展，梳理了区块链基础设施的主要类型，结合区块链发展阶段分析基础设施发展历程，对区块链基础设施的未来发展趋势进行展望，并提出下一步发展建议。

关键词： 区块链　信息基础设施　发展生态

* 唐晓丹，理学博士，中国电子技术标准化研究院高级工程师，主要研究方向为区块链。

一　区块链技术和产业发展现状

（一）主要国家和地区政府加快发布区块链支持性文件

近两年来，全球主要国家和地区政府对区块链从关注、研究开始转向规范发展和战略部署。特别是进入2019年以来，美国、欧盟等国家和地区陆续发布区块链支持性文件。2019年7月，美国国会通过了一项《区块链促进法案》，要求美国商务部成立区块链工作组，向国会提交包括区块链技术定义以及其他方面建议的报告。2019年9月，德国发布了全球首个国家层面区块链领域的战略性政策文件《德国联邦政府的区块链战略》，明确了德国发展区块链的战略定位、战略实施原则、战略行动及具体措施等，在金融、创新、数字化等五大行动领域提出由11个部委分工负责的44项具体措施。2019年2月，澳大利亚工业、科学与资源部发布了《国家区块链路线图》，重点关注设定法规和标准，技能、能力和创新，以及国际投资与合作3个关键领域，提出2020～2025年推动澳大利亚区块链产业发展的12项举措，包括重组成立国家区块链路线图指导委员会、推动相关应用试点，支持区块链创业和投资等。

（二）我国加大区块链政策引导扶持力度

2019年10月24日，习近平总书记在中央政治局第十八次集体学习时强调，把区块链作为核心技术自主创新重要突破口，加快推动区块链技术和产业创新发展。2019年，各部门进一步加强对区块链的扶持和引导力度。2019年1月，国家互联网信息办公室发布《区块链信息服务管理规定》，为管理区块链行业，保证区块链技术和应用规范化发展提供了有力依据。目前已为首批197家以及第二批309家区块链信息服务商发布备案号。2019年7月，工业和信息化部等十部门联合印发《加强工业互联网安全工作的指导意见》，提出探索利用人工智能、大数据、区块链等新技术提升安全防护水平。2019 年 12 月，农业农村部、中央网信办印发《数字农业农村发展规划（2019～2025 年）》，强调加快推进农业区块链大规模组网、链上链下数据协同等核心技术突破，加强农业区块链标准化研究，推动区块链技术在农业资源监测、质量安全溯源、农村金融保险、透明供应链等方面的创新应用。此外，各级地方政府结合当地产业发展基础，制定出台政策措施，北京、上海、广东、河北（雄安）、江苏、山东、贵州、甘肃、海南等多个省市或地区发布了区块链政策及指导意见。

（三）全球区块链应用取得一系列成果

伴随着技术的发展和产业环境的不断提升，区块链的应用在社会生产生活中的作用更加凸显，一些行业应用正逐渐向规模化转变。从全球来看，区块链在社会治理领域的应用尤为突出。在商品追溯方面，沃尔玛要求其绿叶蔬菜供应商实施基于区块链技术的农场到商店跟踪系统，追溯产品从农场到门店的过程从以往的几天甚至几星期缩短到了 2 秒，据报道已有超过 6000 家沃尔玛商店的蔬菜采用区块链技术追踪。根据 2019 年 8 月出版的《中国区块链应用发展研究报告》，我国区块链行业应用项目已有 843 个，其中金融领域的应用占 56%，社交项目占 7.3%，文娱项目占 6.7%。阿里巴巴、京东等电商企业通过开放区块链服务平台，帮助企业部署商品防伪追溯，已广泛应用于奶粉、保健品、大米等产品。例如，2019 年“双 11”期间，天猫商城通过区块链技术实现了来自上百个国家和地区的超过 4 亿件商品的溯源。在司法存证方面，最高人民法院信息中心建设了全国统一司法链平台，截至 2019 年 10 月，已完成部分法院、国家授时中心、多元纠纷解决平台等多个单位共 27 个节点建设，共完成超过 1.8 亿条数据的上链存证。在政务数据共享方面，北京市经信局利用区块链技术打造的目录链系统，将北京 53 个政府部门的目录、职责以及数据上链，明确各部门的工作职责，利用区块链真正实现了部门间数据共享和业务协同办理，实现“让数据多跑路，大家少走路”。

（四）区块链标准化水平进一步提升

国际标准化组织（ISO）、国际电信联盟标准化组（ITU－T）等标准组织进一步加快区块链标准研究和制定工作，在一些关键性标准研制方面不断取得进展。以 ISO/TC 307（区块链和分布式记账技术标准化技术委员会）为例，截至 2020 年 1 月，已成立涉及基础、安全和隐私保护、智能合约、治理、审计等方向的 8 个研究/工作组，立项术语、参考架构、分类和本体等方面的 11 项标准，发布 1 项题为《区块链和分布式记账技术系统中智能合约的交互概述》的技术报告。[①] 我国区块链标准研制工作不断取得进展，已立项 1 项国家标准，超过 10 项行业标准，中国电子工业标准化技术协会、中国软件行业协会等相关行业组织已发布多项团体标准。为了加强统筹国内区块链标准化工作，在工业和信息化部、国家市场监督管理总局的推动下，我国正在筹建全国区块链和分布式记账技术标准化技术委员会，将统筹建设、管理和维护全国区块链和分布式记账技术标准体系。

二　区块链基础设施建设进展与趋势

（一）全球范围内区块链基础设施成为产业发展的重点

随着区块链技术和应用的发展，业界对区块链的认识不断提升，区块链产业活动也进一步丰富。作为一种可以在多领域发挥信任机制的重要作用的关键技术，区块链的价值和重要性逐渐被接纳，《德国联邦政府的区块链战略》中将区块链定位为未来互联网的基石，也有专家提出区块链是价值互联网的基础设施。特别是 2019 年以来，区块链基础设施已经成为 2019 年全球区块链产业的关键词之一，可以说也反映出全球范围内对于区块链的探索

---

① ISO/TC 307 官网，https：//www. iso. org/committee/6266604. html.

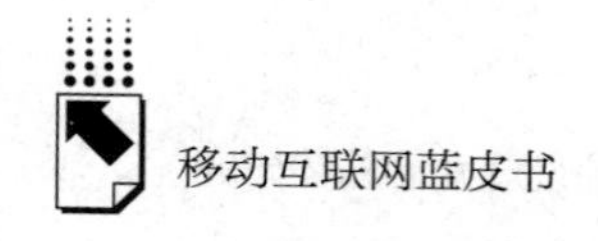

进入规模化应用探索的关键阶段。

为加强欧盟范围内的区块链产业合作，欧盟22个成员国于2018年4月创建了欧洲区块链合作伙伴关系（EBP），并于其后启动了欧洲区块链服务基础设施（EBSI）建设。EBSI的目的是使用区块链技术提供欧盟范围的跨境公共服务，其将构建欧洲分布式节点网络，助力特定领域的应用开发，预计到2020年成为连接欧洲基础设施（CEF）中的重要组成部分，为欧盟机构和欧洲公共行政部门提供可复用的软件、服务以及技术规范。在设施建设方面，欧洲级节点将由欧盟委员会运营，国家级节点将由各成员国运营，所有节点都拥有记账权。EBSI平台中的节点架构分为应用层、核心服务层、互操作层、数据层以及网络层，其中应用层包含通用功能模块和用例模块。2019～2020年，EBSI项目获财政拨款400万欧元，2019年建立个人证书、欧洲自主身份、可信数据共享等方面的4个用例。① 德国在《德国联邦政府的区块链战略》中强调将积极参与EBSI，建设国家区块链基础设施。

2019年6月，Facebook的一家子公司发布天秤币（Libra）白皮书，计划由Libra协会搭建联盟链，通过与一篮子法定货币挂钩，发行低波动性的加密货币，目标是建立一套为数十亿人服务的全球金融基础设施。Libra项目虽然在早期吸引了包括支付、社交媒体、投资等诸多领域的企业参与，但后续进展并不是很顺利，美国国会多次召开针对Libra的听证会，Libra受到诸如监管套利、隐私保护、沦为经济犯罪工具的可能性等方面质疑。其后在2019年10月，VISA、Paypal、MasterCard等支付机构宣布退出Libra项目，使得该项目的未来更加不明朗。

国内相关机构也在尝试构建区块链基础设施。国家信息中心、中国移动、中国银联等6家单位共同设计并建设的区块链服务网络于2019年10月发布，希望通过该项目改变目前联盟链应用的局域网架构高成本问题，为开发者提供公共区块链资源环境，降低区块链应用的开发、部署、运维、互通

① 欧洲区块链服务基础设施官网，https：//ec. europa. eu/cefdigital/wiki/display/CEFDIGITAL/ebsi。

和监管成本，加快区块链技术的普及和发展。2020 年 1 月，百度超级链上线“超级链开放网络”，由分布在全国的超级联盟节点组成，为中小企业、开发者提供区块链基础服务网络，以降低部署和运维成本（见表 1）。

表 1　典型基础设施项目对照

序号	名称	发起方	发起时间	面向领域
1	欧洲区块链服务基础设施(EBSI)	欧洲区块链合作伙伴关系(EBP)	2018 年 4 月	跨境公共服务
2	天秤币(Libra)	包括 Facebook 在内的 20 余家企业	2019 年 6 月	金融
3	区块链服务网络	国家信息中心、中国移动、中国银联等	2019 年 10 月	多行业应用

（二）区块链基础设施类型与发展历程

1. 信息基础设施的类型

宏观意义上的基础设施①是指对国民经济和社会发展起着支撑性作用的物理设施、网络和系统等。基础设施代表了社会先行资本和分摊成本，其建设由公共性投资支持，作用是为社会生产生活提供一般且共同的条件或支撑，涵盖物理基础设施、服务基础设施和信息基础设施等类型。

信息基础设施是目前研究和探讨最为广泛的一类基础设施，是在一定区域内为信息采集、传送、储存、处理、应用等提供广泛服务的公共服务系统，通常包括通信、网络系统、操作系统、应用支持服务和信息安全等方面的软硬件设施。同时，信息基础设施、物理基础设施和服务基础设施的结合也成为发展趋势之一，例如物理基础设施的信息化升级和服务基础设施的信息化支撑等。根据面向行业的不同，信息基础设施可以划分为通用信息基础设施、工业信息基础设施、金融信息基础设施、医疗信息基础设施、交通信息基础设施和物流信息基础设施等。根据服务的区域和范围的不同，信息基

① 微观意义上的基础设施概念会有所不同，例如对于特定信息系统，其运行所需的基础设施可能包括存储和网络等相关组件。

础设施又可以分为全球信息基础设施、区域性信息基础设施、国家级信息基础设施、省市级信息基础设施、园区级信息基础设施以及企业级信息基础设施等。

早期的信息基础设施主要是指通信信息网络，而随着信息技术的不断发展，这一概念的外延逐渐扩大。信息技术基础设施的发展离不开信息技术的支撑，信息技术的发展很可能带来某些信息基础设施的升级换代，甚至催生新的信息基础设施类型。另外，相关信息基础设施的建设或升级也会有助于提升新兴的信息技术的市场认可程度，促进其大规模落地应用，因此可以说是新兴信息技术产业发展的有效路径。例如，物联网技术与智慧城市的融合发展，使原有的城市信息基础设施升级和扩展，通过将各类感知信息融于网络中，搭建起有效的资源管理、数据管理以及各种城市公共服务和应用的城市物联网基础设施；物联网、云计算、5G 等新一代信息技术的先后出现和发展，从感知能力、数据存储和运算能力以及网络通信能力等方面对工业互联网基础设施持续进行加强。

2. 区块链发展阶段与基础设施发展历程

综合区块链技术、应用、标准化和行业生态等发展情况，从 2009 年第一个应用比特币上线至今，区块链的发展可以认为经历了三个阶段。第一阶段为 2009 年至 2013 年，为区块链技术起源和验证阶段，主要特征是通过比特币的稳定运行验证区块链技术。这一阶段主要是公有链技术获得了较大的发展，数字货币行业应用的探索也刚刚开始，区块链标准化几乎空白，行业生态的典型特征是围绕数字货币的生态逐步发达。第二阶段为 2013 年至 2015 年，为区块链概念导入和平台发展阶段。这一阶段以太坊、超级账本等平台快速发展，智能合约等技术的应用，促进了区块链在更多领域的应用探索，同时行业内开始了关于区块链标准化的探讨。第三阶段为 2015 年至今，为区块链概念普及和应用推广阶段。这一阶段跨链、隐私保护等方面技术逐步发展，区块链在供应链金融、食药溯源、司法存证、公共服务等领域应用活跃，部分应用开始走向规模化，同时国内和国际上区块链标准化快速发展，业内加快探索通用型基础设施的建设。

相对应地，从基础设施的发展来看，早期的比特币网络和以太坊网络由公有链实现，节点基本上遍布全球，可以为应用开发者和用户提供必要的基础服务，应该说具有基础设施的属性，但是应用模式和应用领域都受到限制。随着区块链在各行各业应用探索的加速，特别是联盟链技术的发展，行业内也建设了很多企业级的区块链基础设施，例如很多企业在内部搭建了BaaS（区块链即服务）平台，支撑其各类区块链应用。同时，也出现了一些区块链与其他基础设施融合的项目，例如，雄安新区将区块链融入数字城市基础设施的建设中，已实现票据、租赁等平台建设。

通用型区块链基础设施需要促进更大范围内的协作和资源整合，因此需要行业具备一定基础，例如，区块链应用发展到一定程度，针对区块链的政策扶持在大范围发挥作用，同时行业标准化和规范化也达到一定水平。目前，通用型区块链基础设施可以说是行业发展的典型趋势之一，其可以在较大区域范围内支撑多个行业领域的区块链应用。通用型区块链基础设施的理念2015年前后在业内提出的“价值互联网”“可编程社会”等构想中就已经有所体现。2019年业内广受关注的Libra、欧洲区块链服务基础设施和区块链服务网络等项目，基本上可以认为属于通用型区块链基础设施。

此外，区块链与互联网、移动互联网、工业互联网等现有信息基础设施结合，也将带来较大的技术革新和行业变革。例如，移动互联网方面，中国移动正在落地基于区块链的小基站身份认证应用落地，将使区块链成为移动互联网基础设施的技术支撑使能者。也有专家认为未来区块链将有可能下沉到互联网的协议层，成为互联网基础设施的一部分。

（三）区块链基础设施发展生态

按照当前典型区块链基础设施发展情况，将形成围绕区块链基础设施的发展生态，如图1所示。

其中，基础设施开发方是指设计、开发和维护区块链基础设施相关的软硬件的相关方。基础设施运营方是指对于基础设施的资源和能力进行管理，

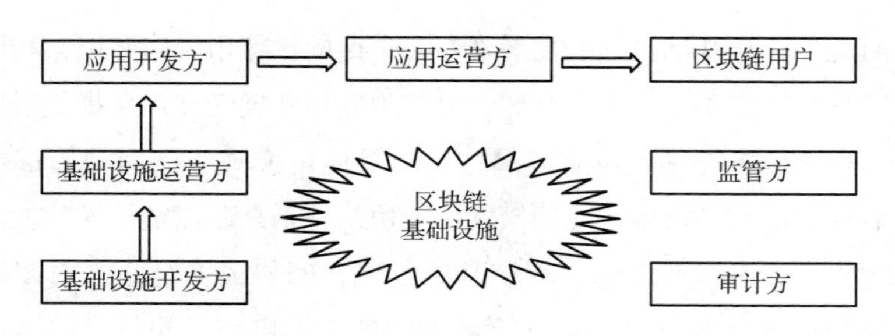

图1　区块链基础设施发展生态

以及对整个基础设施进行运维的相关方。应用开发方是指利用基础设施根据客户需求进行各类应用开发的相关方。应用运营方发布、管理搭建在区块链基础设施上的应用。区块链用户是使用搭建在区块链基础设施上的应用的相关方。监管方对整个区块链基础设施系统实施监管。审计方则与运营方、监管方等共同确保区块链基础设施及应用的合规性。

（四）区块链基础设施的作用与意义

一是提供行业大规模应用基础。区块链基础设施特别是通用型基础设施可以有效降低区块链应用的开发、部署和运维成本，降低应用门槛，促进应用培育，同时有利于更便捷地对区块链应用展开监管，提升应用的规范化和质量，提高区块链技术普及率，加速大规模应用的形成。

二是促进区块链产业生态发展和资源整合。区块链基础设施将用户、底层平台开发商、平台服务提供商、应用开发方、监管方等相关方更为紧密地联系起来，能够在更大范围内形成产业生态，在此基础上实现技术、人才、资金等资源更有效地整合，提升技术和应用创新的能力，驱动产业持续发展升级。

三是有利于全球市场拓展。通用型区块链基础设施可以为全球范围内在区域间、国家间、企业间的更深入、更广泛的合作提供基础平台和合理模式，并促进全球标准化和行业共识的形成，从而促进区块链市场的全球化发展，其发展本身也是全球区块链产业战略布局的一部分。

三　区块链基础设施未来发展趋势与建议

（一）区块链基础设施发展趋势

目前的通用型区块链基础设施都还在早期探索阶段，规模还十分有限，例如欧洲区块链服务基础设施现有应用仅有4个。应该说，区块链还处于发展的早期阶段，在基础设施方面的未来走向仍然有很多不确定性。即使将目前的区块链发展阶段类比于早期互联网发展时的多个局域网和广域网并存的阶段，相信未来会出现某个基础设施项目走向规模化，真正成为全球通用的区块链网络，但是这个项目是否就是现有项目中的一个，或是尚未出现，也未为可知。

区块链基础设施是否能走向成功，除了看技术本身是否成熟，也需要考虑如下因素：一是基础设施的设计方案是否真正合规，区块链基础设施设计的初衷需要与当前的监管框架相匹配，否则可能无法在主流市场取得成功；二是要看是否能够形成开放、持续的发展生态，包括早期联盟的组建方式是否合理，以及是否能通过合理的运作模式吸纳足够多的用户等；三是需要充分认识信息安全和隐私保护，按照我国和全球主要国家的关键信息基础设施保护的机制，区块链基础设施最好在发展的初期阶段就遵守相关的安全保护法则。

（二）对区块链基础设施发展的建议

2019年，习近平总书记在中央政治局第十八次集体学习时强调，把区块链作为核心技术自主创新的重要突破口，加快推动区块链技术和产业创新发展。基于对区块链基础设施发展现状和趋势的分析，建议将基础设施建设作为推动区块链技术和产业创新发展的抓手之一，从以下几个方面加强区块链基础设施建设工作。

一是加强技术研发和布局。建议在技术方案上加强通用型区块链基础设施与5G、物联网、移动互联网等技术的融合，围绕通用型基础设施发展需求，加强跨链、隐私保护等关键技术攻关。面向金融、工业互联网、社会治理等国民经济和社会发展的重点领域，加快形成基于通用型基础设施的解决方案。加强区块链基础设施标准化研究，推动相关重点标准的研制和利用。

二是加大宣传引导和投入。建议加强对区块链基础设施进展的跟踪研究和发展趋势的分析，根据需要适时推出针对性的监管措施。加大对国内区块链基础设施的支持，加强发展环境和生态营造，鼓励行业内相关力量合理规划，统筹发展，加快建设形成有竞争力的基础设施，在此基础上进一步培育规模化的区块链应用。

三是注重网络空间安全防护。区块链基础设施承载着各行各业的应用，可能涉及大量核心业务数据以及个人隐私数据。特别是当基础设施发展到一定规模时，安全风险将更为突出。为避免出现出了问题再补救的被动局面，区块链基础设施的建设方和运营方应及早准备，在基础设施设计和建设的早期就充分考虑网络安全问题。

四是加强国际交流与合作。密切跟踪欧洲区块链服务基础设施等重点项目进展，通过多种方式建立沟通渠道，搭建国际区块链基础设施交流与合作平台。鼓励相关力量“走出去”，结合“一带一路”倡议等，探索基础设施合作共建、合作搭建应用、共同研制技术标准等形式的国际合作。

参考文献

徐雨：《智能时代信息基础设施发展趋势分析》，《电子技术与软件工程》2019年第14期。

马荣、郭立宏、李梦欣：《新时代我国新型基础设施建设模式及路径研究》，《经济学家》2019年第10期。

乔健：《美国基于新一代信息技术的信息基础设施发展情况》，《全球科技经济瞭望》2015年第7期。

李晓辉：《面向智慧城市的物联网基础设施关键技术研究》，《计算机测量与控制》2017 年第 7 期。

周平、唐晓丹：《区块链与价值互联网建设》，载《中国移动互联网发展报告（2017）》，社会科学文献出版社，2017。

刘京娟：《美、日、韩关键信息基础设施保护立法研究》，《保密科学技术》2016 年第 7 期。

B.20
产业互联网的“支点”：可持续发展AI

田 丰　刘志毅*

摘　要： 随着《新一代人工智能发展规划》的持续落地，智能产业改变了传统的行业生态。本文将智能化转型作为理解人工智能发展的核心，通过对人工智能在“赋能百业”、“普惠国民”和“数治兴政”三个方面的应用，揭示智能化转型与数字化转型的差异。从智能产业落地的总体情况，可以看到智能产业的三个重要趋势与可持续发展AI的基本发展逻辑。

关键词： 可持续发展AI　智能社会　视觉物联网　智能化转型

可持续发展的新一代人工智能（AI）基础设施正在成为所有企业从“消费互联网”向“产业互联网”进化的支点，无AI不产业，无AI不创新。本文基于对人工智能在产业赋能方面的发展趋势，对人工智能行业的产业创新和融合进行讨论，探索智能产业落地的关键路径和核心要素，为理解从消费互联网（互联网经济）到产业互联网（智能经济）提供一种有益的思考。

一　智能产业带来的变革

（一）通过对传统行业赋能产生价值，改变行业原有生态

一是AI变现数据商业价值。人工智能技术通过参与企业管理流程和生

* 田丰，商汤智能产业研究院院长，主要研究方向为人工智能、云计算、数字化转型；刘志毅，商汤智能产业研究院主任，研究员，主要研究方向为智能经济、人工智能、数字经济学。

产流程，推动企业的数字化变革，从而使得企业成为“智能化企业”或者“智慧企业”，这类企业可以通过不同的AI技术对消费者的数据进行搜集与利用，使得数据成为企业的最重要的生产要素，在为消费者提供针对性的产品的同时优化对消费趋势的洞察，挖掘用户的潜在需求。

二是C2M产业链在线适配。人工智能技术推动行业变革，通过AI技术带动传统行业产业链的生态格局改变。一方面通过AI技术推动上游产业链的丰富化和定制化，另一方面通过AI技术推动消费者洞察向产业链传导，真正构建起柔性化的供应链生态。

三是AI重构企业人力资本。人工智能技术推动人力资本变革，AI技术推动了企业人力资本的变革，机器自动化技术的使用提升了管理流程的效能以及信息系统的利用效率，在传统的制造业中机器人的大规模使用也在填补日益缺少的蓝领工人，这使得企业的人力资本的结构正在发生根本性变化。

（二）互联网巨头战略卡位，投资日趋成熟和理性

创新型技术总是在新商业模式出现前就位，而在商业风口中快速规模进化。CB Insight在2020年初发布的《全球人工智能投资趋势年度报告》显示，全球人工智能企业2019年全年的募资达到266亿美元，其中美国占比为39%，中国占比13%，英国占比7%，相对应地比2018年全球融资221亿美元上涨了20.3%。可以看到该领域的投资仍然在上涨，人工智能的投资逻辑发生了重要的变化，理性地投资值得长期投入的技术资产成为共识，应用场景、底层技术开始受到资本关注，巨头也开始进场，以战略投资的方式布局产业链上下游，人工智能成为巨头们的必争之地。但2019年成为人工智能资本环境冷与热的分水岭，人工智能的融资数量和融资金额出现大幅下滑。从资本市场的回报来说，2014～2018年，整个人工智能领域发生了126起退出事件，约占同期投资事件的1/20，整个上市IPO退出的概率只占到四成，回报率并不高。① 可以看到，人

① 猎豹全球智库：《更要只争朝夕，人工智能的尴尬2019及破局2020丨三大技术九大行业解析》，http：//www.199it.com/archives/992421.html。

工智能的数据量、算法、存储、法律法规等基础设施已经完善，行业正在进入发展阶段。因此人工智能不会因为泡沫的出现而逃离，只是更加理性，更关注场景落地的应用能力。总体看来，资本市场有以下三个特点。

第一，“炒概念”让位“底层技术”。在应用型和概念型企业乘着AI的风口大行其道几年之后，市场开始关注场景的落地，技术性公司的价值正在被挖掘。除此之外近期政府高层对于新基建颇为重视，多次开会部署。在疫情对中国经济影响较大的背景下，加快新基建有助于稳增长、稳就业。区别于传统基建，新基建是指立足于科技端的基础设施建设，主要包括5G基站建设、特高压、城际高速铁路和城市轨道交通、新能源汽车充电桩、大数据中心、人工智能、工业互联网七大领域，这给AI企业带来了新机会。

第二，头部产业落地加速。易落地的人工智能应用场景受投资人追捧。近年投融数据显示，企业服务、机器人、医疗健康、行业解决方案、基础组件、金融领域在投资频次和融资金额上均高于其他行业；在具体的应用层面，智慧汽车、制造、医疗、金融、家居分别位列人工智能应用端最受资本欢迎的五大领域，2012年以来它们的融资额分别达到2826亿元、2093亿元、1371亿元、762亿元、658亿元。[①] 根据艾瑞咨询做出的未来几年中国人工智能赋能实体经济规模预测，到2022年相关市场将达到1573亿元的规模（见图1）。

第三，早期投资等待价值验证。根据IT桔子数据，近5年人工智能企业整体的融资中，机构投资A轮以前的企业占比较高。从艾瑞咨询的数据也可以看到，2019年相对前一年的投资项目下降非常明显。主要原因有两方面：人工智能本身是新兴的产业，目前尚未有企业走向真正成熟和大规模盈利；很多投资机构无法判断具体标的的实际价值而更多的是将资金投入某个特定赛道，以提升投资的成功率。

---

① 猎豹全球智库：《更要只争朝夕，人工智能的尴尬2019及破局2020丨三大技术九大行业解析》，http：//www.199it.com/archives/992421.html。

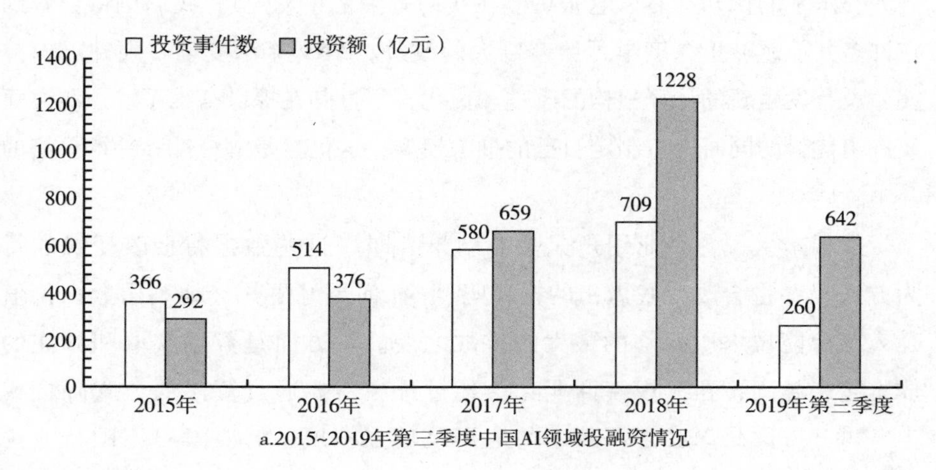

a.2015~2019年第三季度中国AI领域投融资情况

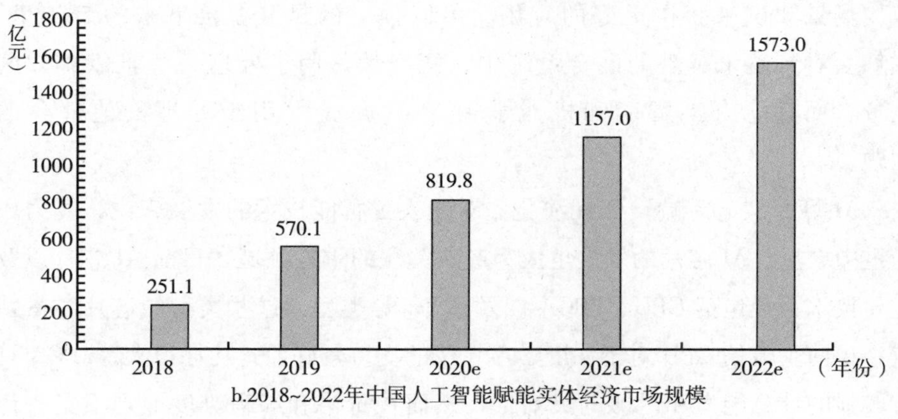

b.2018~2022年中国人工智能赋能实体经济市场规模

图 1　中国 AI 领域投资规模与赋能实体经济规模

资料来源：艾瑞咨询，《2019 年中国人工智能产业研究报告》。

（三）深度学习挑战“无监督学习”，AI 芯片从“智能云”到“智能端”

深度学习针对数据标注自我颠覆。在过去数年中，深度学习作为最为成功的人工智能技术得到了产业和资本的认同，已经成为在计算机视觉、语音分析和许多其他领域占优势的机器学习形式。即使未来 5 年深度学习无法达到人类水平的认知（尽管这很可能在我们有生之年发生），我们也将会看到在许多其他领域里深度学习会有巨大的改进。2019 年深度学习硬件加速减缓，没有发生新的计算架构的改进和优化，不过其在提供高维系统预测方面发挥出优势的同时仍然制定自己的抽象模型，这仍然是解释性和外推预测的基本障碍。

从根本上说，企业用户只关心结果，即“这些数据将会改变我的行为方式吗？将会改变我做出的抉择吗？”如何更好更充分地利用数据价值是人工智能技术所面临的最大的挑战之一。一方面是数据获取和标注的成本越来越高，在大规模商业化落地过程中需要通过算法的方式降低成本；另一方面是深度学习技术的应用范畴在拓展，需要学习不同行业的应用场景知识来获得更好的应用。可以预见的是，在接下来的 5 年里，我们会看到越来越多的混合系统中，深度学习用于处理一些难以感知的任务，而其他人工智能和机器学习（ML）技术用于处理其他部分的问题。

AI 算力“云 + 端”二元演化。对于人工智能技术的发展来说，算力成为重中之重，AI 芯片的发展也成为产业关注的重点领域。目前 AI 芯片以及主要技术路径包括 GPU、FPGA 以及 ASIC 等类型，这些类型的芯片各具特点，目前主流的 GPU 对于深度学习算法的支持较好但是功耗很大；FPGA 具备较强的计算能力和足够的灵活性，然而在价格和编程难度上则不具备优势；ASIC 则具备了在特定 AI 应用场景优化的能力，通过更高的处理速度和更低的能耗对特定功能进行增强，然而其可复制性一般。因此，无论是着力于“云”或者“端”的 AI 公司都在尝试不同的芯片技术路线，更大的挑战在于 AI 芯片很少是通用的，需要在不同场景下适配不同模组进行应用，这也是我们看到的 AI 芯片演化的趋势之一。

中国边缘 AI 芯片迎来“寒武纪大爆发”。根据赛迪咨询在 2019 年世界人工智能大会上发布的《中国人工智能芯片产业发展白皮书》，受宏观政策环境、技术进步与升级、人工智能应用普及等众多利好因素影响，2018 年中国 AI 芯片市场规模达到 80.8 亿元，同比增长 50.2%，2019 年预测规模达到 122 亿元。[①] 数据显示，人工智能芯片产业发展正处在早期的阶段，无论是我们谈到的芯片需要根据应用场景适配不同的模组，还是 AI 芯片工业的复杂程度过高导致芯片价格较高的现象，都使得这一行业处在“寒武纪大爆发”的前夜，而从投资角度来说，AI 芯片正在成为资本热烈追逐的重点领域。

二　智能社会的孵化器：可持续发展 AI

可持续发展 AI 是指在 AI 技术发展过程中，综合考虑经济、社会、环境三者整合的最优化的发展观，它意味着我们不仅考虑经济效益，也思考人工智能对于社会和环境带来的更广泛影响。可持续发展 AI 具备社会价值，从赋能百业到普惠国民到数治兴政，都体现了 AI 企业可持续发展的基本逻辑和诉求，也反映了企业的社会责任所在。人口爆炸的全球老龄化需要可持续发展 AI 保障产业升级、智慧城市、安居生活。AI 技术作为推动智能经济发展和智能社会转型的根本性技术，能够更深层次地变革传统产业。

（一）可持续发展 AI“赋能百业”：金融、交通等

金融：人工智能技术在金融行业的应用，由于目前采取的是深度学习的算法逻辑，会导致类似不清楚其内在运行机理而破坏金融系统稳定性的担忧，并且很多行业专家认为人工智能可能会强化金融决策中的算法歧视、算法合谋等现象。因此大多数 AI 技术在金融系统中的应用尚未进入产业核心，基于此现状我们提出金融系统中智能产业应用的三个基本原则。

第一，金融行业的智能化需要采取新的治理方式，包括对人工智能风险事件所采取的如检测及预防等保障措施，以及风险发生时的补救机制和必要

① 前瞻产业研究院：《2020～2025 年中国人工智能芯片行业市场需求分析与投资前景预测》，2020 年 1 月。

干预手段；第二，关注金融系统中的数据权利和数据隐私问题，通过与金融机构的深度合作推动金融产业的变革，实现客户的价值主张；第三，金融行业的服务要加强与监管机构和政策制定者的紧密合作，根据不同地方的金融政策来实施相应的金融服务。

无人驾驶：汽车智能化的最终目标是实现无人驾驶，而实现无人驾驶是一个渐进式的发展过程，在这个过程中既要重视车内硬件智能以及智能车舱这样的硬件技术，也要注重诸如车际互联通信以及计算机视觉应用等软件技术。换言之，自动驾驶类企业需要兼具软硬件的实力。

以商汤科技推出的面向 L4 级别的自动驾驶技术为例，其在感知技术、分析预测、地图定位、决策规划和控制等全套模块中已取得阶段性成果。这个阶段采用的是“以计算机视觉为主，多传感器融合”的自动驾驶解决方案，可自主分析感知车辆周围的驾驶环境，如车道线识别、车辆行人和交通灯标识检测等。除了面向 L4 级别的自动驾驶解决方案，商汤科技也在致力于打造智能驾驶量产解决方案，主要包括：ADAS 驾驶辅助系统和智能车舱系统。

智能互联示范区是无人驾驶目前阶段实现的形式，推动无人驾驶技术从车内智能向车际互联发展，是智慧交通的载体，也是无人驾驶商业化的基础。2018 年，商汤科技完成杭州、上海半开放场地内无接管自动驾驶；2019 年，在日本落地“AI 自动驾驶公园”，将用于自动驾驶汽车的研发和测试，并面向公众开放。从长远来看，无人驾驶正是城市实现可持续的智慧交通以及环境生态优化的基础。

（二）可持续发展 AI“普惠国民”：医疗、教育等

在所有智能化产业中，医疗和教育领域是与可持续发展关联度最高的产业，也是在技术普惠领域最容易落地、跟民生相关性最高的产业（见图 2）。

人工智能教育：根据德勤发布的人工智能教育报告，2020 年全球行业规模有望达到 20 万亿元，其中“AI + 教育”的市场规模将达到 7 万亿元，并且会不断增长。目前全球 AI 教育企业接近 3000 家，美国企业数量第一，

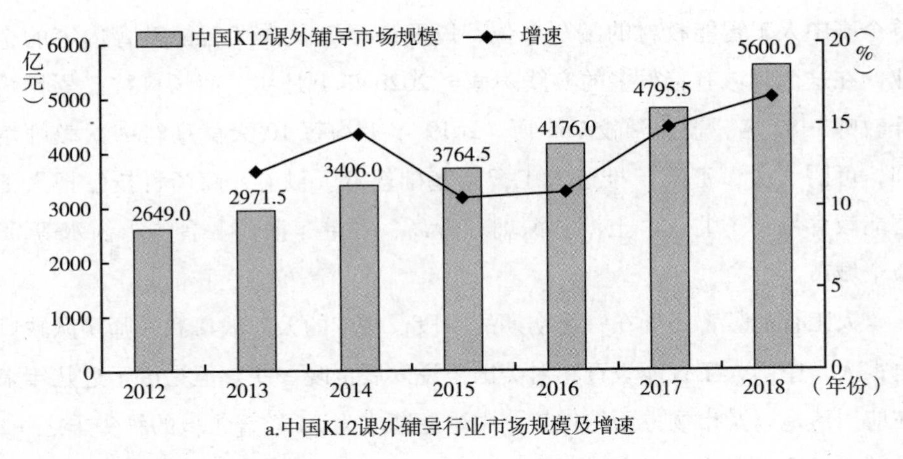

a.中国K12课外辅导行业市场规模及增速

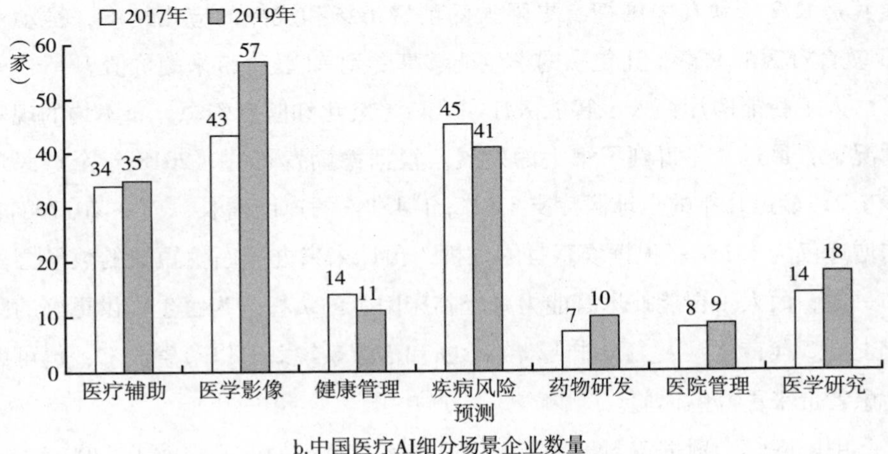

b.中国医疗AI细分场景企业数量

图 2　中国 K12 教育市场与医疗 AI 场景企业数据变化

为 1000 家，中国企业数量第二，超过 600 家。在中国，2016 年前后众多机构开始投资人工智能教育领域，也包括教育智能化领域，这其中影响最大的四个因素：政策、资本、技术和市场。

2017 年国务院正式印发《新一代人工智能发展规划》以来，政府在教育行业等多个领域推动了 AI 教育的应用，如在《新一代人工智能发展规划的通知》中提到的中小学设置人工智能教程、高校增加硕博培养形成“人工智能 + X”模式和普及智能交互教育开放研发平台等。商汤教育作为国内首个高中人工智能教材的编写单位，以及最早普及人工智能教育内容的企业，在这个领域有着很多的实践。截至2020年1月初，商汤科技已累计培养教师1482名，覆盖学校765所。2019年平均每10天就举行一次教师培训，可谓“紧锣密鼓”推进人工智能基础教育。目前，商汤科技已把人工智能教育带给了北京、上海、深圳、青岛、香港、澳门、晋中、衡水等20余个城市。

人工智能教育还处在一个初期的阶段，相应的人才缺口和教师团队缺口也很大，中国人工智能教育相对美国来说发展也晚一些。但是由于近几年来在应用落地以及市场方面的优势，中国逐渐成为AI教育领域的领头羊之一，尤其是K12板块在中国拥有更强大的消费市场和成熟的应用终端，推动了AI教育资源的共享，让更多的学生能够享受到AI教育带来的价值。

人工智能医疗：人工智能医疗在人口老龄化和医疗资源分布不均的现实情况下，最近几年得到了很大的发展。根据德勤发布的《2018年全球医疗展望》，最近几年的全球医疗支出以每年4.1%的速度增长，而在2017年之前增速仅为1.3%。根据埃森哲的分析，预计未来九年医生短缺的数量会增加一倍，而人工智能技术有能力减轻临床医生的负担，为医生提供更好的医疗工具。换言之，人工智能驱动的诊断和治疗系统既可以节省成本，也可以为患者带来更好的体验。

中国医学会数据资料显示，中国临床医疗每年的误诊人数为5700万人，总误诊率为27.8%，器官异位误诊率为60%，[①] AI技术在提高诊断准确性上有着巨大潜力。除此之外，人工智能技术可以通过对全球病例建立数据库，基于计算机视觉、深度学习技术对疑难杂症进行预警和诊断。目前，中国的AI医疗主要是以下八种场景：虚拟助理、医学影像、辅助诊疗、疾病预测、药物挖掘、健康管理、医院管理、辅助医学研究平台等。自新冠肺炎疫情暴发以来，商汤科技就积极发挥自身优势，充分释放科创动能，致力于用人工智能助力新冠肺炎的防控与治疗，商汤医疗团队所推出的“AI智慧

① 中国仿真学会：《2018年医疗人工智能技术与应用》。

医疗解决方案”可用于进行疫情疑似筛查，并保障正常的通行速度。其非接触式的测温方式，还可降低交叉感染的风险，可见 AI 医疗技术在具体的医学场景中的作用和价值。

（三）可持续发展 AI“数治兴政”：智能政务、智慧城市

智能政务：回顾我国 20 年的电子政务发展历史，目前数字政务正面临新的业务需求，主要是来自政务服务创新以及技术的提升需求。目前政府信息化的建设正在从“各自为政的信息孤岛”转向“业务协同数据共享”，考虑到行业存在的区域发展不平衡、新时代业务需求与传统信息架构的矛盾等问题，人工智能技术的发展带来了新的解决思路。随着近几年我国推动政府数字化转型尤其是从数据化向智能化转型，可以看到我国人工智能正在让政府管理模式实现精细化和智慧化。虽然总体来说还处于初级阶段，但相应的场景落地和知识图谱的建立，已经对政府服务领域起到了积极作用。国务院在 2017 年发布的《新一代人工智能发展规划》中提出了关于人工智能应用于数字政务的相关政策，“开发适于政府服务与决策的人工智能平台，研制面向开放环境的决策引擎，在复杂社会问题研判、政策评估、风险预警、应急处置等重大战略决策方面推广应用。加强政务信息资源整合和公共需求精准预测，畅通政府与公众的交互渠道”。当前相关领域的政策密集发布，人工智能技术正处在推动数字政务的共享协同，积极实现应用深化的阶段。相信新型顶层架构的升级以及管理制度的改革，能够打破政务信息产业发展的瓶颈，带来“AI + 电子政务”的新机遇。

智慧城市：伴随着全球城镇化的推进以及以人工智能技术为代表的信息技术的普遍应用，智慧城市在社会经济可持续发展方面逐渐为各国所接受，主要国家如美国、英国、新加坡等启动了智慧城市的建设，而中国也随之发力。我国的智慧城市在 2010 年前后开始试点示范工作。可以看到，我国几乎所有的副省级以上的城市都在进行智慧城市的相关试点工作，不同的城市根据自身的特征来制定智慧城市的方案。在党的十九大报告中，习近平总书记也提出了“智慧社会”的概念，扩大了新型智慧城市的内涵和外延，是

对“新型智慧城市”的理念深化和范围拓展，强调基于智慧城市使市民拥有更多的获得感、幸福感，再一次强调了智慧城市的发展要注重以人为本，强调市民在智慧城市建设过程中的参与行为。

目前国内的人工智能龙头企业都在参与智慧城市的建设，如华为、阿里巴巴、腾讯科技、商汤科技等都通过自身的生态建设和整合能力，为新一轮智慧城市的建设提出相应的解决方案。德勤发布的《超级智能城市2.0》中提出了包含基础技术和垂直应用层的“超级智能城市”的概念，这样的超级智能城市所体现的特点正好是人工智能技术的主要特征：实时感知、高速传输、自主学习、自主决策、自主协同、自动优化、自主控制。在新型智慧城市中，交通、安防、能源、医疗、环境等多种场景都可以普遍落地，而具备这样的大规模生态化能力的企业就只能是平台型企业。因此，无论是华为，还是腾讯科技、商汤科技这样的企业都推出了自己的平台级解决方案。

根据IDC在2019年发布的《全球半年度智慧城市支出指南》，中国将成为未来几年全球最大的智慧城市建设区域之一，预测到2023年市场规模将达到389.2亿美元，其中包括对基础设施投入、对数据相关资源的投入以及对城市交通智慧化的投入。在预测期间（2018～2023年），三者支出总额将持续超出整体智慧城市投资的一半。2019年中国内地智慧城市建设投入的前三名分别为北京、上海和深圳，从投资的增速来看，2年复合年均增长率（CAGR）最快的城市为深圳、北京和上海。可以看到GDP高的城市智慧城市投入相对较大，这就导致了在智慧城市技术的发展阶段，一线城市的支出将持续领先。可见，接下来智慧城市将成为人工智能产业化落地的主要领域之一。

三　可持续发展AI的未来：淘金“数据中国”

传统的数字化转型是单一面向企业的内部组织，而可持续发展AI是跨行业构建生态的面向企业集群的；可持续发展 AI 与企业的数据战略强相关，数据的价值只有在智能化转型中才能得到体现，而基于数据作为企业战略的核心才有可能实现企业智能化转型的落地。从智能产业落地的总体情况，可以看到智能产业的三个重要趋势与可持续发展 AI 的基本发展逻辑。

（一）“视觉物联网”取代“移动互联网”

移动互联网的红利逐渐消退，短视频红利逆势增长，推动了视觉 AI 技术的广泛应用。QuestMobile 数据显示，移动互联网用户数 2019 年第二季度环比下降 200 万，这是中国移动互联网用户数首次下降，而用户市场增长速度也下滑到历史新低 6%，但是我们看到 2019 年 6 月使用占比同比增长中，65% 来自短视频应用数据，而字节跳动的短视频用户规模实现了 27% 的净增长。这带来移动互联网端的视觉 AI 技术的广泛应用。在中国智能手机用户常用的与 AI 相关的 15 个功能中，除了语音助手、翻译、系统省电和 App 预加载四个功能外，其他都与计算机视觉相关，移动视频的红利是智能产业化的基础。

（二）机器视觉学习提升“产业智商”

视觉相关的产业落地正在多元化和碎片化，根据中国信息通信研究院发布的报告数据，计算机视觉是中国 AI 市场的最大组成部分，占比接近 40%。IDC 的数据研究表明，接下来几年计算机视觉将以接近 40% 的年增长率持续增长。这几年从基于深度学习的计算机视觉算法的识别准确率超过人类开始，计算机视觉就逐步应用到各个领域之中了。实际应用过程中，不同行业的数据可得性、算法成熟度以及服务容错率等差异，导致了不同行业的落地效率出现差异，也导致了不同传统行业的智能化转型的效率有差异。

（三）智能化转型淘金“数据中国”

企业的智能化转型成为未来几年数字经济发展的重要动力，也是推动企业降本增效的基本手段。按照 IDC 的数据，数字化转型的支出在 2022 年将增加到 1.97 万亿美元。同时埃森哲中国企业数字化转型指数认为，7% 的转型领军者营收复合增长率达到 14.3%，是其他企业的 5.5 倍，销售利润率也是其他企业的两倍，而整个数字化转型过程中，最重要的就是实现业务的智能化。这不仅是企业在自身变革时的必然要求，也是未来智能化产业发展的最重要的落地形态。

通过以上分析，可以看到企业智能化转型与数字化转型的根本性差异。

第一，智能化转型与可持续发展的社会趋势强相关，与数字化转型专注于企业的利润价值不同，智能化转型的目标中不仅要有企业的商业贡献，还要创造社会价值。

第二，智能化转型与传统行业的赋能和变革强相关，数字化转型更多强调的是 IT 信息化的技术逻辑，而智能化转型强调的是通过智能化技术重构企业的管理要素，在人机关系中找到最好的资源配置方式。

第三，智能化转型与数据价值的利用能力强相关，尤其是与视觉相关的数据价值利用在各个行业都有着非常重要的体现，系统化的利用数据价值的能力是智能化转型的基础。

智能产业的落地方兴未艾，全球智能化发展也正处于场景落地的初级阶段，期待全球 AI 技术产业化的高速发展。

参考文献

德勤：《全球人工智能发展白皮书》，2019。

艾瑞咨询：《2019 年中国人工智能产业研究报告》，2019 年 6 月。

赛迪咨询：《中国人工智能芯片产业发展白皮书》，2019 年 8 月。

埃森哲：《2019 埃森哲中国企业数字化转型指数研究》，2019 年 9 月。

B.21

大数据时代个人信息数据保护发展研究

胡修昊*

摘　要： 大数据时代，数据价值显现，成为各方竞争的重要资源，个人信息数据是其中重要部分。近年来，违规获取个人信息数据、数据泄露、数据滥用等个人信息数据问题频发，移动App成为重灾区。我国正加快建设具有中国特色的个人信息数据保护体系。建议厘清个人信息数据全链条、提升个人数据安全意识，统筹安全与发展、共建个人信息数据保护体系，依靠技术手段完善、保障个人信息数据安全。

关键词： 数据资源　数据内涵　数据权属　个人信息保护

一　基于个人信息的数据内涵被重新定义

随着手机、智能手表等智能终端的普及与物联网的快速发展，智能科技在带来便利的同时，使得个人在各类服务中产生越来越多的数据信息。现阶段数据信息已经被广泛使用，数据安全与保护逐渐被提上日程。在各国加快实施数据战略和高度重视网络安全的环境下，基于个人信息的数据安全成为全球发展关注的焦点。

---

* 胡修昊，DCCI互联网数据研究中心资深研究员，长期关注TMT产业，重点研究社交网络、人工智能、大数据领域。

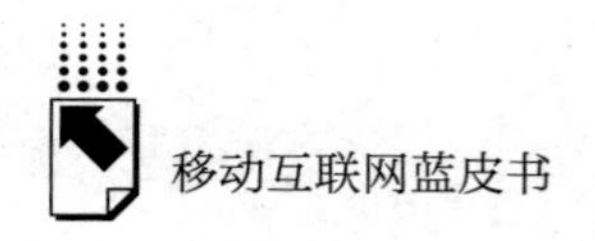

（一）数据资源逐渐成为一种资产

移动互联网时代，数据成为重要资源。数据战略已经成为各国政府发展的重要部署。2012 年伊始，美国、欧盟、日本等国家和地区陆续发布数据战略规划，我国于 2014 年 3 月首次在政府工作报告中提及大数据，2015 年，党的十八届五中全会审议通过了《中共中央关于制定国民经济和社会发展第十三个五年规划的建议》，正式提出实施国家大数据战略。全球相关企业也在不断加大对数据的管理与保护，在与数据服务密切相关的云计算、大数据领域，百度、阿里巴巴、腾讯、IBM、Alphabet 等互联网企业，以及银行、通信等传统行业企业纷纷建立数据中心，其中领先企业已经开始构建数据中台，致力于利用数据资源高效推动业务发展。

数据可以带来经济效益，基于个人信息的数据是其重要部分。对于政府而言，数据是政务创新、优化经济结构与社会治理的推动力；对于企业而言，数据是企业发展的必需品，在企业促进产品迭代、运营决策中发挥重要作用；对于个人而言，数据是实施个性化服务的必备条件，而数据安全是保障与维护个人权益的重要部分。除间接带来经济效益外，随着数据产业的发展，数据监测、挖掘、分析及数据平台等成熟的数据产品能够直接带来经济收益。

现阶段基于大数据的数字经济发展迅速。数字经济是指以使用数字化的知识和信息作为关键生产要素、以现代信息网络作为重要载体、以信息通信技术的有效使用作为效率提升和经济结构优化的重要推动力的一系列经济活动。[①] 数字经济已经逐渐成为经济社会发展的重要力量，国家互联网信息办公室数据显示，2018 年我国数字经济规模已达 31.3 万亿元，占国内生产总值的比重达 34.8%。[②]

---

① 《二十国集团数字经济发展与合作倡议》，G20 官网，2016 年 9 月 20 日。

② 国家互联网信息办公室：《数字中国建设发展报告（2018 年）》，2019 年 5 月。

（二）新时代重新认知个人信息数据

随着数据的丰富，基于个人信息的数据（以下简称“个人信息数据”）范畴发生变化，且保护个人信息数据应立足于数据规则。从隐私权到个人信息、个人资料、个人数据等，引发关注的个人信息数据的含义随着时代发展而变化。个人信息数据的保护起步于隐私权，20世纪70年代，美国制定《公开签账账单法》《隐私法》，率先建立隐私权保护的制度；我国在《中华人民共和国侵权责任法》中也明确提出隐私权，此时对个人信息数据的保护主要是为了明确非法侵入住宅、窃听、跟踪、盗用他人身份信息等违法行为，保障个人人身、财产安全和合法权益。而关于个人信息，我国《网络安全法》中明确指出，个人信息是指以电子或者其他方式记录的能够单独或者与其他信息结合识别自然人个人身份的各种信息，包括但不限于自然人的姓名、出生日期、身份证件号码、个人生物识别信息、住址、电话号码等。[①]《信息安全技术个人信息安全规范》中举例说明，个人信息包括个人基本资料、个人身份信息、个人生物识别信息、网络身份标识信息、个人健康生理信息、个人教育工作信息、个人财产信息、个人通信信息、联系人信息、个人上网记录、个人常用设备信息、个人位置信息等。[②] 大数据时代，个人数据的理念逐步显现，比如欧盟发布的《一般数据保护条例》（*General Data Protection Regulation*, *GDPR*），将个人的数据保护放在一般数据保护的范畴内。

大数据时代，个人信息数据涉及个人的方方面面。从产生方式来看，个人信息数据可能由用户本身产生，如姓名、身份证号码、手机号、指纹、人脸信息等，也可能在用户使用服务或与其他终端、主体交互时产生，如网络注册账号、购物消费记录、位置信息、个人社交网络账号中的图片和视频等，还可能是数据运营者[③]基于个人信息使用、处理或分析所得，如人群画

① 参见《中华人民共和国网络安全法》第七十六条。

② 参见《信息安全技术　个人信息安全规范》附录A。

③ 数据运营者指收集、传输、存储、处理、使用该个人数据信息的企业、单位、政府机构或自然人等主体。

像、用户标签、账单分析等。从数据重要程度和敏感程度看，个人信息数据分为（重要及敏感程度依次降低）核心信息数据、重要信息数据、一般信息数据。核心信息数据主要是个人的敏感数据，如通讯录、位置信息、指纹、声纹等；重要信息数据主要指个人交互过程中产生的重要信息数据，如通话记录、商品浏览足迹等；一般信息数据敏感程度最低，如 WiFi 连接记录、流量监控数据等。

大数据时代，个人信息数据具有多维度、多主体、个性化、动态化、可量化等特征。①多维度，指个人信息数据覆盖多个行业，且在不同行业或场景中具体状况差异化，如在地图导航服务中，个人的地理位置信息较多，在图像美化服务中，个人的图片信息较多。②多主体，由于个人信息数据的产生存在于基于协议的服务模式，如移动 App 的使用等，个人信息数据的主体并不仅只是个人，还会涉及提供服务的平台或企业。③个性化，不同个人或其他数据主体的个人信息数据明显差异化，而且不同数据主体对待个人信息数据的心态、认知及处理方式也会有较大差异，因而个人信息数据及其保护因人而异。④动态化，指同一数据主体的同一类型个人信息数据会随时间发生变化，如个人的手机号、年龄、身高等。个人信息数据在使用时可以多向流通，同时，多个个体或组织协同运作时，数据通常会跨主体或跨地域流动。⑤可量化，数据本身可以进行数字化的分析、处理，而且，数据的使用路径、数据价值均可以量化，数据主体可以通过个人信息数据的量化在数据的使用过程中获取收益。

二　个人信息数据保护形势严峻

（一）多重因素引发个人信息数据问题

由于个人信息数据具有重要价值，个人信息数据成为众多违法行为的目标。恶意网络攻击、法律法规缺失、数据管理不善等多个因素，引发多种问题。现阶段个人信息数据的问题主要有违规获取个人信息数据、数据泄露、数据滥用等。

违规获取个人信息数据，主要是指在未经个人等数据主体允许或在未告知数据主体的情况下，采集或使用个人信息数据，包括隐瞒数据主体、超范围或强制获取个人信息数据等，其主要原因有相关法律法规尚未健全，以及平台缺失安全管理机制。

数据泄露，指个人信息数据未经许可被他人公开或使用，如以推销或诈骗为目的的电话、短信等是由手机号泄露导致。现阶段数据泄露已经成为众多网络诈骗等违法行为的源头，造成数据泄露的主要原因有恶意攻击、人为因素和系统故障，其中以恶意攻击为主，根据 IBM 和数据安全研究中心 Ponemon Institute 发布的《2019 数据泄露成本报告》，超过一半的数据泄露是由恶意网络攻击引起的。

数据滥用，主要是指违规或违法使用个人信息数据，该行为通常会违背公平、公正、安全等原则，损害数据主体的利益，如企业在收集个人信息数据后，恶意利用数据的不对称，将相同的产品面向不同的用户制定不同的价格，典型的案例有“大数据杀熟”事件，其主要原因是个人信息数据使用规范不够明确，同时市场恶意竞争也是造成数据滥用的重要原因。

（二）个人信息数据问题频发，且数量不断增长

近年来，数据泄露、滥用的事件时有发生。2018 年 Facebook 泄露超过 8700 万用户的相关信息给第三方公司，该事件在全球范围内引发对个人信息数据的广泛关注，同年，Facebook 被黑客窃取大约 5000 万个账号及密码信息，个人信息数据的安全问题引起用户的担忧。现阶段泄露的个人信息数据类型以姓名、身份证号码、手机号码等个人基本信息和注册账号密码等网络身份信息为主，但随着指纹识别、人脸识别等生物识别技术的普及，指纹、人脸等生物识别信息安全也面临较大风险，2019 年我国 App 市场中带有图片换脸功能的 App“ZAO”因存在泄露人脸信息的风险而被整改。

随着个人信息数据问题事件频发，个人信息数据亟须保护。从数量上看，2012 年到 2019 年 9 月底，全球数据泄露事件数量整体呈增长趋势（见图 1），

其中，2019 年（截至 9 月 30 日）全球数据泄露事件达 5183 起，泄露的数据量高达 79.95 亿条。

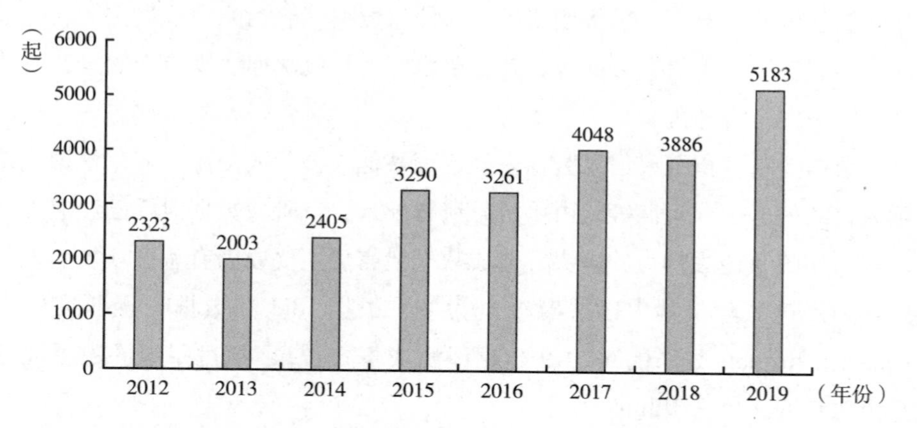

图 1　全球披露的数据泄露事件数量变化状况（截至 2019 年 9 月 30 日）

资料来源：Risk Based Security（RBS）。

（三）移动 App 成为个人信息数据问题的重灾区

手机 App 覆盖丰富的个人信息数据，是引发个人信息数据问题的主要渠道。移动 App 在日常生活中愈加普及，涉及衣食住行方方面面。基于网络账号注册的设置，如今手机号与 QQ 号、微信号、微博账号等社交网络账号成为 App 标配，社交通信 App 中会涉及通讯录、生活动态、地理位置等信息，出行导航 App 中会涉及地理位置、语音记录等信息，金融支付 App 中会涉及银行卡号、身份证号、消费记录、交易流水等信息，智能助手 App 中会涉及语音、图像及手机 App 中应用列表等信息。获取个人信息数据有助于升级服务体验，也是企业发展的必要条件，但 App 由于承载丰富类型的数据、管理尚不完善，个人信息数据风险较高。

现阶段我国移动 App 在收集及使用个人信息数据时存在较多问题。App 收集个人信息数据主要通过两种方式：一种是获取使用权限，权限是手机系统内置的访问控制机制，如 App 连接网络需要获取移动网络或 WiFi 连接的许可，导航等基于地理位置的服务需要开放位置信息权限等；另一种是获取用户在使用 App 时的行为轨迹或留存的内容信息等，如兴趣爱好、地址、网页浏览历史、消费记录等。在使用 App 时，需警惕未公开收集使用的规则、未明示收集使用个人信息的目的、未经用户同意收集使用个人信息、收集与其提供的服务无关的个人信息、未经同意向他人提供个人信息、未按法律规定提供删除或更正个人信息功能、未公布投诉与举报方式等风险。[①]

三　个人信息数据保护成为各国发展重要议题

（一）欧美等国通过立法保障个人信息数据安全

美国针对不同领域立法保障个人信息数据安全。美国早期通过《隐私法》建立与隐私相关的普适性法律，之后在计算机、电子通信、金融服务、邮件、征信、保险、儿童健康、消费等多个领域制定相关法律法规或设定隐私条例，规范细分领域中对个人信息数据的收集与使用。现阶段美国没有统一的专门立足于个人信息数据的法律法规，2020 年实施的《加州消费者隐私法案》（*California Consumer Privacy Act of 2018*）是仅适用于加州地区的美国第一项专门的法律，规范企业对消费者信息的披露、共享等行为，保障消费者删除数据等权利。

欧盟主要通过 GDPR 严格监管数据的收集、传输、保留、处理等数据产业全链条。GDPR 源自 1995 年的《数据保护指令》，第一次建立了系统的法规体系，规定了获取同意是进行数据处理的法律基础，明确数据安全应遵循的合法、公平、透明、数据最小化（以满足业务需要的最小数据量为限）、目的限制（用于指定的目的，不得进一步处理）、准确性、存储限制、完整性、机密性等原则，通过赋予知情权、访问权、更正权、可携带权、删除

① 国家互联网信息办公室秘书局、工业和信息化部办公厅、公安部办公厅、国家市场监督管理总局办公厅：《App 违法违规收集使用个人信息行为认定方法》，2019 年 11 月。

权、限制处理权、反对权、自主决策权等多项权利，细化数据主体的权利，并推出问责机制，明确规范企业或组织的责任，此外，GDPR 还对数据跨境转移制定规范措施。GDPR 是现阶段欧盟在个人信息数据领域的核心法规，也是全球第一部完整的针对个人信息数据的法规，对我国建立个人信息数据保护体系有借鉴意义，但 GDPR 实际执行难度较大，一定程度上不利于个人信息数据的发展。

（二）我国加快顶层设计，逐渐完善数据保护体系

近年来我国政府部门高度重视个人信息数据安全，从立法、规范、执法、宣传等多个层面逐步构建数据保护体系。

1. 立法层面

《网络安全法》的颁发加快我国在个人信息数据安全方面的立法进程。早期，我国《刑法》第三百五十三条、《民法总则》第一百一十一条规定分别从刑法和民事层面明确了个人信息数据的违法犯罪行为，2012 年《全国人大常委会关于加强网络信息保护的决定》是第一次专门立足于个人信息保护的政府文件，加快了个人信息数据的立法进程。2013 年我国政府发布的《电信和互联网用户个人信息保护规定》和 2016 年发布的《网络安全法》为个人信息数据的立法奠定了基础。2019 年以来，我国政府发布《数据安全管理办法（征求意见稿）》《个人信息出境安全评估办法（征求意见稿）》《儿童个人信息网络保护规定》，从多个角度规范个人信息数据的管理和保护。

2. 标准及规范层面

我国政府正加紧细化个人信息数据的收集及使用规范。《App 违法违规收集使用个人信息行为认定方法》《互联网个人信息安全保护指南》《信息安全技术　个人信息安全规范》等指导、推动企业及各组织单位维护个人信息数据安全。其中《App 违法违规收集使用个人信息行为认定方法》首次对 App 收集及使用个人信息数据提出具体、明确的规则和指引；《信息安全技术　个人信息安全规范》对获取用户同意的具体形式（弹窗、提示条、

提示音）及用户动作（如勾选、点击）提出要求，提出个人信息保护政策的主要功能为公开个人信息被收集、使用的范围和规则，而非双方协议。

3. 执法层面

2019 年，中央网信办、工业和信息化部、公安部、市场监管总局联合开展“App 违法违规收集使用个人信息专项治理”行动，全国信息安全标准化技术委员会、中国消费者协会、中国互联网协会、中国网络空间安全协会成立 App 专项治理工作组，针对隐私政策和个人信息收集使用情况进行评估，并多次通报侵害用户权益的 App。同时，政府部门鼓励企业自律、自查，开展 App 安全认证，加大力度保障个人信息数据安全。

4. 教育宣传层面

我国政府部门通过多种举措、多种渠道普及个人信息数据安全防护教育。2019 年在“3 · 15”晚会上曝光了探针盒子违规获取个人信息数据的行为，App 专项治理工作组专家现场演示 App 违规获取个人信息数据的行为。网络安全周期间，举办了“个人信息保护主题日”活动，普及预防数据泄露、网络诈骗等技能。同时，网信办、工信部等通过微信公众号及其他媒体宣传个人信息数据安全知识。

四　我国个人信息数据安全面临多重挑战

（一）创新技术促进数据经济发展，带给数据安全新挑战

随着互联网技术及物联网的发展，个人信息数据被获取的门槛降低。姓名、手机号等个人信息数据随着网络的延展广泛分布在数据网络中，由于个人信息数据多渠道流通的特点，个人信息数据难以保护，如位置信息不仅可以通过 GPS 信息获得，还可以通过带有位置信息的相册获取。随着物联网的发展，更多的智能终端设备将成为个人信息数据传播的媒介，如通过智能摄像头能够获取个人实时动态信息，滋生偷拍等恶性事件。未来个人信息数据规模将进一步增长，大量的、动态流动的数据对于网络基础设施安全、数

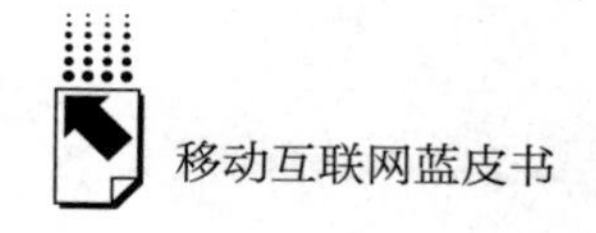

据库安全及数据清理、分析等提出更高的要求。同时，围绕个人信息的数据之间并非孤立存在，依靠数据挖掘技术，可以分析、推理大量个人信息数据的潜在联系，从而获得更多个人信息数据。开放的数据网络降低了个人信息数据的私密性，对个人信息数据管理提出更高要求。

现今人工智能、云计算等技术正在加深对个人信息数据的使用，在提升数据价值的同时，增加了数据安全风险。大数据时代，个人信息数据被收集是不可避免的，随着生物识别技术的普及，指纹、声纹、人脸等敏感信息将会在使用服务时被获取，这些具有较高价值的个人信息数据引起不法者的觊觎。同时，随着网络灰黑产业的发展，黑客技术可以通过网络学习，其门槛逐渐降低，恶意攻击手段层出不穷，给企业、组织及个人保护个人信息数据造成极大困扰，应对恶意攻击和安全应急管理也是数据规则的重要内容。新技术手段在提供便利服务的同时，也对数据的收集、使用、存储、转移及应急处理机制等带来挑战。

（二）数据权属问题易引发争端，阻碍市场发展

个人信息数据是重要资源，界定数据产权的归属有助于解决市场纷争。近年来，我国数据纷争不断，如微博诉脉脉抓取微博数据的案件、顺丰与菜鸟关于数据接口的争执、腾讯与华为因服务领域交叉产生的用户数据争论等，数据之争逐渐成为各国政府与企业竞争的新兴战场，数据权属不清是引发争端的主要原因之一。对于企业而言，丰富的个人信息数据能够构建清晰的用户画像，实现精准的数字营销，带来收益，也是企业在运营管理中的重要决策依据。现阶段数据权属之争主要在于数据采集的权利、数据使用与拥有的权利、数据泄露的责任等方面，由于服务的跨界融合，在涉及多个数据运营者的情况下，数据权利的边界难以划分清楚。

明确权属关系是保护个人信息数据的重要基础，也是促进数字经济发展的重要保障。个人信息数据在流通和使用的过程中释放价值，而数据所有权、使用权等权属直接关系到数据开放共享、跨境数据流动、数据交易等产业发展与市场竞争相关问题，清楚界定数据权属是解决数据收益、处理相关

问题的基础。数据是经济发展的重要力量，明确权属关系是推动市场有序发展的重要因素。在智能交通或车联网领域，政府交通部门、车辆所属企业、IT 服务商等均是构建系统的重要参与者，也是数据的提供者，由于数据权属将决定各方的收益，权属不清成为阻碍发展的因素之一。同时，企业进入境外市场时，当地个人信息数据法律法规的合规风险也已成为阻碍企业全球化发展的重要因素。

（三）法律法规不健全，数据流通与安全管理存在矛盾

数据流通不规范，各环节缺失统一标准。首先，各平台数据记录的标准不统一，降低了数据流通效率，对数据挖掘、分析造成负面影响。其次，个人信息数据流通过程不可追溯，易造成个人信息数据流通的信息不对称，个人无法知悉个人信息数据的转移及再使用等行为，无法保障个人权益。由于流通规范缺失，个人信息数据在流通过程中会面临数据缺失、数据被盗用、数据被篡改的风险。

数据产业与个人信息数据保护体系均尚未成熟，如何平衡发展与安全的矛盾，成为政府部门、专家学者共同关注的重要议题。现阶段我国个人信息数据管理法律法规体系尚不完善，个人信息数据边界不清，个人信息数据相关权利尚未界定，个人信息数据的存储、转移、使用等全链条行为亟须规范。同时，在数据产业中，数据的开放、共享是大势所趋，而过于严格的管控措施、难以落地的规范将极大限制数据的流通，严重抑制市场的快速发展。

五　关于我国个人信息数据保护发展的建议

（一）厘清个人信息数据全链条，提升个人数据安全意识

正确认知个人信息数据是构建个人信息数据保护体系的基础。政府通过立法手段，梳理个人信息数据的内涵、服务边界、数据主体、数据权利等，

并规划收集、传输、存储、处理、使用的产业链条，引领构建个人信息数据保护体系。同时，个人信息数据问题防不胜防，作为切身利益者，个人应提高防护意识。一方面，大众对个人信息数据重视度不够，尤其是在开放的网络环境下，个人信息安全意识薄弱，在日常生活中未养成良好的使用习惯，比如，在使用 App 时不会仔细查看权限申请状况。另一方面，现阶段个人信息数据保护范围不够全面，大众对多元化的个人信息数据认知存在偏差，在面对新技术手段带来的创新服务时，缺少警惕意识和应对措施。政府可以借由平台、媒体等渠道，普及个人信息数据安全教育，逐渐增强大众安全素养。

（二）统筹安全与发展，共建个人信息数据保护体系

政府统筹规划，一方面在完善个人信息数据法律法规体系的同时，落实企业责任，加大执法力度；另一方面要保障企业利益，鼓励并推动数字经济健康快速发展。行业协会加快制定个人信息数据保护的执行标准，既要严格规范企业，也要推动形成统一的数据开放标准，并推动企业开展自律工作，加强各行业企业交流合作，强化个人信息数据相关企业协作能力。企业搭建数据安全架构，构建数据安全管理体系，严格贯彻落实个人信息数据收集、存储、转移及使用的规范，维护个人信息数据安全。

（三）依靠技术手段完善，保障个人信息数据安全

在技术层面，规范个人信息数据收集、存储行为，保障数据流通安全、个人及其他数据主体的有效权益。通过技术手段，可以严格审查收集个人信息数据的行为，而在数据存储上，建立数据预警、应急处置、备份与恢复的机制，能有效保障数据安全。在数据流通方面，可以经由掩码、加密、替换、屏蔽、截断、噪声添加、合成等多种算法或技术手段进行数据脱敏或去标识化处理，即对个人信息数据中的敏感、重要数据进行技术处理，使其无法精准识别个人或其他数据主体，通过可溯、去标识化处理技术手段，有助于在分析、处理数据资源的同时有效地保障个人信息数据安全。

参考文献

陈磊:《2019 年国内外数据泄露事件盘点——个人信息保护刻不容缓》,绿盟科技博客,2019 年 12 月。

胡延平:《MDPG:为中国数据保护方案提供一种新可能》,《腾云》2019 年第70 期。

姜奇平:《基于个人信息的数据资产保护研究》,2019 年 10 月。

中国信息通信研究院:《2018 年电信和互联网用户个人信息保护白皮书》,2018 年 11 月。

人民网、中国互联网协会、中国泰尔实验室、中国信息通信研究院:《移动互联网应用个人信息安全报告(2019 年)》,2020 年 1 月。

B.22
5G 产业发展对媒体传播的影响

杨 崑*

摘 要： 5G 将构筑新的数字化社会基础设施，开启经济和社会“万物互联”的发展时期。媒体对 5G 新服务的普及起到了重要的牵引作用，会成为 5G 建设中率先发力的领域。媒体行业积极开展 5G 技术的应用探索，集中在媒体融合和视频化两个重点方向。未来，5G 技术将为媒体带来融合化、精准化服务能力提升，智能化、数据化、立体化呈现，泛社会化参与，泛在化传播，与网络紧密协同等新的发展趋势。抓住 5G 时代转型窗口期，媒体亟须构建新理论、新基础和新能力。

关键词： 5G 媒体 视频化 融合化 泛在化

一 国内外 5G 产业发展不断加速

移动通信技术不断创新迭代，为加快信息产业整体水平的提升，推动经济和社会的繁荣发展提供了持续有效的支撑。第五代移动通信技术（5G）具有新的网络架构、更高的传输速率、毫秒级的传输时延和千亿级的物理连

---

* 杨崑，中国信息通信研究院技术与标准研究所高级工程师，中国通信标准化协会互动媒体工作委员会副秘书长。

接能力，将提高信息承载网络的整体运行能力，构筑新的数字化社会基础设施，开启经济和社会“万物互联”的发展新时期。中国信息通信研究院发布的《5G经济社会影响白皮书》指出，到2030年，5G在直接贡献方面，将带动国内的总产出为6.3万亿元，经济增加值为2.9万亿元，就业机会达到800万个。应该说5G带来的不仅是通信网络的升级，更是社会经济发展的一次重要机遇。

全球发达国家都将5G建设作为国家战略的重点领域积极投入，以增强自身数字经济国际竞争力。全球移动设备供应商协会（GSA）发布的最新数据显示，截至2020年3月底，全球123个国家和地区的381家运营商已宣布对5G进行投资；其中40个国家和地区建立了70张商用5G网络，63家运营商已经推出了符合国际权威移动通信组织——第三代伙伴计划协议（3GPP）标准的5G移动服务。该协会的数据还显示，截至2019年底，全球76家终端厂商发布了199款5G设备，包括手机、头戴显示器、笔记本电脑、路由器、无人机等各种类型。

我国依托多年来在信息通信领域的积累，抓住机遇积极推进5G产业化进程，超前部署网络基础资源，合力打造生态环境，加快产品研发和应用创新。尤其是2019年6月6日，工信部正式向中国电信、中国移动、中国联通、中国广电发放5G商用牌照后，中国5G产业发展全面加速，预计至2020年底全国5G基站数将超过60万个，基本实现地级市室外连续覆盖、县城及乡镇有重点覆盖、重点场景室内覆盖。各类5G终端也开始推向市场，据工信部副部长辛国斌介绍：截至2020年3月26日，我国有5G手机产品类型76款，累计出货量超过2600万部，其中2020年出货量1300余万部。[①] 同时，超高清视频播出、智能驾驶、云游戏、远程医疗等一系列基于5G网络的新服务和新应用在努力探索商用化推广路径。产业各方精诚合作，共同绘制“5G时代”的新景象。

---

① 工信部副部长辛国斌2020年3月30日在国务院联防联控机制新闻发布会上的讲话。

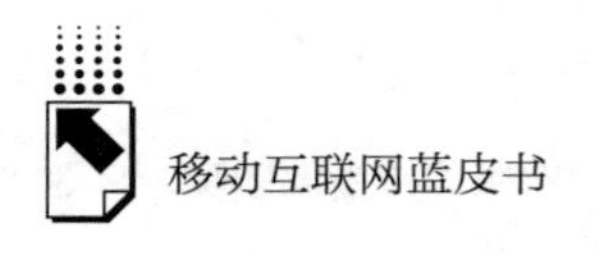

二 5G 建设将推动社会信息化能力的全面提升

5G 网络可以为社会各领域的信息化能力发展提供新的承载基础，凭借超高速、低时延和海量连接的特性，为人工智能、大数据、高速互联、物联网、区块链、高端存储、先进计算等技术的应用创造更好的环境，让新一代技术群能整体突破原有的时空限制、原有基础设施能力制约，保证信息流可以在“万物互联空间”中无“时空阻碍”地高效传输和连接，从而推动整个网络空间的感知、传输、呈现、交易、计算等能力全面升级。

随着 5G 网络建设和应用的普及，海量终端汇聚的人、机、物数据将出现快速增长；数据的来源、种类和规模、质量、精准性将会极大丰富和提高；大数据技术有了更大的发挥空间，不仅为人工智能技术，也为 5G 环境下其他技术赋能新产业和新产品提供了必要的基础资源。

成熟的云计算技术提供了通用的信息化处理平台，在 5G 环境下，通过云管端能力的协同，与其他技术一起提供异构的、低成本的信息承载能力。而在 5G 新网络支撑下，网络提供的端到端“算力”也将得到极大提升，突破了传统计算需要将数据统一上传到云端的局限，可以越来越灵活地在边缘计算、在智能管道中、在云计算平台等各个节点就近提供近乎零时延的算力响应。计算能力的提升直接助力智能化功能在信息流通环节的广泛应用。

5G 环境下的人工智能技术可以借助更强的算力和更丰富的数据资源实现更广泛和更深入的智慧赋能，保证各领域生产和管理全流程能够按照统一目标进行全局调度，自动化分析、判断和处理，并实现精准处置。

5G 网络可以为以 4K/8K、AR/VR（增强现实/虚拟现实）为代表的新一代呈现技术提供很好的高速、低时延使用环境，通过新的内容展现方式为用户带来服务体验的全面提升，并催生新的服务形态。

区块链等技术可以借助 5G 网络强大的算力和数据能力，广泛地为社会信息流通提供数字化身份确认和溯源，特别是在碎片化的信息环境中将起到至关重要的作用，开辟了维护信息安全和可信数字应用的新路径。

三　媒体是5G发展初期拓展的重点领域

移动通信技术特性和能力的每一次提升，都成为影响同时期社会信息流通和传播模式转变的关键要素，不断对社会和实体产业的发展产生巨大的影响。如3G技术对孵化以应用商店为平台的新服务模式，4G技术对推动以短视频为主的媒体精准推送服务的成熟，都提供了重要的支撑。5G等新一轮的技术升级将再次加快社会数字化水平整体提升，也会给亟须突破目前产业发展瓶颈、加速产业转型的媒体行业带来新的机遇。另外，媒体也将是5G建设过程中率先发力，并带动新一代技术加快落地的重要领域。

这首先是由于媒体的视频化发展可以为5G新服务的普及起到重要的牵引作用。视频作为呈现力强、包容性强、延展性强的信息载具，已经成为网络信息传播的主要形式和流量的主要来源。而且随着技术的发展，视频的分辨率正在由标清、高清向超高清发展，视频的观看方式由平面向VR等立体方式演进。而网络视频目前应用最广泛、最成熟的就是在媒体传播领域，据《2019中国网络视听发展研究报告》统计，中国网络视频用户规模（含短视频）已达7.25亿，占整体网民的87.5%。“内容视频化”已经成为全球传媒产业的共识，传统媒体和新媒体都在积极布局超高清视频直播业务和立体视频展示服务，这将成为未来媒体行业的基础业务。研究机构预测，到2022年超高清占视频直播IP流量的比重将达到35%；[①] 这对网络传输能力提出了更高的要求。4G等现有网络无法有效满足媒体开展超高清、强互动的新视频服务需求，这为5G网络的发展提供了最直接有效的拉动力。5G网络传输速率是4G网络的10～100倍，时延是4G的几分之一，峰值速度在特定场

① IMT－2020（5G）推进5G应用工作组：《5G新媒体行业白皮书》，5G应用创新发展高峰论坛，2019年7月18日。

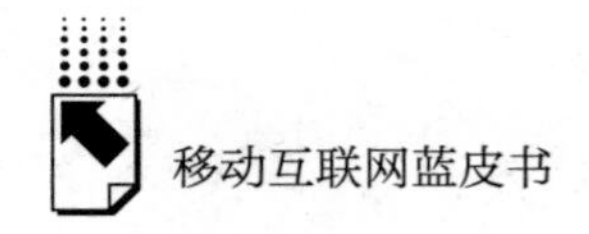

景下可以比4G高出20倍，将成为承载超高清等新视频服务的最佳载体。

其次，媒体的数据化发展趋势和5G的万物互联特性也能形成很好的匹配。在竞争白热化的媒体领域，实现面向细分场景的服务成为决定媒体影响力的关键。这要求媒体行业必须以数据化运营和自动化操作为目标不断升级和创新，智能化的媒体平台和渠道成为整个行业关注的重点，需要建立强大的、全面覆盖的信息采集和数据加工能力，以支持媒体全息覆盖和全效传播的目标实现。而5G广连接的特性为媒体进入“万物互联”时代奠定了基础，媒体借助5G技术不仅可以实现更高效的人与物之间的连接，也将首次进入物与物连接的领域。5G时代的媒体凭借高效的端到端数据化运营和智能化服务手段，就可以大步向“万物皆媒”的目标迈进，同时为5G的广连接特性的发挥提供重要的应用场景。

四　更多支持5G技术的媒体产品和服务陆续投入应用

在5G技术还处于实验和测试阶段时，媒体行业就已经开始对5G技术应用进行尝试。在国外，2019年1月《纽约时报》就宣布建立5G新闻实验室，对如何根据时空数据为用户提供交互性、沉浸性的3D新闻影像进行探索；BBC等新闻机构也在2019年所在国通信运营商建设和开通5G通信服务时，进行了5G新闻直播等方面的尝试。在国内，人民日报社、新华社、中央广播电视总台等媒体机构也成为5G试验和建设初期的积极参与者。

2019年，人民日报社与中国移动合作，利用中国移动在5G建设方面的优势，围绕“四全媒体”的目标，探索媒体创新发展路径。双方提出将以“内容+技术”为重点开展多元化的合作，包括将移动新技术带来的便利注入《人民日报》“策、采、编、发、评”的全流程中，实现媒体运营的一体化。而人民日报社与中国联通联合建设的5G媒体应用实验室则侧重新应用场景实验和产品创新方面。双方已经提出的工作包括运用5G、4K超高清视频、虚拟现实（VR）、人工智能（AI）等新技术，创新媒体传播方式，积极探索媒体融合发展新业态、新模式，进一步提升新闻生产力。中央广播电视总台与三大电信运营商及华为公司合作建设国家级 5G 新媒体平台，积极开展 5G 环境下的视频应用和产品的创新，希望形成电视、广播、网媒三位一体的全媒介、多终端的传播渠道；持续推动基于 5G 网络的“视频直播 + 制播系统”在娱乐、教育、医疗、安防等领域的广泛应用。中央广播电视总台的 5G 新媒体平台在 2019 年全国两会期间成功实现 4K 超高清视频集成制作，实现了 16 路 4K 超高清视频信号通过 5G 网络的实时回传，并通过手机实现 4K 节目投屏播出，展示了多点、多地、全流程、全功能 4K 超高清节目的集成制作和发布能力。随后总台的 5G 新媒体旗舰平台——央视频也开始上线运营。国内其他媒体机构在 2019 ~ 2020 年也陆续开展了一系列的试验和创新，如在各种大型活动中用 5G 传输通路开展 4K 超高清视频和 VR 视频的直播活动。

目前，以 5G 等技术来实现的“大平台 + 前端”架构，由于能帮助媒体机构融合能力实现提升，成为目前探索 5G 演进道路的热点。产业为配合媒体机构开展面向 5G 的能力建设，陆续推出了大量具有探索性和创新性的产品。如中央广播电视总台打造了“5G 新媒体平台 + 央视频”的新架构，通过 5G 新媒体平台发挥所有节目资源全方位统筹协调的作用，实现从内容数据到用户数据的共享分享和互联互通，以新思路加快总台媒体融合的建设。南方报业传媒集团建立了“南方 +”移动媒体直播平台和对应的“南方 +”客户端，具备视频、图文、电视信号、专业摄像、手机、无人机等直播综合能力。通信运营商和系统集成商则面向媒体机构新平台和新前端建设的直接需求，先后推出了基于 5G 网络的超高清视频制播系统，通过 5G 网络提供全景 VR 内容的一体化制播系统，基于 5G 网络提供互动媒体业务的系统，基于 5G 实现移动在线的前方演播室，利用 5G 实现 AR 业务的在线制播平台，通过 5G 网络实现的全息制作播出平台，集成了传输功能及采编平台的 5G 视频采编背包等。除此之外，产业还提出要进一步研发基于 5G 网络互联的智能媒体传播矩阵和面向全业务融合的智能化采编播系统。

此外，国内外厂商还陆续推出了适合 5G 环境下媒体机构使用的人脸识

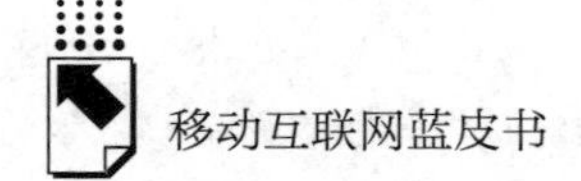

别和自动学习系统；通过人工智能算法结合云端大数据，优化媒体生产和销售流程的全链条管理工具；用于赛事转播，让用户通过5G终端实时全视角观看比赛的5G媒体转播车；通过5G网络接入，让媒体内容采集更方便、制作更简单、传播更快捷、互动体验更好的便携式8K专业全景相机；无须佩戴眼镜的基于5G的裸眼高清3D传输和展现终端；利用5G网络远程控制摄录设备，进行远程采访和视频采集的无人采访设备；将数字化传感设备应用于新闻信息采集的5G数据新闻采集系统；通过5G网络远程实现摄像的全息影像视频系统；用5G技术进行全国范围新闻传输和分享的融媒体调度指挥系统等。随着5G产业的持续和深入发展，新的媒体产品和服务还将如雨后春笋般不断涌现。

从目前已经开展的实践来看，现阶段媒体行业对5G技术的应用主要集中在利用大带宽传输的技术特性完善现有的业务和能力，集中在媒体融合和视频化这两个重点方向，包括平台的统筹优化、现有业务功能的改进、处理能力的提升等。目前还没有更多体现5G网络低时延和大连接特性的新服务和新产品推出。应该说5G技术在媒体领域的应用更多地还处于起步阶段，没有形成体系创新；随着5G网络的建设和优化加快，产业的投入持续增加，这些方面都将逐步实现突破。

五　5G技术带来的媒体发展新趋势

在互联网和移动互联网出现后，媒体就在不断向网络化、融合化、数据化、社会化的方向演进。充分利用网络等技术的创新成果，高效且精准地获取对自身有价值的内容或服务，已经成为用户选择媒体的决定因素。在用户“触网”时间由于人口红利释放殆尽已经基本见顶的情况下，能否在5G带来的“人—机—物融合”的新环境中争取更多的用户关注，就成为决定媒体未来转型成败的关键。

5G以大带宽、高速率、低时延的技术特性，与云计算、大数据、人工智能、超高清、虚拟现实等技术深度融合，可以提供更高水平的信息传输能力、信息处理能力和信息采集能力，打破媒体生态目前存在的瓶颈，加速媒体内外融合达到新的高度。进入“信息随需可得，万物皆为媒体”的新发展阶段，媒体生态、内容生产、媒体运营、媒体传播、效果评价等各个方面都将发生巨大的变化。

（一）媒体全面融合将进一步深化

5G将助推媒体融合进一步深化。媒体融合发展已经成为行业的主流方向，能否建立资源集约和协同高效的融合运营体系是决定媒体现阶段转型成败的关键。这需要以新技术为支撑，以内容生产创新和传播模式创新为主线，在全要素创新的基础上最终实现机制的根本变革。目前媒体机构已经开展的实践集中在三个方面：一是传统媒体和新媒体渠道的联动和组合传播，如国内广电部门积极构建的大屏和手机联动的视频播出体系，以内容和热点IP为核心，通过多渠道的同品质融合联动达到最大化的传播效果，初步形成全景化的传播形态；二是逐步改变传统的线性媒体生产模式，向以生产和管理平台为核心支撑的新思路转变，如很多媒体机构目前将融媒体云平台作为整个生产过程的核心，通过平台实现传播效果导向、目标受众优先和资源全局化组织的目标；三是通过传输能力、数据运营能力和数字加工能力的增强，在平台支持下推动内容生产从计划导向、创作导向向受众需求牵引转变。未来在上述各项工作中，5G技术的引入为核心平台的构建和数据运营、数字处理、自动化、端到端同步等各项功能的增强，提供高效能的新承载基础，为媒体机构形成全要素融合的强大供给能力提供新的保证。

（二）媒体的精准化服务能力大大提升

传统媒体目前发展困境的根源就在于无法有效维持与用户之间的连接，过分强调媒体的覆盖率，造成只有受众而没有用户；互联网新媒体始终把用户连接能力作为衡量平台竞争力的关键要素，平台和用户建立有效的连接才能更好地体现媒体的传播价值。在大数据技术的支持下，来自媒体业务系统的、受众的、供应商的和合作伙伴的数据以及媒体所处外部环境的各种数据被收集、管理和分析，海量数据资源支持算法快速挖掘用户关注点和潜在需求并推荐关联性最大的内容给用户，让用户拥有个性化的推荐体验，快速在海量信息中找到自己需要的内容，初步实现了媒体的精准推送。新闻网站的算法推荐实践已经证明，对媒体传播过程进行细分化控制可以带来巨大的传播和商业价值。但实践中也暴露出一定的问题，目前以算法为核心的精准服务能力只能让机器理解媒体运营者发出的简单指令，由于无法解决机器理解逻辑和人类思维逻辑存在巨大差异的问题，大量高级分析、判断和设计工作依然需要依赖人来实现，媒体的自动化精准运营存在着很多与人类自然习惯不协调的问题，甚至造成思想和价值观导向的偏差。如实际使用中受设计人员价值观和运营平台商业化思维的影响产生了价值观偏差、信息茧房等一系列饱受争议的问题。

在5G环境下，媒体的用户细分控制力和精准影响力将比现在大大增强。首先，5G环境下的媒体不仅可以与用户建立更高效的连接，还将实现“策、采、编、播、营”等全环节的高效打通，这可以对用户互动过程中的细分动作有非常精细的感知力，从而建立更强大的控制力和精准影响力，这是目前以用户行为数据和身份数据为依托的算法推荐所无法比拟的。其次，5G环境下的媒体可以通过技术手段实现资源聚合和能力升级，实现比人反应更快的服务速度，能提供以人类自然习惯为核心的人机服务过程，重新构建人机有机融合的新模式。这将有助于媒体运营者用技术手段将主流价值观有效贯穿于媒体服务的各项要素中，并及时发现和纠正技术带来的偏差。最后，5G为打通“人—机—物”创造了条件，让“机器”在媒体运营中成为媒体人的能力放大器，帮助媒体人获取丰富海量的数据，解决原有的信息过滤与选择能力不足的问题，辅助媒体人对海量信息进行处理，生产加工更多正能量内容，为受众提供他们希望得到的信息推荐，最终以主流价值观实现对用户的细分服务和精准的价值影响。

（三）媒体的智能化将成为新的发展重心

媒体现阶段技术升级的重点是以平台为核心实现融合化和数据化功能提

升，这使人工智能等技术与媒体业务结合度不断增加，传统媒体和新媒体在局部具备了智能分析和处理的能力，但还缺乏全局性和连续性的分析决策能力。在5G时代，媒体将依托高速、低时延和万物互连的基础设施能力逐步建立全局性的智能，这将成为媒体演进的新的重心。通过综合运用5G、机器学习、大数据等技术，将数据资源转化为知识以支持媒体实现自动化辅助决策；智能化的媒体平台可以建立对受众所处环境、行为轨迹、综合状态和偏好等的感知和判断能力，建立媒体内部连接和自动聚合外部相关资源的能力，以及灵活改变和配置媒体生产、传播全过程的能力。能力的增强可以在媒体的信息采集、制作、审核、分发、互动、效果检测、营销、监管等各环节中得到体现。随着自主化水平的不断提高，媒体运营的全过程更加智能化，媒体平台可按照管理者预先设定的规则，自动调用内外各类资源和能力，自动或通过人机配合完成信息产生、处理、传递和呈现等各项任务，最终以智能播报、智能主持等手段灵活适应不同细分用户群的需要，提供与受众需求相匹配的服务。

（四）数据化运营成为媒体的必备基础能力

5G技术将助力媒体机构打造面向“万物互联空间”的数字化连接能力。通过建立人、机、物之间更全面的数字化连接，构建一个人与社会、人与自然全息连接的信息场，数据将成为信息场中最主要的流通资源。媒体不再是以直接的内容生产和传播为主，而成为收集多维度的信息资源，进行数据挖掘处理，进而支撑媒体新生态运行的引导者。数据资源不仅直接用于实现媒体自动化和高效运营，还可以转化为数据新闻报道、数据采访、数据论坛、数据发布等新的媒体业态；还可以建立起“数据+地理”“数据+行业”“数据+生活”“数据+社会”的新型知识服务平台，给政府和企业决策提供专业的数据服务，为普通用户提供个性化、定制化、精准化的生活和工作信息服务。更好地获取、使用、挖掘数据资源将成为媒体机构的新竞争热点。

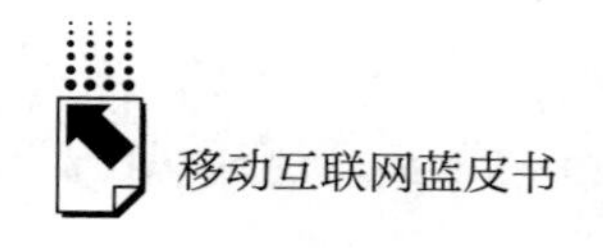

（五）媒体内容的呈现从超高清向立体化转变

媒体的视频化在不断加速推进，以短视频、网剧、微电影等为代表的内容业态逐步成为媒体服务的重要组成部分。4K/8K 等超高清技术，VR/AR、全息投影等技术将会对媒体视频服务的体验提升起到重要作用。国内外媒体机构已经在大型赛事和活动中开展了越来越多的 4K 直播和转播服务，8K 广播测试和卫星电视广播也已经启动。支持 4K 技术的视频终端逐渐成为市场主流，报告显示，4K 超高清电视占国内彩电销售的比重在 2019 年上半年就已经达到 70%，[①] 而夏普、海信、TCL 等厂商也先后推出了基于 8K 技术的电视和产品。媒体超高清视频业务的流量激增和使用场景的丰富，对网络的传输能力的需求也大幅提升，千兆固定网络入户和百兆移动接入能力成为基本的需求。5G 技术的大带宽、低时延特性可以有效解决目前超高清视频普及中存在的延迟、卡顿等问题，还可以进一步为利用 VR、AR 技术进行沉浸式、场景化的媒体传播打开空间。

利用 VR/AR 设备，用户可以近乎“身临其境”地收看各类媒体平台提供的交互性、沉浸式的立体影像。5G 支持下的 VR/AR、全息投影等技术对媒体领域未来发展的影响将是广泛和深刻的，媒体传播语态将更加多样化。比如“沉浸式视频新闻”将随着头盔式设备或眼镜设备的轻量化不断扩展，立体投影技术的普及可能成为 5G 网络发展到一定阶段后的新亮点；在高速网络的支持下，媒体报道将从根本上突破文字、图片、视频、虚拟图像、数据、图表不能同时重合表现的局限，在同一界面上连续实现富媒体信息的叠加和组合展现，给用户亲临现场的全方位体验。这使媒体传播与生活、消费、娱乐的很多场景发生融合，信息传播的目的不再仅是社会信息的交流，还将注重用户的体验和分享，最大限度地让用户进入真实的事件场景中。又如“虚拟社群”等新业态，与微博、微信等现有社交媒体难以消除与真实空间的差异感不同，其利用 5G 技术支持 VR/AR 应用创造出各种新的社交

① 中国电子商会：《1～6 月中国彩电消费及下半年趋势预测报告》，2019 年 7 月。

场景，不仅可以使社交实现全景互动，让实际生活空间与虚拟化的社交场景无缝连接；甚至可以创造出虚拟的社交场景，让用户可以在虚拟的数字空间中，在随心创造的社会背景下，用与现实相似甚至超越现实的手段对话和互动。这可以为未来媒体服务渗透进生活的每个时段创造条件，用户将不会专门去观看媒体，因为媒体无时不在。

（六）媒体运行将实现泛社会化参与

随着5G信息传输和处理能力的提升、新的内容展现技术的应用，越来越多的媒体内容可以按照用户需求在设定的流程下灵活改变观看方式；可以用不同终端在内容的不同环节和场景之间进行自由切换；可以根据用户自身的需要，对内容进行再创作、再加工；受众的参与度将比现在的新媒体大大增加。新媒体逐步发展起来一套平台和用户之间、用户和用户之间的“信息圈层”，让广大用户参与到媒体制作和传播过程中。而在5G时代，人、机、物甚至虚拟化的数字实体都将共同参与这一过程，都可以高效地生产内容、加工内容和传播内容，都可以在原内容基础上进行新的创作或者改进，媒体的泛社会化参与趋势会更进一步。这不仅需要开发新的产品和平台，还需要面对新需求重新设计媒体内容的组织和叙事方式，建立与新技术适应的新运行机制和模式，提出新的传播理论和营销思想，构造全新的媒体生态。

（七）泛在化媒体形态将逐步成熟

5G技术会不断推动“万物互联”目标的实现。据爱立信公司预测，到2021年，将有280亿部移动设备实现互联，其中IoT（物联网）设备将达160亿部。[①] 5G时代的媒体将借助大数据、智能化和物联网等技术更广泛地与产业功能在数字化层面实现结合，“泛媒体化”趋势将日益明显。这首先表现在终端的功能叠加上，除了我们熟悉的大屏和手机，AR眼镜、智能投

---

① 爱立信集团亚太区首席技术官马格纳斯·艾尔布林在2016年世界互联网大会上所做的主题报告。

影仪、智能健康终端、智能交通终端等适合不同场景的终端也将同时在媒体领域和行业得到广泛使用，成为消费市场和行业市场复用的信息生产者与传播载具。智能化的媒体终端还会依托网络和生态进一步做功能延伸，如成为家庭信息的汇聚和展现平台、无处不在的商务信息平台、方便易得的政府信息平台、医用的公共社区信息平台，兼具媒体和生产服务的功能。终端实时随地采集各类人、机、物信息，机器自动化处理能力会渗透到媒体各个环节，信息传播的需求会变得无处不在，传播的业务形态也将日益多元化，并以可视化的方式向用户呈现。所有数字化实体都可以成为媒体的信息源和受众，泛在媒体将深度连接整个实体世界。

（八）媒体服务需要与网络实现紧密协同

新媒体在发展过程中普遍采用 OTT 的模式，媒体服务和网络承载是相对独立完成的，服务功能通过网络透明地上传到云端来实现。而 5G 网络在支持媒体创新发展时，需要提供与服务关联更紧密的网络支持能力，不仅包括大带宽传输、低时延连接和广泛覆盖，还包括端到端的智能化响应能力，否则很多媒体创新应用的性能就无法达到理想状态。比如，对超高清视频直播的内容进行现场智能剪辑和个性化推送时，需要保证用户收看内容时可以随机在不同视角和分辨率之间切换，还要保证不丢失任何可见的细节，甚至要保证采用 VR 多视角技术提供全景化的观看体验；而如果采用 OTT 的模式将现场不同角度拍摄到的不同属性的图像都上传到云端处理后再下发，几乎是不可能完成的任务。类似的场景还可能在无人驾驶、智能制造等泛媒体领域出现，这种全新的媒体内容观看方式将高度仰赖网络的智能化管理和实时调度能力来减少传输时延，降低个性化需求带来的并发服务冲击，因此需要将网络基础服务能力纳入媒体服务的设计中，比如将 CDN 内容分发网络或 MEC 边缘计算节点的处理能力纳入端到端的媒体解决方案中。这意味着在 5G 环境下，媒体服务和网络的关系将向紧密协同过渡，媒体机构需要在服务中将网络运营商的能力纳入考虑的范围，比如在大型现场活动的转播过程中，在人群密集地区不仅需要租用网络运营商的传输带宽，还要和网络运营商协同，用靠前部署的边缘计算服务器、组播分发设备保证对现场密集人群的实时大并发响应能力、海量信息处理能力。

六　关于加速 5G 环境下媒体发展的若干思考

5G 网络达到稳定并且普遍覆盖的水平还需要一定时间。英国 CCS 洞察公司发布的报告预测，到 2023 年全球 5G 用户数量将超过 10 亿，到 2025 年将突破 25 亿，[①] 与目前全球 4G 用户规模相当。而从国内的情况看，目前全国的 5G 基站才只有 35 万个，与 4G 超过 400 万的基站数量相比还有差距。因此，媒体转型的时间还有一个窗口期可以利用，如果参考 3G 和 4G 时代的媒体发展经验，这个窗口期在 2 年左右。从另外一个角度看，国内主要城市内的 5G 基站建设和网络优化将在未来两年内陆续到位，而这些地区用户群体恰恰对媒体新业态最敏感。如何在 2 年左右时间内，确定媒体的近期演进思路，完成媒体新转型的“引爆点”设计，增加公众对首批新业态的接受度，挖掘新的商业模式，提高综合管控能力，都还存在不小的挑战。而如何深度挖掘 5G 带来的新优势，探索泛媒体的发展之路，推动 5G 和智慧城市、车联网、工业互联网等垂直领域的结合，还将是更长期的任务。从近期媒体转型的需求出发，应尽快联合各方力量明确如下问题。

（一）需要重新界定媒体的属性和边界

在“泛媒体”和“万物皆媒”的新形势下，媒体属性和边界都会发生变化，媒体信息流通遵循的基本规则也会随之调整，媒体的传播效果如何评价必须给出新的标准。媒体属性和边界的变化不仅仅影响媒体自身的运营，媒体监管的主体和着力点也必须做出改变。这些问题都带有全局性影响，是必须回答的根本性问题，尤其是主流媒体平台，如不尽快明确这些基本问题并

① CNBC：1 Billion could be Using 5G by 2023 with China Set to Dominate，2017 - 10 - 18，https：//www. cnbc. com/2017/10/18/5g - to - have - 1 - billion - users - by - 2023 - with - china - set - to - dominate. html？ &qsearchterm = CCS%20Insight%205G.

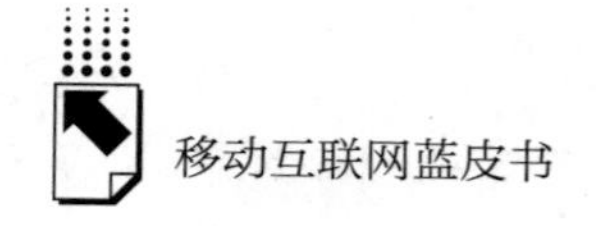

确立应对策略，在移动互联网时代失去渠道优势后，在5G时代有可能进一步失去更多基础资源主导权，媒体格局随着新业态的出现势必出现颠覆性的改变。

（二）如何重建媒体机构新基础和新能力

5G时代需要重新构建媒体机构的基础和关键能力。内容一直是媒体运行的核心，而技术将成为支撑5G环境下媒体高效运行的基础，数据将成为今后媒体基本的生产和传播要素，渠道则是决定媒体最终影响力的杠杆。媒体机构需要尽快建立面向5G环境的四大基石，能否成功打造内容供给能力、自主的技术供给能力、全向数据的供给能力、融合的渠道传播能力是衡量媒体转型成功与否的关键。

（三）如何重建舆论引导能力

理解和建立泛媒体环境下的舆论引导力是一个全新的课题。在新的5G时代媒体生态下，泛在媒体参与的角色会更加多样化、信息传播途径更加复杂、资源掌控更加分散，进而信息的透明度增加，舆论引导难度会不断加大。需要在媒体泛化的角度理解并提出加强新形势下舆论引导力的新理论和新方法。

（四）如何开发支持新传播力的技术平台

5G环境下的媒体新业态需要具有强大计算和传输能力的融合平台来保障，通过平台以受众反馈为驱动来组织上游资源，才能实现全程传播、全效传播、全员参与传播、“沉浸化”传播等目标。这是让传播效果得到增强的必要基础，而通用的融媒体设备无法充分满足媒体机构不断变化的传播工作需求，必须有定制化开发和网络支撑团队。需要探索是自建还是采用跨界合作的新模式。

（五）如何打造远程协同生产环境

媒体融合发展让核心媒体机构具有提供实体化技术环境，支持基层媒体机构开展远程虚拟化协同生产的能力。此时需要安全、有效、可靠的能力共享和资源共享解决方案，同时要构建适合新生产方式的流程管理机制，而目前各地已有解决方案只能满足部分生产环节的需求。5G技术让媒体生产突破传统方式的时空限制后，多点间远程协同自动化生产有了技术基础，未来需要探索如何建立对在线生产的网状流程进行有效管理的新机制。

5G等新技术群推动下的媒体变革将不断深化和升级，未来还会有更多的问题被提出。如何催生新业态，如何将关键资源在更大生态范围内重新配置，如何构建新的法律和监管规则，如何研发与之适应的技术手段，这些都需要逐步加以解决，才能让5G时代泛在化的媒体对社会治理和经济发展产生真正的影响力。

参考文献

中国互联网络信息中心：《第44次中国互联网络发展状况统计报告》，2019年8月30日。

中国信息通信研究院：《5G应用创新发展白皮书——2019年第二届“绽放杯”5G应用征集大赛洞察》，2019年10月，http：//www. caict. ac. cn/kxyj/qwfb/bps/201911/t20191102_ 268741. htm。

IMT-2020（5G）推进5G应用工作组：《5G新媒体行业白皮书》，5G应用创新发展高峰论坛，2019年7月18日。

卢迪：《5G推进媒体融合全面发展》，光明网，2020年1月6日。

《5G视频：一场新的科技之旅》，OTT研究，2019年8月2日。

B.23

2019年移动互联网版权保护热点问题与对策建议

冯晓青　朱　新*

摘　要： 2019年移动互联网版权保护热点聚焦于网络视频、网络游戏、人工智能生成物、数字化论文、媒体、影视剧、图片、第三方网络服务提供商、数字音乐等。有关部门积极探索版权保护的新路径，严格执法，保护网络版权。2020年，应进一步建立产业细分部门的网络版权保护机制，加大移动互联网版权保护力度，出台相关的司法审判指导规则以及行业版权保护规范。

关键词： 移动互联网　版权保护　网络视频　网络游戏

随着我国互联网的普及，传统意义上的版权逐渐向互联网版权转型。互联网技术加速了作品的传播，带动了互联网版权产业的发展，但也使这一产业在制度和实践层面面临严峻的挑战。本报告对2019年移动互联网版权保护热点问题进行梳理，并对接下来的版权保护提出对策建议，旨在促进版权保护机制的进一步完善，推进互联网版权产业健康有序发展，推动互联网版权产业治理能力和治理体系现代化。

---

* 冯晓青，中国政法大学教授，中国政法大学知识产权法研究所所长，法学博士，主要研究方向为知识产权法、知识产权管理与战略；朱新，中国政法大学2019级知识产权法专业硕士生，主要研究方向为知识产权法理论。

一 2019年移动互联网版权保护热点问题

（一）互联网视频版权保护问题

1. 体育赛事节目直播画面的版权保护问题

2018 年，北京知识产权法院对北京新浪互联网服务有限公司诉北京九州天盈网络技术有限公司体育赛事著作权纠纷案①做出判决，基于体育赛事制作过程的研究并结合《著作权法》的相关规定，认为被诉体育赛事直播画面不具有独创性。由此引发了对体育赛事直播画面属性相关问题的热烈讨论。实践中讨论的问题主要聚焦于以下三个方面：一是游戏直播画面是否具有独创性的问题；二是体育赛事直播画面是否构成电影或以类似摄制电影的方法制作的作品抑或录音制品的问题；三是享有体育赛事直播权利的平台是否享有广播权的问题。

2019 年 8 月，国务院办公厅印发《体育强国建设纲要》，全面推广体育赛事的建设，发展体育产业，扩大体育消费。② 作为体育产业的重要产品，体育赛事直播已经深入大众消费视野。因此解决体育赛事直播画面版权保护问题，为体育赛事直播画面提供充分的法律保护，对于促进体育产业繁荣发展、建设体育强国具有重大意义。

2. 短视频制作素材的合理使用问题

随着用户的不断增多，短视频成为人们休闲娱乐的重要方式。人们通过数分钟的电影解说即可了解电影的主要内容，这也引发了短视频制作过程中素材的合理使用问题，主要涉及背景音乐和影视剧的合理使用问题。

2019 年，北京互联网法院开庭审理了音乐版权商业发行平台 VFine

① 参见（2014）朝民（知）初字第 40334 号民事判决书；（2015）京知民终字第 1818 号民事判决书。

② 《国务院办公厅关于印发体育强国建设纲要的通知》（国办发〔2019〕40 号），http://www.gov.cn/zhengce/content/2019-09/02/content_5426485.htm?utm_source=UfqiNews。

Music 起诉短视频 MCN 机构 Papitube 著作权纠纷案。Papitube 旗下一位博主在其发布的短视频中使用了日本独立音乐厂牌 Lullatone 制作的音乐，由此引发了短视频制作中背景音乐的合理使用问题。

短视频版权保护的焦点在于其使用的影视素材的合法边界问题，尤其是该行为是构成著作权侵权还是合理使用。网红电影解说博主谷阿莫在 2017 年遭受迪士尼、又水整合等公司起诉其侵犯剪辑视频所涉及的电影著作权案 2019 年尚处于调解之中。此外，2019 年优酷信息技术有限公司诉深圳市蜀黍科技有限公司“图解电影”软件侵犯多部古装剧著作权案，再次将关于短视频合理使用问题的讨论推向高潮。

为治理短视频行业在制作过程中任意使用他人作品的乱象，中国网络视听节目协会于 2019 年发布了《网络短视频平台管理规范》，重点针对影视剪辑行为提出，禁止短视频平台上传未经授权的剪辑视频。该规定的出台标志着我国短视频行业的版权保护开启了行业自律的先河。

（二）网络游戏的版权保护问题

随着游戏直播的兴起，自 2015 年广州斗鱼网络科技有限公司与上海耀宇文化传媒有限公司著作权纠纷案以来，游戏的版权保护始终是热点问题，2019 年更加突出。

1. 网络游戏直播画面属性

网络游戏直播画面属性主要是指网络游戏直播画面是否构成作品以及具体作品类型问题。在广州网易计算机系统有限公司诉广州华多网络科技有限公司著作权纠纷案中，法院认为“梦幻西游”游戏直播画面构成以类似摄制电影的方法创作的作品。① 在上海菲狐网络科技有限公司诉深圳侠之谷科技有限公司等著作权案中，法院认为原告《昆仑墟》游戏画面整体上亦构成以类似摄制电影的方法创作的作品。② 在理论上，关于网络游戏直播画面

① 参见广东省高级人民法院（2018）粤民终 137 号民事判决书。

② 参见广州互联网法院（2018）粤 0192 民初 1 号民事判决书。

的作品类型主要有三种：一是美术作品；二是以类似摄制电影方法创作的作品；三是游戏直播画面包括多种类型的作品。

2. 网络游戏元素的版权保护问题

继网络游戏直播画面的作品属性受到关注后，网络游戏元素，诸如游戏规则、游戏界面以及游戏地图等，是否属于版权保护范围也成为焦点。在司法实践中，法院一般持保护态度。这里涉及的问题主要在于，游戏元素究竟属于思想范畴还是表达范畴？根据思想—表达二分法原则，如果游戏元素属于思想范畴，则不受版权保护。在深圳市腾讯计算机系统有限公司诉上海敬游软件科技有限公司一案中，法院首次对《王者荣耀》游戏地图属于表达范畴做出了认定，认为其属于版权保护范畴。[①] 随后，在苏州蜗牛数字科技股份有限公司诉成都天象互动科技有限公司、北京爱奇艺科技有限公司等著作权案中，法院认为原告《太极熊猫》的游戏规则属于表达范畴。[②] 在暴雪娱乐有限公司、上海网之易网络科技发展有限公司诉广州四三九九信息科技有限公司著作权案中，法院认为原告《守望先锋》游戏规则、游戏地图、游戏界面属于表达范畴。[③]

3. 网络游戏诉前行为保全禁令

在腾讯科技（成都）有限公司、深圳市腾讯计算机系统有限公司诉今日头条有限公司等公司著作权案中，法院首次做出了诉前行为保全禁令，责令被告立即停止其运营的“西瓜视频” App 直播王者荣耀行为。[④] 这是国内首个网络游戏著作权侵权诉前行为保全禁令，对于今后的网络游戏版权保护具有深远的意义。

（三）人工智能生成物的版权保护问题

人工智能技术在写作领域的应用，引出了版权保护一打热点问题，即人

① 安赫：《首例游戏地图著作权侵权案一审有果》，http：//dy. 163. com/v2/article/detail/EODTQ9E8051187VR. html。

② 参见江苏省高级人民法院（2018）苏民终 1054 号民事判决书。

③ 参见上海市浦东区人民法院（2017）沪 0115 民初 77945 号民事判决书。

④ 参见广州知识产权法院（2018）粤 73 民初 2858 号之一民事裁定书。

工智能生成物是否属于著作权法意义上的作品，是否受到著作权法保护？2019 年，在北京菲林律师事务所诉北京百度网讯科技有限公司著作权案判决书中，法院认为涉案报告均由数据库自动生成，不属于自然人创作，不具备独创性，不受著作权法保护。① 在深圳市腾讯计算机系统有限公司诉上海盈讯科技有限公司著作权案中，法院认为 Dreamwritter 智能写作软件创作文章由团队人员的选择和编排决定，体现了个性化的选择，具备独创性，涉案文章构成文字作品。② 利用人工智能技术生成的作品颠覆了传统的创造模式，是否予以版权保护将对目前的制度以及互联网产业产生重大影响。

（四）数字化论文的版权保护问题

著名影视明星翟天临博士论文抄袭事件的爆发，揭示了高校毕业生学位论文写作的乱象，引发了数字化论文的版权保护问题的讨论。教育部于 2019 年发布了《关于对学位论文作假行为的暂行处理办法（征求意见稿）》，各大高校也纷纷出台相关文件，严格规范学术论文写作过程。在教育部、高校以及大众三方监督之下，数字化论文的版权保护力度不断加大，他人学术成果受到尊重。

（五）媒体版权保护问题

数字技术加速了新闻的创作和传播，然而非法转载新闻的现象严重损害了新闻媒体的版权权益。由国家版权局等部门开展的“剑网 2019”专项行动，重点打击非法转载行为。北京市文化市场行政执法总队查处“新华丝路网”非法转载新华通讯社新闻案，同时江苏无锡、广西南宁等地也查处多起自媒体非法转载案。③ 此次行动，对保护主流媒体的新闻版权起到了重要作用。

---

① 参见北京互联网法院（2018）京 0491 民初 239 号民事判决书。

② 参见广东省深圳市南山区人民法院（2019）粤 0305 民初 14010 号民事判决书。

③《国家版权局等四部委在京召开“剑网 2019”专项行动通气会》，http://www.ncac.gov.cn/china copyright/contents/11379/410138.html。

（六）影视剧的版权保护问题

影视剧已经成为人们主要的娱乐消费产品之一。随着影视产业的升级转型，影视剧的版权保护问题日益突出。

1. 影视剧抄袭网络文学问题

将经典网络文学小说改编成影视剧，已经成为影视制作的一大商业模式。随着改编影视剧市场的不断扩大，这一商业模式带来严重的版权保护问题，集中体现为作品的抄袭侵权问题。在沈文文诉周静等著作权案中，法院在判决书中认为，被告创作的《锦绣未央》一书存在大量与原告创作的《身》实质性相似的表达，构成侵权。[①] 随后，多位作家均以周静《锦绣未央》抄袭其作品为由，提起诉讼，严重影响了电视剧《锦绣未央》的收视情况。类似地，在李紫超诉华夏电影发行有限责任公司、博纳影业集团股份有限公司等著作权案中，原告认为电影《烈火英雄》多处情节疑似抄袭其小说《火烈鸟》。影视剧抄袭网络文学的事件频发，反映出影视剧制作方在改编过程中版权保护意识薄弱，对改编小说的版权问题审查力度有待加强。

2. 影视剧的网络盗版问题

随着电影业的崛起，电影盗版行为愈发严重。随着《流浪地球》《疯狂的外星人》等2019年春节档电影的火热，互联网上出现了大量的盗版链接。在“剑网2019”行动中，国家版权局联合各地方版权局、公安机关，开展盗版链接整治活动，相继查办盗录盗版院线电影重点案件30余起，抓获犯罪嫌疑人200余人，打掉盗版影视网站共360余个，盗版App57个，查缴制作盗版影片放映服务器7台，设备1.4万件，涉案金额2.3亿元。[②] 同时扩展版权预警名单，加大对影视剧版权的保护力度。

3. 影视剧改编的作者精神权利保护问题

将小说改编为影视剧过程中，作者的精神权利保护也是版权保护中十分

① 参见北京市朝阳区人民法院（2017）京0105民初932号民事判决书。

②《国家版权局：2019年中国版权十件大事》，http：//www.ncac.gov.cn/chinacopyright/contents/518/412947.html。

重要的一环。在张牧野诉中国电影股份有限公司著作权案中，法院认为，被告所发行的电影《九层妖塔》基于原告所创作的小说《鬼吹灯之精绝古城》改编而来，但电影情节以及人物性格等严重歪曲，篡改原告作品，侵犯了原告的保护作品完整权。[①] 该案对于影视剧行业具有深远影响，在影视剧改编过程中，应当充分尊重原作品作者的写作意图，注意把握改编的尺度，严禁歪曲作者的写作意图，充分保障原作者的精神权利。

（七）图片版权保护问题

世界首张黑洞图片于2019年发布，网络图片网站视觉中国对该张照片主张版权，并收取版权使用费用。经进一步调查发现，视觉中国网站对国旗、国徽等供公众免费使用的图片也存在同样的商业模式。“视觉中国黑洞图片”事件主要反映出两类版权保护问题。第一是摄影作品的权属认定问题，包括图片是否构成摄影作品、权属转让的证明问题等。对此，广东省高级人民法院出台了《广东省高级人民法院知识产权审判庭关于涉图片类著作权纠纷案件若干问题的解答》，具有一定的参考意义。第二是图片市场版权保护秩序问题。网络图片平台收取图片使用费的乱象严重影响了图片市场版权保护秩序。对此，“剑网2019”专项行动中，各地方执法机构加大图片侵权查处力度，北京执法机构下线侵权图片3000余万张，江苏执法机构取缔徐州“7KK图片网”，福建执法机构查处“涂鸦设计网”图片侵权。[①]

（八）数字音乐的版权保护问题

音乐数字化加速了音乐作品的传播速度，数字音乐的改编成为时下一大潮流，改编音乐背后隐含着一系列的版权保护问题。

1. 数字音乐演绎的授权问题

随着音乐类综艺节目的火热，经典音乐的演绎成为歌手的主流表演方式

---

① 参见北京知识产权法院（2016）京73民终587号民事判决书。

之一。在演绎歌曲过程中，往往涉及歌手本人对数字音乐的个性化表演和改编。因此获取被改编数字音乐版权所有者的授权，是数字音乐版权保护迫切需要解决的问题。著名音乐类综艺节目《歌手 2019》在歌王对决巅峰之夜中，多位歌手联袂演唱皇后乐队的“Love of My Life”“We will Rock You”等四首经典歌曲，版权方索雅音乐版权代理（北京）有限公司发表声明证实并未获得其授权演绎四首歌曲。此外，该节目参赛嘉宾所演唱的《浪子回头》也未获得版权方授权。数字音乐再演绎未获授权事件多次出现，反映了节目制作方版权保护意识的薄弱，亟须建立合理的数字音乐授权机制。

2. 数字音乐合作作品分割问题

数字音乐改编过程中，存在使用原音乐编曲，重新作词的演绎方式，其中就涉及被改编音乐合作作品能否分割保护的问题。在万达影视传媒有限公司诉岳龙刚、新丽传媒集团有限公司等著作权案中，法院认为涉案歌曲《牡丹之歌》属于可分割的合作作品，原告在取得词作者的授权之后起诉，属于合格的起诉主体，但是改编歌曲《五环之歌》歌词核心内容与原作歌词不同，属于对曲谱的改编，不构成对歌词的改编。[①] 可以看出，数字合作音乐作品能否分割，对判断数字音乐改编是否侵权有着一定影响。

（九）第三方网络服务提供商共同侵权问题

第三方网络服务提供商允许用户将自己搜集的内容上传至该网络平台，在用户上传内容涉及侵权时，引发了第三方网络服务提供商是否需要承担共同侵权责任的问题。在实际侵权判断中，主要考察第三方网络服务提供商是否负有侵权内容的注意义务，以及在收到版权方侵权通知时是否及时采取删除措施，即“通知—删除”规则。典型的第三方网络服务提供商共同侵权案件包括网盘侵权案件以及云服务器侵权案件。在优酷网络技术（北京）

① 参见天津市滨海新区人民法院（2018）津 0116 民初第 1980 号民事判决书；天津市第三中级人民法院（2019）津 03（知）民终第 6 号民事判决书。

有限公司诉北京百度网讯科技有限公司著作权案中，法院认为被告没有及时删除电视剧《三生三世十里桃花》的链接，需要承担侵权责任。[①] 在北京乐动卓越科技有限公司诉阿里云计算有限公司案中，一审法院认为，阿里云服务器在收到原告通知之后并未及时删除涉嫌侵权的游戏，需要承担侵权责任；二审法院则认为，提供租赁服务的服务器不能控制具体信息内容，不负有特定的审查义务，因此不适用“通知—删除”规则，不承担侵权责任。[②] 此外，在杭州刀豆网络科技有限公司诉深圳市腾讯计算机系有限公司等著作权案中，一审法院认为腾讯公司仅提供基础技术服务，不提供内容存储等服务，不适用“通知—删除”规则，不负有删除涉诉侵权微信小程序的义务。[③]

二 有关部门积极探索版权保护的新路径

面对技术发展给版权保护带来的冲击，有关部门积极探索版权保护的新机制，规范市场版权保护的秩序。

（一）运用新技术建立版权保护机制

国家版权局以及各地方版权局积极运用区块链、大数据等新技术，采取新的版权保护措施，建立版权保护机制。如国家版权局全面启用国家版权监督平台；中国（上海）自贸试验区版权服务中心启动，建立大数据版权登记、监测、维权机制；基于区块链、时间戳去中心化、难篡改等特点，法院将其应用于版权侵权取证、保存证据的环节；大数据技术在版权交易中发挥重要作用等。

① 参见北京市海淀区人民法院（2018）京0108民初3524号民事判决书。

② 参见北京市石景山区人民法院（2015）石民（知）初字第8279号民事判决书；北京知识产权法院（2017）京73民终1194号民事判决书。

③ 参见杭州互联网法院（2018）浙0192民初7184号民事判决书。

（二）充分发挥行业积极性，建立版权保护机制

行业组织是版权保护的重要力量，我国在版权保护过程中充分发挥行业组织的作用，全面建立版权保护机制。国家版权局在咪咕文化科技有限公司设立“网络版权保护研究基地”，研究版权保护新技术措施；国家版权交易中心通过版权展会建立完善版权授权机制；中国文化娱乐行业协会发挥行业主导作用，优化卡拉 OK 的版权授权机制。同时，国家版权局还在深圳市前海设立“国家版权创新发展基地”，充分利用产业和政策优势，打造行业标杆，提升版权保护水平。

（三）行政执法部门严格执法保护网络版权

2019 年，国家版权局联合公安部门等多个执法机构，通过多部门跨区域执法合作，开展“剑网 2019”专项行动，重点打击媒体行业、电影行业以及图片行业等的侵权行为。共删除侵权盗版链接 110 万条，收缴侵权盗版制品 1075 万件，查处网络侵权盗版案件 450 件，其中查办刑事案件 160 件、涉案金额 5.24 亿元。[①] 此次执法行动效果显著，对维护互联网版权秩序发挥了重要作用。

三　移动互联网版权保护对策建议

从上述分析可以发现，2019 年移动互联网版权保护的主要问题与技术发展密切相关，多方主体协同合作已经成为移动互联网版权保护趋势。2020 年是决胜全面建成小康社会之年，需要更高水平的移动互联网版权保护。

（一）进一步建立细分产业的网络版权保护机制

根据国家版权局网络版权产业研究基地于 2019 年发布的《中国网络版

① 《国家版权局：2019 年中国版权十件大事》，http：//www.ncac.gov.cn/chinacopyright/contents/518/412947.html。

权产业发展报告（2018 年）》，网络版权产业细分市场包括数字阅读、网络视频、网络动漫、网络电竞游戏、网络音乐、网络直播、网络短视频等，均产生了新的内容生产和盈利模式，用户付费规模不断增加。[①] 2020 年将会涌现出更多与版权客体保护、侵权责任相关的版权保护问题，对现有的制度将会构成更大的挑战。因此，有必要修改现行版权保护相关法规，根据各个细分产业的特点建立合适的版权保护机制，以回应新技术发展给版权保护带来的挑战。

（二）进一步加大移动互联网版权保护力度

“剑网 2019”专项行动成效卓越，然而盗版技术不断发展，给互联网版权的保护带来了极大的困难。2020 年应进一步加大移动互联网版权保护力度，重点针对互联网影视盗版行为，规范影视剧行业版权保护秩序。同时，加大盗版犯罪打击力度，运用新技术开发更多的版权技术保护措施，并充分发挥行业主体的能动性，建立更为完备的版权保护、交易体系，促进移动互联网版权产业健康有序发展。

（三）出台各领域司法审判指导规则

从上述分析可以看到，游戏直播、短视频、人工智能技术、网络图片等给版权司法保护带来挑战，现有司法实践中，已经对版权保护客体以及侵权责任承担等问题产生了较大的争议，因此部分地方法院出台了相应的审判指导规则。为了解决移动互联网版权司法保护中出现的问题，统一司法裁判，提高司法效力，进一步提高互联网版权保护水平，建议各地方法院在 2020 年针对多个领域的网络版权问题出台指导意见。下级法院在面对类似案件时，能够参考上级法院的指导意见，正确运用现有法律，及时保护权利人的版权权益。

---

① 国家版权局网络版权产业研究基地：《中国网络版权产业发展报告（2018 年）》，http：//www. ncac. gov. cn/ chinacopyright/upload/files/2019/4/2817404494. pdf。

（四）出台各行业版权保护规范

行业主体是移动互联网版权保护的重要力量，面对复杂的网络版权产业细分部门，现有的法律制度无法做到全面保护。在国家各部门出台相关移动互联网版权保护规范的前提之下，各个行业主体能够根据自身特点制定行业规范，实现更为细致全面的版权保护，2019 年中国网络视听节目协会针对短视频行业非法剪辑影视剧行为所出台的规范就是典型案例。建议游戏行业、新闻媒体行业、网络图片行业、网络音乐行业、第三方网络服务提供行业等出台相应的行业规范，与有关部门合作，建立完善的移动互联网版权保护制度，在我国建设社会主义现代化强国进程中，为版权保护、版权交易提供良好环境。

参考文献

宿迟等主编《网络知识产权保护热点疑难问题解析》，中国法制出版社，2016。

吴汉东：《论网络服务提供者的著作权侵权责任》，《中国法学》2011 年第 2 期。

赵继莹：《我国著作权保护现状以及问题解决思路》，《传播与版权》2019 年第5 期。

程新晓：《网络盗版侵权新动向及其应对思路》，《新闻爱好者》2019 年第 10 期。

刘立、王晓花：《当前我国短视频版权治理的现实问题及实践路径》，《中国出版》2020 年第 3 期。

侯伟：《盘点 2019 版权领域大事件》，http：//www. cipnews. com. cn/Index _ NewsContent. aspx？ NewsId = 120778。

B.24
未成年人短视频使用特点及其保护

孙宏艳　李佳悦*

摘　要： 研究发现，近七成未成年人使用过短视频，搞笑类短视频最受未成年人欢迎。给主播打赏、模仿短视频中的行为、为某些视频中的带货商品付费等行为在未成年人中均占有一定比例。其中，部分行为给未成年人的短视频使用带来安全隐患，如个人信息被滥用，消费习惯、生活习惯、时间管理、学习状况等变差。针对这些问题，本报告提出了树立儿童友好理念、培养数字时代公民素养、为未成年人做数字榜样等建议。

关键词： 未成年人　短视频　网络使用　网络保护

《第44次中国互联网络发展状况统计报告》（简称《统计报告》）显示，截至2019年6月，我国网民规模达到8.54亿，互联网的普及率已经达到了61.2%。其中，手机网民8.47亿，网民使用手机上网的比例达到了99.1%，而19岁以下网民占20.9%。[①] 可见，随着我国互联网的进一步发展和推进，随着提速降费等措施的实施，网络几乎与每一位城乡居民的生活密不可分。即时通信、搜索引擎、网络新闻、网络购物、网络文学、网络音

---

* 孙宏艳，中国青少年研究中心少年儿童研究所所长，研究员，主要研究方向为少年儿童社会性发展及家庭教育；李佳悦，英国伦敦政治经济学院和美国南加州大学全球传播学双硕士，主要研究方向为国际新闻、新媒体发展及全球传播。

① 中国互联网络信息中心：《第44次中国互联网络发展状况统计报告》，2019年8月30日，http://www.cac.gov.cn/2019-08/30/c_1124938750.htm。

乐、网络游戏、网络视频、网络政务、在线教育……不仅改变和丰富了人们的生活，也给广大网民带来了安全隐患。身心健康受损、信息泄露、病毒木马、色情暴力、金融诈骗等，都是有可能遇到的安全风险。尤其是未成年人，他们的价值观尚未完全确立，对世界的认识还不够透彻，媒介素养还未养成，更需要成人社会给予更多的保护。因此，把握未成年人的网络使用特点，发现未成年人网络使用的安全隐患，对未成年人网络保护提出对策与建议，具有非常重要的意义。

本报告将主要分析未成年人短视频使用的基本情况，并结合其他网络使用情况分析数字时代未成年人网络保护方面存在的风险，对未成年人数字社会的权益保护提出对策与建议。

一　未成年人短视频使用特点

近两年来，网络视频成为互联网发展的新宠，网络视频用户大幅度增加。《统计报告》显示，截至2019年6月，我国共有7.59亿网络视频用户，占网民整体的88.8%，其中长视频用户6.39亿，占网民整体的74.7%；短视频用户6.48亿，占网民整体的75.8%；网络直播用户4.33亿，占网民整体的50.7%。各类App的使用时长上，网络视频和短视频的使用时长均排序较高。其中，使用即时通信App的时间最长，占比14.5%；然后是网络视频，占比13.4%；短视频排第三，占比11.5%。可见，短视频在人们的日常网络使用上占据很重要的位置。

为摸清未成年人短视频使用的特点，发现未成年人网络使用风险，中国青少年研究中心于2019年11月至12月在全国开展了问卷调查。调查采取多段分层和简单随机抽样相结合的方法，共抽取8个省份16个市96所中小学校。具体是：北京市、广东省、江苏省、河南省、安徽省、辽宁省、广西壮族自治区、内蒙古自治区，在每个市选取城区和郊区各一个，每个区县随机抽取普通小学、初中、高中各一所。调查对象为小学四年级至高中二年级的在校中小学生，在所抽取学校的相应年级中随机选取。最终回收有效问卷 10095 份。样本的分布情况如表 1 所示。

表 1　调查样本构成

单位：人，%

项目	人数	占比
男	5105	50.6
女	4990	49.4
城市	5727	56.7
乡村	4368	43.3
四年级	1333	13.2
五年级	1187	11.8
六年级	1120	11.1
初一年级	1574	15.6
初二年级	1311	13.0
初三年级	1316	13.0
高一年级	1205	11.9
高二年级	1049	10.4

本部分将主要对未成年人使用短视频的情况进行分析与报告。

（一）近七成未成年人使用过短视频，大多通过他人推荐开始接触短视频

本次调查发现，使用过短视频的未成年人的比例为 65.6%，没有使用过的比例为 34.4%。分组比较发现，男生用过短视频的比例为 63.6%，女生的比例为 67.8%，女生比男生高 4.2 个百分点；城市未成年人比例为 64.0%，农村未成年人比例为 67.8%，城市未成年人比农村未成年人低 3.8 个百分点；年级比较发现，初中学生使用过短视频的比例更高，初一学生比例最高（70.3%），小学四年级学生比例最低（55.7%），初一学生比小学四年级学生高 14.6 个百分点。

调查还发现，多数未成年人通过他人推荐开始接触到短视频。图 1 数据显示，未成年人了解短视频的首要渠道是别人推荐（52.5%），其次是主动

体验（37.8%），排在第三位的是广告（21.8%），微博等媒体推送占比并不高（15.1%）。可见，未成年人接触短视频受他人影响较大。

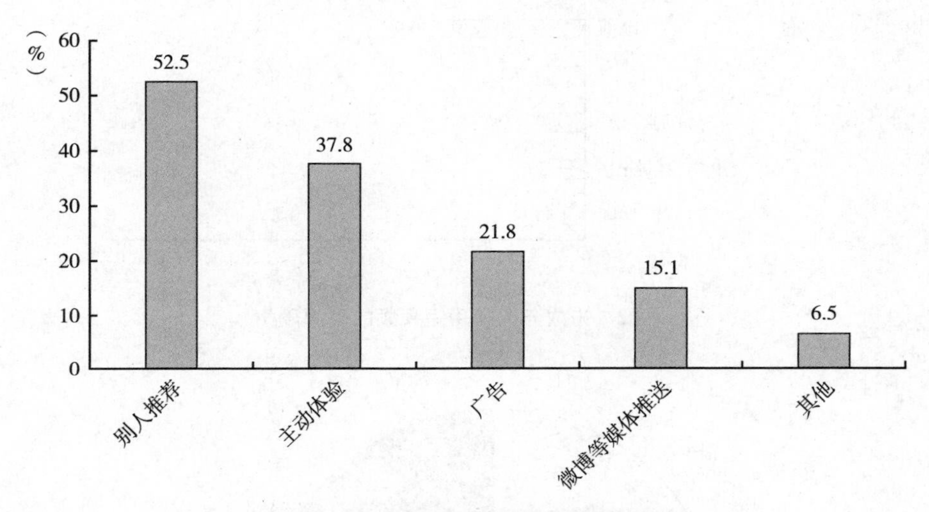

图 1　未成年人最初接触短视频的原因（多选）

（二）多数未成年人利用休息日节假日等整块时间使用短视频，但经常使用短视频的未成年人不足一成

调查发现，未成年人使用短视频的时间大多在休息日节假日，比例将近六成（58.8%），其次是在除了睡前、写作业间隙、上学放学路上、课间之外的零碎时间，比例也超过了半数（50.9%）。这两个时间段占据了未成年人使用短视频的主要时间。此外，睡前（20.9%）也是很多未成年人使用短视频的重要时间段，比例虽较前两个时间段低，但也占两成多。而用餐时（7.1%）、写作业间隙（7.0%）、上学放学路上（3.6%）、课间（3.0%）的比例均不足一成（见图2）。

统计还发现，未成年人虽然接触短视频的比例较高，但是频繁使用短视频的比例并不算高，多数未成年人偶尔或有时使用。图3 数据显示，经常使用短视频的未成年人不足一成（9.7%），有时使用的比例近三成（28.2%），偶尔使用的比例有三成多（32.2%），很少使用的比例近三成（29.9%）。

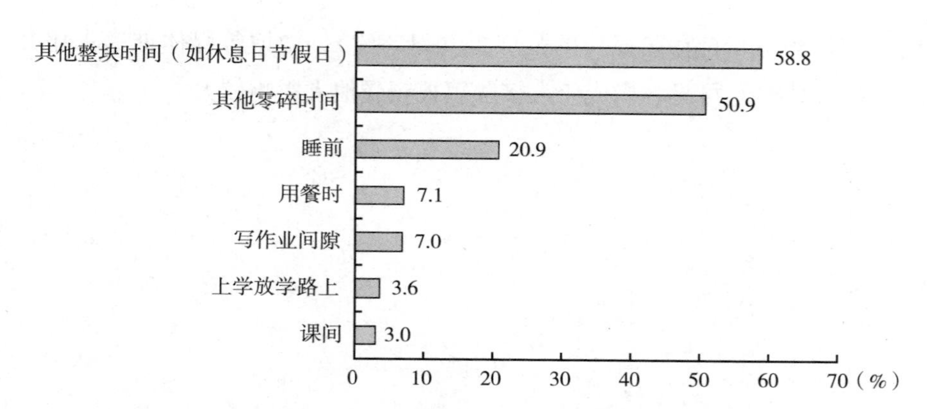

图 2　未成年人使用短视频的时间段

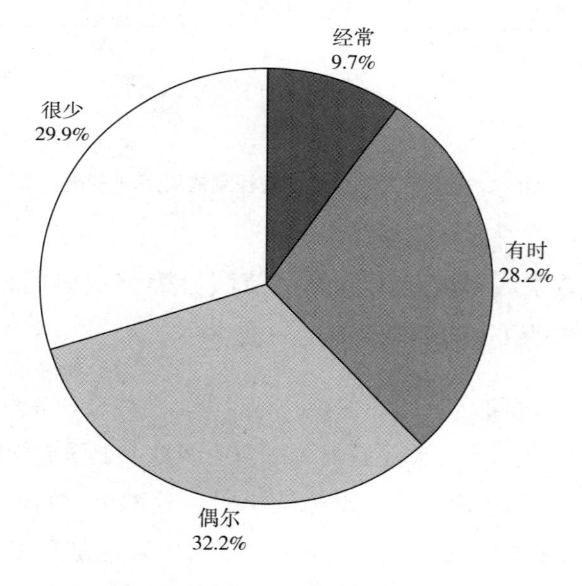

图 3　未成年人使用短视频的频率

（三）近七成未成年人每次使用短视频时长在半个小时以内，近八成未成年人每天使用短视频不超过1 小时

统计发现，多数未成年人每次使用短视频的时间不超过半个小时。从图 4 可见，每次使用 15 分钟以下的比例为 31.9%，15 ~30 分钟的为 37.8%，

二者合计69.7%。此外，还有近两成未成年人每次使用短视频半小时至1小时。每天使用短视频超过1小时的比例合计11.1%。

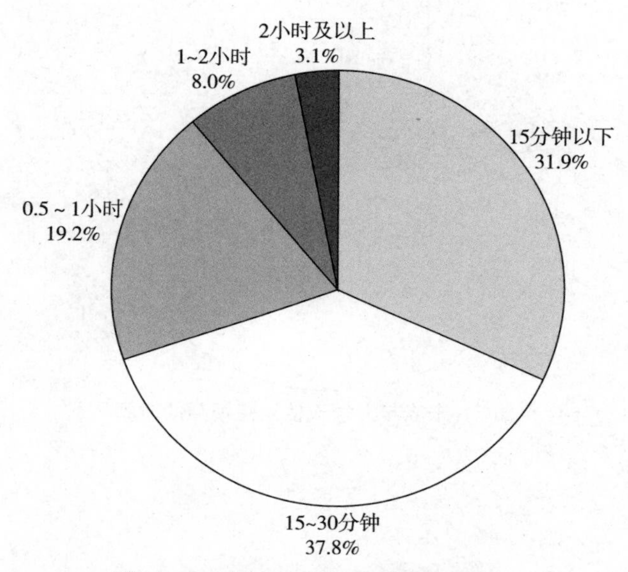

图4　未成年人每次使用短视频的时长

对未成年人一天的短视频使用时间统计发现，77.1%的未成年人每天使用时间在1小时以下，每天1～2小时的比例为15.9%。从图5可见，每天使用短视频超过两个小时的未成年人比例不足一成。

（四）未成年人最喜欢搞笑类的短视频，对短视频的选择以看热门视频为主，使用短视频的主要原因是减压和好玩

统计数据显示，搞笑类短视频受到未成年人青睐，在各种短视频中占绝对优势，比例近六成（58.5%）。其次是动漫游戏类、知识教育类、日常生活类短视频，均占比三成多。另外，有两成多未成年人喜欢美食类短视频，话题类、萌宠类、才艺类、明星类短视频占比一成多（见图6）。

未成年人选择短视频的第一路径是看热门视频，比例为53.8%；其次是看自己关注的主播，比例为47.4%；排在第三位的是推送什么看什么，

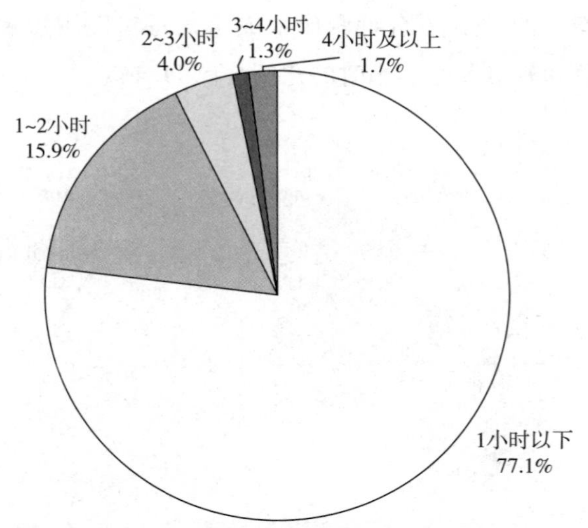

图5　未成年人每天使用短视频的时间

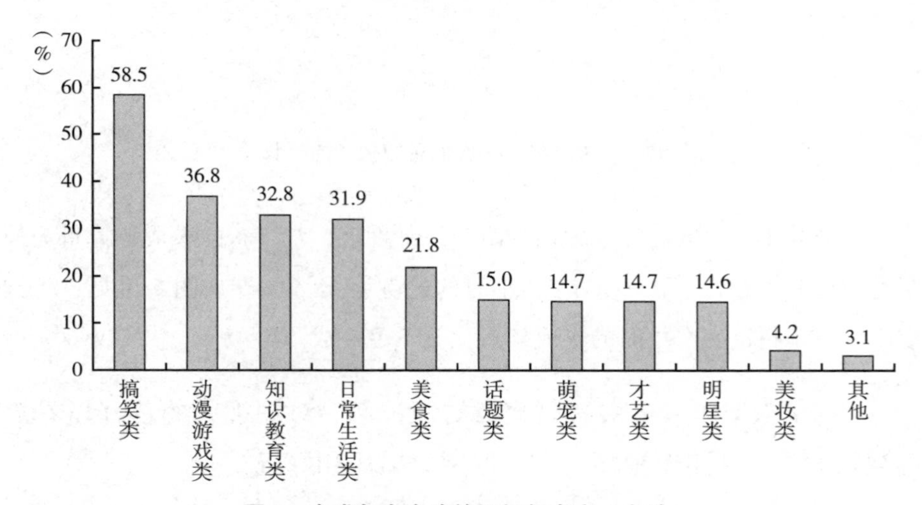

图6　未成年人喜欢的短视频内容（多选）

比例为34.0%；看固定栏目的比例为18.1%，排序比较靠后（见图7）。可见，多数未成年人看短视频内容时受流行文化影响较大，哪些热门就看哪些。此外，个人兴趣很重要，自己关注的内容看得更多。

图8数据显示，未成年人喜欢短视频的主要原因是减压（50.4%）和好玩（49.9%），比例均约占半数，比其他选项至少高出10个百分点以上。

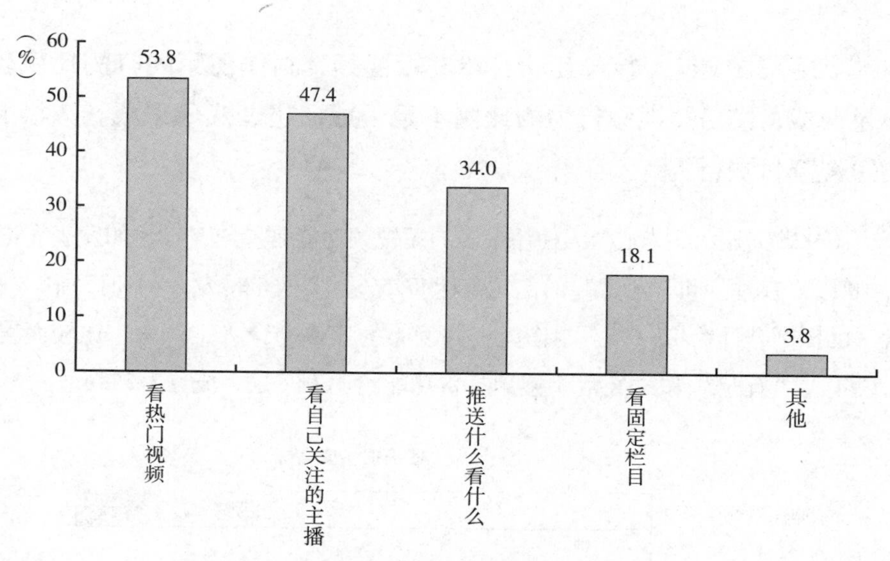

图7　未成年人选择短视频的方法（多选）

此外，听音乐、学习技能、好奇也是未成年人喜欢短视频的重要原因，比例均在三成以上。也有两成多（23.6%）未成年人通过短视频获取信息，有一成多未成年人随大流或者赶时髦，选择大家都在用、时尚的比例分别为16.4%和10.7%。

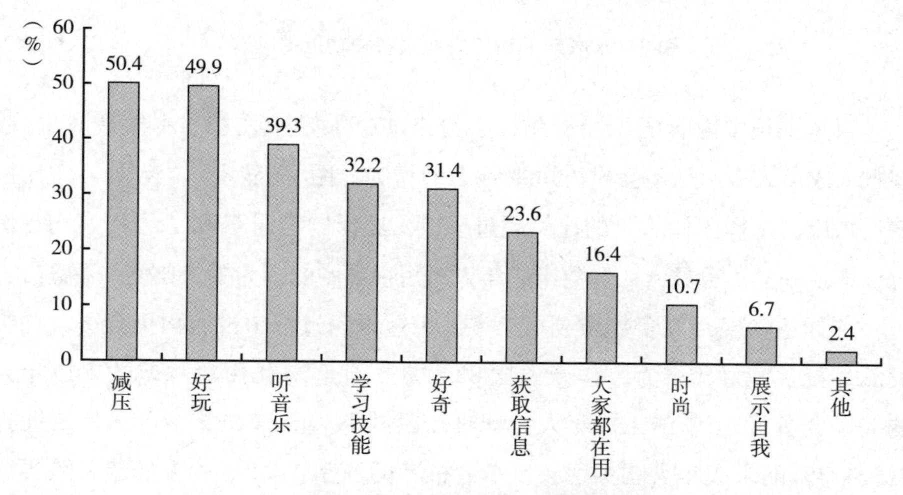

图8　未成年人喜欢短视频的主要原因（多选）

（五）未成年人参与互动、转发短视频、制作视频内容的比例均不足两成，模仿短视频行为的比例不足一成，超过八成未成年人没有为短视频付费行为

图9数据显示，未成年人使用最多的短视频功能是参与互动，如发表评论、合拍等，“有时”和“经常”的比例合计17.5%。其次是转发，“有时”和“经常”的比例合计为15.1%；制作内容并发布的比例合计为14.6%。比较而言，未成年人“有时”和“经常”使用打赏功能的比例不足一成（7.5%）。

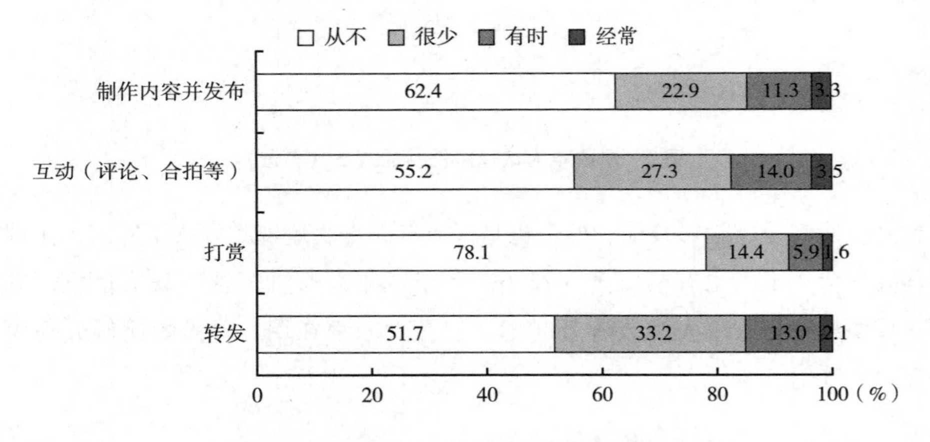

图9　未成年人使用短视频各种功能的频率

对短视频中内容的不当模仿，会给未成年人带来伤害。本次调查发现，多数未成年人表示从不会模仿短视频中的行为。图10显示，“从不”的比例将近六成；选择“偶尔”的比例超过三成，选择“有时”和“经常”的比例合计不足一成。可见，大多数未成年人对短视频中的行为模仿比例并不高。

统计还发现，大多数未成年人在使用短视频过程中没有购买会员、购买商品、打赏等付费行为，合计占比82.0%。但是，也有11.2%的未成年人购买了会员，6.5%的未成年人为学习知识付费，4.4%的未成年人给直播打赏，4.3%的未成年人购买视频发布者推荐的商品，4.2%的未成年人购买广告推荐的商品（见图11）。

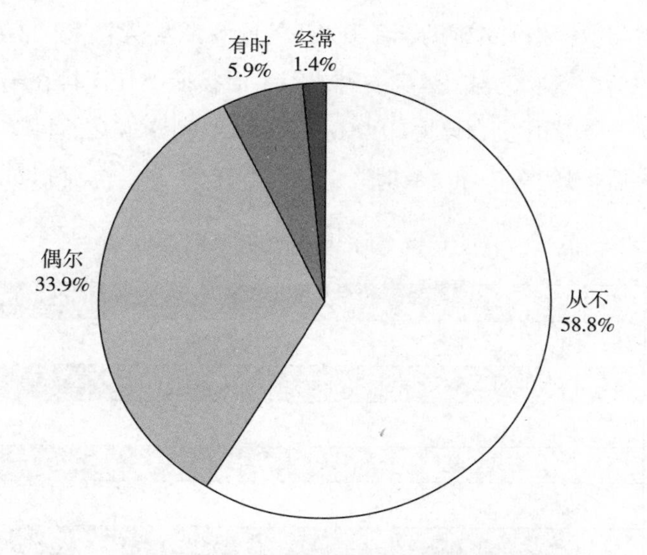

图 10　未成年人模仿短视频中的行为的比例

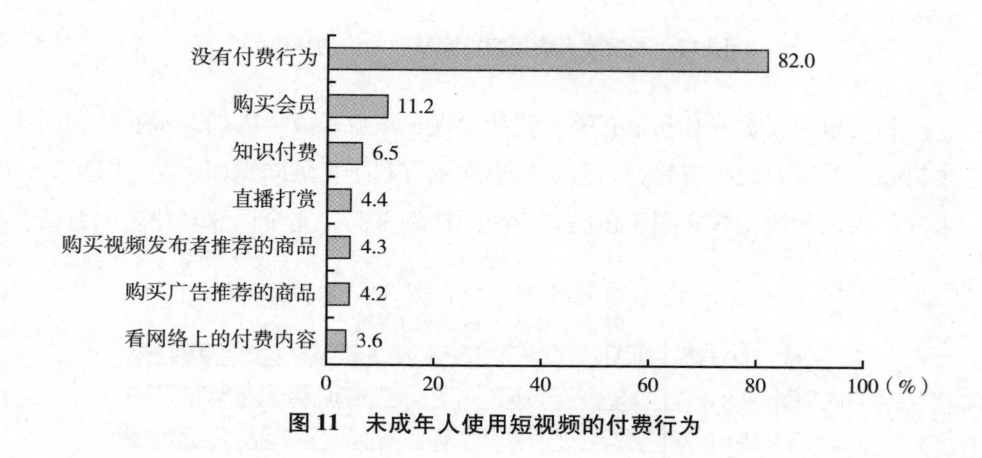

图 11　未成年人使用短视频的付费行为

（六）未成年人通过短视频学习才艺特长比例最高，认为短视频更有利于拓宽知识面，但三成多未成年人认为短视频知识准确性缺乏保障

通过短视频学习知识，对未成年人是个很好的学习途径。统计发现，未成年人使用短视频获取绘画、舞蹈、书画等方面才艺特长类的知识最多，“经常”的比例为 24.3%，“有时”的比例为 42.8%，二者合计 67.1%；使

用短视频获取与课程相关的辅助学习类知识的比例，“经常”和“有时”二者比例合计为64.1%；获取美容、健身、厨艺等生活技能类知识排在第三位，“经常”和“有时”二者比例合计为60.0%；获取人文科学或自然科学方面的科普类知识排序靠后，“经常”和“有时”的比例合计59.3%（见图12）。

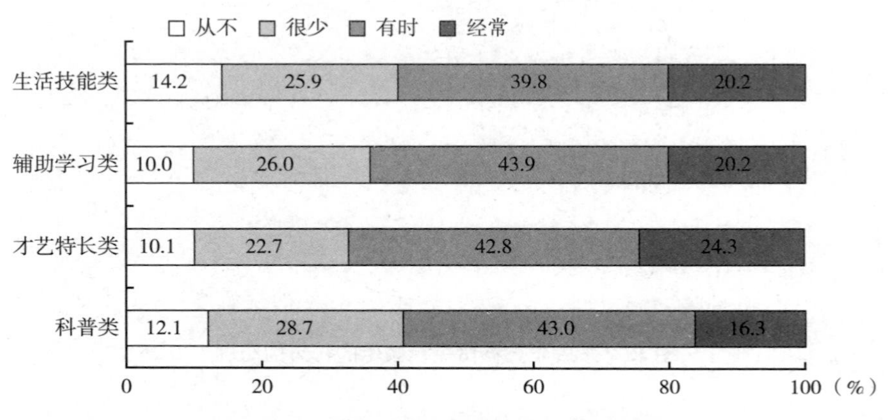

图12　未成年人使用短视频获取知识的频率

利用短视频学习有利也有弊。统计发现，多数未成年人能客观看待利用短视频学习带来的利与弊，尤其赞同短视频有利于拓展知识面。图13显示，未成年人认为短视频有利于拓展知识面的比例最高，完全同意和比较同意的

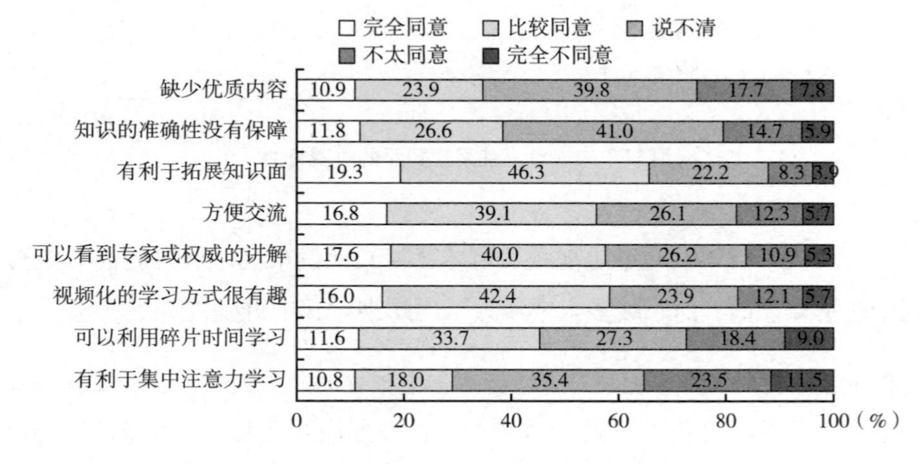

图13　未成年人对利用短视频学习的看法

比例合计65.6%；认为视频化的学习方式很有趣的比例为58.4%，认为短视频可以看到专家或权威讲解的比例为57.6%，认为短视频方便交流的比例为55.9%，均超过了半数。图13还可看到，三成多未成年人认为短视频知识的准确性没有保障、缺乏优质内容，比例分别为38.4%、34.8%。

二　未成年人使用短视频的安全隐患

短视频短小精悍，内容丰富有趣，可以充分利用碎片化的时间。但是短视频平台往往也存在一些内容与管理方面的缺陷，给未成年人带来一些不良影响，使未成年人面临信息泄露、不当模仿、打赏主播、沉迷手机、遭遇网络诈骗与欺凌、受到不良信息侵扰等问题。这些安全隐患需要引起成人社会广泛关注。

（一）未成年人近半数密码曾被盗，近两成个人信息曾被滥用，近两成感到使用短视频后个人信息保护变差

在短视频高速发展的今天，个人信息保护尤其需要关注。有的未成年人因购买视频广告中的物品绑定家长的银行卡，或者提供个人的联系方式、家长工作单位及职务等，也有的未成年人在发布的短视频中提供明确的个人信息，如实时位置、住址、学校、姓名等。这些都是个人信息保护方面的隐患。

调查发现，有近半数（48.2%）未成年人有过网络密码被盗的经历，有近两成（18.6%）未成年人个人信息曾经被恶意乱用，超过一成多（14.3%）未成年人个人照片或视频曾被恶意传播（见图14）。可见，密码被盗在未成年人个人信息受到侵害的情况中占比最高。而密码犹如网民使用网络的安全阀，邮件、云空间、微博、微信、QQ、支付宝等常见的网络应用，都离不开密码。密码被盗，也意味着未成年人的个人信息、照片等隐私面临极大的安全隐患。

本次调查还发现，有近两成未成年人认为自己使用短视频以后个人信息保护状况变差。其中，认为变差很多的比例为5.2%，认为变差一些的比例为13.3%，二者合计18.5%。

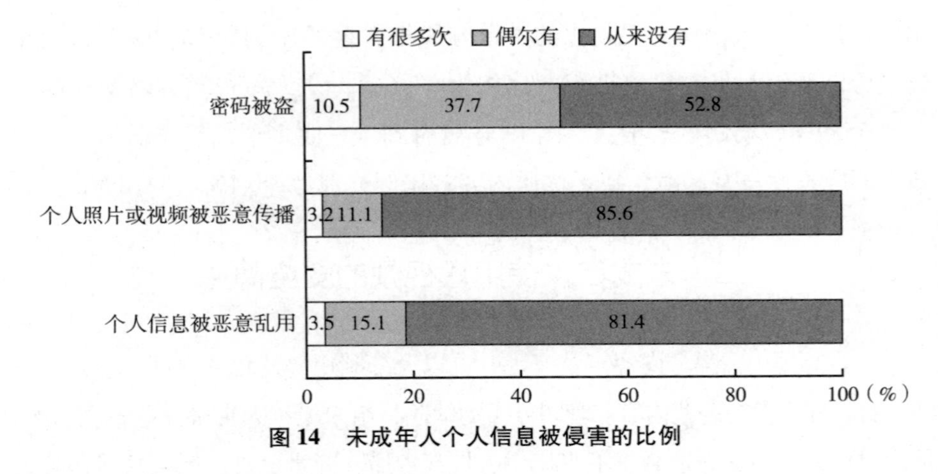

图 14　未成年人个人信息被侵害的比例

（二）三成未成年人收到过虚假付款信息，近两成在网上购物被欺骗，近两成未成年人认为自己使用短视频后消费习惯变差

短视频使用也影响到未成年人的消费习惯。一些短视频在向青少年介绍生活方式时，也会“带货”推动商品销售。通过短视频广告推广的商品、短视频主播介绍的商品、给主播的打赏等，均直接影响到未成年人的消费习惯，也易使未成年人面临网络欺诈或购物被骗等风险。调查发现，有三成（30.0%）未成年人曾收到过虚假付款要求，遭遇很多次的比例为8.0%；有近两成（18.4%）未成年人曾经在网络购物时被欺骗，有过很多次的比例为3.8%（见图15）。

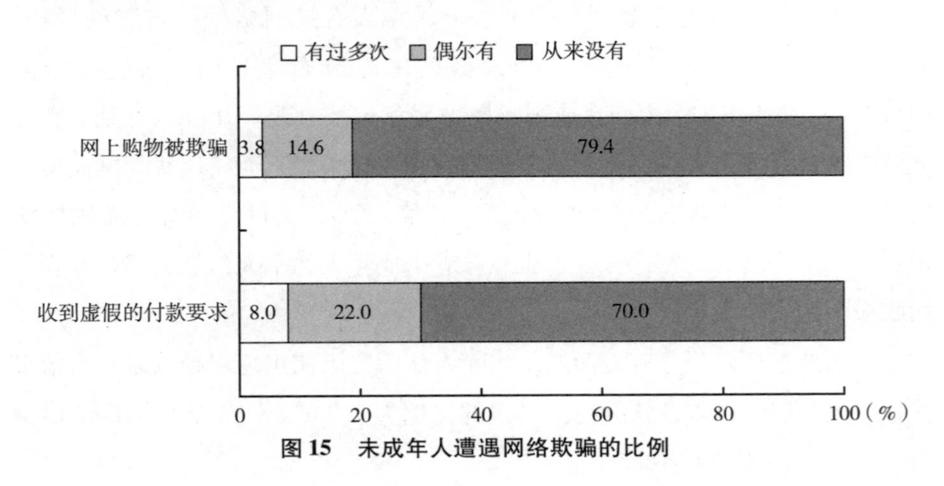

图 15　未成年人遭遇网络欺骗的比例

调查还发现，有近两成（17.4%）未成年人认为使用短视频后消费习惯变差了，其中变差很多的比例为5.0%，变差一些的比例为12.4%。

（三）三成多未成年人曾在网络上被恶语中伤过，一成多未成年人曾分别遭遇过威胁恐吓、团伙欺负。但遇到不良信息经常举报的未成年人不足三成

短视频使用和其他网络使用一样，会遇到网络谩骂、侮辱、围攻、人肉搜索等网络欺凌现象。这些现象使未成年人在网络参与中感受到压力，甚至形成心理阴影。图16调查数据显示，有三成多（31.9%）未成年人曾被恶语中伤过，一成多曾遭遇过威胁恐吓（15.0%），还有一成多遭到过团伙欺负（10.9%）。

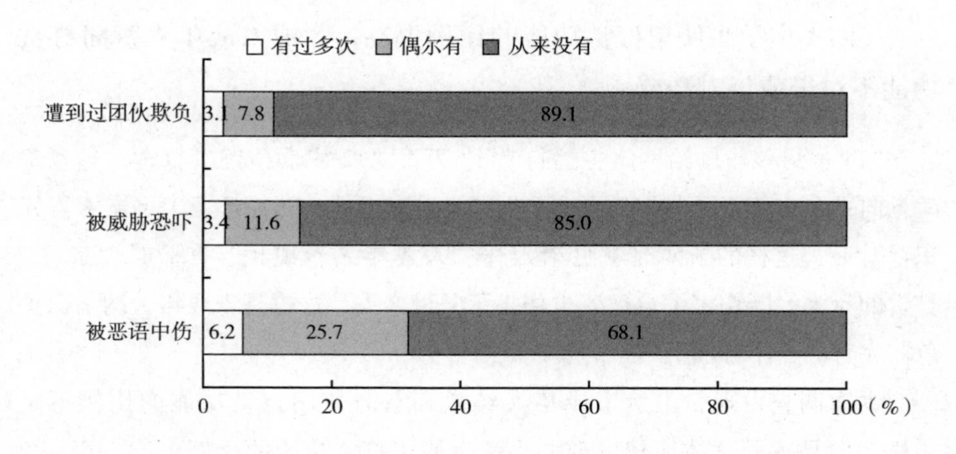

图16　未成年人遭遇网络欺凌的比例

但是，调查也显示，遇到不良信息能经常举报的未成年人不足三成（26.4%），有近两成（18.3%）表示遇到不良信息不会举报，还有两成多（22.6%）表示偶尔会，三成多（32.8%）表示要视情况而定（见图17）。这说明未成年人的自我保护意识还存在很多不足。

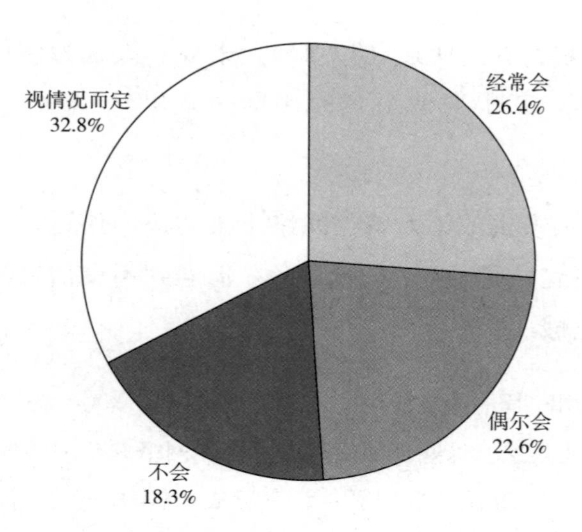

图 17　未成年人遇到不良信息时举报的频率

（四）小学生使用打赏功能的比例更高，七成未成年人赞同打赏功能不对未成年人开放

“14 岁男孩偷偷给网络主播打赏 13 万”“12 岁女孩巨额打赏，趁爸爸睡觉向平台充值万元”“12 岁小学生打赏游戏主播，花掉环卫工母亲 4 万元积蓄”……这样的新闻时常见诸媒体。未成年人看视频、直播时“疯狂”打赏的行为，既伤害了自己，也伤害了父母亲人，这也是未成年人网络保护急需完善的一个方面。

本次调查发现，虽然未成年人经常和有时使用打赏功能的比例不足一成，但是不同群体比较发现，小学生使用打赏功能的比例更高。由表 2 数据可见，小学生经常和有时使用打赏功能的比例为 8.9%，比初中生、高中生分别高 1.7 个和 3.3 个百分点。小学生年龄小，对网络不实信息的认识尚不够深刻，并且他们的生活习惯与消费观念等和初中生、高中生相比更加不稳定。他们使用打赏功能的比例却比初中生、高中生更高，这意味着他们上当受骗、过度消费的可能性更高，也意味着他们面临更大的安全隐患。

表 2　小学生、初中生、高中生使用打赏功能的频率

单位：%

分类	从不	很少	有时	经常
小学生	77.2	13.9	7.2	1.7
初中生	77.8	15.0	5.6	1.6
高中生	80.2	14.2	4.1	1.5

因此，本次调查中有七成未成年人赞同打赏功能不应对未成年人开放。其中，完全赞同这一观念的比例为 51.5%，比较同意的比例为 19.3%。而表示不太同意和完全不同意的比例仅有 13.8%（见图 18）。

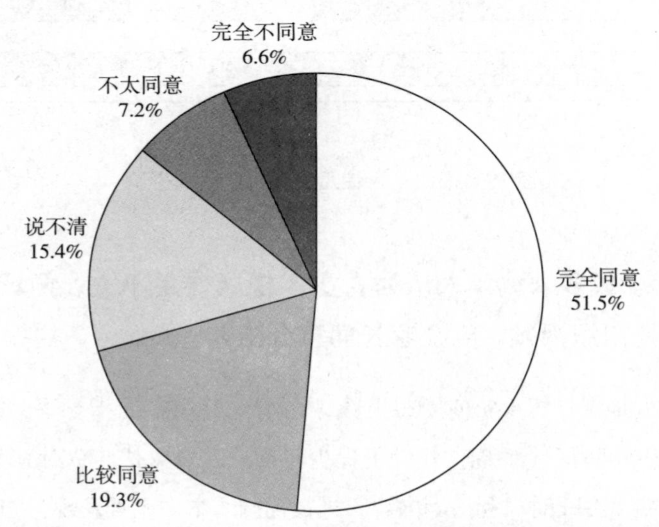

图 18　未成年人对“打赏功能不应对未成年人开放”的看法

（五）四成多未成年人认为使用短视频后时间管理变差，三成多未成年人认为学习变差，两成多认为生活习惯变差

本次研究对未成年人使用短视频后的生活变化进行了调查。图 19 数据显示，未成年人认为使用短视频后时间管理变差的比例为 43.2%，学习变差的比例为 37.6%，生活习惯变差的比例为 24.8%。学习是未成年人成长与发展的重要途径，节约时间、养成良好的生活习惯，也是未成年人成长中必

不可少的要素。这些方面变差，也意味着未成年人在使用短视频时面临一定的成长伤害。从图 19 还可以看到，短视频也给未成年人带来一些好处，认为兴趣爱好变好的比例合计 46.2%，信息获取变好的比例为 46.0%，均接近半数。

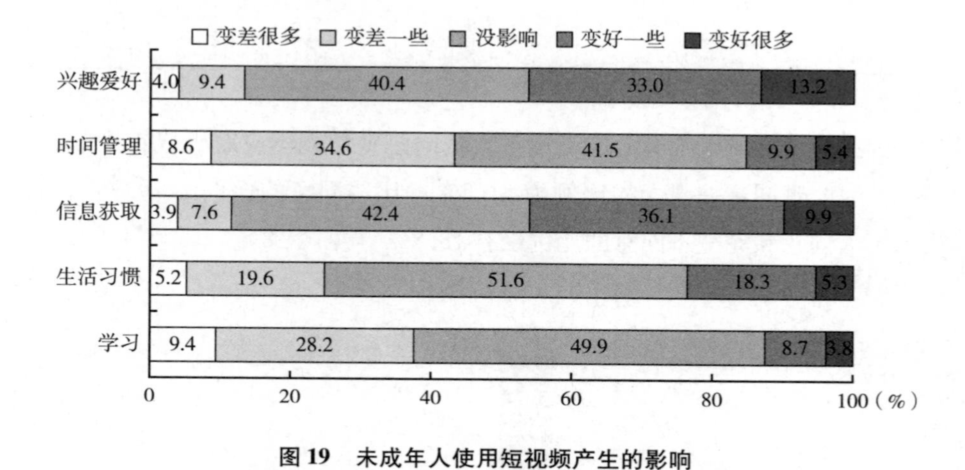

图 19　未成年人使用短视频产生的影响

（六）三成多未成年人认为青少年模式作用不大，两成多不赞同14岁以下使用短视频，应经家长同意或陪伴

为了更好地保护青少年使用短视频，在国家网信办的指导下，很多视频平台上线了青少年防沉迷系统，开设了青少年模式，对未成年人使用短视频的时间、服务功能、在线时长和访问内容等进行控制。本次调查发现，如图 20 所示，四成多（43.4%）未成年人对“青少年模式没什么用，管不了我们”这一观点表示不赞同，还有四分之一（25.1%）的未成年人表示说不清。从图 20 我们也看到，有三成多（31.4%）未成年人认为短视频采用的青少年模式用处不大，其中对“青少年模式没什么用，管不了我们”这一观点表示完全赞同的比例为 15.1%，比较赞同的比例为 16.3%。这也许说明如果仅依靠未成年人自主选择青少年模式，对一些人来说可能是一个保护漏洞。

随着短视频的广泛使用，很多未成年人也成为短视频使用的主角，有的未成年人甚至扎堆做视频主播。对“14 岁以下应在父母同意或陪伴下使用短视频”

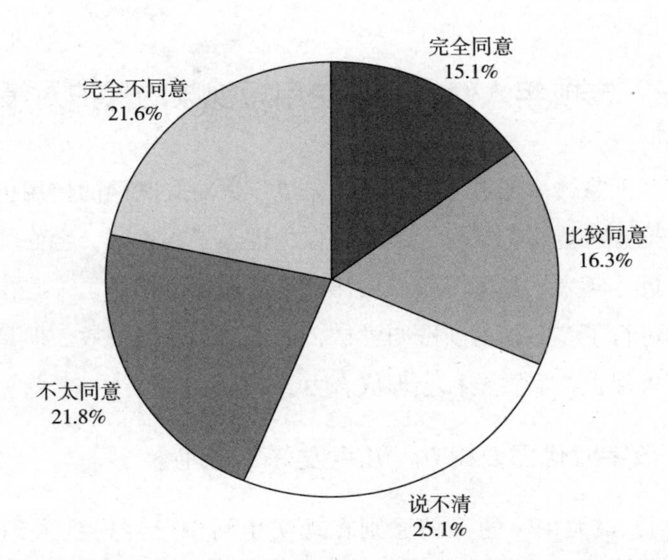

图 20 未成年人对“青少年模式没什么用，管不了我们”的看法

的建议，未成年人怎么看呢？调查发现，有 54.9% 的未成年人表示赞同，超过半数。但是，也有近四分之一的未成年人表示不同意（见图 21）。

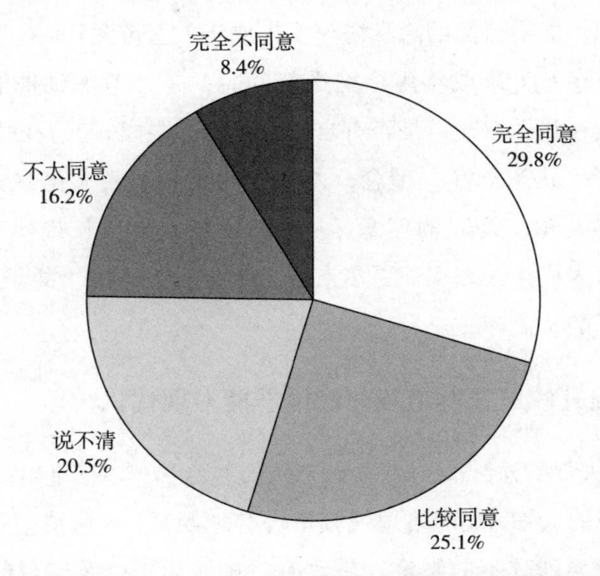

图 21 未成年人对“14 岁以下应在父母同意或陪伴下使用短视频”的看法

三　未成年人健康合理使用短视频的保护对策

随着互联网渗透率的进一步提高，未成年人对互联网的使用也将向纵深方向发展，这意味着对未成年人的网络保护进入了深水区，会面临更多更复杂的问题。近几年来，我国不仅在法律政策方面稳步推进了一些举措，各互联网企业也进行了多方面的实践与尝试，取得了一定的成效。但是，数字时代的未成年人保护，需要全社会形成合力。

（一）数字时代需要树立“儿童友好”的理念

“儿童利益最大化”的保护原则在现实生活中已经得到人们的广泛认可。在数字生活中，网络文化产品、互联网平台等，也应秉承儿童利益最大化的原则。这一原则在互联网上的体现，就是应树立“儿童友好”的意识，各互联网行业、互联网产品、互联网的运行方式等，均应本着对儿童友好的意识去做事。例如，未成年人申请邮箱或账号时，是否有与未成年人理解力相匹配的、他们能看得懂的隐私协议？未成年人上传图片时，是否默认隐去他们的位置信息？为未成年用户推送新闻时，是否考虑到他们阅读的丰富性？未成年人在线学习时，是否有自动设置的护眼模式？互联网应用的方方面面都应本着“儿童友好”理念，遵守“儿童利益最大化”原则。只有全社会都树立“儿童友好”的理念，从儿童的特点与成长规律出发，才能从政策制定上给未成年人和家长更多支持与服务，从产品开发上为未成年人生产更加负责任的文化产品。

（二）提升政府在网络空间的治理能力现代化

《未成年人保护法》《未成年人节目管理规定》《关于网络视听节目信息备案系统升级的通知》《网络短视频平台管理规范》《网络短视频内容审核标准细则》等系列政策的制定，是政府对短视频平台及未成年人保护的监督与管理。但是，只有政策是远远不够的，还需要有配套的措施来有效提升政府的监管和服务能力。例如，各政策法规之间如何平衡、协调、互补？如何通过有效的措施调动未成年人主动选择青少年模式的积极性？怎样促进学界与行业密切合作、更好地研究未成年人使用媒介的特点与规律？通过哪些措施促进未成年人发挥主动性自觉抵制在线安全隐患？这些都是政府提升监管和服务能力的着力点。作为政府主管部门，应强化在互联网领域的治理能力现代化，这样才能使管理水平与时俱进。

（三）发挥共治合力促进数字世界的未成年人保护

未成年人网络保护绝非某一方面的职责，不能仅靠立法来规范和制约，家庭、学校、企业、司法等各方面都有不可推卸的责任。只有全社会齐抓共管、共同治理、发挥合力，才能为未成年人营造良好的网络环境。因此，要提升家长的媒介素养，就要多给家长一些具体的、实际的帮助，使家长更加了解新型网络文化产品的特点、了解新时代家庭教育的方法、了解未成年人的成长规律、了解未成年人保护的法规等。同时，也要采取一些帮扶措施，鼓励各类大小互联网企业大胆实践与创新，设计适合成年人和未成年人使用的平台与工具，既有利于教师和家长等成年人对未成年人进行有效监督与引导，也有利于未成年人进行自我管理，共同保护未成年人健康与安全使用互联网。

（四）培养未成年人形成数字时代必备的公民素养

给未成年人赋能，比把未成年人放在安全的环境里保护起来更重要。因此，我们有必要培养未成年人形成数字时代必备的公民素养。数字时代的公民素养，既包含媒介素养，也包含在数字时代应该怎么做人、做事、学习、生存的能力。例如，培养科学、合理、健康的生活习惯、运动习惯、消费习惯等，也是数字时代特别需要养成的公民素养。家长和教师要通过多种方式培养未成年人数字时代的公民素养。在这个过程里，要充分发挥未成年人的自我管理能力和主动性，要给未成年人实践和尝试的机会，要做好受保护权和参与权的平衡，使未成年人既能很好地实现参与权又能得到保护，在成年人的指导下学习数字时代公民应有的素养，提升未成年人在数字世界里的韧性。

（五）成年人要给未成年人做好数字化的榜样

要培养未成年人良好的媒介使用习惯，光对未成年人说教是不行的，需要成年人起到带头作用，甚至为了未成年人改变成人的世界。中国青少年研究中心的多次调研证明，家长与未成年人沟通多，孩子沉迷网络的比例更低；亲子关系和谐的家庭，孩子使用网络更理智。研究还表明，在生活中缺乏自信、没有目标的孩子，往往更容易沉迷于网络。因此，成年人要多和孩子沟通，要努力构建平等和谐的代际关系，尊重未成年人的成长特点，关注未成年人的成长需求。数字化社会，成年人要给未成年人做好数字化的榜样，尤其要在数字时代生活方式上给未成年人做榜样。成年人理智的态度、以身作则的行为、善于自我管理的生活方式，都是引导孩子过好数字生活的灯塔。

参考文献

中国互联网络信息中心：《第 44 次中国互联网络发展状况统计报告》，2019 年 8 月 30 日，http：//www. cac. gov. cn/2019 - 08/30/c_ 1124938750. htm。

张旭东、孙宏艳：《守护成长》，中国青年出版社，2019。

孙宏艳：《用教育智慧提升孩子的网络素养》，载《青少年网络素养教育读本》，社会科学文献出版社，2018。

张良驯：《中国青少年权益保护的发展进步》，社会科学文献出版社，2018。

彭宏洁：《未成年人网络保护：行业实践与政策制定并驾齐驱》，腾讯研究院，2020 年 2 月 14 日，https：//baijiahao. baidu. com/s？ id = 1658441426267371237&wfr = spider&for = pc。

共青团中央维护青少年权益部、中国互联网络信息中心（CNNIC）：《2018 年全国未成年人互联网使用研究报告》，2019 年 3 月，http：//files. youth. cn/download/201903/P020190326787104688503. pdf。

B.25

2019年移动互联网安全报告

刘 勇 李建平*

摘 要： 2019年针对移动平台的攻击越来越多。移动平台的主要安全威胁包括应用过度搜集用户隐私、恶意软件推送广告、银行木马谋取经济利益、恶意软件窃密以及针对性的移动端高级威胁（APT）。攻击方式主要分为网络钓鱼、恶意软件、利用系统与应用漏洞等。本文对2019年全球影响较大的移动安全事件进行了汇总，并分析了移动安全问题的主要原因，提出应对建议。

关键词： 移动安全威胁 恶意软件 网络钓鱼 应用漏洞

一 主要移动安全威胁与危害

（一）手机用户、移动应用数量与流量激增，安全威胁伴生

随着智能手机不断更新换代，手机应用的种类与数量越来越多。智能手机已经成了很多人的生活必需品，手机屏幕也成为很多人的第一屏幕。

IDC预测，2019年全球手机市场规模将达到17.98亿部[①]；全球综合数

---

* 刘勇，博士，中国科学院信息工程研究所研究员，奇安信科技集团股份有限公司首席战略官、副总裁；李建平，奇安信科技集团股份有限公司战略推进中心研究员。

① 《2019～2023年全球手机预测更新》，IDC，报告编号US45708719，2019年12月。

据资料库 Statista 的统计显示，2019 年全球手机用户将达46.8 亿（包括智能手机和功能手机）。

从手机操作系统来看，Android 跟 iOS 手机“操作系统”双足鼎立局面日益明显，移动应用也大多基于两大平台开发。根据 Statista 的统计，截至 2019 年第四季度，Google Play 应用商店拥有 257 万个 Android 应用，成为数量最多的应用商店。苹果的应用商店排名第二，可以为 iOS 用户提供近 184 万个可用应用（见图 1）。

具体到我国市场，截至 2019 年 12 月末，我国国内市场上监测到的 App 数量为 367 万款，其中，本土第三方应用商店 App 数量为 217 万款，苹果商店（中国区）App 数量超过 150 万款。我国第三方应用商店在架应用分发总量达到 9502 亿次。[①]

伴随手机与移动应用的普及，移动互联网成为攻击焦点也就不足为奇，移动安全问题日益突出。如今，移动设备的网络流量比台式设备的流量更多，移动设备同样包含或可以访问与传统设备相同的信息终端。但与花费巨资来保护传统终端不同，企业和个人很少投资保护移动终端设备，针对性攻击可以获得最大的回报，因此，移动设备成为攻击者最喜欢的目标，而且这种趋势有愈演愈烈之势。

随着移动办公的发展，无论是企业员工还是国家单位工作人员，都会用手机访问公司内部数据，移动安全已经不仅是个人手机安全的问题，移动访问也越来越成为企业安全威胁的重要来源，甚至影响到国家安全。2019 年是移动安全特别动荡的一年：流行的游戏应用被用于发起复杂的网络钓鱼攻击。官方应用商店未能识别出高级攻击技术，并最终导致恶意应用分发。一系列 iOS 漏洞的出现，影响了苹果 FaceTime 和 iMessage 应用。黑客还利用 WhatsApp 等流行应用的漏洞安装间谍软件，使十亿多用户面临风险。在国内，除了信息窃取、远程控制之外，移动互联网恶意程序还存在以下一种或

① 工业和信息化部运行监测协调局：《2019 年互联网和相关服务业运行情况》，2020 年 1 月 21 日。

多种恶意行为，包括恶意扣费、恶意传播、资费消耗、系统破坏、诱骗欺诈和流氓行为。

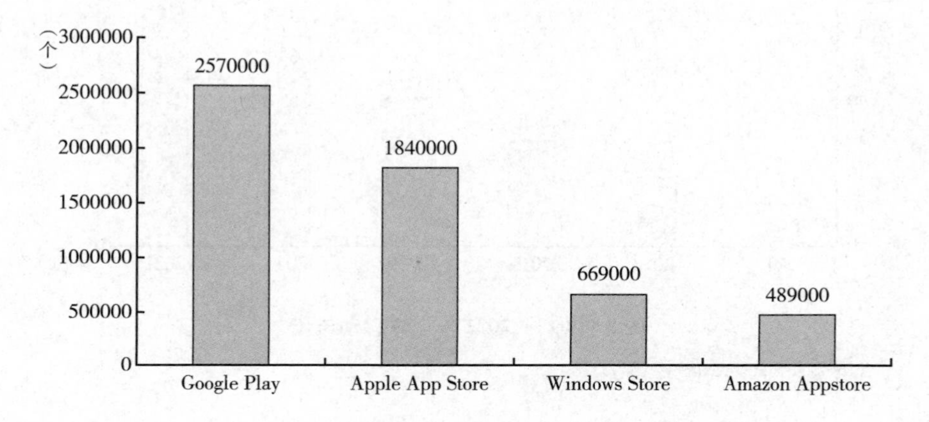

图 1　领先应用商店中应用数量（2019 年第四季度）

资料来源：Statista 2020。

图 2　2019 年我国移动应用程序（App）主要类型

资料来源：中国网信网。

（二）主要移动安全威胁与危害

总的来说，移动平台的主要安全威胁包括应用过度搜集用户隐私、恶意软件推送广告、银行木马谋取经济利益、恶意软件窃密，以及针对性的移动

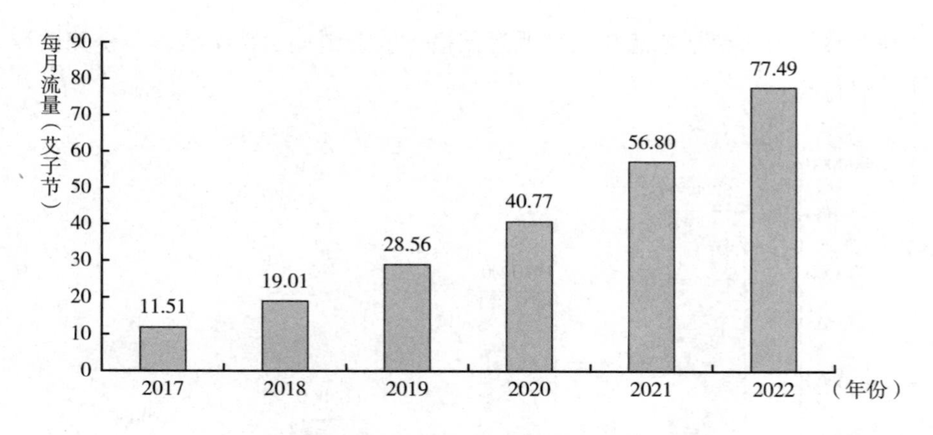

图 3　2017～2022 年全球移动流量

来源：Statista 2019。

端高级威胁（APT）。这些安全威胁，不仅会造成数据丢失或敏感信息暴露，还会给企业带来经济损失、供应链延迟等一系列后果。

1. 恶意软件推送广告

消费者生活日益的移动化，智能手机等移动终端占据了人们的大部分时间。根据媒体传播公司实力传播（ZenithOptimedia）发布的《2018 年全球广告行业报告》（*Zenith Global Intelligence 2018*），预计到 2020 年移动广告将占全球广告支出的 30.5%，总额将达到 1870 亿美元，是桌面广告支出 880 亿美元的两倍多，仅落后电视广告（1920 亿美元）50 亿美元。移动互联网的巨大商业价值和市场潜力吸引了很多团伙与个人利用各种手段推送广告获利。

根据分析研究，Google Play 上发现的推送广告的恶意软件，都是通过仿冒当下热度较高的应用，以及用户使用较多的相机软件、游戏软件等诱骗用户下载；其运行方式也基本相同——通过隐藏自身图标后全屏推送广告。

移动端的广告欺诈问题同样严重。广告欺诈主要针对广告厂商，通过广告堆叠、模拟点击、设备 ID 重置欺诈、捆绑 ID 欺诈、SDK 欺诈等，目前已经形成了完整的黑色产业链，黑产团伙每年可以获得将近 1 亿美元的收入。以目前移动互联网的发展速度，移动广告将很快超过电视广告。在巨额利益的诱惑下，未来黑产组织及个人将会对移动互联网产业造成巨大的冲击。国际上，对于流氓广告软件的打击力度非常大，各大安全厂商及 Google Play 对于应用的审核也相当严格。但面对海量的移动应用软件，总是防不胜防，难以杜绝。未来的技术也会越来越复杂，如何应对这一问题将至关重要。

2. 银行木马窃取信息与账户资金

随着移动互联网和普惠金融的大力发展，社会上出现了大量以移动端为入口骗取用户个人隐私信息和账户资金的网络诈骗活动，主要体现为专门针对移动银行服务以获取经济利益的银行木马。这类木马针对性强、层出不穷，从根本上危害了用户的个人信息、财产安全。相比于广告软件，银行木马危害程度要高很多。

银行木马通常伪装成合法应用程序，同时还嵌入了其他功能，可以拦截发送到手机的用户身份证书和双因子口令。大多数银行木马的主要用途是在用户通过其设备访问移动银行服务时在屏幕上进行“覆盖”，将隐形的输入框放置在合法登录界面上拦截和记录用户登录信息。

目前，银行木马逐步发展出日益复杂的功能，包括实施覆盖的更高级方法，以规避源代码分析过程及应用商店和安全公司的应用沙箱检测。银行木马试图通过发送伪造的通知（单击时显示钓鱼页面）推动受害者输入其银行信息，然后使用 Android 的辅助功能拦截虚拟键盘输入的登录信息。2019 年活跃的主要银行木马见表 1。

表 1　2019 年活跃的主要银行木马

银行木马名称	影响简介	备注
Gustuff	Gustuff 木马可以仿冒 100 多种银行应用程序和 32 种加密货币，其目标包括美国银行、苏格兰银行、摩根大通、富国银行等。该木马还可以仿冒 PayPal，Western Union，eBay，Walmart，Skype，WhatsApp，Gett Taxi，Revolut 等	尚未在 Google Play 出现。尚未在国内出现
Anubis	Anubis 木马功能强大，自身结合了钓鱼、远控、勒索木马的功能。已经影响全球 100 多个国家，300 多家金融机构	已出现在 Google Play。尚未在国内出现，国内国际版应用被仿冒

续表

银行木马名称	影响简介	备注
Cerberus	Cerberus 为 2019 年新发现的 Android 银行木马，其目前正在地下论坛出租。目前为止仅适用 7 个法国银行、7 个美国银行、1 个日本银行、15 个非银行应用程序	尚未在 Google Play 出现。 尚未在国内出现
Red Alert	Red Alert 最早出现在 2017 年，但 2019 年依然活跃。其针对 120 家银行和社交网络应用。针对国家多为欧美、日本、印度也有发现	尚未在 Google Play 出现。 尚未在国内出现
Exobot	Exobot 主要针对移动支付应用，且对用户较多的应用下手，目前其主要针对 PayPal 及特定地区的银行、金融应用	尚未在 Google Play 出现。 尚未在国内出现。 其源码已泄露

资料来源：《2019 年移动安全总结报告》。

2019 年活跃的主要银行木马，除了仿冒银行图标外，仿冒最多的图标见图 4。

图 4　2019 主要银行木马仿冒最多的图标（除银行外）

资料来源：《2019 年移动安全总结报告》。

安卓系统的银行木马以 Anubis 最臭名昭著，它功能异常强大，自身结合了钓鱼、远控、勒索木马等功能，完全可以作为间谍软件。Anubis 影响范围很广，可以仿冒全球 378 个银行及金融机构，目前主要活跃在欧美国家。

在国内，据国家互联网应急中心抽样监测，2019 年上半年以来，我国以移动互联网为载体的虚假贷款 App 或网站达 1.5 万个，在此类虚假贷款 App 或网站上提交姓名、身份证照片、个人资产证明、银行账户、地址等个人隐私信息的用户数量超过 90 万。大量受害用户在诈骗平台支付了上万元的所谓“担保费”“手续费”，经济利益受到实质损害。

3. 恶意软件窃密

窃密软件以获取用户个人信息为目的，个人信息的贩卖同样也是黑产的一部分。当攻击者掌握了足够多的用户信息时，衍生的犯罪行为也会更多，用户潜在的威胁会更大。相比于银行木马，窃密软件获取的信息更多，在一定程度上给用户造成的损失不只是钱财。但是在数据爆炸的当下，有些数据泄露无法避免，我们只有将危害降到最低。

目前窃密类恶意软件多通过仿冒正规应用程序诱骗用户安装下载，而且其方法技术也在不断更新，如通过剪贴板窃密、短信（SMS）网络钓鱼、仿冒正常 App 等恶意软件（见表 2）。未来随着技术的发展，恶意软件窃密的方法可能会更多。通过对 2019 年窃密软件的总结，我们发现通过 Google Play 进行传播仍然是恶意软件的首选传播方式。

表 2　窃密类恶意软件传播方式

窃密方式	事件简介	备注
通过剪贴板窃密	Google Play 上首次发现了利用剪贴板窃取加密货币的恶意软件，该恶意软件冒充为 MetaMask 合法服务，恶意软件的主要目的是窃取受害者的凭据和私钥，以控制受害者的以太坊资金	已出现在 Google Play
SMS 网络钓鱼	该攻击依赖无线（OTA）设置的过程，运营商通常使用该过程将特定网络的设置部署到加入其网络的新电话上。但是调查后发现，任何人都可以发送 OTA 设置消息	影响包括三星、华为、LG、索尼等手机。目前已修复
仿冒正常 App	Google Play 上发现一款窃密软件命名为 Joker，已发现有问题应用 24 款，影响国家达到 37 个，其中包括中国	已出现在 Google Play，国内受影响
仿冒正常 App	Google Play 上再次发现基于 Triout Android 间谍软件框架的 App，其下载量达到了 5000 万，评论达到了 100 万。韩国、德国影响较为严重	已出现在 Google Play

续表

窃密方式	事件简介	备注
嵌入 SDK	据 Check Point 报道，国内某公司在应用中嵌入 SWAnalytics SDK，用于收集用户数据，受影响应用多达 12 个	国内受影响
监控软件	Google Play 上检测到 8 个应用，可用于监控个人的软件，该软件主要用于监控员工、家庭成员。已累计下载 14 万次	已出现在 Google Play
仿冒正常 App 间谍软件	Google Play 上发现基于 AhMyth，针对音乐发烧友的间谍软件。该恶意软件用于窃取用户个人信息，应用启动后多以英语、波斯语显示	已出现在 Google Play，其他应用商城也已出现
仿冒为聊天软件窃密	名为 GoogleSpy 的聊天应用，本身并无聊天功能，目前应该处于测试阶段。启动时，CallerSpy 启动与通过 C&C 服务器的连接 Socket. IO 监测即将到来的命令。然后，它利用 Evernote Android-Job 开始调度作业以窃取信息	目前无受害用户
StrandHogg 漏洞	StrandHog 漏洞可使恶意软件伪装成流行的应用程序，并要求各种权限，使黑客可以监听用户、拍摄照片、发送短信等。该漏洞影响包括 Android 10 的设备，直接导致了前 500 名最受欢迎的应用面临被仿冒的风险	Android 用户可能面临风险

资料来源：《2019 年移动安全总结报告》。

4. 政治目的的针对性攻击

当今的世界依旧不太平，表面平静的背后暗流涌动。在此背景下，政治目的的移动网络攻击日益增长，以窃取情报和监控目标人群。攻击组织用于情报窃取的大多数移动远程访问工具都是定制开发的，通常是台式电脑恶意软件的变体。用于针对性攻击的恶意软件通常会伪装成正常的应用，运行后隐藏图标，在后台释放恶意子包并接收远程控制指令，窃取用户的短信、联系人、通话记录、地理位置、浏览器记录等信息，造成用户信息泄露。比如，奇安信威胁情报中心红雨滴团队在 2019 年发现多起疑似针对韩国地区 Android 用户的恶意代码攻击活动。攻击者将恶意安卓应用伪装成韩国常用移动应用，诱导受害者安装使用，进而窃取用户手机的机密信息。此外，红雨滴团队对下列 APT 组织也有密切的跟踪：针对中东某武装组织展开有组织、有计划、有针对性的长期不间断攻击的拍拍熊组织（APT－C－37）；属于蔓灵花（BITTER）组织，攻击中国军工行业人员、中国驻巴基斯坦人员的Android木马；疑似具有南亚背景、以巴基斯坦为目标的APT组织Donot“肚脑虫”（APT－C－35）；通过Telegram和水坑攻击分发恶意软件、重点针对库尔德人目标的APT组织军刀狮（APT－C－38）。

5. 移动应用过度窃取个人隐私

人们已经越来越依赖于移动应用带来的便利，但移动应用权限过大，会获取过多个人隐私，给用户带来隐忧。过度的权限还可能被黑客利用。Google Play和苹果商店的许多应用本身存在安全漏洞，一旦遭到入侵，将会导致个人或公司数据泄露给第三方。例如，访问摄像头可用于监视用户或捕获输入的密码；使用麦克风访问来窃听电话；甚至联系人列表也可以被用于发送针对性的钓鱼电子邮件。应用涉及用户隐私方面的问题成为相关部门关注的重点。

国家互联网应急中心（CNCERT）监测分析发现，我国目前下载量较大的千余款移动App中，每款应用平均申请25项权限，其中申请与业务无关的拨打电话权限的App数量占比超过30%；每款应用平均收集20项个人信息和设备信息，包括社交、出行、招聘、办公、影音等。大量应用存在探测其他应用或读写用户设备文件等异常行为，对用户的个人信息安全造成潜在安全威胁。

二　移动安全威胁主要攻击途径

攻击者在选择攻击方式时，会寻求在其时间上的最佳和高效回报。鉴于Android更具开放性，其应用程序相对风险较高；而针对iOS的绝大多数攻击都是通过网络发生的。针对移动互联网的攻击方式主要分为网络钓鱼、恶意软件、利用系统与应用漏洞等。

（一）网络钓鱼

网络钓鱼无处不在，被视为机构面临的最具破坏性和最受关注的网络安全威胁。根据美国运营商 Verizon 发布的《数据泄露调查报告》，超过 90%的违规始于网络钓鱼攻击。

现在用户越来越多在移动设备上阅读邮件，这些设备往往不受具有网络钓鱼防护的企业邮件网关的保护。更有挑战的是网络钓鱼方法不断完善，早已不再使用“彩票奖金未认领”之类的拙劣钓鱼邮件。现在，大约有 87%的成功移动攻击都不是通过电子邮件进行的，而是通过短信、游戏和社交媒体进行攻击。[①] 手机短信、聊天工具应用、游戏和社交媒体平台等未经严格审查，很大程度上不受保护，目前正被攻击者大规模利用，向用户发送网络钓鱼链接。

攻击者还努力使用用户难辨真伪的 URL，越来越多地将目标锁定 Office 365 等工作使用的应用。由于屏幕尺寸较小，通常会隐藏完整 URL 之类的重要线索，从而更容易诱骗移动用户。

遭遇钓鱼攻击，除了导致身份丢失，当用户通过移动设备访问钓鱼网站时，攻击者就可以利用漏洞入侵设备，最终导致政府与企业等数据泄露损失，很多时候损失是无法挽回的。网络钓鱼随着员工人数的增加而呈指数增长，移动网络已经成为网络钓鱼攻击的“沃土”。

（二）老旧操作系统（OS）

操作系统更新对于维护手机安全非常重要。研究显示，目前采用最新版本操作系统的设备比例不高，其中 60%的安卓设备系统落后最新版本 5 个版本以上，而苹果 iOS 设备的这一数字为 28%，[②] 这些使用旧版本操作系统的移动设备将会面临更多的安全风险。

网络安全威胁不断发展，操作系统厂商每年都会发布更新或补丁。不断修复漏洞，意味着主流操作系统最新版本的漏洞大大减少，同时说明了更新系统的重要性。即使是次要更新，如果不及时进行更新，也会使移动设备面临更大的风险。比如，安卓 10.0 版本的高危漏洞比 6.0.1 版本减少 500 个

---

① Wandera：《2020 移动企业安全关键趋势》，2020 年 2 月。

② Zimperium：《企业移动安全状况报告》，2019 年 7 月 31 日。

以上；苹果 iOS 系统 12.4 版本则比 10.1.1 减少近 100 个。

据统计，2019 年上半年，移动操作系统厂商发布了 440 个安全漏洞补丁。苹果则修复了 185 个安全漏洞（CVE），2018 年同期为 120 个，增长达 54%，62%被认为是“高危”漏洞。安卓系统则发布了 255 个安全漏洞补丁，比上年同期的 492 个大幅下降，其中只有 20%为高危漏洞。

苹果的闭源 iOS 操作系统，传统上认为拥有比 Android 更安全的生态圈。但在整个 2019 年，不断有 iOS 漏洞出现，这意味着 iOS 和 Android 一样，也会面临严重的安全问题。

在现实中，多种因素导致用户使用系统与操作系统更新之间存在延迟。移动设备的更换周期不断延长，许多操作系统软件本身的更新对用户也不再具有那么大吸引力。用户会尽可能地推迟升级。此外，有时还有设备设置等原因会导致更新延迟，如需要连接到 WiFi 网络、更新包很大等。这都会使移动设备面临更多的安全风险。

（三）应用漏洞

应用漏洞的影响不容忽视，尤其是 Google Play 商店使用开放模式，用户可以绕开所有安全监督机制自行安装应用。安全人员检测发现，3/4 的移动应用存在与不安全数据存储有关的漏洞，这使 Android 和 Apple iOS 用户都容易受到网络攻击，导致用户的密码、财务信息、个人信息以及通信信息面临安全威胁。不安全数据存储是安全研究人员对苹果和安卓设备应用进行安全评估后发现的许多漏洞之一。此外，35%的应用被发现使用不安全的方式传输敏感数据。①

就平台而言，Android 应用比 iOS 应用更容易包含高危漏洞（43%比 38%），但这种差异并不显著，Android 和 iOS 的移动应用程序客户端的总体安全水平大致相同。②

---

① Positive Technologies：《2019 移动应用漏洞与威胁》，2019 年 6 月 19 日。

② Positive Technologies：《2019 移动应用漏洞与威胁》，2019 年 6 月 19 日。

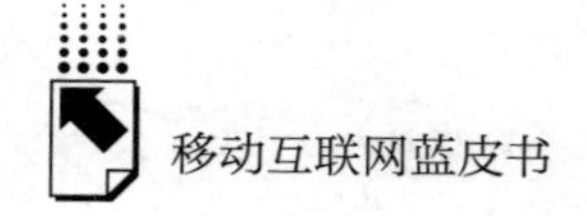

具有高危漏洞的应用往往给用户带来巨大的风险，成为攻击者植入木马的工具：2019 年 5 月 12 日，Facebook 宣布旗下的即时通信应用 WhatsApp 遭受了一系列攻击。黑客利用软件语音通话功能中的重大漏洞入侵用户手机，给受害者 iPhone 和 Android 手机设备安装监视工具，从而可以窃听对话并跟踪用户的位置。根据美国国家漏洞数据库，WhatsApp 在 2019 年披露的 12 个漏洞中，有 7 个被标记为高危漏洞。

恶意软件在安装后也经常利用软件漏洞，将特权提升到收集信息和执行其他恶意操作的级别。利用漏洞升级特权的存在凸显了移动软件及其操作系统及时更新安全补丁的重要性。

（四）仿冒软件

仿冒软件一直存在，恶意软件小到通过仿冒当下流行的 App，诱骗用户点击推送广告、推送软件以此获利；大到仿冒银行 App，仿冒第三方支付软件，窃取用户财产，进行诈骗等。2019 年奇安信威胁情报中心捕获了大量的仿冒恶意软件，其中影响较大的有：仿冒银监会客户端，成功诈骗 53 万元的电信诈骗事件；仿冒“学习强国”的恶意软件，针对检察机关工作人员的监控软件。

三　2019年主要移动安全事件

奇安信移动安全团队基于内部数据及相关公开资料，对 2019 年全球影响较大的移动安全事件进行了汇总，以便更好地展现 2019 年移动安全对全球的影响。

（一）四部门联合开展“App 违法违规收集使用个人信息专项治理”行动

App 过度收集用户信息，损害个人隐私的现象引发监管机构的关注。2019 年 1 月 25 日，中央网信办、工信部、公安部、市场监管总局四部门召开新闻发布会，联合发布《关于开展 App 违法违规收集使用个人信息专项治理的公告》，决定自 2019 年 1 月至 12 月，在全国范围组织开展 App 违法违规收集使用个人信息专项治理。

2019 年下半年几乎每个月都会有一批违法违规 App 被曝光，年底监管部门对外晒出一年内治理成果，据不完全统计，有近万款 App 在 2019 年进行了整改，下架 App 超过百款。2019 年底，中央网信办、工信部、公安部、市场监管总局四部门则印发了《App 违法违规收集使用个人信息行为认定方法》，明确了 6 大类 31 种行为属于 App 违法违规收集使用个人信息，进一步加强了 App 违法违规收集使用个人信息的治理。

（二）苹果漏洞激增

传统上认为，iOS 系统安全性较高，但在整个 2019 年，不断有 iOS 漏洞暴露出来，其中不乏高危漏洞。现在用户逐渐认识到，iOS 和 Android 一样也会面临严重的安全问题，这意味着苹果用户也需要及时更新操作系统和应用，以保障移动设备安全。

其中，包括“AirDoS”漏洞，能够让附近的黑客通过文件交换功能 AirDrop，使 iPhone 和 iPad 无法使用。2019 年 6 月，发现的 iMessage 漏洞使运行旧版本 iOS 的 iPhone 运行速度变慢。另外，发现了其他 5 个 iMessage 漏洞，其利用并不需要用户的交互，其中一个可让远程攻击者访问 iOS 设备的内容。2019 年 2 月披露的 14 个 iPhone 漏洞，已经成为持续数年水坑攻击的目标，其中 2 个为 0 Day 漏洞。

面对频出安全漏洞，苹果官方在 2019 年 12 月公布了历史悠久的私人漏洞赏金计划，同时将最高奖金提高到 100 万美元。

（三）Checkra1n 越狱漏洞

一个被称为“checkm8”，无法修复的 iPhone BootROM 漏洞，2019 年以来影响了数亿部 iPhone，攻击者可以通过不可阻挡的越狱获得系统级权限。很快又出现了一种名为 checkra1n 的漏洞，该漏洞使用户可以绕过 DRM 限制来运行未经授权的和自定义的软件。Checkra1n 还让用户容易从 App Store 外部下载流氓软件或不稳定的 App。同时，一个假冒网站声称能够使 iPhone 用户下载 Checkra1n（但最终下载了点击欺诈的游戏应用）。

（四）WhatsApp 漏洞致美国同盟官员被监控

2019 年 5 月 12 日，Facebook 宣布旗下的即时通信应用 WhatsApp 遭受了一系列攻击。黑客利用软件语音通话功能中的重大漏洞入侵用户手机，给受害者 iPhone 和 Android 手机设备安装监视工具，从而使攻击者可以窃听对话并跟踪用户的位置。WhatsApp 随后发布的软件更新修复了漏洞。据美国有线电视新闻网 2019 年 5 月 14 日报道，发起攻击的是一家与政府合作的以色列科技公司——NSO 集团，专门从事网络监控工作。

WhatsApp 内部消息人士表示，已知受害者中有“相当一部分”是分布在五大洲至少 20 个国家的政府高官和军方人士，如阿联酋、巴林、墨西哥、巴基斯坦和印度等。

（五）StrandHogg 伪装 Android App

2019 年秋天，研究人员发现了一个名为 StrandHogg 的 Android 新漏洞，该漏洞可能使恶意软件伪装成流行的应用程序并要求各种权限，使黑客能够监听用户，拍照、阅读和发送 SMS 消息，并基本上接管了各种功能，仿佛他们就是设备的所有者。StrandHogg 会覆盖并伪装成人们经常使用的移动应用程序（比如 Facebook）。该漏洞会影响所有 Android 设备（包括运行 Android 10 的设备），并威胁最受欢迎的前 500 个应用。

（六）生物识别功能绕过

尽管指纹传感器和 Face ID 吹捧提供了最佳的移动安全性，但 2019 年出现了一些技术绕过的情况。例如，三星 Galaxy S10 指纹传感器在一次黑客攻击中被欺骗，该黑客从酒杯中克隆了 3D 打印指纹。三星在 2019 年晚些时候承认，如果将第三方硅壳包装在手机上，那么任何人都可以绕过 Galaxy S10 指纹传感器。

2019 年 10 月，Google 因其 Pixel 4 面部识别解锁功能而受到抨击，有用户表示即使闭上眼睛也能解锁。而且在 8 月，研究人员透露了绕过苹果 Face ID 的方法。

（七）聚焦5G 安全

2019 年，5G 网络的安全性首次成为热门话题。5G 作为下一代移动技术，有望实现超低延迟和指数级的吞吐量，从而为新的商务场景和应用铺平道路，例如远程手术、自动驾驶汽车、按需配电等。但是，在这些情况下，网络攻击实际上可能成为生死攸关的问题。随着 5G 的许多安全协议和算法都从先前的 4G 标准移植而来，研究人员已经发现 5G 缺陷，例如设备指纹识别绕过和中间人（MiTM）攻击。

（八）移动端高级威胁（APT）攻击全球泛滥

APT 行动与国家及地区间的政治摩擦密切相关，围绕地缘政治的影响日益显著。随着网络争端的持续，网络战已成为国与国对抗的核心战场。而移动互联网的重要程度日益凸显，APT 组织攻击的目标也逐渐转向移动端。在 2019 年公开披露的 APT 组织活动报告中，攻击目标领域涉及政治、经济、情报等多个重要板块。移动 APT 组织攻击的受害者所属国家主要有中国、朝鲜、韩国、印度、巴基斯坦、以色列、叙利亚、伊朗、埃及等东亚、西亚、中东多个国家。2019 年移动端以对政治目标刺探为目的的 APT 攻击活动，主要围绕亚太和中东地区，涉及朝鲜半岛、克什米尔地区、巴以冲突地区、海湾地区。以经济利益为目的同样也是移动端高级威胁的发起缘由之一。此外，2019 年移动端 APT 攻击事件中，主要体现在中东地区部分国家内部局势动荡，针对国家内部持不同政见人群、反对派力量，以及一些极端主义活动倡导者的网络监控。监控内容包括这些特殊人群的活动范围、预谋的破坏行动，以及控制舆论导向。

（九）拼多多系统漏洞被薅羊毛损失千万元

2019 年 1 月 20 日凌晨，拼多多被传出现重大 BUG，用户可领 100 元无门槛券。从1月20日凌晨到当天上午9点，拼多多网站每一位注册用户可以通过微信、网页端、QQ渠道等，领取面值为100元的优惠券，该优惠券适用该网站的商品。有用户发现，使用该优惠券后，可实现用0.46元充值100元话费，且可以通过新账号的方式无限制领券。于是，大量网友上线以此方式充值。除了话费充值，网友还购买了Q币、航天钞、油卡等保值商品，有网友还通过重复注册账号的形式，多次反复领取了拼多多的百元优惠券。有未经证实的截图显示，有网友在1月20日当天充值了5万多元的Q币和3万多元的油卡。

（十）墨迹天气因数据问题IPO失败

2019年10月11日，证监会发布第十八届发审委2019年第142次会议审核结果公告，显示在此次审核的几家公司中，仅北京墨迹风云科技股份有限公司（简称“墨迹科技”）未通过审核。

墨迹科技旗下墨迹天气App是一款天气类App，拥有5.56亿的累计装机量，在同类App中占据龙头位置。墨迹科技于2016年正式提交申请IPO，却最终碰壁。同时证监会发审委对App获取、使用用户的数据合规问题进行了询问。2019年7月16日墨迹天气收到App专项治理组发出的《关于App收集使用个人信息相关问题的通知》；9月，在公安部网络安全保卫局等多个部门联合主办的“2019年网络安全专题发布会”上，墨迹天气再次因涉嫌超范围采集公民个人隐私被点名。

四　移动安全问题主要原因与应对

（一）产生的原因

1. 黑产暴利决定病毒木马流行

移动端黑产伴随着移动端技术而发展，暴利的驱使，使得黑产从业人员不断开发出新的获利方式。目前移动端黑产种类繁多且产业链完善，种类主要有：暗扣话费、广告流量变现、手机应用分发、木马刷量、勒索软件、控制“肉鸡”挖矿等。

我们可以找到目前市面上的移动病毒产生根源，银行木马、色情软件、拦截马、流氓软件等都是黑产团伙为了获利而生产的工具。2019年黑产活动猖獗，在即将踏入物联网的时代，移动安全面临更加严峻的挑战。

2. 应用审核不严格

应用审查是一项艰巨但必要的任务。恶意应用越来越“聪明”地使用技术手段逃避检测。基本检查，例如由应用商店执行、旨在确保应用性能并遵守最新解决方案准则或用户交互标准的检查，不会捕获真正的恶意应用程序。

Android作为目前世界上最大的移动应用平台，同样成为恶意应用获取其犯罪收益、窃取敏感信息的重灾区。相比苹果应用商店，Google Play商店对于添加应用程序的审核不够严格，恶意应用更容易混入，使用户更容易意外安装。

此外，相对于苹果的iOS生态，Android平台更加开放和碎片化，易于安装未知来源的第三方应用程序，这意味着可以从网站上下载和安装应用，无须经过Google Play商店审核。

Android操作系统上的移动恶意软件目前最为流行，种类繁多。根据奇安信威胁情报中心、奇安信移动安全团队2019年的研究报告，可以发现广告类、金融银行类、钓鱼类、挖矿类、APT类等恶意软件应有尽有，感染用户涉及的行业十分广泛。

3. 政治目的的移动端高级威胁（APT）攻击

2019年奇安信威胁情报中心、奇安信移动安全团队捕获并披露多起移动APT攻击。其中，在中东等有武装冲突，政治矛盾比较复杂的地区APT攻击比较多。我国也一直被一些APT组织攻击，且被攻击的目标广泛，涵盖部门众多。2019年各国面临的APT攻击频繁，移动APT也逐步增加。在国际形势日益复杂敏感的背景下，移动APT攻击将会更趋严重，值得我们重视。

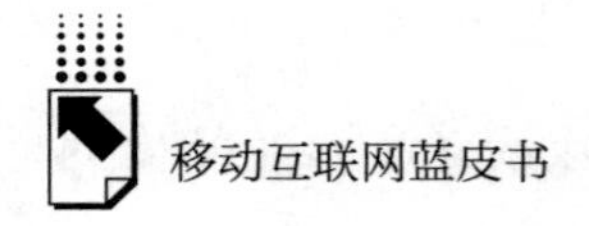

4. 权限过度

应用权限决定了其可在用户设备上访问的功能和数据，其中某些权限具有较高的风险。普通用户可能在移动设备上安装了数百个应用，但很少有人在单击“确定”安装之前，阅读每个应用的完整条款和条件或查看权限。有些应用收集用户数据时没有明确征求许可，而另一些应用则完全忽略用户个人的选择。

iOS 和 Android 对应用权限有所不同。iOS 具有更多以隐私为中心的权限，而 Android 倾向于公开访问硬件和操作系统的原始部分。安卓系统中应用要求最多的权限中，45% 具有较高风险：其中，31% 的应用要求准确定位需求，68% 的应用要求读写 SD 卡的权限，21% 的应用要求拍照和摄像权限。[①]

与安卓系统的应用相比，苹果 iOS 应用要求 5 个或者以下的权限。社交媒体和天气应用在 iOS 上是要求最多的权限，其次是购物和健康/健身应用。据统计，所有 iOS 应用程序中有 74% 需要访问用户的照片库，或者 32% 的应用程序需要使用麦克风。[②]

（二）应对建议

1. 个人安全意识需要提高

移动互联网安全不只是手机厂商和应用提供商的责任，移动用户同样应该提高自己的安全意识。现在移动应用已经覆盖了我们的工作、生活，未来我们会更加依赖，作为用户需要对应用有一定的甄别能力。2019 年有大量的用户因钓鱼木马、色情软件等上当受骗，希望用户可以提高安全意识，提升自己对于丰富移动应用的鉴别能力，为此提出以下建议。

（1）从官方应用商店等受信任源下载应用。大多数移动恶意软件都是从第三方源分发的。这些第三方源对其提供的应用不进行全面检查。这为恶意攻击者提供了发布恶意木马的机会。苹果应用商店和 Google Play 等官方

① Wandera：《2019 移动威胁全景图》，2010 年 2 月 13 日。
② Wandera：《2019 移动威胁全景图》，2010 年 2 月 13 日。

消息来源对所提供的应用进行了某种程度的验证，降低了将用户暴露于移动恶意软件的风险。但是，即使对应用程序进行了检查，恶意软件仍然可以通过这些官方渠道分发，因此用户需要警惕下载的应用程序。游戏和手机银行应用是恶意代码特别流行的载体。

（2）警惕网络钓鱼消息。用户应警惕短信或电子邮件发送的消息，不要从不受信任的来源安装应用程序，因为攻击者经常使用此方式来诱骗目标对象安装移动恶意软件。

2. 定期安装操作系统与应用安全补丁

恶意攻击者可以利用操作系统和移动应用软件的漏洞来安装移动恶意软件并提升操作权限，以获得对设备上数据和功能的更大访问权限。操作系统和供应商会发现漏洞并发布补丁，以保护设备免遭利用。用户需要及时更新系统和安装补丁，以减少暴露的风险。

3. 加强移动社区安全

相比于 iOS，Android 的社区安全依然不容乐观。Google Play 作为全球最大的 Android 软件平台，根据奇安信威胁情报中心 2019 年的研究报告及公开资料，Google Play 已经成为移动安全威胁的重灾区。国内情况也大同小异，好在目前工信部已经对各个平台、众多软件做出了整改的要求。维护 Android 社区的健康发展，还需要各方共同努力。

无论是个人、企业还是国家，在未来都会面临目的性更明确的移动恶意攻击。对于个人要保障的是隐私不会外泄，对于企业要考虑的是企业利益不蒙受损害，对于国家来说更重要的是国家安全不受威胁。

参考文献

奇安信集团威胁情报中心：《2019 年移动安全总结报告》，2020 年 1 月 9 日。

Wandera 公司：《2019 移动威胁全景图》，2020 年 2 月 13 日。

Wandera 公司：《2020 移动企业安全关键趋势》，2020 年 2 月 13 日。

附　　录

Appendix

B.26
2019年中国移动互联网大事记

1.《中华人民共和国电子商务法》正式实施

1月1日，中国首部电子商务领域的综合性法律《中华人民共和国电子商务法》正式实施，规范通过互联网等信息网络从事销售商品或者提供服务的经营活动。

2. 5G商用发展一季度全面推进

1月5日，中国首个5G地铁站在成都地铁10号线太平园站正式开通。2月4日，2019年央视春晚超高清直播采用中国电信“5G+4K”和“5G+VR”解决方案。2月12日，中国首个5G智慧高速公路项目落地湖北。2月18日，5G火车站启动建设暨华为5GDIS室内数字系统全球首发仪式在上海虹桥火车站召开，标志着上海虹桥火车站成为全球首个使用5G室内数字系统建设的火车站。3月16日，中国移动携手华为完成全国首例基于5G的远程人体手术。3月30日，全球首个行政区域5G网络在上海建成并开始试用，还完成了首个双千兆视频通话。

3. 区块链信息服务管理规范化

1月10日，国家互联网信息办公室发布《区块链信息服务管理规定》，自2019年2月15日起施行，要求区块链信息服务提供者需填报备案信息。1月28日，区块链信息服务备案管理系统上线运行。3月30日，国家互联网信息办公室官网公布了首批共197个区块链信息服务名称及备案编号。

4. 5G手机加速面市

1月15日，广东联通宣布，近日联合中兴通讯在深圳5G规模测试外场，打通了全球第一个基于3GPP最新协议版本的5G手机外场通话，在5G网络下体验了微信、视频等应用。2月14日，中国联通官方微博称，5G智能手机测试机首批正式交付。2月15日，中国电信下发了国内首张5G手机电话卡。7月16日，中国质量认证中心官网显示，首批共7款5G手机获得了3C认证。截至2019年底，我国5G手机上新机型共计35款。

5. 加快推动媒体融合发展坚持移动优先策略

1月25日，中共中央政治局在人民日报社就全媒体时代和媒体融合发展举行第十二次集体学习。中共中央总书记习近平主持学习并发表重要讲话，指出移动互联网已经成为信息传播主渠道。随着5G、大数据、云计算、物联网、人工智能等技术不断发展，移动媒体将进入加速发展新阶段。要坚持移动优先策略，建设好自己的移动传播平台，管好用好商业化、社会化的互联网平台，让主流媒体借助移动传播，牢牢占据舆论引导、思想引领、文化传承、服务人民的传播制高点。

6. 加强工业互联网发展顶层设计

3月8日，工业和信息化部和国家标准化管理委员会发布《工业互联网综合标准化体系建设指南》。6月25日，工信部印发《工业互联网专项工作组2019年工作计划》。8月28日，工业和信息化部等十部门印发《加强工业互联网安全工作的指导意见》，全面提升工业互联网创新发展安全保障能力和服务水平。

7. QQ号码可申请注销

3月13日，Android版手机QQ更新至7.9.9版本，此前处于内测的注

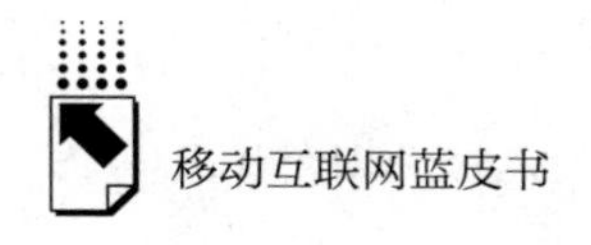

销功能正式上线，用户可进入“设置”选择“注销账号”。为避免账号被恶意注销，只有满足一定条件才能完成注销。

8. 多个互联网企业挂牌上市

3月28号，新东方在线正式登陆港股。4月3日，网红电商第一股如涵控股在纳斯达克挂牌上市。5月23日，国内最大的游戏直播平台之一斗鱼正式在纳斯达克挂牌上市。11月26日，阿里巴巴再次回归香港上市，总市值超4万亿，超过腾讯，成为最新的港股之王。

9. 《5G全球竞争》显示中美并列第一

4月2日，美国无线通信和互联网协会（CTIA）发布《5G全球竞争》，调查结果显示，在引进新一代通信标准“5G”的竞争方面，中国和美国并列第一。

10. 加快提升IPv6发展水平

4月16日，工业和信息化部启动IPv6网络就绪专项行动，加快提升互联网IPv6发展水平。截至2019年12月，我国IPv6地址数量达50877块/32，较2018年底增长15.7%。

11. 深入推进宽带网络提速降费

4月19日，工业和信息化部、国资委日前印发《关于开展深入推进宽带网络提速降费支撑经济高质量发展2019专项行动的通知》，明确将开展“双G双提”，推动固定宽带和移动宽带双双迈入千兆（G比特）时代，100M及以上宽带用户比例提升至80%，4G用户渗透率力争提升至80%。10月31日，中国信通院和宽带发展联盟联合发布《2019年中国宽带发展白皮书》。报告显示，我国移动数据流量平均资费为5.6元/GB，比2018年的8.5元/GB下降了34.4%。12月27日，中国移动2020年工作会议宣布，2019年，中国移动4G客户达到7.5亿户，手机上网流量资费下降47%。

12. 网贷平台数量五年来首度跌破千家

5月7日，融360大数据研究院发布的网贷数据显示，2019年4月全国正常运营的网贷平台共计998家，较2016年高峰期的2603家下降超过60%。这也是P2P网贷行业自2014年5月后，正常运营平台数量首次跌破千家。

13. 我国正式进入5G商业元年

6月6日，工信部正式向中国电信、中国移动、中国联通、中国广电发放5G商用牌照，我国正式进入5G商业元年。

14. 中国首个智能网联汽车信息安全标准发布

6月11日，中国汽车工业协会对外发布《智能网联汽车信息安全评价测试技术规范（征求意见稿）》。其基于风险转化概率、风险可能计算、风险影响计算等多个评测模型，对智能网联汽车的汽车中央网关、移动终端等共计13个单元进行评测，并最终对OTA安全、数据安全、网络安全等6大维度进行安全测评。

15. 中国移动互联网月活规模首次连续2个月环比下跌

6月18日，QuestMobile数据显示，截至4月份，中国移动互联网月活跃用户规模达到11.36亿，同比增速达3.1%，首次出现连续两个月环比下跌的情况。

16. 中国高端手机市场华为首次超过苹果居首

6月20日，科技市场研究公司Counterpoint发布的报告称，2019年头三个月，全球高端智能手机（价格超过400美元）市场萎缩了8%。在中国高端手机市场，华为的市场份额达48%，首次大幅超过苹果居首。但在全球高端手机市场，苹果仍然是主导型厂商，一季度占据了47%的全球份额。

17. 2019移动互联网蓝皮书发布

6月24日，人民网研究院编纂出版的《中国移动互联网发展报告（2019）》正式发布。报告认为，2018年中国移动互联网发展呈现出四大特点：智能驱动，核心技术创新牵引作用突出；“下沉”“出海”“转型”，创造新增长点；立法、监管力度空前，移动空间安全秩序持续改善；移动网络生态向好，助推社会治理与文化建设。

18. 物联网安全技术国家标准正式实施

7月1日，由全国信息安全标准化技术委员会归口的27项国家标准正式实施，涉及物联网安全的内容包括相关的参考模型及通用要求、感知终端应用安全、感知层网关安全、数据传输安全、感知层接入通信网安全等。

19. 中国首例计算机软件智能生成内容著作权纠纷案宣判

7月11日，北京互联网法院对全国首例计算机软件智能生成内容著作权纠纷案进行了一审宣判。北京互联网法院法官卢正新认为，人工智能软件自动生成内容过程中，软件研发者（所有者）和使用者的行为并非法律意义上的创作行为，相关内容并未传递二者的独创性表达，因此，二者均不应成为人工智能软件自动生成内容的作者，该内容也不能构成作品，不具备著作权。

20. 国内第一款专为青少年定制的搜索引擎发布

7月11日，由新华社中国搜索打造的国内第一款专为青少年定制的搜索引擎——“花漾搜索”APP正式发布。

21. 我国加快推动网络安全产业发展

9月27日，工信部公布《关于促进网络安全产业发展的指导意见（征求意见稿）》。12月9日，工信部网络安全管理局局长赵志国在2019年中国网络安全产业发展高峰论坛上透露，2019年中国网络安全产业规模估计将超过600亿元，年增长率超过20%，明显高于国际上8%的平均增速。

22. 我国6G研发工作正式启动

11月3日，科技部会同发展改革委、教育部、工业和信息化部、中科院、自然科学基金委在北京组织召开6G技术研发工作启动会，成立国家6G技术研发推进工作组和总体专家组，这也标志着我国6G技术研发工作正式启动。

23. 斗鱼建立中国首个北极直播站点

11月6日，经过近2年的策划筹备，斗鱼直播在世界最北人类居住区朗伊尔成功搭建了中国首个北极直播站点。斗鱼聘请当地专业人士作为直播相机的“看护官”，定期检测检修设备状态，保证直播相机能够常年不间断地完成直播。

24. 中央广播电视总台推出中国首个国家级5G新媒体平台

11月20日，中央广播电视总台基于“5G+4K/8K+AI”等新技术打造的综合性视听新媒体旗舰、中国首个国家级5G新媒体平台央视频正式上线，主打视频社交。

25. 中国联通发布北京2022冬奥会十大5G应用

12月28日，中国联通宣布为冬奥会打造了智慧观赛、智慧安防、云转播服务、智慧交通、智慧场馆、无人机周界防控、5G超高清直播、智慧训练、物流配送和智慧移动医疗等十大5G应用。

26. 2019年我国移动电话基站总数达841万个

《2019年通信业统计公报》数据显示，截至2019年12月底，我国4G用户总数达到12.8亿户，全年净增1.17亿户，占移动电话用户总数的80.1%，占比远高于全球的平均水平（不足60%）。2019年，全国净增移动电话基站174万个，总数达841万个；其中4G基站总数达到544万个，5G基站总数超13万个。

27. 2019年我国手机网民规模超8.9亿

据中国互联网络信息中心（CNNIC）发布的《中国互联网络发展状况统计报告》显示，截至2020年3月，中国网民规模达9.04亿，互联网普及率达64.5%；手机网民规模达8.97亿，约占中国网民规模的99.3%，人均周上网时长为30.8小时。另据共青团中央维护青少年权益部、中国互联网络信息中心（CNNIC）联合发布的《2019年全国未成年人互联网使用情况研究报告》显示，2019年我国未成年网民规模为1.75亿，未成年人互联网普及率达到93.1%，未成年网民中使用手机上网的比例达93.9%。

28. 2019年我国短视频用户规模超7.7亿

据中国互联网络信息中心（CNNIC）发布的《中国互联网络发展状况统计报告》显示，截至2020年3月，我国短视频用户规模达7.73亿，较2018年底增长1.25亿，占网民总体的85.6%。另外，2019年《中国电视剧（网络剧）产业调查报告》显示，2019年，我国短视频用户使用时长首次超过长视频。

Abstract

Annual Report on China's Mobile Internet Development (*2020*) is a collective effort by the researchers and experts from the Institute of People's Daily Online as well as other research branches of government, industry and academia. It is a comprehensive review of development pertaining to China's mobile internet during 2019. It summarizes the characteristics, points of emphasis as well as highlights. Furthermore, it is also a collection of relevant research results.

The report is divided into five major sections: The General Report, Overall Reports, Industry Reports, Market Reports and Special Reports.

The General Report points out that China entered the era of 5G in 2019. In 2019, 5G, artificial intelligence and other emerging technologies for mobile internet achieved further development in the perspectives of both scope and depth, promoting the transformation and upgrading of mobile internet from consumer internet to industrial internet. Mobile internet consumption and content were showing a "double sinking" trend. New forms of business such as live streaming marketing became new growth drivers. The policies and regulations on the governance of the network information content ecology and personal information protection were adjusted as called for. The intensification and standardization of the mobile government services accelerated. Mobile internet played a positive role in winning the battle against poverty. The cyberspace was imbued with positive energy. In 2020, mobile internet is an essential infrastructure to contain COVID – 19 in China. 5G network construction and the expansion of its application are providing a great force of traction for "new infrastructure construction". The mobile consumption is going through an explosive growth while the new models and new industries are emerging. 5G is promoting industrial digitization and upgrade, accelerating the construction of digital government and smart city and manifesting the value of data elements of mobile internet continuously.

The Overall Reports section points out that China has consolidated the construction of new rules and systems for mobile internet in 2019, such as state governance, network security, content management and industrial development. Special campaigns were launched in the fields of juvenile protection, personal information protection, network ecological governance, e-commerce industry. Mobile internet exerted a great influence in accomplishing the task of poverty alleviation in China. The E – commerce poverty reduction measure promoted local industrial development. Mobile internet also improved rural governance, cyberculture and equalization of public services in poor areas. The role of mobile internet in promoting the transformation of social governance mode unblocked public service channels and stimulated the vitality of digital economy. Under the background of the gradual realization of ' inclusive connection' of mobile internet, the self-media users in rural area triggered their own cultural consciousness and the shift of life styles, crystalizing the changes in space and time. 2019 was entitled a historic turning point in term of the first year of 5G commercialization, the 50th anniversary of the birth of internet, the intensified China – US confrontation in the area of high-tech and the COVID – 19 epidemic. 2020 is a watershed for human socioeconomic development as well as a new era for the development of the mobile internet and the opening of the next decade.

The Industry Reports section points out that in 2019, the construction of China's broadband mobile network kept a steady growth. The quality of network was constantly improved. The mobile traffic flow was growing rapidly. In 2019, the core technology of mobile terminal hardware has entered the productization stage. Artificial intelligence has gradually become the basic technology of the mobile internet. Microkernel operating systems have attracted attention. Folding screen, night shot, super video stabilization, AI, 5G and other technologies have become the focus of market. Mobile internet not only promoted the transformation of the real economy, such as manufacturing, retail and payment, but also promoted the development of government online service, social e-commerce and pan-entertainment industries. With the cooperation between the industry, universities and research institutes, China's industrial internet developed from a widespreading concept to a number of applications in practice, forming a great interaction of strategic guidance, planning guidance, policy support, technological innovation, and industrial promotion. In 2019, mobile APPs accelerated innovation and upgrading, promoting the rapid growth of information service consumption.

The Market Reports section points out that in 2019 globalization and mobilizaition were two keywords of electronic game in China. More attention was paid to innovation, nivestment, finanxing, social responsibility and brand. New technologies such as 5G and cloud empowered mobile game. With a better experience of human-computer interation and the development of 5G and IoT, smart speakers introduced in a new traffic competition. Technology became a new engine for the development of tourism. Many smart cultural tourism Apps and lean management systems have emerged, forming a new model and format for the integration of technology and tourism. The content industry evolved to mobile internet content entrepreneurship, the major hot topics of content monetization process in 2019 included short videos dominating, consumer market sinking, content creation popularization, content e-commerce and live e-commerce, the payment of knowledge and going global. Live streaming marketing became a new trend of mobile e-commerce, showing great potentialities in sinking market expansion and rural revitalization. China's mobile internet fraud has taken on a new trend in 2019, there was a pressing need to build AI - enabled anti-fraud architecture and coalition, forming a joint defense-control mechanism for the whole industry.

The Special Reports section points out that in the context of further improvement of global policy environment, application and standardization of blockchain, the development of blockchain infrastructure, especially general infrastructure, has made a series of progresses in 2019. With the continuous impication of new generation artificial intelligence programs, the intelligent industry has changed the traditional industry ecology. Generally the intelligent industry demonstrated three important trends and basic development logics. In recent years, there were some problems such as illegal access to person-specific information, data leakage, data abuse etc. , Mobile Apps were the worst-hit area. The media will play an important role in guiding the popularization of 5G new services and will become the first field in 5G construction. The construction of personal information protection system with Chinese characteristics was accelerated. The focus of mobile Internet copyright protection were online video, online games, artificial intelligence products, etc. It was necessary to force the establishment of the internet copyright protection mechanism of segmented industry, increasing the protection of mobile internet copyright and introducing relevant judicial rules and industry copyright protection norms. Aiming to mitigate the characteristics and potential risks, it was necessary to put forward protection countermeasures such as the establishment of the "child-friendly" concept, the cultivation of civic literacy in the digital age and setting digital role models for the juveniles. The mobile platform saw more cyber attacks in 2019, calling for improvement of personal security awareness, regular operating system updates and application of security patches, strengthening the security of mobile community.

The Appendix lists notable and significant events of China's mobile internet in 2019.

Contents

Ⅰ General Report

Abstract: In 2019, 5G, artificial intelligence and other emerging technologies for mobile internet achieved further development in the perspectives of both depth and breadth of applications, promoting the transformation and upgrading of mobile internet from consumer internet to industrial internet. Mobile internet consumption and content were showing a "double sinking" trend. New forms of business such as livestreaming sales became new growth drivers. The policies and regulations on the governance of the network information content ecology and personal information protection were adjusted as called for. The intensification and standardization of the mobile government services accelerated. Mobile internet played a positive role in winning the battle against poverty. The cyberspace was imbued with positive energy. In 2020, mobile internet is an essential infrastructure to contain COVID -19 in China. 5G network construction and the expansion of its application are providing a great force of traction for "new infrastructure construction". The mobile consumption is going through an explosive growth while the new models and new industries are emerging. 5G is promoting industrial digitization and upgrade, accelerating the construction of digital government and smart city and manifeting the value of data elements of mobile internet continuously.

Keywords: 5G; Industrial Internet; New Infrastructure Construction; Digital Government; COVID -19

Ⅱ Overall Reports

Abstract: China has consolidated the construction of new rules and systems for mobile Internet in 2019, which include national governance, network security, content governance, and industrial development. Special campaigns have been launched in juvenile protection, personal information protection, network ecological governance, e-commerce industry and other fields. Faced with new problems and fresh challenges, it is of great necessity to further strengthen a data-based approach to governance, approve legislation to improve the ownership of related data, have reasonable use and supervision, implement platforms responsibilities of information content management, innovate the system of personal information protection, and continue to tighten the oversight of modern technologies and new business forms.

Keywords: Mobile Internet; Cybersecurity; Policies and Regulations; Content Governance; Industrial Development

Abstract: Mobile internet exerted a great influence in accomplishing the task of poverty alleviation in China. The E-commerce poverty reduction measure has promoted local industrial development. Mobile internet also improved rural governance, cyberculture and equalization of public services in poor areas. 2020 is the year of ending poverty. It is important to make full advantage of mobile internet in perfecting the system of poverty-return prevention and consolidating results of targeted poverty alleviation. In addition, it is essential to exploit 5G technology to promote poor areas into digital villages and to realize agricultural and rural modernization.

Keywords: Mobile Internet; Poverty Alleviation; Digital Village

B. 4 Mobile Internet Promotes Governance Capacity of China

Zhang Yanqiang, Tang Sisi and Shan Zhiguang / 059

Abstract: Government governance is an important part of national governance system. This paper analyzes the role of mobile internet in promoting the transformation of social governance mode, unblocking public service channels and stimulating the vitality of digital economy. With the application practice of mobile internet in the field of government governance in China, this paper summarizes the new features and new models of the current development of government governance, and puts forward the development suggestions on improving the information infrastructures, strengthening the application of digital technologies, improving the ability of emergency decision, strengthening the cooperation between the government and enterprises, and building smarter city.

Keywords: Mobile Internet; Government Governance; Public Service; Digital Economy; Application Innovation

B. 5 Production Subsidence and Cultural Reconstruction: A Study on the Development of Rural Self-media in 2019

Weng Zhihao, Peng Lan / 072

Abstract: The overall subsidence of mobile Internet content production has given Chinese farmers unprecedented discourse power. Under the background of the gradual realization of "inclusive connection" of mobile Internet, rural self-media creates conditions for the reconstruction of rural culture in two aspects, cultural consciousness and mode reconstruction, and determines the space path and time path of reconstruction. And behind the prosperity of rural self-media, some potential problems are also worthy of attention and reflection.

Keywords: Subsidence; Mobile Internet; Rural Self-media; Rural Culture; Reconstruction of Culture

B. 6 The Historic Turning Point and New Era of Global Mobile Internet

Fang Xingdong, Yan Feng and Shen Xi / 085

Abstract: 2019 can be named as a historic turning point in term of the first year of 5G commercial use, 50th anniversary of Internet, China-US tech war and the COVID −19 epidemic. Technological change will lead to a series of changes from micro to macro, bringing a series of changes to technology, industry, economy, society, and international order. The year 2020, which began with a global epidemic, is a watershed for human socio-economic development as well as a new era for the development of the mobile Internet and the opening of the next decade, bears both beautiful vision and risk warning.

Keywords: 5G; Turning Point; Tech War; Digital Divide; COVID − 19 Epidemic

Ⅲ Industry Reports

Abstract: In 2019, the construction of China's broadband mobile network was keeping a steady growth. The quality of network was constantly improving. The mobile traffic flow was growing rapidly. In the first year of 5G commercialization, many countries have been accelerating the development of 5G. In China, many provinces and cities had issued corresponding policies to support the development of 5G industry, network and application. China is leading 5G industry development in several fields. The 5G commercial progress in China is in the first tier of the world. 5G has obtained good achievements in both personal and vertical industry applications in China. In 2020, the construction of 5G network will play an essential role in "new infrastructure construction", and mobile users will transfer to 5G more quickly, stimulating the growth of traffic flow and providing a strong momentum for steady economic growth.

Keywords: 4G; 5G; Network; Industry Application

Abstract: In 2019, the core technology of mobile terminal hardware has entered the productization stage. Artificial intelligence has gradually become the basic technology of the mobile Internet. Microkernel operating systems have attracted attention. China's AI chip has entered the "sprint period" of industrialization. 5G continues to maintain its global leadership. Enterprises accelerated the development of various smart terminals, promoted the development of storage technology and industry, and pushed the new display industry forward to the high end of value chain.

Keywords: 5G; Chip; Operating System; Storage Technology; Display Technology

Abstract: Due to the lack of disruptive innovation, the global smart phone market is still in stock competition in 2019. The replacement trend of 5G mobile phones has not really arrived, and the shipments and sales of smart phone market are down year-on-year. However, domestic brands have further increased their global and domestic market share and achieved good results in the 5G mobile phone market. Folding screen, night shot, super video stabilization, AI, 5G and other technologies have become the focus of market. Wearable devices, IoT terminals, and car wireless terminals continue to develop steadily and rapidly, with shipments reaching record highs, and their shipments also reached a new record. 5G + AI + loT will promote the full outbreak of 5G smart terminals in 2020.

Keywords: Mobile Terminal Market; 5G Smart Phone; IoT Terminals

Abstract: The development of China's mobile internet industry ranks the world's leading position, and there is still much room for growth. The popularity of mobile internet has brought about new employment models and new formats, stimulating the new vitality of economic development. The mobile internet not only promotes the transformation of the real economy such as manufacturing, retail and payment models, but also promotes the development of government online service, social e-commerce and pan-entertainment industries. The development of mobile internet in the future depends on the improvement of new infrastructure, independent innovation capabilities of core technologies, information sharing and informationization, together with mobile internet security supervision and protection.

Keywords: Mobile Internet; Digital Economy; Economic Development

B. 11 China Industrial Internet Development Report 2019 -2020

Gao Xiaoyu / 173

Abstract: In 2019, with the joint efforts of government, industry, university, and research institutes, China has transformed its industrial Internet development from a widespread concept to practical use, which has formed a great interaction of strategic guidance, planning guidance, policy support, technological innovation, and industrial promotion. In 2020, despite the fact that its investment has been facing complex and severe amid coronavirus panic, the industrial Internet platform companies are expected to take advantage of the crisis, and develop the pattern of "two regions, three belts, and multiple points" at a faster pace.

Keywords: Industrial Internet Platform; Synergy Between Industry and Finance; Cluster Collaboration

B. 12 Analysis on the Development of China's Mobile Applications in 2019

Dong Yuejiao / 186

Abstract: In 2019, the overall development of China's mobile application market was stable and had a high influence in the global mobile application market. In 2019, mobile APPs accelerated innovation and upgrading, becoming an important force in the digital economy. There were a large number of users of instant message, mobile search engine and online news APPs. The game APPs had the largest number of users, while the music and video APPs had the largest number of downloads, promoting the rapid growth of information service consumption. "APPs + small programs" had gradually become the standard configuration of government services. The live broadcast and short video APPs had been used in poverty alleviation and public welfare. The small programs and rapid applications diversified. The innovative technologies such as artificial intelligence, improved the experience of APPs. The mobile APPs regulation became more standardized, and personal information security had become the focus of regulation.

Keywords: Mobile APPs; Short Video; Personal Information

Ⅳ Market Reports

B. 13 China's Mobile Game Development in 2019

Zhang Yaoli, *Teng Hua* / 200

Abstract: With continuing rapid growth, China's mobile game market had achieved more than 151. 37 billion RMB in year 2019. Global Market and mobile electronic sports have become the focus of mobile game market. More marketing budget put in and education. New technologies such as 5G and Cloud will further empower mobile game. The new retail model will also bring more new ways of precision marketing.

Keywords: Mobile Game; Global Market; 5G; Cloud Game

B. 14 Analysis on the Operational Development and Competition of the Smart Speaker Industry in China (2020 –2021)

Zhang Yi, *Wang Qinglin* / 221

Abstract: Driven by policies and social needs, smart speakers and related smart manufacturing industries have gained development opportunities. From the perspective of China's smart speaker market, since 2016, China's smart speaker sales have grown rapidly, with a growth rate over 110%. The sales scale in 2020 is expected to be close to 9 billion yuan. Although smart speakers are currently iterating for a better human-computer interaction experience, they still face negative issues such as inaccurate speech understanding, poor usage scenarios and insecure user information. Therefore, it is necessary for smart speakers to take advantage of new opportunities such as 5G business and the development of the Internet of Things to develop into a new field of internet traffic competition.

Keywords: Smart Speaker; 5G; Artificial Intelligence; Industrial Upgrading; Information Security

B. 15 Smart Application and Lean Management in the Era of New Cultural Tourism

Sun Hui / 232

Abstract: At present, under the strategic background of digital China construction and new infrastructure, Internet technologies represented by 5G, artificial intelligence, blockchain, etc. are profoundly changing people's lives and production methods, and the cultural tourism industry has undergone tremendous changes. Technology has become a new engine for the development of the cultural tourism industry, and many smart cultural tourism applications and lean management systems have emerged, forming a new model and format for the integration of technology and cultural tourism. Smart + cultural tourism is breaking the mixed innovation of industry and science and technology, stimulating the creation of new consumption of cultural tourism, and building a digital cultural tourism industry ecological community.

Keywords: Cultural and Travel Integration; Digital Technology; Smart + New Ecology

B. 16 Content Monetization: Ecology, Topics and Trend

He Haiming, Ma Che and Zhou Wanqing / 246

Abstract: The content industry has evolved from traditional content industry, digital content industry to mobile internet content entrepreneurship. The logic of content monetization mainly includes direct methods and indirect methods. The main hot topics of content monetization in 2019 include: short videos dominanting, consumer market sinking, content creation popularization, content e-commerce and live e-commerce, the payment of knowledge, and going to sea. With the application of 5G, 4K, VR and IoT, more content scenarios and connectivity will be activated to form an industrialized ecosystem of "content +".

Keywords: Content Industry; Content Entrepreneurship; Content Monetization; Mobile Internet

B. 17 Influencer Marketing: The New Trend of Mobile E-Commerce Development in 2019

Liu Zhihua, Chen Li / 262

Abstract: Influencer marketing has become a new trend of mobile e-commerce development in 2019. Large numbers of livestreamers have come to the fore, profiting from feature-rich platforms and diversified models. Influencer marketing, due to private traffic to cash, has become a new growth point for mobile e-commerce, which has been showing great development potential with expanding the sinking market and helping rural revitalization. But there are also some problems that come along with it, such as no guarantee of product quality and after-sale service, with low access threshold. In the future, along with the massive influx of capital, the structure of live-streaming market will continue to evolve. New technologies like 5G and VR will promote the innovation of influencer marketing forms. In the meantime, the industry as a whole will be further standardized with the increasingly stringent supervision.

Keywords: Live-streaming Platform; Influencer Marketing; Pattern of Mobile E-commerce; Rural Revitalization; Normalization

B. 18 China's Mobile Anti-fraud in 2019

Dong Jiwei, Yang Xiaodong, Tian Shengyu,
Wang Yi and Wang Yueyue / 276

Abstract: The fraud on the mobile internet in China took on a new trend in 2019 in the terms of applications, payments, transactions, marketing activities, channels etc. Although some achievements have been made through the supervision and governance of the whole industry in 2019, the overall situation was still serious. This report analyzes several typical cases in key subdivisions in 2019, detailing the process of mobile fraud and anti-fraud. In 2020, mobile anti-fraud in China is still facing the challenges such as losing efficiency of traditional anti-fraud measures, lacking of professional talents and impacts of COVID −19. There is an urgent need to build AI-enabled anti-fraud architecture, coalition and a joint defense-control mechanism for the whole industry.

Keywords: Mobile Internet; Dark Industry; Anti-fraud Architecture; Decision Engine; Anti-fraud Coalition

V Special Reports

Abstract: Since 2019, in the context of further improvement of global policy environment, application and standardization of blockchain, the development of blockchain infrastructure, especially general infrastructure, has made a series of progresses. This article reviews the latest progress of blockchain infrastructure construction and the major types of blockchain infrastructure. The development of the infrastructure is analyzed in combination with the development stage of blockchain technology. Finally, the article forecasts the development trends of blockchain infrastructure and raises several suggestions for its future development.

Keywords: Blockchain; Information Infrastructure; Development Ecology

Abstract: With the continuous landing of a new generation of artificial intelligence planning, the intelligent industry has changed the traditional industry ecology. This article regards intelligent transformation as the core of understanding the development of artificial intelligence. Through the application of artificial intelligence in three aspects of "empowering all industries", "benefit the people" and "promoting digital government", it reveals the intelligent transformation and digital transformation difference. From the overall situation of the Intelligent industry landing, we can see three important trends of the Intelligent industry and the basic development logic of sustainable development AI.

Keywords: Sustainable Development AI; Intelligent Society; Visual Internet of Things; Intelligent Transformation

B. 21 Study on the Development of Personal Information Data Protection in the Age of Big Data

Hu Xiuhao / 321

Abstract: In the age of big data, the value of data has become important for competition among all industries. Person-specific information is an important part of it. In recent years, there have been some problems such as illegal access to person-specific information, data leakage, data abuse etc., Mobile applications have become the worst-hit area. The construction of personal information protection system with Chinese characteristics has been accelerated. This article raises the suggestions ensuring personal information security, such as to clarify the chain of personal information, to improve the awareness of personal information security, to coordinate security and development, to build a personal information protection system and to reinforce technical protection, ensuring personal information security.

Keywords: Data Resource; Data Connotation; Data Ownership; Personal Information Protection

B. 22 Analysis of the Influence of 5G Technology Development on Media

Yang Kun / 334

Abstract: 5G will build a new digital social infrastructure and open a development period of "everything connected" in economy and society. The media will play an important role in guiding the popularization of 5G new services, and will become the first field in 5G construction. The media industry has been actively exploring the application of 5G technology, focusing on the two key directions of media convergence and video. In the future, 5G technology will bring new development trends for the media, such as integration, precision service ability improvement, intelligent, data, three-dimensional presentation, pan social participation, pan in communication, and close cooperation with the network. To seize the window period of media transformation provided by 5G, the media needs to build new theories, new foundations and new capabilities.

Keywords: 5G; Media; Video; Fusion; Ubiquitous

Abstract: In 2019, the main aspects of mobile Internet copyright protection are online video, online games, artificial intelligence products, digital papers, media, TV plays, pictures, third-party Internet service providers, digital music, etc. Relevant departments actively explore new ways of copyright protection and strictly enforce laws to protect Internet copyright. In 2020, it is necessary to further establish the Internet copyright protection mechanism of industry segmentation departments, increase the protection of mobile Internet copyright, and introduce relevant judicial guidance rules and industry copyright protection norms.

Keywords: Mobile Internet; Copyright Protection; Online Video; Online Games; Strategies and Suggestions

Abstract: Research found that nearly 70 percent of minors have used short videos, and humorous short video is the most popular category. Behaviors including giving rewards to video hosts, imitating the behaviors in short videos, and purchasing the advertised goods in videos all account for a certain proportion among minors, which result in potential dangers in their short video usage, such as the abuse of personal information, the negative effects in their consumption habits, living habits, time management, and academic performances. Aiming to mitigate these problems, this report puts forward protection countermeasures such as the establishment of the "child-friendly" concept, the cultivation of civic literacy in the digital age, and setting digital role models for minors.

Keywords: Juvenile/Minors; Short Video; Internet Usage; Network Protection; Countermeasures

Abstract: The mobile platform saw more cyber-attacks in 2019. Major security threats to the mobile platform include user privacy, mobile adware, mobile banking Trojan for finance purpose, and mobile malware for data breach and targeted mobile advanced persistent threat. The attacks against mobile devices will take advantage of mobile phishing, mobile malware and vulnerabilities. The article, with the introduction of major mobile security incidents, makes an analysis of major factors leading to mobile security threats and puts forward to some suggestions to cope with mobile threats.

Keywords: Mobile Threat; Mobile Malware; Mobile Phishing; Application Vulnerabilities

Ⅵ Appendix

皮书

智库报告的主要形式
同一主题智库报告的聚合

✤ 皮书定义 ✤

皮书是对中国与世界发展状况和热点问题进行年度监测，以专业的角度、专家的视野和实证研究方法，针对某一领域或区域现状与发展态势展开分析和预测，具备前沿性、原创性、实证性、连续性、时效性等特点的公开出版物，由一系列权威研究报告组成。

✤ 皮书作者 ✤

皮书系列报告作者以国内外一流研究机构、知名高校等重点智库的研究人员为主，多为相关领域一流专家学者，他们的观点代表了当下学界对中国与世界的现实和未来最高水平的解读与分析。截至 2020 年，皮书研创机构有近千家，报告作者累计超过 7 万人。

✤ 皮书荣誉 ✤

皮书系列已成为社会科学文献出版社的著名图书品牌和中国社会科学院的知名学术品牌。2016 年皮书系列正式列入“十三五”国家重点出版规划项目；2013~2020 年，重点皮书列入中国社会科学院承担的国家哲学社会科学创新工程项目。

中国皮书网

（网址：www.pishu.cn）

发布皮书研创资讯，传播皮书精彩内容

引领皮书出版潮流，打造皮书服务平台

栏目设置

◆ 关于皮书

何谓皮书、皮书分类、皮书大事记、

皮书荣誉、皮书出版第一人、皮书编辑部

◆ 最新资讯

通知公告、新闻动态、媒体聚焦、

网站专题、视频直播、下载专区

◆ 皮书研创

皮书规范、皮书选题、皮书出版、

皮书研究、研创团队

◆ 皮书评奖评价

指标体系、皮书评价、皮书评奖

◆ 互动专区

皮书说、社科数托邦、皮书微博、留言板

所获荣誉

◆ 2008 年、2011 年、2014 年，中国皮书网均在全国新闻出版业网站荣誉评选中获得“最具商业价值网站”称号；

◆ 2012 年，获得“出版业网站百强”称号。

网库合一

2014年，中国皮书网与皮书数据库端口合一，实现资源共享。

S 基本子库
SUB DATABASE

中国社会发展数据库（下设 12 个子库）

整合国内外中国社会发展研究成果，汇聚独家统计数据、深度分析报告，涉及社会、人口、政治、教育、法律等 12 个领域，为了解中国社会发展动态、跟踪社会核心热点、分析社会发展趋势提供一站式资源搜索和数据服务。

中国经济发展数据库（下设 12 个子库）

围绕国内外中国经济发展主题研究报告、学术资讯、基础数据等资料构建，内容涵盖宏观经济、农业经济、工业经济、产业经济等 12 个重点经济领域，为实时掌控经济运行态势、把握经济发展规律、洞察经济形势、进行经济决策提供参考和依据。

中国行业发展数据库（下设 17 个子库）

以中国国民经济行业分类为依据，覆盖金融业、旅游、医疗卫生、交通运输、能源矿产等 100 多个行业，跟踪分析国民经济相关行业市场运行状况和政策导向，汇集行业发展前沿资讯，为投资、从业及各种经济决策提供理论基础和实践指导。

中国区域发展数据库（下设 6 个子库）

对中国特定区域内的经济、社会、文化等领域现状与发展情况进行深度分析和预测，研究层级至县及县以下行政区，涉及地区、区域经济体、城市、农村等不同维度，为地方经济社会宏观态势研究、发展经验研究、案例分析提供数据服务。

中国文化传媒数据库（下设 18 个子库）

汇聚文化传媒领域专家观点、热点资讯，梳理国内外中国文化发展相关学术研究成果、一手统计数据，涵盖文化产业、新闻传播、电影娱乐、文学艺术、群众文化等 18 个重点研究领域。为文化传媒研究提供相关数据、研究报告和综合分析服务。

世界经济与国际关系数据库（下设 6 个子库）

立足“皮书系列”世界经济、国际关系相关学术资源，整合世界经济、国际政治、世界文化与科技、全球性问题、国际组织与国际法、区域研究 6 大领域研究成果，为世界经济与国际关系研究提供全方位数据分析，为决策和形势研判提供参考。

法律声明